高等职业教育煤化工技术专业系列教材

贵州省"十四五"职业教育规划教材

"十二五"职业教育国家规划教材
经全国职业教育教材审定委员会审定

# 煤气化生产技术

## 第四版

刘　勇　许祥静　主　编

杨文渊　副主编

U0221874

化学工业出版社

·北京·

## 内容简介

《煤气化生产技术》第四版采用"模块-单元"的形式编写，全书共八个模块：煤气化技术认知、煤气化过程技术、CO变换过程技术、煤气净化过程技术、甲醇合成技术、甲醇精制技术、其他煤气化产品生产工艺、煤气化生产过程的安全与环保认知。书稿整体结构合理、编写详略得当、内容与时俱进，特别是"煤气净化过程技术"模块将煤气化产物的分离和传统的"空气分离"内容进行有机改编，读者更容易理解。另外，"其他煤气化产品生产工艺"模块中，介绍了目前备受瞩目的新型煤化工产品生产技术（煤制二甲醚、煤制烯烃等）及其发展现状。教材内容在加强煤炭清洁高效利用，助力碳达峰碳中和方面，体现了党的二十大精神的融入。

本书可作为高等职业院校煤化工专业学生教材，也可供相关企业生产技术人员参考。

## 图书在版编目（CIP）数据

煤气化生产技术 / 刘勇，许祥静主编；杨文渊副主编. —4 版. —北京：化学工业出版社，2022.10（2024.11重印）
ISBN 978-7-122-41532-5

Ⅰ.①煤… Ⅱ.①刘… ②许… ③杨… Ⅲ.①煤气化-生产工艺-教材 Ⅳ.①TQ546

中国版本图书馆 CIP 数据核字（2022）第 091817 号

责任编辑：王海燕　张双进　　　　　　　　　文字编辑：张瑞霞
责任校对：杜杏然　　　　　　　　　　　　　装帧设计：王晓宇

出版发行：化学工业出版社（北京市东城区青年湖南街 13 号　邮政编码 100011）
印　　装：河北鑫兆源印刷有限公司
787mm×1092mm　1/16　印张 19　字数 492 千字　2024 年 11 月北京第 4 版第 5 次印刷

购书咨询：010-64518888　　　　　　　　　售后服务：010-64518899
网　　址：http://www.cip.com.cn
凡购买本书，如有缺损质量问题，本社销售中心负责调换。

定　　价：49.00 元

# 前言

煤炭气化技术是煤化工产业的龙头技术，在煤化工行业占有重要地位。煤炭气化技术对于提高能源利用效率、减少环境污染、拓宽煤炭利用途径等方面都具有重要意义。

为贯彻落实党的二十大报告中提出的"深入推进能源革命，加强煤炭清洁高效利用"的要求，《煤气化生产技术》（第四版）以当下煤气化及其主要产品的最新生产工艺及技术为主线进行编写。全书以现阶段煤气化企业较先进的生产操作技术为依据，结合企业实际需求和高职高专教材需要进行内容选择和内容的有序化。在内容选择上，以煤气化生产过程的实际生产岗位、实际生产流程、实际生产操作需要为依据，在原"十二五"职业教育国家规划教材（本教材第三版被评为"十二五"职业教育国家规划教材）基础上，针对煤化工发展，将新工艺、新技术和新规范作为主要内容，目的是强化培养学生的技术能力。全书除了将煤气化生产过程参数调节控制、生产岗位基本要求、煤气化设备结构与操作要点和煤气化下游产品生产方法与控制技术的内容作为主要内容外，还增加了煤气化生产过程安全与环保等内容，并将课程思政融入教学过程中。

本书主要包括煤气化、煤气处理（净化、变换）、煤化工产品生产、煤气化生产安全与环保四大部分。全书分为煤气化技术认知、煤气化过程技术、CO 变换过程技术、煤气净化过程技术、甲醇合成技术、甲醇精制技术、其他煤气化产品生产工艺、煤气化生产过程的安全与环保认知等八个模块，每个模块主要由生产方法、工艺操作及工艺条件、典型设备、生产操作与控制等部分组成。

本教材适用于高等职业教育煤化工技术、煤炭清洁利用工程、化工生产技术、应用化工技术等专业，同时也能满足煤化工各相关专业技术培训需要。通过原料煤、生产流程、煤气化控制指标参数的学习，学生能掌握煤气化生产操作技术，具备上岗操作的基本能力。

本教材由贵州工业职业技术学院刘勇、许祥静主编，杨文渊任副主编。模块一、二、三及模块七单元 3 由刘勇编写，模块四由何晗编写，模块五、六由许祥静编写，模块七单元 1、模块八由张玉星编写，模块七单元 2 由杨文渊编写。其中，贵州磷化集团贵州开阳化工有限公司总工程师李小伟编写了教材部分生产案例，并对教材内容提出了宝贵建议。全书由刘勇统稿。本教材由贵州建设职业技术学院厉刚教授、瓮福（集团）有限责任公司高级工程师胡国涛主审。

最后，感谢为本书提供技术支持的贵州磷化集团天福化工有限责任公司、贵州桐梓煤化工等贵州煤化工企业技术人员和贵州工业职业技术学院毕业的学生们。

鉴于作者水平有限，本书难免存在不足之处，恳请读者批评指正。

编者

目录
CONTENTS

# 模块八 煤气化生产过程的安全与环保认知 /280

# 附 录 /287

# 二维码资源目录

# 模块一
# 煤气化技术认知

## 学习目标

（1）了解煤化工的分类及特点，了解煤气化的发展及在新型煤化工发展中的应用。

（2）学习煤气化技术的分类及煤气化过程的主要评价指标，能分析煤种性质及气化过程对气化的影响。

（3）了解本课程的主要学习内容、任务及学习方法，明确课程的性质及定位。

## 岗位任务

（1）涉及工艺控制岗位、设备操作岗位、化工电器仪表岗位、现场工控岗位、中控操作岗位、产品质量分析岗位等多个煤化工生产全过程岗位。了解岗位基本知识及技能。

（2）分析煤化工安全生产外操、内操等岗位基本工作任务。

（3）培养学生良好的职业素养和团队协作、安全生产的能力。

当前，随着世界范围内石油资源的日益紧缺，煤炭作为全球储量最多、分布最广的化石燃料，在能源、化工领域占有越来越重要的地位。煤在煤炭资源的开发与使用过程中，因开采不当造成资源浪费、环境污染等现象，因此实际煤炭资源需借助煤化工技术来提高开发程度和环保程度。

## 单元 1    煤气化概述

煤化工包括煤干馏、煤液化、煤气化。本单元旨在了解煤化工技术的概况，了解煤化工发展，认识煤气化发展历程，为后续深入学习煤气化技术制备相关产品打下基础。

## 知识点 1　煤化工及其特点

通过本知识点的学习，我们将认识煤化工的基本概念及特点，了解煤化工技术的分类及应用领域。

### 一、煤化工技术概述

煤化工是指以煤为主要原料，通过化学加工之后生产出气体、固体和液体燃料及化学产品的技术。煤化工的分类较多，如一次化学加工、二次化学加工和深度化学加工等，另外，煤的焦、气种类繁多，不同的生产工艺生产出的产品也不同。煤化工过程主要包括煤的干馏、气化、液化，以及焦油加工和电石乙炔化工等。煤化工技术是在煤炭加工与利用过程中采用的技术的总称。

#### 1. 煤干馏

煤干馏指煤在隔绝空气条件下加热、分解，生成焦炭（或半焦）、煤焦油、粗苯、煤气等产物的过程，煤的干馏属于化学变化。按加热终温的不同，可分为三种：900～1100℃为高温干馏，即焦化；700～900℃为中温干馏；500～600℃为低温干馏。干馏是煤化工的重要过程之一。

煤干馏的产物主要是焦炭、煤焦油和煤气。煤干馏产物的产率和组成取决于原料煤质、炉结构和加工条件（主要是温度和时间）。随着干馏终温的不同，煤干馏产品也不同。低温干馏固体产物为结构疏松的黑色半焦；中温干馏的主要产物是城市煤气；高温干馏产物一般为焦炭、焦油、粗苯和煤气等。

#### 2. 煤气化

煤气化是煤和煤焦与气化剂在高温下发生的化学反应，是将煤或煤焦中的有机物转变为煤气的过程。煤气化所得气体产物因原料煤质、气化剂种类及气化过程的不同而具有不同组成，一般可分为空气煤气、水煤气、半水煤气等。

煤气化技术是煤炭作为燃料和化工原料利用方式转变，实现煤炭高效洁净利用的关键技术。煤气化技术包括固定床气化技术、流化床气化技术、气流床气化技术、熔融床气化技术四大类，各种气化技术均有各自的优缺点，广泛应用于工业燃气、民用煤气、化工合成等领域。

#### 3. 煤液化

煤液化是通过化学加工过程，使煤转化成液体燃料、化工原料和产品的先进洁净煤技术。煤液化能够解决石油储量逐渐枯竭和石油供给紧张的问题，也是生产有用的液体产品的基本可行技术之一。按照加工途径的不同，分为直接液化和间接液化。

煤直接液化是煤在氢气和催化剂的作用下，通过加氢裂化转变为液体燃料的过程，因该过程主要采用加氢手段，故又称为煤的加氢液化法。煤的间接液化是由煤气化生产合成气，再以合成气为原料制烃类燃料、醇类燃料和化学品的过程。煤液化所得的液态烃类燃料主要包括汽油、柴油、液化石油气等。

### 二、传统煤化工与现代煤化工

煤化工按其产品种类可分为传统煤化工和现代煤化工。传统煤化工涉及煤焦化、电石、合成氨等领域，发展历史较长，技术较为成熟。现代煤化工通常指煤制油、煤制甲醇、煤制-

二甲醚、煤制烯烃、煤制乙二醇等以煤基替代能源为导向的产业。对比传统煤化工，现代煤化工产业具有生产规模大、科技含量高、耗能低、绿色环保、原料易得等优点，是未来主要的发展方向。现代煤化工结合了能源开发与化工技术，实现了煤炭与化工的一体化，能有效替代石油和天然气等传统能源。煤化工产业发展图谱见图 1-1。

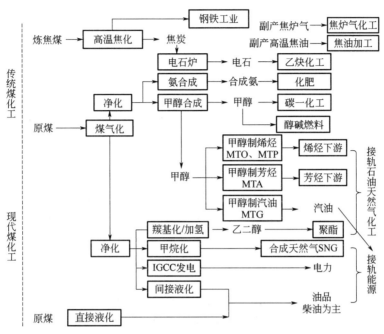

图 1-1　煤化工产业发展图谱

今后，煤化工的更多机会将出现在现代煤化工中，即煤制甲醇、烯烃、二甲醚和煤制油等，有效地与能源、化工技术结合，形成煤炭-能源化工一体化的新兴产业。

### 知识点 2　煤气化的发展

通过本知识点的学习，我们将认识煤气化的发展历程，对煤气化产品的发展有初步认知。

#### 一、煤气化的发展简史

煤的气化是煤或煤焦与气化剂在高温下发生化学反应将煤或煤焦中的有机物转变为煤气的过程。

煤化工发展可按进程分为四个阶段。

第一阶段：煤化工起源阶段。煤化工发展始于 18 世纪后半叶，用煤生产民用煤气，当时在欧洲用煤干馏方法，生产的干馏煤气用于城市街道照明；1840 年用焦炭制发生炉煤气来炼铁；1875 年使用增热水煤气作为城市煤气。我国 1934 年在上海建成第一座煤气厂，用立式炉和增热水煤气炉生产城市煤气。

第二阶段：煤制油发展阶段。第二次世界大战时期，煤气化工业在德国得到迅速发展。1932 年采用一氧化碳与氢气利用费-托合成法生产液体燃料获得成功，1934 年德国鲁尔化学公司用此研究成果开始创建第一个 F-T 合成油厂，1936 年投产，1935～1945 年期间德国共建立了 9 个合成油厂，总年产量达 570kt。

南非开发煤炭间接液化历史悠久，早在 1927 年南非当局注意到依赖进口液体燃料的严重性，基于本国有丰富的煤炭资源，开始寻找煤基合成液体燃料的新途径，1939 年首先购买了德国 F-T 合成技术在南非的使用权。在 20 世纪 50 年代初，成立了 Sasol 公司，1955 年建立了 Sasol-Ⅰ厂，1980 年和 1982 年又相继建成了 Sasol-Ⅱ厂和 Sasol-Ⅲ厂。

第二次世界大战后，煤气化工业因石油、天然气的迅速发展减慢了步伐，进入低迷时期，煤气主要作为城市煤气、合成氨原料等，直到 70 年代成功开发由合成气制甲醇技术。由于甲醇的用途广泛，使煤气化工业又重新引起人们的重视。

第三阶段：新生产技术（羰基合成）碳一化学发展阶段。1975 年，美国 Eastaman（伊斯曼）公司开始了合成醋酐的实验室研究，重点是开发适用的催化剂，以便在工业化生产能达到的条件下，减少副产物生成。他们采用醋酸甲酯与一氧化碳为原料羰基合成制取醋酐，并于 1977 年中试成功。到 80 年代末，由煤气化制合成气，羰基合成生产醋酸、醋酐开始大型化生产。羰基合成技术是煤制化学品的一个非常重要的突破。

第四阶段：战略与经济发展阶段。随着煤气化生产技术的进一步发展，以生产含氧燃料为主的煤气化合成甲醇、烯烃等产品，有广阔的市场前景。其中二甲醚不仅是从合成气经甲醇制汽油、低碳烯烃的重要中间体，而且也是多种化工产品的重要原料；甲醇除作基本有机化工原料、精细化工原料外，也可作为替代燃料应用。

煤气化是发展新型煤化工的重要单元技术，煤-电-化工联产是发展的重要方向。研究表明，煤气化技术在单元工艺（如煤气化和气体净化）、中间产物（如合成气、氢气）、目标产品等方面有很大的互补性。将不同工艺进行优化组合实现多联产，并与尾气发电、废渣利用等形成综合联产，达到资源、能源综合利用的目的，能有效地减少工程建设投资，降低生产成本，减少污染物或废物排放。如 F-T 合成与甲醇合成联产等就是一个较好的应用示范。

## 二、煤气化产品发展

碳一化工的发展，奠定了煤化工迅速发展的基础。

碳一化工是以含有一个碳原子的物质（如 CO、$CO_2$、$CH_3$、$CH_3OH$、HCHO）为原料合成化工产品或液体燃料的有机化工生产过程。

1923 年，德国 BASF 公司用 CO 与 $H_2$ 在 30～50MPa、300～400℃下合成甲醇取得成功，仅比合成氨晚 10 年，煤制甲醇是煤制含氧化合物的主要途径，称羰基合成法。羰基合成的应用，拓展了煤化工发展应用的领域。煤气化生产产品可用图 1-2 表示。

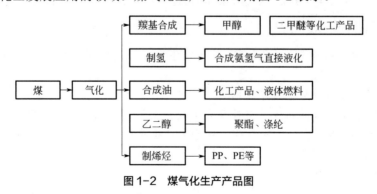

图 1-2    煤气化生产产品图

## 三、煤气化发展瓶颈

煤炭是低效、高污染能源，将一次能源煤通过气化转化成高效洁净的二次能源，让煤化工行业获得巨大的发展机遇，同时也面临着巨大的挑战，需要迈过经济性、技术性及环保性三道难关，特别是一些难题急需解决。

### 1. 耗水量巨大

煤气化生产过程需消耗大量水资源，据统计：直接法煤制油吨油水耗为 6～10t；间接法高达 10～15t，煤制甲醇吨产品耗水 11.7～20t。

### 2. 污染严重

煤化工生产甲醇、烯烃及直接法生产油品，吨二氧化碳排放量分别为 2t、6t 和 9t；煤制油单位排污量一般为 4～4.5t，煤制甲醇为 4.5～5.5t。而天然气制甲醇吨二氧化碳排量仅为 0.6t 左右。

### 3. 煤化工能源利用效率低

将煤通过煤化工生产，由一次能源转向二次洁净能源，其中煤的热能有效利用率是一个关键指标，煤的热能有效利用率统计如下：煤制油（26.9%～28.6%）<煤制甲醇（28.4%～50.4%）<煤发电（40%～45%）<煤制合成天然气（53%）<煤制合成气（82.5%）。由此可见，煤制合成气经过羰基合成甲醇，生产甲醇下游产品是煤气化的主要方向，只有对煤制甲醇及衍生物生产产品取得进一步的发展，延长煤化工产业链条，才能使煤化工生产、煤气化生产获得更大的发展空间。

 **拓展阅读** ··········

**碳减排，是发展现代煤化工的必由之路**

煤炭是我国主要能源，现代煤化工产业绿色低碳发展，是国家的基本政策，也是中国对世界的承诺。2020 年 9 月，习近平总书记在第七十五届联合国大会上明确中国碳排放力争于 2030 年前达到峰值，努力争取 2060 年前实现碳中和；2021 年 10 月，国务院发布 2030 年前碳达峰行动方案；2022 年 3 月，国务院将有序推进碳达峰碳中和写入政府工作报告。

现代煤化工是国家能源安全战略重要部署，是我国化工产业应对日益突出的资源安全的结构性战略调配。在石油价格中低端运行期间，现代煤化工的高能耗和高碳排放严重制约产业发展，碳减排乃至碳中和路径成为影响行业发展的关键问题。

煤气化后碳排放来源分为工艺排放和热电煤燃烧排放，主要集中在低温甲醇洗工段高纯度 $CO_2$ 排放，约占 63%；再就是煤炭燃烧的排放，即生产配套热电中心锅炉燃烧排放，约占 33%。生产工艺改革在"十三五"期间取得一定成效，如甲醇吨煤消耗从 3 吨减为 2.5 吨；有效降低碳排放。关键难题是：基于煤炭中碳多、氢少，用煤炭制氢，气化获得的氢碳比低于合成所需，目前工艺是通过变换工序来提高氢含量，即采用 CO 与水反应生产氢气，这导致副产大量 $CO_2$ 气体。工业上降低碳排放强度路径有两种方法，一是降低产品氢碳比，也就是生产含碳多，或者碳和氧多、而氢少的产品；另一种方法则是通过别的途径来补充氢，代替一氧化碳和水反应导致的大量碳排放。

煤化工利用可再生能源规模化制氢技术的开发，可降低二氧化碳排放，也是现代煤化工发展新方向。国家在煤制油、煤制气、煤制烯烃和煤制乙二醇四大产品系列的产业化升级示范，以及煤制芳烃、煤制乙醇、煤可降解材料等工业化试验，均是现代煤化工技术推进的重要尝试。

2022 年 3 月，工业与信息化部等 6 部门联合印发《关于"十四五"推动石化化工行业高质量发展的指导意见》，该文件指出：发挥碳固定碳消纳优势，协同推进产业链碳减排；鼓励石化化工企业因地制宜、合理有序开发并利用"绿氢"，推进炼化、煤化工与"绿电""绿氢"等产业耦合示范。氢能耦合煤化工优势，助力煤化工行业深度脱碳，解决就地消纳不足，外送通道不够，降低跨季节储能成本等，将为现代煤化工发展带来持续动力。

## 知识点 3  煤气化在现代煤化工中的应用

通过本知识点的学习，掌握现代煤化工的特点及应用，了解煤气化技术的创新等。

### 一、现代煤化工的特点

传统煤化工是指煤焦化、合成氨、电石等产业，是国民经济的重要支柱产业，其产品广泛应用于农业、钢铁、轻工和建材等相关产业。由于节能减排与环境保护的日益强化，基于结构调整和技术升级的现代煤化工成为发展的重点。现代煤化工主要特点如下。

#### 1. 清洁能源是现代煤化工的主要产品

通过煤综合利用，将一次能源转化为洁净二次能源，提高煤的利用率和附加值率。现代煤化工生产的主要产品是洁净能源和可替代石油化工的产品，如柴油、汽油、乙烯原料、甲醇、二甲醚等。

#### 2. 煤炭-能源-化工联产

以能源转化型为主的现代煤化工是未来中国能源技术发展的战略方向，依托煤炭资源，形成能源转化型和产品联产型的综合煤化工厂，如煤炭液化、煤气化-合成燃料与化工产品或电力、热力联产（IGCC技术）等，形成煤炭-能源-化工一体化产业。

#### 3. 高新技术及优化集成

现代煤化工生产采用煤转化高新技术，在能源梯级利用、产品结构方面对不同工艺优化集成，提高了整体经济效益。

#### 4. 环境污染得到有效治理

环境污染得到有效治理是现代煤化工的一个主要发展方向。煤化工产业的一个典型特征是大量"三废"的排放，只有走科技含量高、资源消耗低、环境污染少的大型化生产路线，集中对"三废"治理，才能有效治理和减少环境污染。清洁生产是现代煤化工降耗减排的重要技术手段，采用先进的工艺设备，加强废水的利用与控制，实行可实施的清洁生产技术方案，才能从根本上减少环境污染。

### 二、煤气化的应用

当前，保障能源战略安全、转变能源消费方式、优化能源布局结构成为我国能源发展的重要战略部署。煤作为主要能源之一，其生产与开发利用具有战略意义。按照发展循环经济的要求，加快发展成为重要的资源节约型产业，把煤炭作为重要的战略资源和基础产业，坚持节约发展、清洁发展、安全发展和环境保护，积极发展煤炭精深加工，提高煤炭工业整体水平，按照大型化、基地化、规模化、一体化、多联产要求，坚持高标准、高起点，推动煤化工产业规模迅速扩大、环保全面达标、资源综合利用。因此煤化工生产在能源、化工领域的地位继续呈上升趋势，利用丰富的煤炭资源，将煤通过气化技术获得化工原料例如烯烃、氢气，生产合成氨以及甲醇、二甲醚、合成油品等洁净液体燃料。在石油资源日益匮乏的今天，将煤作为石油的替代品，是我国未来解决石油资源紧缺的重要途径，有十分广阔的市场前景。

随着 $C_1$ 化工系列生产技术的进一步突破，煤气化发展应用领域越来越广泛。煤化工生产为企业带来较高附加值率，如煤炭发电可增值 2 倍，煤制甲醇可增值约 4 倍，甲醇进一步深加工为烯烃等化工产品则可增值 8～12 倍。因此，以煤为原料，经气化生产下游产品并获得利润，成为企业产业链发展总趋势，煤化工企业从单纯的能源多元化战略转向为经济社会发展提供化工原料、洁净能源，并获得较高经济效益。据有关专家测算，当石油价格高于50 美元/桶时，在缺油、少气、富煤的地区，使用煤化工路线生产甲醇、合成氨、烯烃、二甲醚、甲醛、尿素等化工产品，生产成本较石化路线低 5%～10%，具有较强的竞争力和较好的经济效益。

今后，在煤制甲醇、烯烃、氢、二甲醚、乙二醇和煤制油中，新型煤化工以生产洁净能源和可替代石油化工的产品为主，如柴油、汽油、喷气燃料、液化石油气、乙烯、聚丙烯、替代燃料（甲醇、二甲醚）等，它与能源、化工技术结合，形成煤炭-能源化工一体化的产业链。

煤气化技术广泛应用于下列领域。

## 1. 化工合成和燃料油合成原料气领域

早在第二次世界大战时，德国等就采用费-托（Fischer-Tropsch，简称 F-T）合成工艺合成喷气燃料油，近年来高温费-托合成技术取得突破进展。随着合成气化工和碳一化学技术的发展，以煤气化制取合成气，进而直接合成各种化学品的路线已经成为现代煤化工的基础，主要包括合成氨、合成甲烷、合成甲醇、醋酐、二甲醚、烯烃以及煤制油等。化工合成气对热值要求不高，主要对煤气中的 CO、$H_2$ 等有效成分有要求，一般德士古气化炉、Shell 气化炉较为合适。目前我国合成的甲醇产量的 50%以上来自煤炭气化合成工艺。

## 2. 工业燃气领域

一般热值为 4620～5670kJ/m³ 的煤气，采用常压固定床气化炉、流化床气化炉均可制得。主要用于钢铁、机械、卫生、建材、轻纺、食品等领域，用以加热各种炉、窑，或直接加热产品或半成品。

## 3. 民用煤气领域

一般热值在 12600～16800kJ/m³，要求 CO 小于 10%，除焦炉煤气外，用直接气化也可得到，采用鲁奇炉较为适用。与直接燃煤相比，民用煤气不仅可以明显提高用煤效率和减轻环境污染，而且能够极大地方便人民生活，具有良好的社会效益与环境效益。出于安全、环保及经济等因素的考虑，要求民用煤气中的 $H_2$、$CH_4$ 及其他烃类可燃气体含量应尽量高，以提高煤气的热值；而 CO 有毒，其含量应尽量低。

## 4. 联合循环发电燃气领域

整体煤气化联合循环发电（简称 IGCC）是煤在加压下气化，产生的煤气经净化后燃烧，高温烟气驱动燃气轮机发电，再利用烟气余热产生高压过热蒸汽驱动蒸汽轮机发电。用于 IGCC 的煤气，对热值要求不高，但对煤气净化度（如粉尘及硫化物）含量的要求很高。与 IGCC 配套的煤气化一般采用固定床加压气化（鲁奇炉）、气流床气化（德士古）、加压气流床气化（Shell 气化炉）、加压流化床气化工艺等，煤气热值在 9240～10500kJ/m³。

## 5. 冶金还原气领域

煤气中的 CO 和 $H_2$ 具有很强的还原作用。在冶金工业中，利用还原气可直接将铁矿石还原成海绵铁；在有色金属工业中，镍、铜、钨、镁等金属的氧化物也可用还原气来冶炼。因此，冶金还原对煤气中的 CO 含量有要求。

## 6. 煤炭气化燃料电池领域

燃料电池是由 $H_2$、天然气或煤气等燃料（化学能）通过电化学反应直接转化为电能的化学发电技术。目前主要有磷酸盐型（PAFC）、熔融碳酸盐型（MCFC）、固体氧化物型（SOFC）等。它们与高效煤气化结合的发电技术就是 IG-MCFC 和 IG-SOFC，其发电效率可达 53%。

### 7. 煤炭气化制氢领域

氢气广泛用于电子、冶金、玻璃、化工、航空航天、煤炭直接液化及氢能电池等领域。煤炭气化制氢一般是将煤炭转化成 CO 和 $H_2$，然后通过变换反应将 CO 转换成 $H_2$ 和 $CO_2$，再将富氢气体经过低温分离或变压吸附及膜分离，即可获得氢气。

### 8. 煤炭液化的气源领域

不论煤炭直接液化还是间接液化，都离不开煤气化工艺。煤炭液化需要煤气化制氢，而可选的煤气化工艺同样包括移动床加压鲁奇（Lurgi）气化、加压流化床气化和加压气流床气化工艺等气化技术。

## 三、气化技术发展与应用

煤气化是发展现代煤化工的重要单元技术。近年来煤气化新技术、新工艺、新设备的开发和应用，使煤气化工艺向大型化、智能化发展。

### 1. 煤气化技术成功产业化

目前，现代煤气化技术开发取得重要进展，$6 \times 10^4 \mathrm{m^3/h}$ 的空分技术已被使用；气化设备从固定床气化向流化床、气流床、熔融床气化发展。古老的气化技术是利用炼焦炉、发生炉和水煤气炉气化。到 20 世纪，针对不同煤种和气体用途发展了几百种气化方法，其中以鲁奇碎煤加压气化炉、常压 K-T 炉、温克勒气化炉等应用最广。20 世纪 70 年代，围绕提高燃煤电厂热效率、减少对环境的污染技术问题，促使了气流床气化、熔融床气化生产工艺诞生。如水煤浆加压气化技术（对置多喷嘴、多元料浆、德士古）、干粉煤加压气化技术（两段炉、航天炉、GSP、Shell）、CE 两段式气流床气化技术、Destec 两段加压气流床气化技术、KRW 气化技术、U-Gas 气化（灰熔聚）技术及 BG/L 固定床熔渣气化技术等。

我国采用的常压固定床煤气发生炉和水煤气发生炉，在进行工艺改进后，水煤气两段炉、鲁奇加压气化炉仍在使用。而生产效率较高、制取煤气成分较好的加压 Dexaco（德士古）水煤浆气化工艺、加压干粉煤 Shell 气化工艺应用广泛。

### 2. 合成技术得到发展

煤制烯烃（DMTO）、甲醇制烯烃（FMTP、MTO）、煤制烃（MTP）、甲烷化、F-T 合成、乙二醇合成技术和催化剂技术取得重大进展，神华包头 $60 \times 10^4 \mathrm{t/a}$ 煤制烯烃（DMTO）项目实现了世界首次煤基生产烯烃的路线，直接气化、间接气化技术得到发展，利用煤气化生产烯烃、液体燃料、化工产品已经从研发走向工业化生产。

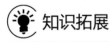 知识拓展

**国内外煤化工发展历史**

以煤炭为原料的相关化工产业被统称为煤化工。煤化工是相对于石油化工、天然气化工而言的，从理论上来说，以原油和天然气为原料的通过石油化工工艺生产出来的产品也都可以以煤为原料通过煤化工工艺生产出来。煤化工产业的发展历史可分为三个阶段：

第一阶段：18 世纪～20 世纪 40 年代。

煤化工开始于 18 世纪后半叶，19 世纪形成了完整的煤化工体系。进入 20 世纪，许多以农林产品为原料的有机化学品多改为以煤为原料生产，煤化工产业开始崛起。1927 年，德国在莱纳建立了世界上第一个煤直接液化厂，这期间，以石油为基础原料的化工产业尚未建立，煤化工在国民经济中占有重要的地位。

第二阶段：20 世纪 50 年代～20 世纪 90 年代。

第二次世界大战后，石油化工发展迅速，很多化学品的生产又从以煤为原料转移到以石油、天然气为原料，煤化工在化学工业中的地位开始走下坡路。石油化工以其原料路线简洁、成熟、能量利用效率高的特点，逐渐在世界化学工业中占主导地位，而同期煤炭在世界能源构成中的比重由 65%～70% 下降到 25%～27%。目前，全世界大部分的合成氨、甲醇都是以天然气为原料，除中国、美国、南非等少数煤资源大国外，世界上很少有大型煤化工装置运行。

第三阶段：20 世纪 90 年代～21 世纪。

20 世纪 70 年代末的石油危机使德国、美国等发达国家重新开始重视煤化工技术的研发，在煤气化、煤液化等方面开发了一系列战略性储备技术。进入 21 世纪，油价不断攀升，石油原料紧缺和成本居高不下，使化学工业对煤化工有了新的认识和期待，煤化工进入新一轮的发展时期。发达国家加快了大型煤化工技术的开发和工业化推广的进程，各国积极开发大型煤气化、煤制烯烃、合成油等石油替代技术。

按目前已探明的石油储量和开采速度计算，全球石油的平稳供应只能维持 40 年，天然气 60 多年。可以说世界石油能源安全体系非常脆弱。煤炭是世界上储量最大的矿物能源，可供人类开采 400 多年，所以发展煤化工有着重要的意义。

# 单元 2　煤气化方法

煤气化技术按照不同的分类方式有不同的气化方法，掌握煤气化方法对合理选用气化设备、气化用原料等具有重要意义。煤气化过程的主要评价指标包括煤气质量、气化强度、煤气产率等，了解和认识这些指标，对气化过程的判断具有重要的指导作用。

## 知识点 1　煤气化技术的类别

煤气化方法分类众多，要会选择煤气化技术进行生产操作，必须识别煤气化技术类别，因地制宜，合理选择气化技术。

煤气化是煤化学工业最重要的方法之一。1857 年，德国 Siemens 兄弟发明煤气发生炉，距今已有 160 余年历史，气化方法也得到了长远的发展。

目前常用的煤气化方法较多，根据不同的分类方式有不同的气化方法。按气化技术可分为地面气化、地下气化；根据气化介质不同可将气化分为富氧气化、纯氧气化、加氢气化、水蒸气气化，所得产品按气化剂不同分别称为空气煤气、混合煤气、水煤气和半水煤气。如以空气作为气化剂，生产的煤气称空气煤气；以空气（富氧空气或纯氧）和水蒸气的混合物作为气化剂，生产的煤气称混合煤气；如果将空气（富氧空气或纯氧）和水蒸气分别交替送入气化炉内，间歇进行，生产的煤气叫水煤气；气体成分经过适当调整（主要是调整含氮气的量）后，生产的煤气符合合成氨原料气的要求，这种煤气叫作半水煤气。按传热方式可分为外热式、内热式、热载体式；最常见的是按气化炉的类型来分类，可分为移动床气化、流化床气化、气流床气化和熔融床气化，还可以按操作压力分为加压气化和常压气化。

## 一、气化技术

气化技术已经相当成熟并广泛应用于生产实际，根据技术大类可分为地面气化和地下气化。

### 1. 地面气化

将煤从地下挖掘出来后再经过各种气化技术获得煤气的方法称地面气化。这类方法现被世界各国广泛采用，该方法可利用煤气化方法获得气化煤气，生产工艺也很成熟，在后面章节中将详细介绍。

### 2. 地下气化

煤炭地下气化是将未开采的煤炭有控制地燃烧，通过对煤的热化学作用生产煤气的一种气化方法。一般可用于薄煤层、深部煤层、急倾斜煤层等。这一方法有效地提高了煤炭资源的利用率，将建井、采煤、转化工艺集为一体，减少了煤炭生产过程中的危险和对环境造成的破坏。

煤炭地下气化是世界煤炭开发利用的方向之一，将常规的物理采煤变为化学采煤，使煤炭在地下燃烧气化，一次性转化为清洁的可供终端用户应用的能源与化工原料，实现地下无人、无生产设备采煤，与传统采煤和煤炭气化工艺相比，具有显著的经济、环保和社会效益。此技术可节省开采投资78%，节约成本62%，提高工效3倍以上，吨煤价值提高10倍以上。且煤炭气化后灰渣留在地下，避免了传统采煤和煤炭气化造成的"三废"污染，并可减少地面下沉。

煤炭地下气化原理与地面气化相同，是煤与气化剂发生热化学作用转化为煤气的过程。如图1-3所示，基本过程是从地表沿煤层开掘两个钻孔1和2，两钻孔底部有一水平通道3相连，图中1、2、3所包围的整体煤堆4为进行气化的区域。气化时，在钻孔1处点火并鼓入空气燃烧，此时在气化通道的一端形成一燃烧区，其燃烧面称为火焰工作面。生成的高温气体沿通道3向前渗透，同时把热量传给周围的煤层，随着煤层的燃烧，火焰工作面不断地向前向上推进，火焰工作面下方的折空区不断被烧剩的灰渣和顶板垮落的岩石充填，同时煤块也可下落到折空区，形成一反应性很高的块煤区。随着系统的扩大，气化区逐渐扩及整个气化盘区的范围，并以很宽的气化前沿向出口推进，高温气体流向钻孔2，由钻孔2获得焦油和煤气。

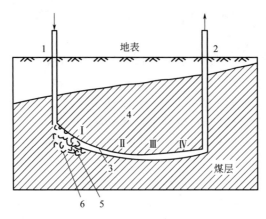

**图1-3　地下气化示意图**

1，2—钻孔；3—水平通道；4—气化盘区；5—火焰工作面

6—崩落的岩石；Ⅰ—燃烧区；Ⅱ—还原区；Ⅲ—干馏区；Ⅳ—干燥区

在气化过程中，气化通道 3 内由四个区来共同完成整个气化过程，即燃烧区（Ⅰ）、还原区（Ⅱ）、干馏区（Ⅲ）和干燥区（Ⅳ）。

煤气组成为：$\varphi(CO_2)$，9%～11%；$\varphi(CO)$，15%～19%；$\varphi(H_2)$，14%～17%；$\varphi(CH_4)$，1.4%～1.5%；$\varphi(O_2)$，0.2%～0.3%；$\varphi(N_2)$，53%～55%。

煤的地下气化是一种有效利用煤炭的方法，可从根本上消除煤炭开采的地下作业，将煤中可利用部分以洁净方式输出地面，残渣和废液留在地下，对环境保护与开发有很重要的意义。

## 二、认识地面气化技术的分类

地面气化技术是目前最常用的技术，随着新工艺、新设备、新技术的开发和利用，地面气化技术越来越成熟和完善，各种方法也都广泛应用到实际生产过程中。

地面气化技术
的分类

### 1. 按给热方式分类

煤气化过程是一个热化学过程，根据煤气化过程的热平衡，总反应是吸热过程，需供给热量，以达到气化反应条件并保证气化进行，因此，气化必须供给热量，而所需热量由炉型、煤发热量决定，一般需消耗气化用煤发热量的 15%～35%，逆流进料取下限，并流进料取上限。根据给热方式不同可分为外热式气化和自热式气化过程。

（1）自热式（内热式）气化　煤在气化过程中不需外界供热，而是利用煤与氧反应放出热量来达到反应所需温度，即燃烧一部分气化所用燃料，将热量积累到燃料层里，再通入水蒸气发生化学反应制取煤气。其原理如图 1-4 所示。

反应式为：

$$C + O_2 \longrightarrow CO_2 \quad \Delta H = -394.1kJ/mol$$
$$C + H_2O \rightleftharpoons H_2 + CO \quad \Delta H = 135.0kJ/mol$$
$$C + CO_2 \rightleftharpoons 2CO \quad \Delta H = 173.3kJ/mol$$

自热式气化是目前各种工业气化炉中最常用的供热方式，气化过程可采用间歇蓄热气化也可采用连续自热气化。

在上述反应中也可用空气代替氧气，这样可有效降低成本，但所制得煤气中约有 50% 的氮气，这种方法已在利用煤气制合成氨生产中使用。

（2）外热式气化　是指利用外部给气化炉提供热量的过程。外热可通过电加热或核反应热加热外部炉壁来加热燃料，炉壁需用耐火度高且导热性好的材料；同时也可用过热水蒸气（1100℃）加热或加热水蒸气和粉末燃料的混合物达到气化反应温度。其原理如图 1-5 所示。外热式气化多用于流化床气化或气流床气化工艺。

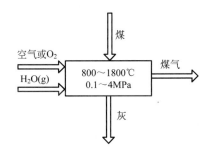

图 1-4　自热式煤的水蒸气气化原理

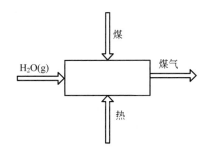

图 1-5　外热式煤的水蒸气气化原理

### 2. 按气化介质分类

根据气化剂不同，煤气化又分为富氧气化、纯氧气化、水蒸气气化、加氢气化等。几种气化方式按所得煤气组成不同又分为空气煤气、混合煤气、水煤气和半水煤气。

（1）由氧气、水蒸气作气化剂　反应温度在 800～1800℃之间，压力在 0.1～4MPa 下生成的发生炉煤气又常分为以下几种。

① 空气煤气。以空气为气化剂生成的煤气。其中含有 60%（体积分数）的氮及一定量的一氧化碳、少量二氧化碳和氢气。在煤气中，空气煤气的热值最低，主要作为化学工业原料、煤气发动机燃料等。

② 混合煤气。以空气和适量的水蒸气的混合物为气化剂生成的煤气。这种煤气在工业上一般用作燃料。

③ 水煤气。以水蒸气作为气化剂生成的煤气，其中氢气和一氧化碳的含量共达 85%（体积分数）以上，用作化工原料。

④ 半水煤气。以水蒸气为主加适量的空气或富氧空气同时作为气化剂制得的煤气。合成氨生产较多使用半水煤气，此时氢气与一氧化碳的总质量是氮气质量的 3 倍。

（2）加氢气化　是由煤与氢气在温度为 800～1000℃，压力在 1～10MPa 下反应生成甲烷的过程。煤与氢的反应中仅部分碳转变成甲烷。此时可加水蒸气、氧气与未反应的碳进行气化生成 $H_2$、$CO$、$CO_2$ 等。

### 3. 按气化炉型分类

以燃料在炉内的状况可分为：移动床气化、沸腾床气化、气流床气化、熔融床气化。

（1）移动床气化　在气化过程中，煤由气化炉顶部加入，气化剂由气化炉底部加入，煤料与气化剂逆流接触，相对于气体的上升速度而言，煤料下降速度很慢，甚至可视为固定不动，因此也称之为固定床气化；而实际上，煤料在气化过程中是以很慢的速度向下移动的，比较准确地称呼为移动床气化。

（2）沸腾床气化　是用流态化技术来制取煤气的一种方法。它是以粒度为 0～10mm 的小颗粒煤为气化原料，由于煤粒小，表面积大，气化剂经过煤粉层，在气化炉内使其悬浮分散在垂直上升的气流中，使燃料处于悬浮运动状态，固体颗粒的运动如沸腾着的液体，煤粒在沸腾状态进行气化反应，从而使得煤料层内温度均匀，气相和固相相对运动激烈，对流传热效率高。这种煤气发生炉即为沸腾炉。

（3）气流床气化　是将颗粒很小的煤粒与气化剂一起喷入气化燃料炉内，产生的煤气在高温下离开反应器。它是一种并流气化，用气化剂将粒度为 100μm 以下的煤粉带入气化炉内，也可将煤粉先制成水煤浆，然后用泵打入气化炉内。煤料在高于其灰熔点的温度下与气化剂发生燃烧反应和气化反应，灰渣以液态形式排出气化炉。

（4）熔融床气化　它是将粉煤和气化剂从切线方向高速喷入一个温度较高且高度稳定的熔池内，把一部分动能传给熔渣，使池内熔融物做螺旋状的旋转运动，与蒸汽发生气化反应。熔融床气化特点：

① 可气化粒径较大的粉煤；

② 可使粉煤可燃组分全部气化，气化效率高；

③ 利用碱性熔融介质所具有的脱除酸性气体的特点，可脱除大部分 $H_2S$ 及其他含硫物质；

④ 熔融介质延长了粉煤在熔池内的停留时间，可使焦油和酚充分分解，煤气洁净、净化简单；

⑤ 生产操作弹性大，可短时间不进料，具有最大调节用气负荷能力。

该分类方法是目前在国内外应用较为广泛的一种，生产技术将在后续章节详细介绍。

 技能训练 ••••••••••••••••••••••••••••••••••••••••••••••••••••••••••••••••••••••

通过查阅资料，了解中小型合成氨厂采用何种气化技术制取合成气。

## 知识点 2 煤气化过程的主要评价指标

煤气化过程主要评价一般由以下指标构成：煤气质量、气化强度、煤气产率、灰渣含碳量、碳转化率、气化效率、单炉生产能力和各项消耗指标等。

### 1. 煤气质量

煤气质量包含煤气热值和煤气组成。煤气热值是指一标准立方米煤气在完全燃烧时所放出的热量。在相同的操作条件下，煤气热值与煤的挥发分、气化剂类型、气化炉炉型及操作压力有关。如以年轻的褐煤为原料，气化后制得的煤气由于甲烷含量高，热值也较高。随着变质程度的提高，煤的挥发分逐渐降低，煤中挥发分 $V_{daf}$ 减少，煤气的发热值也会降低。气化剂不同对煤气热值的影响主要表现在用空气作气化剂，由于氮气含量的增加，使煤气中有效成分减少而降低煤气热值。在生产过程中，如果操作压力增加，煤气热值将增大。

### 2. 气化强度

所谓气化强度，即单位时间、单位气化炉截面积上处理的原料煤重量或产生的煤气量。气化强度的两种表示方法如下：

$$q_1 = \frac{消耗原料量}{单位时间、单位炉截面积} kg/(m^2 \cdot h) \tag{1-1}$$

$$q_2 = \frac{产生煤气量}{单位时间、单位炉截面积} m^3/(m^2 \cdot h) \tag{1-2}$$

气化强度一般常用处理煤量（消耗原料量）来表示。气化强度越大，炉子的生产能力越大。气化强度与煤的性质、气化剂供给量、气化炉炉型结构及气化操作条件有关。

在实际气化生产过程中，必须结合气化的煤种和气化炉确定合理的气化强度。用烟煤气化时，可以适当采用较高的气化强度，因其在干馏段挥发物较多，所以形成的半焦的化学反应性较好，同时进入气化段的固体物料也较少。而在气化无烟煤时，因其结构致密，挥发分少，气化强度就不能太大。另外，对较高灰熔点的煤进行气化时，可以适当提高气化温度，相应也提高了气化强度。

### 3. 煤气产率

煤气产率是指气化单位质量原料煤所得到煤气的体积（标况），单位为 $m^3/kg$。煤气产率的高低决定于原料煤的水分、灰分、挥发分和固定碳含量，也与碳转化率有关。挥发分含量愈高，煤气产率愈低；而原料煤固定碳含量高，则煤气产率高。通常煤气产率由物料衡算得到。

同一类型的原料煤，原料中的惰性物（水分和灰分）含量越低，煤气产率则越高。含有不同量惰性组分的煤气产率可根据已知煤种的惰性组分含量及煤气产率计算得到。

$$v_1 = v \frac{100 - M_{t,1} - A_{ar,1}}{100 - M_t - A_{ar}} \tag{1-3}$$

式中 $v$——以收到基为基准的具有水分 $M_t$、灰分 $A_{ar}$ 的原料的已知煤气产率，$m^3/kg$；

$v_1$——同一类型原料在水分、灰分不同情况下的煤气产率，该原料的水分为 $M_{t,1}$、灰分 $A_{ar,1}$。

上式只有当两者灰分相差不大时适用。因为当原料中灰分增加时，不仅降低了原料中可燃组分的含量，而且增加了炉渣中可燃物的绝对损失量，这两者都会导致煤气产率下降。

### 4. 灰渣含碳量（原料损失）

灰渣含碳量包括飞灰含碳量和灰渣含碳量。

（1）飞灰含碳量  气化过程中由于气流在料层中和气化炉上部空间流动，煤气夹带未反应碳粒出炉，使原煤能量转化造成损失。气流速度愈大，造成损失愈大。飞灰含碳量一般以飞灰中碳的百分率表示，飞灰量越少，含碳量越低，则气化效率越高。

（2）灰渣含碳量  灰渣含碳量是指由于未反应的原料被熔融的灰分包裹而不能与气化剂接触成为碳核，就随灰渣一起排出炉外损失的碳。灰渣含碳量与原料灰分含量、灰分性质、操作条件及气化炉结构等有关。对固态排渣而言，原料煤灰熔点低、灰分含量高、气化过程中水蒸气用量大以及操作过程中料层移动过快都将导致排出灰渣中含碳量增加。对液态排渣，则主要与灰分含量和操作温度有关，操作温度越高，灰渣含碳量越小。如水煤浆气化操作温度低于干粉加料气化，因此前者排出物含碳量要高。

灰渣含碳量用灰渣中碳所占的百分比表示，一般固定床和流化床气化炉排出灰渣含碳量要求低于 10%，最好在 5% 以下。干法进料气流床灰渣含碳量一般为 1% 以下，水煤浆进料一般在 5%～10% 以下。一般地，从加压气化炉排出的灰渣中碳含量在 5% 左右，常压气化炉在 15% 左右，对于液态排渣的气化炉，灰渣中碳含量则在 2% 以下。

随灰渣一起排出炉外损失的碳量可由下式计算：

$$C_A = \frac{A_{ar} - M \cdot A_m}{1 - X} \cdot X \tag{1-4}$$

式中    $C_A$——随灰渣排出的碳量，以原料质量百分数表示；

$A_{ar}$——原料中灰分，%；

$M$——带出物的量，以原料质量百分数表示；

$A_m$——带出物中的灰分，%；

$X$——灰渣中的碳含量，%。

### 5. 碳转化率

碳转化率 $\eta_C$ 是指在气化过程中消耗的（参与反应的）总碳量占入炉原料煤中碳量的百分数，可用下面两种方法计算：

$$\eta_C = \frac{1m^3 煤气（标况）中（含焦油等）碳量 \times 煤气产率}{1kg 入炉煤碳含量} \times 100\% \tag{1-5}$$

或

$$\eta_C = \frac{入炉煤碳含量 - 飞灰碳含量 - 灰渣中碳含量}{入炉煤碳含量} \times 100\% \tag{1-6}$$

不同气化炉的碳转化率一般为 90%～99%，其中干粉煤进料气流床气化转化率最高。

### 6. 气化效率

煤气化过程实质是燃料形态的转变过程，即从固态的煤通过一定的工艺方法转化为气态的煤气。这一转化过程伴随着能量的转化和转移，通常首先燃烧部分煤提供热量（化学能转化为热能），然后在高温条件下，气化剂和炽热的煤进行气化反应，消耗燃烧过程提供的能量，生成可燃性的一氧化碳、氢气或甲烷等，这实际上是能量转移的过程。由此可见，要制得煤气，即使在理想情况下，消耗一定的能量也是不可避免的，再加上在气化过程中必然会有热量的散失、可燃气体的泄漏等引起的损耗，也就是说，煤所能够提供的总能量并不能完全转移到煤气中。这种转化关系可以用气化效率来表示。

气化效率（也称冷煤气效率）是指所制得的煤气热值和所使用的燃料热值之比。

当不包括焦油时：

$$\eta_{气} = \frac{Q_g \cdot v}{Q_{coal}} \times 100\% \qquad (1-7)$$

式中 $\eta_{气}$——气化效率，%；

$Q_g$——生成煤气的热值，kJ/m³；

$v$——煤气产率，m³/kg；

$Q_{coal}$——入炉原料煤发热量，kJ/kg（一般使用低位值）。

当包括焦油时：

$$\eta_{气} = \frac{Q_g \cdot v + Q_{tar}}{Q_{coal}} \times 100\% \qquad (1-8)$$

式中 $Q_{tar}$——单位原料气化生成焦油的热量，kJ/kg。

气化效率以及下面要提到的热效率都是衡量煤气化过程能量合理利用的重要指标。

气化效率侧重于评价能量的转移程度，即煤中的能量有多少转移到煤气中；提高气化炉的冷煤气效率意味着把煤中所蕴藏的化学能更多地转化为煤气的化学能。

而气化热效率（也称热煤气效率）则侧重于反映能量的利用程度。热煤气效率与热煤气显热利用系统的设计有密切关系，热煤气显热利用得越充分，热煤气效率也越高。气化热效率计算公式如下：

当不包括焦油时：

$$\eta_{热} = \frac{Q_g + K \cdot Q_R}{Q_{coal} + Q_{air} + Q_{steam}} \times 100\% \qquad (1-9)$$

式中 $\eta_{热}$——气化热效率，%；

$Q_{air}$——气化单位原料空气带入的热量，kJ/kg；

$Q_{steam}$——气化单位原料水蒸气带入的热量，kJ/kg；

$Q_R$——气化单位原料可回收的热总量，kJ/kg；

$K$——热量有效回收系数。

当包括焦油时：

$$\eta_{热} = \frac{Q_g + Q_{tar} + K \cdot Q_R}{Q_{coal} + Q_{air} + Q_{steam}} \times 100\% \qquad (1-10)$$

当废热不回收时，气化热效率低于气化效率，即热煤气效率低于冷煤气效率。在实际生产中由于存在各种热损失，实际气化效率只能达到理想气化效率的 50%～83%。当回收热量如产生蒸汽或过热气化剂，可提高热效率，如 Shell 干粉加料使用废热锅炉回收显热产生蒸汽时热效率可达 95%。

## 7. 单炉生产能力

煤气炉的单炉生产能力是企业综合经济效益中的一项重要考核指标，在生产规模确定的前提下，可以作为选择气化炉类型的依据，同时也是生产中选用新煤种的参考。

气化炉单台生产能力是指单位时间一台炉子能生产的煤气量。它主要与炉子的直径大小、气化强度和原料煤的产气率有关，计算公式如下：

$$V = \frac{\pi}{4} q_1 D^2 V_g \qquad (1\text{-}11)$$

式中　$V$——单炉生产能力，$m^3/h$；

　　　$D$——气化炉内径，$m$；

　　　$V_g$——煤气产率，$m^3/kg$ 煤；

　　　$q_1$——气化强度，$kg/(m^2 \cdot h)$。

公式中的煤气产率是指每千克燃料（煤或焦炭）在气化后转化为煤气的体积，它也是重要的技术经济指标之一，一般通过试烧试验来确定。在生产中也经常使用另一个与煤气产率意义相近的指标，即煤气单耗。定义为每生产单位体积的煤气需要消耗的燃料质量，以 $kg/m^3$ 计。

### 8. 消耗指标

（1）水蒸气消耗量和蒸汽分解率　水蒸气消耗量和水蒸气分解率是煤气化过程经济性的重要指标，它关系到气化炉是否能正常运行，是否能够将煤最大限度地转化为煤气。一般地，水蒸气的消耗量是指气化 1kg 煤所消耗水蒸气的量。水蒸气消耗量的差异主要由原料煤的理化性质不同而引起。

水蒸气分解率是指被分解掉（参加反应）的蒸气与加入炉内水蒸气总量之比。水蒸气分解率越高，蒸汽消耗越低，则气化效率越高，得到的煤气质量越好，粗煤气中水蒸气含量越低；反之，煤气质量差，粗煤气水蒸气含量高。该指标一般用于固定床和流化床气化，水煤浆进料气流床气化无此项指标，干粉进料因入炉水蒸气量很少，其分解率>90%。

（2）汽氧比　汽氧比是指气化时加入气化剂中的水蒸气与氧气之比，单位为 kg/mol，也有的使用 kg/kg。汽氧比主要用于固定床和流化床，是最主要的控制指标之一，它可控制气化炉内反应温度的高低。汽氧比主要与煤的灰熔融温度有关，对固态排渣的气化过程，如灰渣软化温度低，则需要采用高汽氧比控制炉温，防止结渣；对液态排渣，因需要高温使灰渣熔化，因此采用低汽氧比。汽氧比是一个经济指标，一般控制得越低越好。

（3）氧煤比　氧煤比是指气化时单位干燥无灰基煤所消耗的氧气量，单位 kg/kg，也称氧碳比。对纯氧气化它是一个重要控制指标，关系到气化过程操作温度的高低。

氧煤比与气化炉型、煤种、排渣方式有关，气流床、流化床、固定床氧煤比依次降低；反应性高的煤气化时可调低氧煤比；液态排渣时氧煤比高于固态排渣。降低氧煤比，可减少氧耗，降低生产成本。

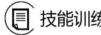 **技能训练** ·····························

查阅资料，了解中小型合成氨厂制取合成气采用什么气化技术？

# 单元 3　分析影响煤气化的主要因素

煤气化技术是一种煤炭高效清洁利用的重要技术，稳定的煤气化技术对煤化工项目的成败至关重要，影响煤气化产品的主要因素有原料煤的性质及煤气化过程中的操作工艺条件、气化设备等，分析及评价煤气化的主要影响因素，能综合评估气化经济效益，也是煤气化技术向煤炭大规模高效清洁利用推广的重要手段。

## 知识点 1 煤的性质对气化的影响

本知识点主要研究煤的性质对气化的影响，包括煤种、水分、灰分、挥发分、硫分、煤料粒度、煤的灰熔点和结渣性等对气化的影响，可根据煤的性质，选择单种煤种或多种煤种互配，提高煤气化的质量指标。

### 一、煤种对气化的影响

#### 1. 成煤过程

煤是由植物残骸经过复杂的生物化学作用和物理化学作用转变而成的。这个转变过程叫作植物的成煤过程。煤的形成需二亿年，可用煤化度来表示煤的化学成熟程度。

一般认为成煤过程分为两个阶段，泥炭化阶段和煤化阶段。

在泥炭化阶段，植物残骸既分解又化合，最后形成泥炭或腐泥。泥炭和腐泥都含有大量的腐植酸，其组成和植物的组成已经有很大的不同。

煤化阶段包含两个连续的过程。

第一个过程，在地热和压力的作用下，泥炭层发生压实、失水、肢体老化、硬结等各种变化而成为褐煤。褐煤的密度比泥炭大，在组成上也发生了显著的变化，碳含量相对增加，腐植酸含量减少，氧含量也减少。因为煤是一种有机岩，所以这个过程又叫作成岩作用。

第二个过程，是褐煤转变为烟煤和无烟煤的过程。在这个过程中煤的性质发生变化，所以这个过程又叫作变质作用。地壳继续下沉，褐煤的覆盖层也随之加厚。在地热和静压力的作用下，褐煤继续经受着物理化学变化而被压实、失水。其内部组成、结构和性质都进一步发生变化。这个过程就是褐煤变成烟煤的变质作用。烟煤比褐煤碳含量增高，氧含量减少，腐植酸在烟煤中已经不存在了。烟煤继续进行着变质作用，由低变质程度向高变质程度变化，从而出现低变质程度的长焰烟、气煤，中等变质程度的肥煤、焦煤和高变质程度的瘦煤、贫煤。它们之间的碳含量也随着变质程度的加深而增大，而含氧量则逐渐减少。

不同煤种的组成和性质相差是非常大的，即使是同一煤种，由于成煤的条件不同，性质的差异也较大。煤结构、组成以及变质程度之间的差异，会直接影响和决定煤气化过程的工艺条件的选择，也会影响煤气化的结果，如煤气的组成和产率，灰渣的熔点和黏结性以及焦油的产率和组成等。

#### 2. 气化用煤分类

气化用煤的种类对气化过程有很大的影响，煤种不仅影响气化产品的产率与质量，而且关系到气化的生产操作条件。所以，在选择气化用煤种类时，必须结合气化方式和气化炉的结构进行考虑，也要充分利用资源，合理选用原料。

根据气化用煤的主要特征，将气化用煤大致分为以下四类。

第一类　气化时不黏结也不产生焦油，代表性原料有无烟煤、焦炭、半焦、贫煤；

第二类　气化时黏结并产生焦油，代表性原料有弱黏结或不黏结烟煤；

第三类　气化时不黏结但产生焦油，代表性原料有褐煤；

第四类　以泥炭为代表性原料，气化时不黏结，能产生大量的甲烷。

现分别叙述如下。

（1）无烟煤、贫煤　无烟煤和贫煤都属于变质程度非常高的煤种，这类煤种气化时不黏结，不会产生焦油，所生产的煤气中只含有少量的甲烷，不饱和碳氢化合物极少。无烟煤是最老年的一种煤种，挥发分低，含碳量最高，光泽强，密度大，硬度高，燃点高，加热时不产生胶质体、无烟。无烟煤在我国的储量约占总储量的18%，按工艺利用特性不同又将无烟煤分为年老无烟煤、典型无烟煤和年轻无烟煤。贫煤是烟煤中煤化程度最高、挥发分最低而接近无烟煤的一类煤，热值较高。

（2）烟煤　烟煤属中等变质煤种。这种煤气化时黏结，并且产生焦油，煤气中的不饱和烃、碳氢化合物较多，煤气的热值较高。烟煤在我国的煤炭分类中，分为长焰煤、气煤、气肥煤、肥煤、1/3焦煤、焦煤、1/2中黏煤、弱黏煤、不黏煤、瘦煤、贫瘦煤和贫煤十二个类别，其中，贫煤无黏结性归入第一类，长焰煤、不黏煤和弱黏煤在一定条件下可作为气化用煤。中国的烟煤主要分布在北方各省，华北区的储量约占全国总储量的60%以上。

（3）褐煤　褐煤是变质程度较低的煤，外观呈褐色到黑色。气化时不黏结但产生焦油，加热时不产生胶质体，含有较高的内在水分和数量不等的腐植酸，挥发分高，加热时不软化，不熔融。我国褐煤的储量约占总储量的10%，根据其性质和利用特征褐煤分为2个小类，即年老褐煤和年轻褐煤。

（4）泥炭煤　泥炭煤中含有大量的腐植酸，挥发分产率为70%左右。气化时不黏结，但产生焦油和脂肪酸，生产的煤气中含有大量的甲烷和不饱和碳氢化合物。

煤的种类繁多，质量也相差悬殊，不同类型煤有不同的用途。一般来说，结焦性好或黏结性好的煤是优质的炼焦用煤；热稳定性好的无烟块煤是合成氨厂的主要原料，挥发分和发热量都高的煤是较好的动力用煤，一些低灰、低硫的年轻煤则是加压气化制造煤气和加氢液化制取人造液体燃料的较好原料。

### 3. 不同煤种对气化的影响

（1）对煤气的组分和产率的影响

① 对发热值与组分的影响。煤气的发热值是指标况下 $1m^3$ 煤气在完全燃烧时所放出的热量。如果燃烧产物中的水分以液态形式存在称高发热值，如果水以气态形式存在称低发热值。不同的煤种所产煤气的组成不同，发热值也不同。例如，以年轻的褐煤为气化原料时，由于褐煤的变质程度低、挥发分高，所制得的煤气甲烷含量高，其发热值比其他煤种都高。煤种与净煤气发热值和组成的关系如图1-6和图1-7所示。

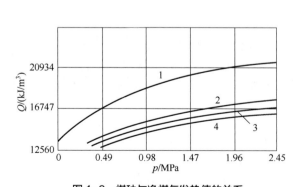

图1-6　煤种与净煤气发热值的关系

1—热力学平衡态；2—褐煤；3—气煤；4—无烟煤

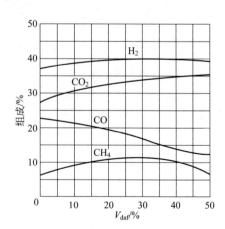

图1-7　煤种和粗煤气组成的关系

从图 1-6 可知，增大压力，同一煤种制取的煤气的发热值提高，同一操作压力下，煤气发热值由高到低的顺序依次是褐煤、气煤、无烟煤。这是由于随着变质程度的提高，煤的挥发分逐渐降低。如煤化程度低的褐煤，挥发分产率为 37%～65%；变质阶段进入烟煤阶段，挥发分为 10%～55%；到达无烟煤阶段，挥发分就降到 10% 甚至 3% 以下。由图 1-7 可知，随着煤中挥发分 $V_{daf}$ 的提高，制得的煤气中甲烷和二氧化碳的含量上升，在脱除二氧化碳后的净煤气中甲烷含量更高，相应使煤气的发热值提高。

② 对煤气产率的影响。一般来说，煤中挥发分越高，转变为焦油的有机物就越多，煤气的产率下降。例如，在气化泥煤时煤中有 20% 的碳被消耗在生成焦油上；气化无烟煤时这种消耗却很少。此外，随着煤中挥发分的增加，粗煤气中的二氧化碳是增加的，这样在脱除二氧化碳后净煤气产率下降得更快，如图 1-8 所示。

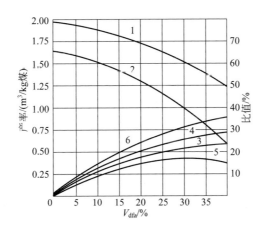

**图 1-8 煤中挥发分与煤气产率、干馏煤气量之间的关系**

1—粗煤气产率；2—净煤气产率；3—干馏煤气占净煤气体积分数；4—干馏煤气占净煤气热能分数；
5—干馏煤气占粗煤气体积分数；6—干馏煤气占粗煤气热能分数

（2）对消耗指标的影响 煤气化过程主要是煤中的碳和水蒸气反应生成氢，这一反应需要吸收大量的热量，该热量是通过炉内的碳和氧气燃烧以后放出的热量来维持。不同煤种，其变质程度不同，随着变质程度的加深，从泥炭、褐煤、烟煤到无烟煤，煤中碳的质量分数从 55%～62% 增至 88.98%，气化时所消耗的水蒸气、氧气等气化剂的数量也相应增大。

需要注意的是，在不同煤种之间，表示氧和水蒸气的消耗指标时，选用不同的基准，结果会差别极大。在以煤的收到基（ar）计算时，因为有的煤水分和灰分甚低，而有的煤却很高，因此它们的消耗指标相差极大；在以干燥无灰基（daf）计算时，由于除去了水分和灰分的影响，差别就会小一些。各种煤的消耗指标在用同一干燥无灰基（daf）表示时，产生差别的原因一是上面提到的固定碳的含量，固定碳含量高、挥发分低的煤种，气化时进入气化段的碳量多，则氧和水蒸气消耗多；二是不同煤种的活性不同，高活性的煤有利于甲烷的生成，相应消耗的氧气少一些。在用干燥无灰基表示时，由于实际气化时煤所含的水分和灰分不等，也直接影响消耗指标，煤中水分、灰分含量越高，气化时消耗的热量越多，则氧耗也越高。

（3）对焦油组成和产率的影响 焦油分重焦油和轻焦油，不同煤种气化时产生的油品见表 1-1。

表 1-1　不同煤种气化所得油品组成

| 煤种 | $w$（轻质油）/% | $w$（轻焦油）/% | $w$（重焦油）/% |
|---|---|---|---|
| 褐煤 | 10～15 | 38～42 | 45～50 |
| 年轻烟煤 | 15～20 | 35～40 | 42～48 |
| 年老烟煤 | 25～30 | 30～35 | 40～45 |

焦油产率与煤种性质有关：一般地说，变质程度较深的气煤和长焰煤比变质程度浅的褐煤焦油产率大，而变质程度更深的烟煤和无烟煤，其焦油产率却更低。

## 二、水分含量对气化的影响

煤中的水分存在的形式有三种，包括外在水分、内在水分和结晶水。外在水分是在煤的开采、运输、储存和洗选过程中润湿在煤的外表面以及大毛细孔而形成的。含有外在水分的煤为应用煤，失去外在水分的煤为风干煤。内在水分是吸附或凝聚在煤内部较小的毛细孔中的水分，失去内在水分的煤为绝对干燥煤。结晶水在煤中是以硫酸钙（$CaSO_4 \cdot 2H_2O$）、高岭土（$Al_2O_3 \cdot 2SiO_2 \cdot 2H_2O$）等形式存在的，通常在 200℃以上才能析出。

煤中的水分和其变质程度有关，随煤的变质程度加深而呈规律性变化：从泥炭、褐煤、烟煤、年轻无烟煤，水分逐渐减少，而从年轻无烟煤到年老无烟煤，水分又增加。泥炭的水分含量最高，内在水分含量为 12%～45%，褐煤的内在水分含量次之，约为 5%～24.5%，长焰煤为 0.9%～8.7%，贫煤为 0.0%～0.6%，而无烟煤为 1.0%～4.0%。

对常压气化来讲，气化用煤中水分含量过高，煤料未经充分干燥就进入干馏层，会影响干馏的正常进行，而没有彻底干馏的煤进入气化段后，又会降低气化段的温度，使得甲烷的生成反应速率和二氧化碳、水蒸气的还原反应速率显著减小，降低煤气的产率和气化效率。

加压气化对炉温的要求比常压气化炉低，而炉身一般比常压气化炉高，能提供较高的干燥层，允许进炉煤的水分含量高。适量的水分对加压气化是有好处的，水分高的煤，往往挥发分较高，在干馏阶段，煤半焦形成时的气孔率大，当其进入气化层时，反应气体通过内扩散进入固体内部时容易进行，因而，气化的速度加快，生成的煤气质量也好。

炉型不同对气化用煤的水分含量要求也是不同的。对固定床来说，气化炉顶部温度必须高于煤气的露点温度，避免液态水出现。另外，煤中水分含量太高而加热的速度又太快时，煤中水分逸出太快，容易使煤块碎裂而引起出炉煤气的含尘量增高。同时由于煤气中水含量增高时，在后续工段的煤气冷却过程中会产生大量的废液，增加废水处理量。一般生产中煤中水分含量在 8%～10%。采用流化床和气流床气化时，固体颗粒粉碎的粒度很小，过高的含水量会降低颗粒的流动性，因而规定煤的含水量小于 5%。尤其对烟煤的气流床气化法，采用干法加料时，要求原料煤的水分含量应小于 2%。

## 三、灰分含量对气化的影响

将一定量的煤样在 800℃的条件下完全燃烧，残余物即灰分，灰分含量反映煤中矿物含量的大小。常见的有硅、铝、铁、镁、钾、钙、硫、磷等元素和碳酸盐、硅酸盐、硫酸盐和硫化物等形式的盐类。

煤中灰分高，不仅增加了运输的费用，而且对气化过程有许多不利的影响。气化时由于少量碳的表面被灰分覆盖，气化剂和碳表面的接触面积减少，降低了气化效率；同时灰分的大量增加，不可避免地增加了炉渣的排出量，随炉渣排出的碳损耗量也必然增加。此外，随着煤中灰分的增加，气化的各项消耗指标均增加，如氧气的消耗指标、水蒸气的消耗指标和煤的消耗指标都有所上升，而净煤气的产率下降。

对于加压气化，用煤灰分可高达 55% 左右而不至于影响生产的正常进行。这是由于加压操作时，气化剂的浓度高，扩散能力强，能够透过煤灰表面与碳进行较为完全的反应。同时，进入炉中的气化剂的速度也比常压气化小，在炉内停留时间长，有较长的时间和煤反应。

低灰的煤种有利于煤的气化生产，能提高气化效率、生产出优质煤气，但低灰煤价格高，使煤气的综合成本上升。采用哪一种原料，要结合具体的气化工艺、当地的煤炭资源来综合考虑。

## 四、挥发分对气化的影响

挥发分是指煤在加热时，有机质部分裂解、聚合、缩聚，低分子部分呈气态逸出，水分也随着蒸发，矿物质中的碳酸盐分解，逸出二氧化碳等。除去水分的部分即为挥发分产率。挥发分中有干馏时放出的煤气、焦油、油类。干馏煤气中含有氢、一氧化碳、二氧化碳和轻质烃类。

煤的挥发分作为煤利用价值和煤分类的重要指标，也是煤转化与燃烧可以利用的部分，它与煤的性质存在一定的关系。煤的挥发分产率与煤的变质程度有关，随着变质程度的提高，煤的挥发分逐渐降低。一般地，年轻煤的挥发分产率高，年老煤的低。

干燥无灰基（daf）挥发分产率，泥炭可达 70%，褐煤约为 41%～67%，烟煤为 10%～50%，无烟煤小于 10%。其含量波动范围还与煤的化学结构变化有关。

各种煤的挥发分产率如表 1-2 所示。

表 1-2　不同煤种的挥发分产率

| 煤种 | | 挥发分产率 $V_{daf}$/% |
| --- | --- | --- |
| 泥炭 | | 接近 70 |
| 褐煤 | | 41.0～67.0 |
| 烟煤 | 长焰煤 | >42 |
| | 气煤 | 44～35 |
| | 肥煤 | 35～26 |
| | 焦煤 | 26～18 |
| | 瘦煤 | 18～12 |
| | 贫煤 | <17 |
| 无烟煤 | | 10～2 |

当煤气用作燃料时，要求甲烷含量高、热值大，则可以选用挥发分较高的煤作原料，在所得的煤气中甲烷的含量较大。当制取的煤气用作工业生产的合成气时，一般要求使用低挥发分、低硫的无烟煤、半焦或焦炭，因为变质程度浅（年轻）的煤种，生产的煤气中焦油产率高，焦油容易堵塞管道和阀门，给焦油分离带来一定的困难，同时也增加了含氰废水的处理量。更重要的是，对合成气来讲，甲烷可能成为一种有害的气体。例如，合成氨用的半水煤气，要求氢气含量高，而这时甲烷却变成了一种杂质，含量不能太大，要求挥发分小于 10%。

### 五、硫分对气化的影响

煤中的硫以有机硫和无机硫的形式存在，我国各地煤田的煤中硫含量都比较低，大多在 1%以下。抚顺煤中硫含量在 0.32%~0.78%之间；本溪煤中硫含量在 0.49%~0.99%之间；山西烟煤中硫含量较高，在 1.39%左右；西南地区特别是贵州煤中硫含量也较高。

煤在气化时，其中 80%~85%的硫以 $H_2S$ 和 $CS_2$ 的形式进入煤气当中。如果制得的煤气用作燃料，比如用作城市民用煤气，其硫含量要达到国家标准，否则燃烧后大量的 $SO_2$ 会排入大气，污染环境；用作合成原料气时，硫化物的存在会使合成催化剂中毒，煤气中硫化物的含量越高，后面的工段脱硫的负担会越重。所以，煤中硫含量应是越低越好。

### 六、粒度对气化的影响

煤的粒度在气化过程中占有非常重要的地位。粒度的不同，将直接影响气化炉的运行负荷、煤气和焦油的产率以及气化时的各项消耗指标。通常，不同的煤种在不同的气化炉里进行时，对其粒度的要求不一样。

#### 1. 粒度大小与比表面积的关系

煤的比表面积和煤的粒径有关，煤的粒径越小，其比表面积越大。煤有许多内孔，所以比表面积与煤的气孔率有关。几种煤的比表面积见表 1-3。

表 1-3　煤的比表面积

| 燃料 | | 粒度/mm | 总表面积/$cm^2$ | 体积/$cm^3$ | 比表面积/（$cm^2/cm^3$） |
|---|---|---|---|---|---|
| 泥煤 | 煤砖 | $120 \times 60 \times 30$ | 2340 | 216 | 10.8 |
| | 砖球 | 20 | 56.3 | 4.18 | 13.5 |
| 褐煤 | | 15 | 28.8 | 1.76 | 16.4 |
| 气煤 | | 12 | 13.5 | 0.904 | 14.8 |
| 黏结性烟煤 | | 10 | 7.5 | 0.524 | 14.3 |
| 碎焦 | | 6 | 1.48 | 0.113 | 13.2 |
| 无烟煤 | | 4 | 0.51 | 0.042 | 12.1 |

表 1-3 中的数据对应的是球形颗粒，实际的气化生产用煤并不是球体，而且粒度大小不一，颗粒堆积时形成的空隙远比球形颗粒的大且结构也复杂，所占床层的总体积也大得多，气流通过床层的流通截面增大，气流速度有所增加。

#### 2. 粒度大小与传热的关系

煤和灰分都是热的不良导体，热导率小，传热速度慢，因此粒度的大小对传热过程的影响尤其显著，进而影响焦油的产率。粒度越大，传热越慢，煤粒内外温差越大，粒内焦油蒸气的扩散和停留时间增加，焦油的热分解加剧。

#### 3. 粒度与生产能力的关系

煤的粒度太小，当气化速度较快时，小颗粒的煤有可能被带出气化炉外，从而使炉子的气化效率下降。

根据流体力学颗粒沉降的基本原理，煤颗粒在气流中沉降时受到三个力的作用，即颗粒自身的重力、颗粒所受到的浮力、颗粒与气体作相对运动时的摩擦力，颗粒在匀速沉降时三个力达平衡状态，此时的颗粒速度称沉降速度。气化炉内某一粒径的颗粒被带出气化炉的条件是：气化炉内上部空间气体的实际气流速度大于颗粒的沉降速度。

气化炉上部空间的气流速度用下式计算：

$$u = \frac{V}{3600 \times A} \times \frac{1.013 \times 10^5}{p} \times \frac{T}{273.15} \qquad (1-12)$$

式中　$u$——煤气在工况下的实际流速，m/s；

　　　$V$——湿煤气的体积流量，m³/h；

　　　$A$——气化炉截面积，m²；

　　　$p$——实际气体压力，Pa；

　　　$T$——炉上部空间煤气温度，K。

球形固体颗粒沉降速度的计算公式：

$$u_t = \sqrt{\frac{4gd_p(\rho_s - \rho_g)}{3\rho_g C_D}} \qquad (1-13)$$

$$d_p = \frac{1}{\sum_{i=1}^{n} \frac{x_i}{d_i}} \qquad (1-14)$$

式中　$u_t$——煤颗粒的沉降速度，m/s；

　　　$g$——重力加速度，9.8m/s²；

　　　$\rho_s$——煤颗粒的密度，kg/m³；

　　　$\rho_g$——炉上部空间煤气密度，kg/m³；

　　　$d_p$——颗粒平均直径，m；

　　　$x_i$——筛分颗粒的质量分数，无量纲；

　　　$d_i$——某一筛分颗粒的直径，m；

　　　$C_D$——阻力系数，无量纲。

当 $u>u_t$，粒径为 $d_p$ 的煤颗粒会被带出炉外。从上面的公式可以看出，当气化炉的生产能力低（即 $V$ 小）、气化压力高（即 $p$ 大）时，煤气的实际流速小。随煤气流速的减小被带出气化炉的颗粒粒度小，颗粒总带出量减小。为了控制煤的带出量，气化炉实际生产能力有一个上限，对加压气化而言，粉煤带出量不应超过入炉煤总量的1%，为限制2mm的煤粒不被带出，炉内上部空间煤气的实际速度最大为0.9～0.95m/s。

入炉煤颗粒的直径除考虑颗粒的带出速度外还与气化用炉型及使用的具体煤种有关。对于移动床而言，其粒度范围一般在6～50mm之间。粒度小有利于气化反应，但会增大气化剂通过燃料床层的阻力，粒度太小，会增加带出物的损失。反之，大块燃料会增加灰渣中可燃组分的含量。流化床气化炉一般使用3～5mm的原料，要求煤颗粒的粒径非常接近，以免颗粒被大量带出炉外。对气流床气化炉（干法进料）使用小于0.1mm的颗粒，至少要有70%～90%的煤粉小于200目；水煤浆进料时，还要有一定的粒度匹配，以提高水煤浆中煤的浓度。粒径与煤种也有一定的关系，例如在加压气化炉中，一般采用的煤的粒度大小是：褐煤6～40mm；烟煤5～25mm；焦炭和无烟煤5～20mm。

除颗粒的粒径大小外，颗粒的粒径分布也是生产上一个比较重要的问题。一般移动床煤气发生炉所用的原料要进行过筛分级，最大粒度与最小粒度的比例要适宜，一般为5左右，低生产负荷下可放宽到8左右。粒度范围大，容易造成炉内局部气流短路或沟流，也可能出现偏析现象，即颗粒大的煤落向炉壁，而较小的颗粒和粉末落在炉子的中间，造成同一截面上不同部位的流体阻力不均。流化床和气流床气化炉则采用小颗粒或粉煤为原料，对粒度范围也有一定的要求。

就加压气化和常压气化而言，加压气化的生产能力高于常压气化，一般为常压气化的 $\sqrt{p}$ 倍左右：$V_2 \approx \sqrt{p}V_1$。其中：$V_2$、$V_1$ 及 $p$ 分别代表加压、常压气化炉的生产能力和加压气化压力。

### 4. 粒度的大小对各项气化指标的影响

煤粒度的大小以及粒度的分布对煤气化过程的各项指标有重要影响。通常，煤的粒度减小，相应的氧气和水蒸气消耗将增大。

表 1-4　褐煤不同粒径的气化实验结果

| 项目 | 单位 | 1 | 2 | 3 | 4 |
|---|---|---|---|---|---|
| 煤粒度 | mm | 0～40 | 3～40 | 6～40 | 10～40 |
| 0～6mm 煤颗粒的含量 | （质量分数）% | 28.4 | — | — | 3.0 |
| 灰分含量 | （质量分数）% | 32.41 | 28.80 | 23.62 | 21.46 |
| 水蒸气消耗量 | kg/m³ 粗煤气 | 1.26 | 1.05 | 0.97 | 0.94 |
| 氧气消耗量 | m³/m³ 粗煤气 | 0.159 | 0.14 | 0.136 | 0.128 |
| 煤消耗量 | kg/m³ 粗煤气 | 1.23 | 1.022 | 0.97 | 0.93 |

由表 1-4 中可以看出，在气化 0～40mm 的未筛分原煤时，由于碎煤和灰量集中，煤耗高，水蒸气和氧气的消耗量增加。通常，2mm 以下的煤每增加 1.5%，氧气和水蒸气的消耗定额将提高 5%左右，气化炉的生产能力也有所下降。在入炉煤中，小于 2mm 的粉煤控制在 1.5%以下，小于 6mm 的细粒煤量应控制在 5%以下。

## 七、煤的灰熔点和结渣性对气化的影响

简单地说，灰熔点就是灰分熔融时的温度，灰分在受热情况下，一般经过三个过程，开始变形，习惯上称开始变形温度，用 $T_1$ 来表示；灰软化，相应的温度称为软化温度，用 $T_2$ 表示；灰分开始流动，相应的温度称为流动温度，用 $T_3$ 表示。煤气化时一般用软化温度 $T_2$ 作为原料灰熔融性的主要指标。煤气化时的灰熔点有两方面的含义，一是气化炉正常操作时，不致使灰熔融而影响正常生产的最高温度，二是采用液态排渣的气化炉所必须超过的最低温度。灰熔点的大小与灰的组成有关，灰中 $SiO_2$ 和 $Al_2O_3$ 的比例越大，其熔化温度范围越高，而 $Fe_2O_3$ 和 MgO 等碱性成分比例越高，则熔化温度越低，可以用公式（$SiO_2+Al_2O_3$）/（$Fe_2O_3+CaO+MgO$）来表示。

在气化炉的氧化层，由于温度较高，灰分可能熔融成黏稠性物质并结成大块，这就是通常讲的结渣性。其危害性有下面几点：

① 影响气化剂的均匀分布，增加排灰的困难；
② 为防止结渣采用较低的操作温度而影响煤气的质量和产量；
③ 气化炉的内壁由于结渣而缩短了寿命。

煤的结渣性与灰熔点有一定的关系。一般地，灰熔点低的煤在气化时容易结渣，为防止结渣，就要加大水蒸气的用量，使氧化层的温度维持在灰熔点以下。对于灰熔点高的煤种，可采用较高的操作温度，在较低的汽气比下获得较高的气化强度。

一般用于固态排渣气化炉的煤，在气化时不能出现结渣，其灰熔点应大于 1250℃。液态

排渣却相反，灰熔点越低越好，但要保证有一定的流动性，其黏度应小于 25Pa·s，黏度太大，液渣的流动性变差，还有可能出现结渣。

采用液态排渣的气化炉，可以对入炉煤采用混配的方法，对一些高黏度灰渣的煤，可以混配一些低黏度灰渣的煤，达到液态排渣的要求。也可以通过添加一定的助溶剂提高液渣的流动性。

由于我国的煤灰渣多属于酸性渣，助溶剂常选用碱性的 CaO 或热解能产生 CaO 的 $CaCO_3$，一般添加原则如下：

① 煤灰中 $SiO_2/Al_2O_3$（质量比）小于 3 时，CaO 在灰中的含量达 30%～35%时熔点最低，若再增加 CaO，熔点不降低反而有可能升高；

② 煤灰中 $SiO_2/Al_2O_3$（质量比）大于 3 时，$SiO_2$ 大于 50%，灰中 CaO 含量为 20%～25%时熔点最低，如果再增加 CaO 含量，其熔点将超过 1350℃。

需要说明的是，生产实践表明，灰熔点有时并不能完全反映煤在气化时的结渣情况。例如大同煤的灰熔点（$T_2$）并不高，一般在 1200℃左右，在气化炉内气化工况很好，并不结渣。但阜新等矿的煤灰熔点（$T_2$）尽管超过 1250℃，在气化时反而容易结渣，不好气化。

煤的结渣性与煤灰中易熔成分的总量有关，即煤的结渣性除与煤的灰熔点有关外，还与煤中灰分含量有关。当然，气化炉的操作条件也是影响结渣性的重要因素。

## 八、煤其他性质对气化的影响

### 1. 煤的黏结性对气化的影响

我国各地煤的种类不同，产黏结性煤的地区一般就近选用该煤作气化原料较为经济，但要采取适当措施，才能保证煤气发生炉正常运行。黏结性煤在气化时，干馏层能形成一种黏性胶状流动物，称胶质体，这种物质有黏结煤粒的能力，使料层的透气性变差，阻碍气体流动，出现炉内崩料或架桥现象，使煤料不易往下移动，导致操作恶化。

褐煤是加压气化生产煤气的优质原料，一是因为其挥发分含量高，二是它的黏结性很小。一般，黏结性烟煤气化的效果不如褐煤好，表现在燃料层不易控制、所产煤气热值较低、气化能力和气化效率低、氧气消耗量大等几个方面。

对于一些黏结性煤的气化，为破坏煤的黏结性，一般在煤气发生炉上部设置机械搅拌装置，并在搅拌器的上面安装有一起旋转的布煤器，可以降低、减轻和破坏煤的黏结能力并能使煤在炉膛内分布均匀。另一个方法是对原料进行瘦化处理，气化一些黏度较大的煤时，在入炉煤内混配一些无黏结性的煤或灰渣，以降低煤料的黏结性。

### 2. 煤的反应性对气化的影响

燃料的反应性就是燃料的化学活性，是指燃料煤与气化剂中的氧气、水蒸气、二氧化碳的反应能力。一般以二氧化碳的还原系数来表示：

$$\alpha_{CO_2} = \frac{100\varphi_{CO}}{\varphi_{CO_2} \times (200\varphi_{CO})} \qquad (1\text{-}15)$$

式中　$\alpha_{CO_2}$——二氧化碳的还原系数；

　　$\varphi_{CO_2}$——还原反应前二氧化碳的体积分数，%；

　　$\varphi_{CO}$——反应后一氧化碳的体积分数，%。

煤的反应性与煤的变质程度有密切的关系。一般地，变质程度浅的煤，其反应性高；而随着煤的变质程度加深，其化学反应活性降低。

煤的反应性的大小与变质程度深浅的关系，关键在于煤的结构和组成。变质程度浅的煤，如褐煤，其水分含量和挥发分的产率高，加上结构疏松，它生成的煤焦具有丰富的孔隙，反应的比表面积大，气固相反应的扩散阻力小，气化剂容易扩散到内孔中去，因而褐煤的反应活性高。而变质程度深的煤，如年老的无烟煤，水分、挥发分产率较褐煤低，且结构致密，形成的煤焦其孔隙少，比表面积低，活性也低。

一般而言，煤中的碱金属、碱土金属和过渡金属对煤气化过程都有一定的催化作用，大量的研究表明，钾的催化效果最好，其次是钠。煤中的一些含这些金属的矿物质对煤气化反应具有强烈的催化作用，尤其是一些变质程度浅的年轻煤种。这一催化作用可以不同程度地提高煤的反应性。

反应性主要影响气化过程的起始反应温度，反应性越高，则发生反应的起始温度越低。煤起始反应温度分别为：褐煤大约 650℃，焦炭约 843℃。

煤的起始反应温度低，气化温度就低，这有利于甲烷的生成反应，从而降低氧气的耗量。通常来讲，高反应性的褐煤比反应性差的烟煤氧耗量低约 50%。当使用具有相同的灰熔点而活性较高的原料时，由于气化反应可在较低的温度下进行，容易避免结渣现象。

### 3. 煤的机械强度和热稳定性对气化的影响

（1）煤的机械强度　燃料的机械强度是指抗碎、抗磨和抗压等性能的综合体现。机械强度差的煤在运输过程中会产生许多粉状颗粒，造成燃料损失，在进入气化炉后，粉状燃料的颗粒容易堵塞气道，造成炉内气流分布不均，严重影响气化效率。在移动床气化炉中，煤的机械强度与灰带出量和气化强度有关；在流化床气化炉中，煤的机械强度与流化床层中是否能保持煤粒大小均匀一致的状态有关；在气流床气化炉中，煤的机械强度对生产操作不会产生太大的影响。

（2）煤的热稳定性　煤的热稳定性是指煤在加热时是否容易碎裂的性质。热稳定性差的煤在气化时，伴随气化温度的升高，易碎裂成煤末和细粒，对移动床内的气流均匀分布和正常流动造成严重的影响。

热稳定性对
煤气化的
影响

无烟煤的机械强度较大，但热稳定性却较差。用无烟煤为原料，在移动床内生产水煤气时，在鼓风阶段气流速度大，温度急剧上升，所以，无烟煤的热稳定性要高以保证气化的顺利进行。

 **技能训练** ........................................................

结合教材内容指出煤有哪些性质能对气化产生影响。

........................................................

### 知识点 2　煤气化过程对气化的影响

本知识点分析影响煤气化过程的几种主要因素。根据所用原料煤的性质选择合适的气化工艺，是评价煤气化结果好坏的重要途径之一。

影响气化的主要因素包括：气化原料理化性质、气化过程操作条件和气化炉构造等三个方面。

### 1. 气化原料的理化性质

气化原料理化性质对气化过程的影响包括煤水分、挥发分、硫分、灰分、黏结性、机械强度、热稳定性、灰熔点和煤的化学活性等。

### 2. 气化过程操作条件

气化过程包括加料、反应和排渣三个工序，主要控制条件有反应温度、反应压力、进料状态、加料粒度、排渣温度等。

工艺条件也是影响气化过程的重要因素，包括气化温度、压力、升温速率、制焦温度等。其中，温度是影响煤气化反应性的重要因素之一，等温热重法的研究表明，煤焦的碳转化率随反应时间延长而增大，随气化温度的提高，煤焦转化率增加，气化速率增大。压力也是气化过程的重要影响因素，从热力学平衡上分析，增加压力有利于甲烷化反应，但不利于体积增大的气化反应。升温速率对煤焦气化反应有明显的影响，升温速率越大，煤焦在相同的温度下停留时间越短，来不及反应就进入更高温度，所以相同温度时，煤焦的气化转化率越低。

### 3. 气化炉构造

进行煤气化的设备叫气化炉。按照燃料在气化炉内的运动状况来分类是比较通行的方法，一般分为移动床（或称固定床）、沸腾床（或称流化床）、气流床和熔融床。

气化炉在生产操作过程中，根据操作压力又分为常压气化炉和加压气化炉；根据不同的排渣方式，可以分为固态排渣气化炉和液态排渣气化炉。

各种不同结构的气化炉基本上由三大部分组成，即加煤系统、气化反应系统和排灰系统。炉型不同，这三部分的具体结构有很大差异。但一般地讲，加煤系统要考虑煤入炉后的分布和加煤时的密封问题。气化反应系统是煤气化的主要反应场所，如何在低消耗的情况下，使煤最大程度地转化为符合用户要求的优质煤气，是首要考虑的问题。同时，由于煤气化过程是在较高的温度下进行的，为了保护炉体需加设内壁衬里或加设水套。水套一方面可以起到保护炉体（也包括炉内的布煤器或搅拌装置）的作用，另一方面可以吸收气化区的热量而生产蒸汽，该部分蒸汽又可以作为气化时需用的蒸汽而进入气化炉内。煤气化后的残渣即煤灰，由排灰系统定期地排出气化炉。

采用不同的炉型、不同气化剂，在不同的气化压力下，生产的煤气的组成、热值以及各项经济指标有很大差异。

 知识拓展

**煤化工主要设备**

煤化工生产过程中要投入的设备众多，种类复杂，大体可以分为动态和静态两大类。静态设备中主要有加氢反应器、还原炉、热交换器、气化炉、压力容器等；动态设备中主要有泵、压缩机风机、空分设备和其他设备。对于煤化工来说，气化炉是最为重要的设备，因为将煤炭转换为合成气是煤炭进行气化的必经步骤，这一步骤必须在气化炉中进行。煤化工的另一关键设备，就是空气分离设备。因为煤的气化和液化对氧气具有很高的要求，要严格控制氧气的纯度，在空气分离技术层面上有着极高的要求。

技能训练

分析讨论，指出影响煤气化反应性的主要因素是什么？

 练习题

## 一、填空题

1. 煤化工技术分为：_____、_____和_____。
2. 煤气化按气化炉型分为_____、_____、_____和_____。
3. 煤气的有效成分是_____、_____和_____。
4. 煤气化是在高温条件下，煤和焦炭与_____发生化学反应生成_____的热化学过程。
5. 作为民用煤气一般热值在_____kJ/m³，要求_____小于10%。
6. 影响气化的主要因素有_____、_____和_____。

## 二、判断题

1. 煤气化过程使用的气化剂主要有空气、水蒸气、氧气及氢气。　　　　（　　）
2. 煤的挥发分产率与煤的变质程度有关，随着变质程度的提高，煤的挥发分逐渐升高。
　　　　　　　　　　　　　　　　　　　　　　　　　　　　　　　（　　）
3. 新型煤化工以生产洁净能源和可替代石油化工的产品为主。　　　　（　　）
4. 煤中的水分存在的形式包括外在水分和内在水分。　　　　　　　　（　　）
5. 煤气化过程是一个热化学过程，总反应是放热过程，需放出热量，以达到气化反应条件并保证气化进行。　　　　　　　　　　　　　　　　　　　　　　　　　（　　）

## 三、简答题

1. 煤气化产品有哪些？发展煤化工工业在我国有什么重要意义？
2. 试说明煤气化应用的领域。
3. 分析传统煤化工与新型煤化工的主要区别？
4. 说明煤气化的主要应用领域有哪些？
5. 影响煤气化的主要因素有哪些？试说明煤气化过程的主要评价指标。
6. 什么是煤的灰分？灰含量高对气化有什么影响？
7. 什么是煤的灰熔点，灰熔点的高低对气化有什么影响？
8. 什么是煤的反应性，煤的反应性对气化有什么影响？

# 模块二
# 煤气化过程技术

## 学习目标

（1）了解煤气化的分类及方法，了解煤气种类及用途，掌握煤气化的基本原理。
（2）掌握固定床、流化床、气流床气化技术的工艺特点。
（3）掌握鲁奇加压气化、德士古水煤浆气化及壳牌煤气化工艺。
（4）熟悉主要设备结构、特点，了解气体煤气化工艺及气化炉结构。

## 岗位任务

（1）能明确气化工段外操岗位任务、气化工段内操岗位任务、黑水处理岗位任务、废渣处理岗位工作任务。
（2）能明确气化工段中控岗位任务，能识读典型煤气化工艺流程图。
（3）能根据生产原理进行生产条件的确定和工业生产的组织。
（4）能进行典型煤气化装置的开停车及正常操作。
（5）培养学生良好的职业素养、团队协作、安全生产的能力。

煤气化技术是煤化工产业化发展最重要的单元技术之一。近年来，我国在气化技术、气化设备的引进利用和自主设计等方面均进行了大量探索。特别是在流化床、气流床生产技术方面取得了相当多的经验，如加压鲁奇炉、德士古（Texaco）生产技术、壳牌（Shell）生产技术等，主要用于生产合成氨、甲醇及其下游化工产品或城市煤气。

煤气化技术的发展趋势有以下几个方面。

① 增大气化规模，提高单炉制气能力。以 K-T 炉为例，20 世纪 50 年代是双嘴炉，70 年代采用了双嘴和四头八嘴，以及后来设计的六个头的气化炉等，使得单炉产气能力大幅度提高。

② 提高气化炉的操作压力，降低压缩动力消耗，减小设备尺寸，降低氧耗，提高碳的转化率。

③ 气流床和流化床技术进一步成熟，扩大了气化煤种的范围。
④ 提高气化过程的环保技术，尽量减少环境污染。

# 单元 1　煤气化原理

煤气化是指利用煤或半焦与气化剂进行多相反应产生碳的氧化物、氢、甲烷的过程。主要是固体燃料中的碳与气相中的氧、水蒸气、二氧化碳、氢之间相互作用。也可以说，煤气化是将煤中无用固体脱除，转化为洁净煤气，用于工业燃料、城市煤气和化工原料的过程。

## 知识点 1　煤气化的主要过程

通过本知识点的学习，我们将认识煤气化技术的主要共性过程，为后续几种煤气化工艺的学习打下基础。

煤气化的过程实质上是将难以加工处理、难以脱除无用组分的固体，转化为易于净化、易于应用的气体的过程。煤气化时，必须具备三个条件，即气化炉、气化剂、供给热量，三者缺一不可，才能保证气化技术的正常操作。

煤气化是一个热化学过程，气化过程发生的反应包括煤的热解、气化和燃烧反应。不同的气化方式和不同的气化剂下，煤气化反应有其特殊性，但也有明显的共性。具体的气化过程所采用的炉型不同，操作条件不同，所使用的气化剂及燃料组成不同，但一般都表现以下共性：在气化炉内，煤一般都要经历干燥、热解、燃烧和气化过程。

### 一、煤的干燥

原料煤加入气化炉后，由于煤与炉内热气流之间进行传热（对流或热辐射），煤中的水分蒸发，即

$$湿煤 \xrightarrow{\text{加热}} 干煤 + H_2O$$

煤中水分的蒸发速率与煤颗粒的大小及传热速率密切相关，颗粒越小，蒸发速率越快；传热速率越快，蒸发速率也越快。从能量消耗的角度看，以机械形式和煤结合的外在水分，在蒸发时需要消耗的能量相对较少；而以吸附方式存在于煤微孔内的内在水分，蒸发时消耗的能量相对较多。被干燥的主要是水蒸气以及被煤吸附的少量的 $CO_2$ 和 $CO$ 等。

### 二、煤的热解

煤热解，也称为煤干馏，主要是生产气体（煤气）、液体（焦油）、固体（半焦或者焦炭）等产品。气化过程中煤的热解，除与煤的物理化学特性、岩相结构等密切相关外，还与气化条件密不可分。按热解最终温度不同可分为：高温（900～1050℃）干馏，以缩聚反应为主，从半焦变成焦炭；中温（700～800℃）干馏，以解聚合为主，煤形成胶质体并固化黏结成半焦；低温（500～600℃）干馏，干燥、脱吸阶段，外形没有什么变化。煤的干馏是热化学加工的基础。

### 三、煤的燃烧

煤的燃烧是指煤从进入炉膛到燃烧完毕，一般经历四个阶段：①水分蒸发阶段，当温度

达到 105℃左右时，水分全部被蒸发。②挥发物着火阶段，煤不断吸收热量后，温度继续上升，挥发物随之析出，当温度达到着火点时，挥发物开始燃烧。挥发物燃烧的速度快，一般只占煤整个燃烧时间的 1/10 左右。③焦炭燃烧阶段，煤中的挥发物着火燃烧后，余下的炭和灰组成的固体物便是焦炭。此时焦炭温度上升很快，固定炭剧烈燃烧，放出大量的热量，煤的燃烧速度和燃烬程度主要取决于这个阶段。④燃烬阶段，这个阶段使灰渣中的焦炭尽量烧完，以降低不完全燃烧热损失，提高效率。

### 四、煤的气化

煤气化反应涉及高温、高压、多相条件下的复杂物理和化学过程的相互作用，是一个复杂体系。对于气流床和流化床气化，由于涉及复杂条件下的湍流多相流动和复杂化学反应过程的相互作用，过程就更为复杂。传统上气化反应主要指煤中碳与气化剂中的氧气、水蒸气的反应，也包括碳与反应产物以及反应产物之间进行的反应。随着对气流床气化过程研究的深入，发现这样的认识有一定的局限性，比如在以纯氧为气化剂的气流床气化过程中，第一阶段的反应显然以挥发的燃烧反应为主，当氧气消耗殆尽后，气化过程将以气化产物与残炭的气化反应为主。

## 知识点 2　煤气化的主要化学反应

通过本知识点的学习，熟悉煤气化过程中发生的主要化学反应，可根据煤气的不同用途，选择合适的气化剂，控制反应过程来制备煤气。

煤气化是多相反应过程，气化后的煤气主要有 $CO$、$H_2$、$CH_4$，是煤化工的重要合成气原料。

使用不同的气化剂可制取不同种类的煤气，主要反应都相同。煤气化过程可分为均相和非均相反应两种类型，即非均相的气-固相反应和均相气-气相反应。生成煤气的组成取决于这些反应的综合过程。由于煤结构很复杂，其中含有碳、氢、氧和硫等多种元素，在讨论基本化学反应时，一般仅考虑煤中主要元素碳和在气化反应前发生的煤的干馏或热解，即煤的气化过程仅有炭、水蒸气和氧参加，炭与气化剂之间发生一次反应，反应产物再与燃料中的炭或其他气态产物之间发生二次反应。主要反应如下。

一次反应：

$$C + O_2 \longrightarrow CO_2 \quad \Delta H = -394.1 \text{kJ/mol}$$

$$C + H_2O \Longrightarrow CO + H_2 \quad \Delta H = 135.0 \text{kJ/mol}$$

$$C + \frac{1}{2}O_2 \longrightarrow CO \quad \Delta H = -110.4 \text{kJ/mol}$$

$$C + 2H_2O \longrightarrow CO_2 + 2H_2 \quad \Delta H = 96.6 \text{kJ/mol}$$

$$C + 2H_2 \Longrightarrow CH_4 \quad \Delta H = -84.3 \text{kJ/mol}$$

$$H_2 + \frac{1}{2}O_2 \Longrightarrow H_2O \quad \Delta H = -245.3 \text{kJ/mol}$$

二次反应：

$$C + CO_2 \Longrightarrow 2CO \quad \Delta H = 173.3 \text{kJ/mol}$$

$$2CO + O_2 \Longrightarrow 2CO_2 \quad \Delta H = -566.6 \text{kJ/mol}$$

$$CO + H_2O \Longrightarrow H_2 + CO_2 \quad \Delta H = -38.4 \text{kJ/mol}$$

$$CO + 3H_2 \Longrightarrow CH_4 + H_2O \quad \Delta H = -219.3 \text{kJ/mol}$$

$$3C + 2H_2O \longrightarrow CH_4 + 2CO \quad \Delta H = 185.6 \text{kJ/mol}$$
$$2C + 2H_2O \longrightarrow CH_4 + CO_2 \quad \Delta H = 12.2 \text{kJ/mol}$$

根据以上反应产物，煤气化过程可用下式表示：

$$煤 \xrightarrow{\text{高温、加压、气化剂}} C + CH_4 + CO + CO_2 + H_2 + H_2O$$

在气化过程中，如果温度、压力不同，则煤气产物中碳的氧化物即一氧化碳与二氧化碳的比率也不相同。在气化时，氧与燃料中的碳在煤的表面形成中间碳氧配合物 $C_xO_y$，然后在不同条件下发生热解，生成 CO 和 $CO_2$。即：

$$C_xO_y \longrightarrow mCO_2 + nCO$$

因为煤中有杂质硫存在，气化过程中还可能同时发生以下反应：

$$S + O_2 \rightleftharpoons SO_2$$
$$SO_2 + 3H_2 \rightleftharpoons H_2S + 2H_2O$$
$$SO_2 + 2CO \rightleftharpoons S + 2CO_2$$
$$2H_2S + SO_2 \rightleftharpoons 3S + 2H_2O$$
$$C + 2S \rightleftharpoons CS_2$$
$$CO + S \rightleftharpoons COS$$
$$N_2 + 3H_2 \rightleftharpoons 2NH_3$$
$$N_2 + H_2O + 2CO \rightleftharpoons 2HCN + 3/2O_2$$
$$N_2 + xO_2 \rightleftharpoons 2NO_x$$

以上反应生成物中有许多硫及硫的化合物，它们的存在可能造成对设备的腐蚀和对环境的污染。在模块四中还要详细介绍硫及其化合物对煤气的危害及净化方法。

煤炭与不同气化剂通过组合发生反应，可获得空气煤气、水煤气、混合煤气、半水煤气等，其反应后组成如表 2-1 所示。

表 2-1　工业煤气组成

| 种类 | 气体组成（体积分数）/% | | | | | | |
|---|---|---|---|---|---|---|---|
| | $H_2$ | CO | $CO_2$ | $N_2$ | $CH_4$ | $O_2$ | $H_2S$ |
| 空气煤气 | 0.9 | 33.4 | 0.6 | 64.6 | 0.5 | — | — |
| 水煤气 | 50.0 | 37.3 | 6.5 | 5.5 | 0.3 | 0.2 | 0.2 |
| 混合煤气 | 11.0 | 27.5 | 6.0 | 55 | 0.3 | 0.2 | — |
| 半水煤气 | 37.0 | 33.3 | 6.6 | 22.4 | 0.3 | 0.2 | 0.2 |

📖 **技能训练**

煤气化的过程中主要发生哪些反应？

**知识点 3　煤气化的化学平衡**

煤的气化过程是一个热化学过程，影响其化学过程的因素很多，除了气化介质、燃料接触方式的影响外，其工艺操作条件也必须考虑。为了清楚地分析、选择工艺条件，首先应分析煤气化过程中的化学平衡及反应速率。

## 一、气化反应的化学平衡

在煤气化过程中，有相当多的反应是可逆过程。特别是在煤的二次气化中，几乎均为可逆反应。在一定条件下，当正反应速率与逆反应速率相等时，化学反应达到化学平衡。

描述化学反应处于平衡状态时的一个特性数据用平衡常数 $K$ 表示。$K$ 的数值越大，表示体系达到平衡后，反应完成的程度越大。

$$mA + nB \rightleftharpoons pC + qD$$

$$V_正 = k_正 [p_A]^m [p_B]^n$$

$$V_逆 = k_逆 [p_C]^p [p_D]^q$$

化学平衡时 $\qquad k_正 [p_A]^m [p_B]^n = k_逆 [p_C]^p [p_D]^q$

$$K_p = \frac{k_正}{k_逆} = \frac{[p_C]^p [p_D]^q}{[p_A]^m [p_B]^n} \tag{2-1}$$

式中 $\qquad K_p$——化学反应平衡常数；

$\qquad\quad p_i$——各气体组分分压（$i$ 分别代表 A、B、C、D），kPa；

$k_正$、$k_逆$——正、逆反应速率常数。

### 1. 温度的影响

温度是影响气化反应过程煤气产率和化学组成的决定性因素。温度对化学平衡的关系为：

$$\lg K_p = \frac{-\Delta H}{2.303RT} + C \tag{2-2}$$

式中 $R$——气体常数，8.314kJ/（kmol·K）；

$\quad T$——热力学温度，K；

$\Delta H$——反应热效应，放热为负，吸热为正，kJ/mol；

$\quad C$——常数。

从上式可以看出，$\Delta H$ 为负值时，是放热反应，温度升高，$K_p$ 值减小，对于这一类反应，一般说来降低反应温度有利于反应的进行。

反之，若 $\Delta H$ 为正值，即吸热反应，温度升高，$K_p$ 值增大，此时升高温度对反应有利。

例如气化反应，其反应式为：

$$C + H_2O \rightleftharpoons H_2 + CO \quad \Delta H = 135.0\text{kJ/mol}$$

$$C + CO_2 \rightleftharpoons 2CO \quad \Delta H = 173.3\text{kJ/mol}$$

两反应过程均为吸热反应，从式（2-2）分析得知，在这两个反应过程中，升高温度，平衡向吸热方向移动，即升高温度对主反应有利。

C 与 $CO_2$ 还原成 CO 的反应在不同温度下的平衡组成如表 2-2 所示。

**表 2-2 反应在不同温度下 CO 与 $CO_2$ 的平衡组成**

| 温度/℃ | 450 | 650 | 700 | 750 | 800 | 850 | 900 | 950 | 1000 |
|---|---|---|---|---|---|---|---|---|---|
| $\varphi(CO_2)$ / % | 97.8 | 60.2 | 41.3 | 24.1 | 12.4 | 5.9 | 2.9 | 1.2 | 0.9 |
| $\varphi(CO)$ / % | 2.2 | 39.8 | 58.7 | 75.9 | 87.6 | 94.1 | 97.1 | 98.8 | 99.1 |

从表 2-2 可以看到，还原产物 CO 的组成随着温度升高而增加。从表中还可见，温度越高，一氧化碳平衡浓度越高。当温度升高到 1000℃时，CO 的平衡组成为 99.1%。

在前面提到的其他可逆反应中，有很多是放热反应，温度过高对反应不利，如：

$$CO + 3H_2 \Longrightarrow CH_4 + H_2O \quad \Delta H=-219.3kJ/mol$$
$$2CO + O_2 \Longrightarrow 2CO_2 \quad \Delta H=-566.6kJ/mol$$

在上述反应中，如有 1%CO 转化为甲烷，则气体的绝热温升为 60～70℃。在合成气中 CO 的组成大约为 30%，因此，反应过程中必须将反应热及时移走，使得反应在一定的温度范围内进行，以确保不发生由于温度过高而引起催化剂烧结的现象。

### 2. 压力的影响

平衡常数 $K_p$ 不仅是温度的函数，而且随压力变化而变化。压力对液相反应的影响不大，而对气相或气液相反应的平衡的影响是比较显著的。根据化学平衡原理，升高压力平衡向气体体积减小的方向进行；反之，降低压力，平衡向气体体积增加的方向进行。在煤气化的一次反应中，主反应（碳与氧气、碳与水蒸气的反应）均为增大体积的反应，故增加压力不利于反应进行可由下列公式得出：

$$K_p = K_N \cdot p^{\Delta v} \tag{2-3}$$

式中，$K_p$ 为用压力表示的平衡常数；$K_N$ 为用物质的量表示的平衡常数；$\Delta v$ 为反应过程中气体物质分子数的增加（或体积的增加）。理论产率决定于 $K_N$，并随 $K_N$ 的增加而增大。当反应体系的平衡压力 $p$ 增加时，$p^{\Delta v}$ 的值由 $\Delta v$ 决定。

如果 $\Delta v<0$，增大压力 $p$ 后，$p^{\Delta v}$ 减小。由于 $K_p$ 是不变的，如果 $K_N$ 保持原来的值不变，就不能维持平衡，所以当压力增高时，$K_N$ 必然增加，因此加压有利。即加压使平衡向体积减小或分子数减小的方向移动。

如果 $\Delta v>0$，则正好相反，加压将使平衡向反应物方向移动，因此，加压对反应不利，这类反应适宜在常压甚至减压下进行。

如果 $\Delta v=0$，反应前后体积或分子数无变化，则压力对理论产率无影响。

例如，在下列反应中：

$$C + CO_2 \Longrightarrow 2CO \quad \Delta H=173.3kJ/mol$$

$\Delta v = 2 - 1 = 1$，此时 $\Delta v>0$，即反应后气体体积或分子数增加，如增大压力，则使 $p^{\Delta v}$ 增大，平衡向左移动；相反，如此时减小压力，平衡则向右移动。因此上述反应适宜在减压下进行。

图 2-1 为粗煤气组成与气化压力的关系图，从图中可见，压力对煤气中各气体组成的影响不同，随着压力的增加，粗煤气中甲烷和二氧化碳含量增加，而氢气和一氧化碳含量则减少。因此，压力越高，一氧化碳平衡浓度越低，煤气产率随之降低。

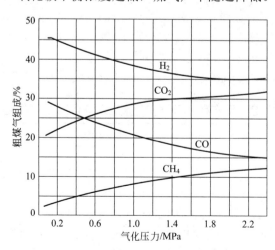

图 2-1　粗煤气组成与气化压力的关系

由上述可知，在煤炭气化中，可根据生产产品要求确定气化压力，当气化炉煤气主要用作化工原料时，可在低压下生产；当所生产气化煤气需要较高热值时，可采用加压气化。这是因为压力提高后，在气化炉内，在 $H_2$ 气氛中，$CH_4$ 产率随压力提高迅速增加，发生的反应为：

$$C + 2H_2 \rightleftharpoons CH_4 \quad \Delta H = -84.3kJ/mol$$
$$CO + 3H_2 \rightleftharpoons CH_4 + H_2O \quad \Delta H = -219.3kJ/mol$$
$$CO_2 + 4H_2 \rightleftharpoons CH_4 + 2H_2O \quad \Delta H = -162.8kJ/mol$$
$$2CO + 2H_2 \rightleftharpoons CO_2 + CH_4 \quad \Delta H = -247.3kJ/mol$$

上述反应均为缩小体积的反应，加压有利于 $CH_4$ 生成，而甲烷生成反应为放热反应，其反应热可作为水蒸气分解、二氧化碳还原等吸热反应的热源，从而减少碳燃烧中氧的消耗。也就是说，随着压力的增加，气化反应中氧气消耗量减少；同时，加压可减少气化时上升气体中带出物料的量，有效提高鼓风速度，增大其生产能力。

在常压气化炉和加压气化炉中，假定带出物的数量相等，则出炉煤气动压头相等，可近似得出加压气化炉与常压气化炉生产能力之比为：

$$\frac{V_2}{V_1} = \sqrt{\frac{T_1 p_2}{T_2 p_1}} \tag{2-4}$$

对于常压气化炉，$p_1$ 通常略高于大气压，当 $p_1 \approx 0.1078MPa$ 时，常压、加压炉的气化温度之比 $T_1/T_2 = 1.1 \sim 1.25$，则

$$V_2/V_1 = (3.19 \sim 3.41)\sqrt{p_2} \tag{2-5}$$

例如气化压力为 $2.5 \sim 3MPa$ 的鲁奇加压气化炉，其生产能力将比常压下高 5～6 倍；又如鲁尔-100 气化炉，当把压力从 2.5MPa 提高到 9.5MPa 时，粗煤气中甲烷含量从 9% 增至 17%，气化效率从 8% 提高到 85%，煤处理量增加一倍，氧耗量降低 10%～30%。但是，从下列反应可知，增加压力，平衡左移，不利于水蒸气分解，即降低了氢气生成量。故增加压力，水蒸气消耗量增多。图 2-2 为气化压力与蒸汽消耗量的关系。

$$C + H_2O \rightleftharpoons H_2 + CO \quad \Delta H = 135.0kJ/mol$$

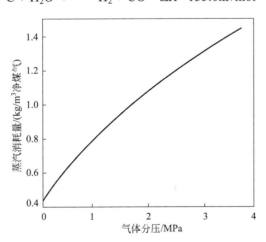

图 2-2　气化压力与蒸汽消耗量的关系

## 二、气化反应的反应速率

煤气化的总过程既有气体反应物与产物或产物之间的均相反应，又有气、固两相的非均相反应。煤气化过程主要以非均相气化反应为主。

在固体表面进行的非均相气化反应经历着以下几个步骤：

① 气体反应物向固体表面转移或扩散；

② 气体反应物被吸附在固体表面；

③ 被吸附的气体反应物在固体表面起反应而形成中间配合物；

④ 中间配合物的分解或与气相中到达固体表面的气体分子发生反应；

⑤ 反应物从固体表面解吸并扩散到气相。

气化反应速率除了与第③、④步化学反应速率有关外，还取决于在第①、②、⑤步的物理扩散过程。

煤气化时，包括碳的氧化、二氧化碳还原、水蒸气分解三个主要气-固相过程，现分别说明如下。

### 1. 碳的氧化

实验证明，碳与氧的反应与温度、氧气分压及流体动力条件有关，不同条件下，所获得煤气中碳的氧化物的比例（$CO：CO_2$）不同。一般认为，碳与氧气作用首先在煤的表面形成未知组成的中间碳氧配合物，而后在分解的同时产生 CO 和 $CO_2$。

$$xC + \frac{y}{2}O_2 \longrightarrow C_xO_y \longrightarrow mCO_2 + nCO$$

在 $t<1200℃$ 时，一级反应产物 CO 与 $CO_2$ 的物质的量相等，即 $n_{CO} = n_{CO_2}$；而在较高温度 $t>1600℃$（零级反应）时，$n_{CO} = 2n_{CO_2}$，反应速率方程为：

$$v_a = k_s p^n \tag{2-6}$$

式中　$p$——反应气体中氧的分压，kPa；

　　　$n$——反应级数，0～1 之间；

　　　$k_s$——反应速率常数，可表示为修正的阿伦尼乌斯（Arrhenius）公式；

$$k_s = AT^n \exp(-\frac{E}{RT}) \tag{2-7}$$

式中　$A$——频率因子，实验确定；

　　　$E$——反应活化能，kJ/mol；

　　　$T$——反应温度，K；

　　　$n$——反应指数，大多研究者取为零。

### 2. 二氧化碳的还原

碳将二氧化碳还原成一氧化碳是重要的二次反应，该反应可在很大程度上确定所获得煤气的质量。

在这一还原反应中，温度对反应的影响很大，在较低温度下，还原速率较小，当温度大于 300℃ 时，还原反应以显著速率进行，其还原过程是复杂的多项反应，形成固体表面配合物 $C_xO_y$ 及其分解产物。其中，化学吸收过程分为三步，第一步是 $CO_2$ 和燃料中的碳在碳表面形成六环形的碳氧初次配合物；第二步是六环形的碳氧配合物分解形成放射性的 CO 和非活性二次碳氧配合物；第三步是非活性碳氧二次配合物分解形成非活性的 CO 分子和 C 的游离原子。反应速率公式为：

$$v_a = \frac{k_1 p_{CO_2}}{1 + k_2 p_{CO} + k_3 p_{CO_2}} \tag{2-8}$$

式中　$k_1$，$k_2$，$k_3$——表面氧化物分解生成 CO 并逸入气相及 CO 的解吸等过程的个别阶段的常数。

## 3. 水蒸气的分解

碳与水蒸气反应由下列多个化学反应组成。

一次反应：

$$C + H_2O \Longleftrightarrow H_2 + CO$$
$$C + 2H_2O \Longleftrightarrow 2H_2 + CO_2$$

二次反应：

$$C + CO_2 \Longleftrightarrow 2CO$$
$$CO + H_2O \Longleftrightarrow CO_2 + H_2$$

由于存在二次反应，水蒸气分解过程类似于 C 与 $O_2$ 和 C 与 $CO_2$ 的反应，碳与水蒸气的反应过程中同样形成表面碳氧配合物。

反应第一步是碳与水蒸气在碳表面进行物理吸附；第二步是生成碳氧配合物，这是化学吸附过程。而水蒸气中的氢在中间配合物生成的同时分离出来并被碳表面吸附，然后在高温作用下脱附生成 $H_2$，所形成的中间配合物 $C_xO_y$ 既可在高温下分解，也可能由于气相中水蒸气与之反应生成 CO。

反应速率方程式：

$$v_{\mathrm{a}} = \frac{k_1 p_{H_2O}}{1 + k_2 p_{H_2} + k_3 p_{H_2O}} \tag{2-9}$$

式中　　$p_{H_2}$，$p_{H_2O}$ ——氢和水蒸气的分压，kPa；

$\quad\quad\quad\ k_1$——在碳表面上水蒸气的吸附速率常数；

$\quad\quad\quad\ k_2$——氢的吸附和解吸平衡常数；

$\quad\quad\quad\ k_3$——碳与吸附的水蒸气分子之间的反应速率常数。

 **技能训练** ┈┈┈┈┈┈┈┈┈┈┈┈┈┈┈┈┈┈┈┈┈┈┈┈┈┈┈┈┈┈┈┈┈┈┈┈┈┈┈┈┈┈┈┈┈┈┈

分析煤气化过程的主要化学反应有哪些，如何提高煤气化反应速率？

 **知识拓展**

### 气化与燃烧的区别

可以把煤的气化过程看作煤的富燃料燃烧的一种，从这个角度讲，煤的气化和燃烧存在诸多相似的方面，诸如使用相同的原料煤的处理方法，如煤的制备、研磨、干燥和煤浆的制备等。当然，煤气化和燃烧也有许多差异之处。表 2-3 列出了煤直接燃烧和气化的区别。

表 2-3　煤直接燃烧与气化的比较

| 项目 | 直接燃烧 | 气化 |
| --- | --- | --- |
| 操作温度 | 较低 | 较高 |
| 工作压力 | 通常为常压 | 通常为高压 |
| 排灰 | 通常为干灰 | 通常为熔渣 |

续表

| 项目 | 直接燃烧 | 气化 |
|------|----------|------|
| 反应介质 | 空气 | 氧气/蒸汽 |
| 主要气体产物 | $CO_2$、$H_2O$ 等 | $CO$、$H_2$、$CH_4$、$H_2O$ 等 |
| 污染物 | $SO_2$、$NO_x$ 等 | $H_2S$、$HCN$、$NH_3$ 等 |
| 煤焦油产物 | 无 | 有时有 |
| 残炭的反应速率 | 快（主要和 $O_2$ 反应） | 慢（主要和 $H_2O$、$CO_2$ 反应） |
| 目的 | 高温气体、利用热量 | 燃料气或合成气，利用元素 |

# 单元2  煤气化炉设备

煤气化技术是煤化工产业化发展很重要的单元技术之一，在中国被广泛应用于化工、冶金、机械、建材等工业行业和生产城市煤气的企业。气化的核心设备是气化炉，近年来我国在气化设备的引进利用和自主设计等方面均进行了大量探索，特别是在流化床、气流床生产技术方面取得了相当多的经验，如加压鲁奇炉、德士古生产技术、Shell 生产技术等，主要用于生产合成氨、甲醇及其下游化工产品或城市煤气。

## 知识点1  煤气化炉的类型

通过本知识点的学习，了解常用煤气化炉的分类及使用场合，可进行选择和设计煤气化工艺路线。

煤气化过程，反应物以两种相态存在，一种是气相，即空气、氧气、水蒸气（称为气化剂）和气化时形成的煤气；另一种是固相，即燃料和燃料气化后形成的固体，如灰渣等。工业上把这种反应称为气固相反应。

生产上气固相反应通常是在一圆筒形容器中进行的。圆筒形容器的底部设置一块多孔分布板，固体颗粒堆放于多孔板上，形成一固定层，叫床层。气体以一定的速度从床层的下部鼓入时，通过多孔板的均匀布气，使得气体由下向上均匀通过床层，反应后由容器的上部排出。气体的流速不同，固体颗粒形成的整个床层将表现出不同的运动形态，如图2-3所示。

气化炉按气化操作压力分为常压气化和加压气化，按进料方式分为固体进料和浆液进料，按排渣方式分为固体排渣和熔融排渣等。按燃料在炉内的运动状况来分类，可将气化炉分为以下四种类型：

（1）固定床气化炉  气化剂以较小的速度通过床层时，气体经过固体颗粒堆积时所形成的空隙，床内固体颗粒静止不动，这时的床层一般称固定床。对气化炉而言，由于气化过程是连续进行的，燃料连续从气化炉的上部加入，形成的灰渣从底部连续地排出，所以燃料是以缓慢的速度向下移动，故又称为移动床气化炉。

（2）流化床气化炉  当气流速度继续增大，颗粒之间的空隙开始增大，床层膨胀，流体流速增加到一定限度时，颗粒被全部托起，颗粒运动剧烈，但仍然逗留在床层内而不被流体带出，床层的这种状态叫固体流态化，即固体颗粒具有了流体的特性，这时的床层称流化床。

（3）气流床气化炉　在流化床阶段，流速进一步增大，将会有部分粒度较小的颗粒被带出流化床，这时的床层相当于一个气流输送设备，因而被称为气流床。

三种床层中的压降和传热情况如图 2-4 所示，固定床的压力降主要是由于流体和固体颗粒之间的摩擦，以及流体流过床层时，流道的突然增大和收缩而引起的，随流速的增大而成比例地增大，经过一个极大值后，床层进入流态化阶段，在流态化阶段，床层的压降保持不变，基本等于床层的重量，把这个极大值称临界流化速度。当进一步提高气体流速，则床层不能再保持流化，颗粒已不能继续逗留在容器中，开始被流体带到容器之外，这时固体颗粒的分散流动与气体质点流动类似，称之为气流床阶段。上述阶段取决于温度、压力、气体种类、密度、黏度以及固体密度、颗粒结构、平均粒子半径和颗粒形状等因素。

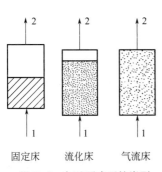

图 2-3　气固反应器的类型

1—反应物；2—产物气

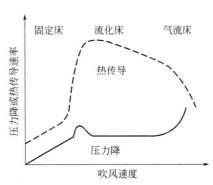

图 2-4　各类反应器压力损失和热传导

就三种床的传热而言，在固定床中，开始时传热速度较小，流速增大时传热速度增大，呈线性关系，床层开始流化时，传热速度迅速增加，在流化床阶段保持恒定，进入气流床时则急剧下降。

（4）熔融床气化炉　熔融床气化炉是一种气-固-液三相反应的气化炉。燃料和气化剂并流进入炉内，煤在熔融的渣、金属或盐浴中与气化剂直接接触气化，生成的煤气由炉顶导出，灰渣则以液态和熔融物一起溢流出气化炉。如图 2-5、图 2-6 所示。

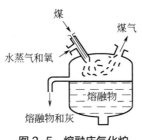

图 2-5　熔融床气化炉

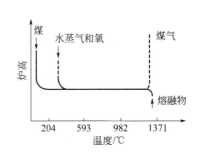

图 2-6　炉内温度分布

炉内温度很高，燃料一进入床内便迅速被加热气化，因而没有焦油类的物质生成。熔融床不同于移动床、沸腾床和气流床，对煤的粒度没有过分限制，大部分熔融床气化炉使用磨得很粗的煤，也包括粉煤。熔融床也可以使用强黏结性煤、高灰煤和高硫煤。

熔融床的缺点是热损失大，熔融物对环境污染严重，高温熔盐会对炉体造成严重腐蚀。在现代煤气化技术开发中，熔融床技术存在如上缺点，并未完全实现商业化。

典型的工业化煤气化炉型有 UGI 炉、鲁奇炉、温克勒（Winkler）炉、德士克（Texaco）炉和陶氏化学（Dow Chemical）煤气化炉，正在研究开发的炉型有十几种。近年来，国内煤气化技术市场发展迅速，以多喷嘴水煤浆气化、航天炉、清华炉、神宁炉等为代表的国内自主研发的煤气化技术应用增长迅速，中国已经成为世界上煤气化技术应用种类最多的国家。

## 知识点 2　煤气化附属设备

本知识点将了解常用煤气化技术的附属设备，对深度理解煤炭从原煤到粗煤气再到净化煤气的整个气化工艺路线具有一定的指导意义。

煤气化完整工艺的实现，除具备核心设备——气化炉外，还必须配套一定的附属设备。原煤入厂经筛分、破碎等作业后，达到气化所需煤粉或煤浆条件后，送入气化炉进行燃烧气化，产生粗煤气，经洗涤、净化等工序后，制备纯度较高的精制煤气，然后再进行下游产品的生产。在实现工艺过程中，必然会涉及煤料加工、气化、排渣、净化等设备，但不同气化工艺采用的设备类型各不相同，在后续学习气化工艺中将进行详细介绍。

### 一、原料煤处理与进煤设备

煤气化技术根据燃料在炉内的运动状态可分为几种不同的气化方式，每种气化方式对煤料入炉的要求不同，常采用破碎、磨细等技术对原煤进行预处理，以适应不同的用途。对煤气化厂来说，一般固定床气化（如鲁奇加压气化）工艺要求入炉煤粒度范围为 5～40mm；流化床气化（如温克勒、U-GAS 等）工艺要求的原料煤粒度为 0～10mm；气流床气化（如 K-T 炉）工艺则要求有更细粒度的粉煤，如德士古煤气化工艺要求原料煤磨细至 300 目左右的细粉，然后制备成一定固体浓度（一般为 60%～70%）的水煤浆，再与气化剂一起高速喷入气化炉内。因此，破碎和磨细是煤加工利用的一个重要环节。

#### 1. 破碎设备

在煤炭气化厂中，应根据到厂煤性质、粒度及对入炉煤的粒度要求，选择合适的破碎装置。常见的设备有：颚式破碎机、辊式破碎机、锤式及反击式破碎机、盘磨机、球磨机和棒磨机等。

（1）颚式破碎机　颚式破碎机结构简单、工作可靠、制造维修容易、生产和设备费用低廉，目前广泛应用于煤炭的粗碎和中碎，小型颚式破碎机可进行细碎。工业上应用最普遍的主要有两种类型：一是动颚做简单摆动的曲柄双摇杆机构（所谓简摆式）的颚式破碎机；二是动颚做复杂摆动的曲柄摇杆机构（所谓复摆式）的颚式破碎机。前者属于大中型设备，其破碎比为 3～6；后者属于中、小型破碎设备，其破碎比可达 10。其工作原理主要依靠振动或往复式移动的两种运动形式使块料之间产生挤压来破碎物料。图 2-7 所示为国产 900mm × 1200mm 简摆式颚式破碎机结构图。

（2）辊式破碎机　辊式破碎机是一种较古老的破碎机械，具有结构简单，破碎时过粉碎现象少，辊面上的齿牙形状、尺寸、排列等可按物料性质而改变等优点，目前仍在工业化应用，且有新的改进与发展。按辊子数目，辊式破碎机可分为单辊、双辊、三辊、四辊等几种；按辊面形状，可分为光面辊碎机和齿面辊碎机两种。在实际生产中以单、双齿辊破碎机应用最多。单齿辊破碎机结构如图 2-8 所示。

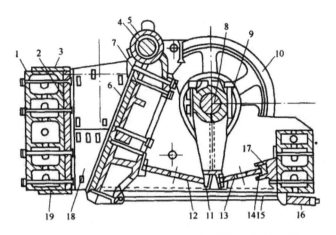

图 2-7　900mm×1200mm 简摆式颚式破碎机结构图

1—机架；2，6—衬板；3—压板；4—心轴；5—动颚；7—楔铁；8—偏心轴；9—连杆；
10—皮带轮；11—推力板支座；12—前推力板；13—后推力板；14—后支座；
15—拉杆；16—弹簧；17—垫板；18—侧衬板；19—钢板

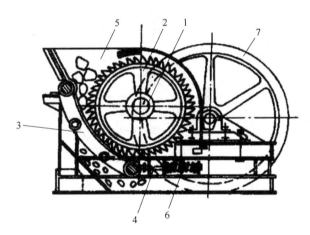

图 2-8　单齿辊破碎机结构图

1—齿辊轴；2—齿辊；3—弧形破碎机；
4—拉杆；5—漏斗；6—弹簧；7—皮带轮

　　（3）锤式破碎机　锤式破碎机是以击打为主的一种破碎机，能把煤破碎得很细（达 13～3mm 以下），而且可以保证破碎产品中不带过大粒度的颗粒，被广泛用于中碎和细碎（产品粒度 6～1mm）作业。锤式破碎机按转子数目分为单转子式和双转子式两类。单转子锤式破碎机又分为可逆转式和不可逆转式两种。各类锤式破碎机的锤子数目、形状、筛条或筛板的形状、调节方向、破碎腔形状等虽各有不同，但其结构大同小异。锤式破碎机结构见图 2-9。

　　（4）反击式破碎机　反击式破碎机也是利用冲击作用进行破碎的机器，可用于物料的粗碎、中碎、细碎。反击式破碎机破碎的物料可细至 3mm。在实际运用中，锤式与反击式破碎机优于对辊与齿面辊面破碎机。单转子反击式破碎机结构如图 2-10 所示。

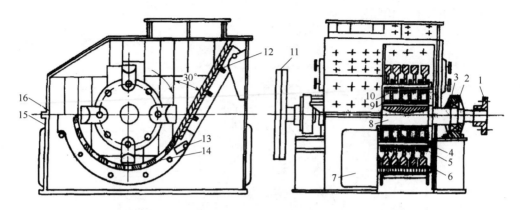

**图 2-9  锤式破碎机结构图**

1—弹性联轴节；2—球面调心滚柱轴承；3—轴承座；4—销轴；5—销轴套；6—锤头；
7—检查门；8—主轴；9—间隔套；10—圆盘；11—飞轮；12—破碎板；13—横轴；
14—格筛；15—下机架；16—上机架

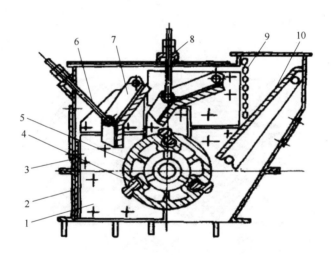

**图 2-10  单转子反击式破碎机结构图**

1—防护衬板；2—下机体；3—上机体；4—锤头；5—转子；
6—吊环螺栓；7—反击板；8—球面垫圈；9—链幕；10—给矿溜板

## 2. 磨机选型

常见的磨机有球磨机和棒磨机，统称球磨机，广泛应用于煤炭、化工、电力、建材、冶金、轻工等工业部门，进行物料细碎作业。在德士古煤气化工艺中，常采用球磨机作为碎煤机械。

球磨机和棒磨机的主体是一个转动的筒体，内装有衬板，筒内装有磨介，磨介随筒体旋转上升至一定高度后下落，将物料砸碎。顾名思义，球磨机的磨介是球，棒磨机的磨介是棒。球和棒的差异是：球与球之间是点接触，棒与棒之间是线接触，棒的打击力比球大；但球的比表面积比棒大得多，所以球磨的研磨效果比棒磨高。此外，棒磨总是先集中破碎粗粒，细粒则被粗粒阻隔从缝隙中溜过而不被破碎。因此棒磨产品的粒度分布较球磨均匀。球磨机和棒磨机结构见图 2-11 和图 2-12。

### 3. 煤锁

煤锁的加煤过程

煤锁是用于向气化炉内间歇加煤的压力容器，它通过泄压、充压循环将存于常压煤仓中的原料煤加入高压的气化炉内，以保证气化炉的连续生产。煤锁包括两个部分：一部分是连接煤仓与煤锁的煤溜槽，它由控制加煤的阀门（溜槽阀）及煤锁上锥阀（将煤由煤仓加入煤锁）组成；另一部分是煤锁及煤锁下阀，它将煤锁中的煤加入气化炉中，煤锁的结构如图 2-13 所示。

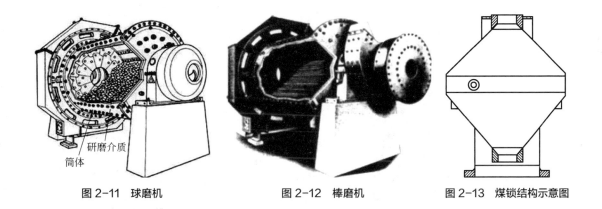

研磨介质
筒体

图 2-11　球磨机　　　　　　　图 2-12　棒磨机　　　　　　　图 2-13　煤锁结构示意图

## 二、煤气余热回收及排渣设备

煤经气化完成后产生粗煤气及煤渣，粗煤气温度较高，在化工厂实际运行过程中，常采用废热回收的方式将多余热量进行回收利用。常用的余热回收设备有：废热锅炉、蒸汽过热器、软水预热器等。

### 1. 废热锅炉

煤气化产生的粗煤气，一般需经过废热锅炉进行降温，然后再送入洗涤塔进入后续的处理工作，是一种典型的高温、高压的换热器。目前在水煤浆加压气化（德士古水煤浆加压气化）及干粉煤常压气化（K-T 炉）等方面应用广泛。以 K-T 炉常压粉煤气化为例，高温煤气出气化炉用水急冷至灰软化温度以下，再用废热锅炉回收煤气显热。废热锅炉有两种形式：老式结构是夹套加火管式（图 2-14），蒸汽压力约为 1.5MPa；新式结构为水管式（图 2-15），蒸汽压力可达 10.5MPa，锅炉结构庞大，内径 3.5m，高 33m，下部为排灰储斗，中部为冷壁，上部装有蒸发盘管和锅炉给水预热器。冷壁部分由锅炉管排列而成，用带翅片的管子焊接成圆形或正六边形结构。锅炉出口可达 30t/h 饱和或过热蒸汽，过热蒸汽可用于驱动压缩机组或发电。煤气离开废热锅炉的温度在 350℃ 以下。

### 2. 排渣设备

排渣系统设立的目的是冷却、造粒和排放渣。煤气化炉的排渣系统分为干法排渣和湿法排渣。干法排渣无废水产生，但存在扬尘等污染，且后续排渣系统相对复杂、设备材质要求较高，高灰熔点的煤主要采用此类方法排渣。湿法排渣会产生废水，但无粉尘污染问题，投资较少，主要应用于灰熔点较低的煤种。

（1）破渣机　破渣机位于气化炉激冷室底部与锁斗之间，由液压动力系统、液压马达、主轴、壳体、破渣刀和电仪控制系统组成，利用轴向柱塞泵提供最高可达 32MPa 的液压轴，推动液压马达带动主轴旋转。气化炉水浴室底部设置的破渣机将经过激冷的大块渣或剥落的耐火砖块进行破碎，使其顺利通过气化炉收集在锁渣罐之内，是德士古水煤浆加压气化技术生产合成气制甲醇的气化装置的关键设备。破渣机一般设有正反转动功能，安装在主轴上的破渣刀与固定在壳体上的破渣刀交叉运行，从而达到破碎大块炉渣及耐火砖的目的，保障气化炉长期顺利排渣。

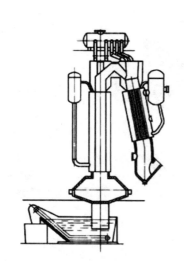

图 2-14　K-T 炉火管式废热回收示意图

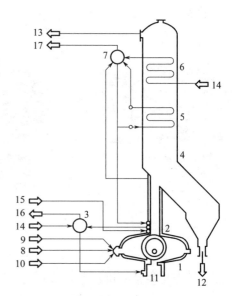

图 2-15　K-T 炉水管式废热回收结构示意图

1—四头气化炉（带夹套）；2—气化炉出口（激冷线）；
3—汽包，0.1MPa；4—废热锅炉；5—汽化器；
6—给水预热器；7—蒸汽包，10MPa；8—粉煤；9—氧；
10—蒸汽；11—渣出口；12—灰出口；
13—粗煤气出口；14—给水；15—激冷水；16—0.1MPa 的饱
和蒸汽；17—10MPa 的饱和蒸汽

　　破渣机结构根据壳体布置的方向，分为立式、卧式 2 种形式（见图 2-16）。立式破渣机其破渣机构主轴与外壳轴线呈垂直布置，卧式破渣机主轴与外壳轴线呈平行布置。

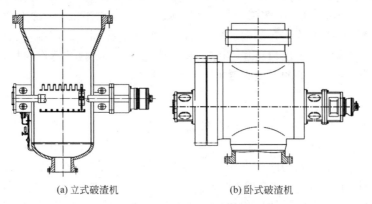

(a) 立式破渣机　　　　　　(b) 卧式破渣机

图 2-16　破渣机的结构形式

根据国内大型工业化装置近几年的操作运行经验，设置破渣机的必要性值得进一步商榷。

（2）灰锁 灰锁是将气化炉炉算排出的灰渣通过升、降压间歇操作排出炉外，从而保证气化炉连续运转。灰锁同煤锁都是承受压力交变载荷的压力容器，但灰锁由于是储存气化后的高温灰渣，工作环境较为恶劣，所以一般灰锁设计温度在470℃以上，并且为了减少灰渣对灰锁内壁的磨损和腐蚀，一般在灰锁筒体内部都衬有一层钢板，以保护灰锁内壁，延长使用寿命。第三代灰锁结构示意图如图2-17所示。

灰锁上阀的结构及材质与煤锁下阀相同，因其所处工作环境差，温度高、灰渣磨损严重，为延长阀门使用寿命，在阀座上设有水夹套进行冷却。第三代炉

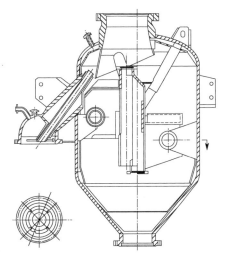

图2-17 灰锁结构示意图

还在阀座上设置了两个蒸汽吹扫口，在阀门关闭前先用蒸汽吹扫密封面上的灰渣，从而保证阀门的密封效果，延长阀门的使用寿命。

## 三、粗煤气净化设备

煤经气化后得到的粗煤气，常采用降温冷凝、物理吸收和化学吸收的方法除去其中的灰尘、沥青、焦油、萘、苯、氨、硫化氢及各种烃类等化合物，得到符合要求的燃料煤气或化工原料煤气。故煤气净化主要包括三个方面的任务：除尘、脱硫、除酸性气体。本节内容只简单介绍粗煤气净化常用的几种设备，其余详细内容在模块四中进行介绍。

### 1. 洗涤塔

洗涤塔是煤气发生炉的重要附属设备，它的作用是用冷却水对煤气进行有效的洗涤，使煤气得到最终冷却、除尘和干燥，其结构如图2-18所示。水从塔顶由喷头喷淋而下，在填料层表面形成一层薄膜，从塔底引入的煤气由下而上在填料上与薄膜水进行热交换，煤气被充分冷却，并使部分灰尘和焦油分离沉降。

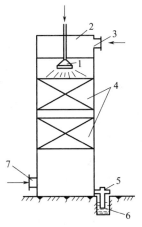

洗涤塔工作
原理

图2-18 洗涤塔

1—喷头；2—干燥段；3—出口；4—填料层；5—排水管；6—水封槽；7—进口

## 2. 文丘里除尘器

文丘里除尘器由引水装置（喷雾器）、文丘里管和脱水器三部分组成。其结构如图 2-19 所示。文丘里管由渐缩管、喉管和渐扩管组成。

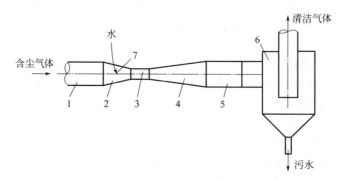

**图 2-19　文丘里除尘器的结构**

1—入口风管；2—渐缩管；3—喉管；4—渐扩管；5—风管；6—脱水器；7—喷嘴

文丘里管除尘器的主要工作原理是惯性碰撞，可分为雾化、凝聚和脱水三个过程，前两个过程在文丘里管内进行，后一个过程在脱水器内完成。含尘气流由风管进入渐缩管，气流速度逐渐增高，在喉管中气流速度最大。此时，由于高速气流的冲击，使喷嘴喷出的水滴进一步雾化（雾化过程）。在喉管中由于气液两相的充分混合，尘粒与水滴不断碰撞，凝并成为更大的颗粒（凝并过程）。气流在渐扩管内速度逐渐降低，静压得到一定的恢复。已经凝并的尘粒经风管进入脱水器，由于颗粒较大，在一般的旋风除尘器中就可以把含尘的水滴分离出来（脱水过程），使煤气气流得到净化。

## 知识点3　工业上常用炉型的比较

本知识点是认识常用工业气化炉，了解国内常用煤气发生炉的型号、技术参数等，可根据工艺要求，选择和确定气化炉型。

### 一、国内常用气化炉的型号

煤气化技术在中国已有近百年的历史，技术开发与应用达到世界先进水平，拥有自主知识产权的煤气化技术实现产业化，引进技术也积累了丰富的生产和改进经验。据统计，全国有近万台各种类型的气化炉在运行，其中固定床气化炉最多。如合成氨工业中应用的 UGI 水煤气发生炉就达 4000 余台；生产工业燃气的气化发生炉近 5000 台，其中还包括近年来引进的两段气化炉和生产城市煤气和化肥的 Lurgi 炉。Winkler 和 U-GAS 流化床气化和 Texaco 气流床气化等先进技术则多用于化肥工业。

近 50 年来，有代表性的煤气化技术有：20 世纪 50 年代末到 80 年代的仿 K-T 气化技术研究与开发，曾于 60 年代中期和 70 年代末期在新疆芦草沟和山东黄县建设中试装置，为国内引进 Texaco 水煤浆气化技术提供了丰富的经验；80 年代在灰熔聚流化床煤气化领域中进行了大量工作并取得了专利；我国共引进数十台 Texaco 气化炉和 Lurgi 气化炉，国内配套完成了部分设计、安装与操作，积累了丰富的经验；国内自主研发的多喷嘴对置气流床气化炉，比氧耗、比煤耗、碳转化率、有效气化成分等指标均优于 Texaco 技术；整体煤气联合循环（IGCC）技术成功应用，2012 年 12 月 12 日，中国首座煤气化联合循环电站华能天津 IGCC

电站示范工程投产，标志着我国洁净煤发电技术取得了重大突破。2016 年 12 月，由华东理工大学等单位联合完成了日处理煤 3000t 级超大型多喷嘴对置式水煤浆气化技术，并已在国内累计推广 11 家企业，标志着我国煤气化技术向大型化、长周期迈进。

国内常用煤气发生炉的型号和主要技术参数如表 2-4 所示。

表 2-4　常用煤气发生炉的型号和技术参数

| 序号 | 名称 | 规格/m | 炉膛面积/m² | 气化煤种 | 燃料耗量/（kg/h） | 煤气产率/（m³/h） |
|---|---|---|---|---|---|---|
| 1 | φ3.6m 发生炉 | φ3.6 | 10.0 | 烟煤 | — | 8000～10000 |
| 2 | A-13 型发生炉 | φ3.0 | 7.07 | 烟煤 | 1700 | 4600～5500 |
| 3 | A-21 型发生炉 | φ3.0 | 7.07 | 无烟煤 | 1000～1500 | 4500～5600 |
| 4 | 3M 型发生炉 | φ3.0 | 7.07 | 无烟煤 | 1000～1500 | 4500～5600 |
| 5 | W 型发生炉 | φ3.0 | 7.07 | 烟煤 | — | 4600～5500 |
| 6 | W-G 型发生炉 | φ3.0 | 7.07 | 无烟煤 | 1200～2000 | 6000～8000 |
| 7 | φ2.4m 发生炉 | φ2.4 | 3.1 | 无烟煤 | 900～1200 | 3600～5000 |
| 8 | φ2.0m 发生炉 | φ2.0 | 3.14 | 无烟煤 | 600 | 2100 |
| 9 | φ1.6m 发生炉 | φ1.6 | 2.0 | 无烟煤 | 400～700 | 1600 |
| 10 | φ1.5m 发生炉 | φ1.5 | 1.77 | — | 350 | 1200 |

## 二、三种主要制气方法的比较

前面介绍了国内外工业上三种主要的制气方法，即移动床、沸腾床（流化床）和气流床气化工艺。这些气化方法都有成熟的技术和相关设备，现将三种气化方法的代表性炉型及其主要工艺指标列于表 2-5 中。

表 2-5　工业上三种制气方法的比较

| 气化指标 | | 鲁奇炉（移动床） | 温克勒炉（沸腾床） | K-T 炉（气流床） |
|---|---|---|---|---|
| 气化压力/MPa | | 2.0～3.0 | 常压 | 常压 |
| 气化炉出口煤气温度/℃ | | — | 800～1500 | 1400～1600 |
| 煤在炉内的停留时间 | | 90min | 15min | 1s |
| 气化煤种 | | 不黏结、不热爆 | 高活性、不热爆 | 各种煤 |
| 入炉煤粒度/mm | | 5～50（>13mm 占87%） | 0～8 | <0.1（0.047mm 占80%） |
| 煤气组成 | $\varphi$（$H_2$）/% | 37～39 | 35～36 | 31 |
| | $\varphi$（CO）/% | 20～23 | 30～40 | 58 |
| | $\varphi$（$CO_2$）/% | 27～30 | 13～25 | 10 |
| | $\varphi$（$CH_4$）/% | 10～12 | 1～2 | 0.1 |
| 煤气中有无焦油、酚等 | | 有 | 无 | 无 |

续表

| 气化指标 | 鲁奇炉（移动床） | 温克勒炉（沸腾床） | K-T 炉（气流床） |
|---|---|---|---|
| 煤气产率/（m³/t） | 1220 | 1580 | 1900 |
| 粗煤气耗氧量/（m³/m³） | 0.16～0.27 | 0.35 | 0.31～0.36 |
| 蒸汽耗量/kg | 1.1～1.9 | 0.4～0.9 | 0.07～0.16 |
| 碳转化率/% | 88～95 | 68～80 | 80～98 |
| 冷煤气效率/% | 75～80 | 58～65 | 69～75 |

 **技能训练**

查阅文献、参考书等资料，了解原煤处理中破碎设备的操作过程及注意事项有哪些。

# 单元3　典型气化工艺技术

煤炭气化技术已有悠久的历史，尤其自20世纪70年代石油危机出现，世界各国广泛开展了煤炭气化技术的研究。迄今为止，已开发及处于研究发展阶段的气化方法不下百种。在之前已讲述，按气化炉中流体力学条件分类以及按气固相间相互接触的方式分类，可分为移动床气化技术、流化床气化技术、气流床气化技术及熔融床气化技术，下面进行详细介绍。

## 知识点1　移动床气化技术

### 一、移动床床层结构及温度分布

移动床是一种较老的气化装置。燃料主要有褐煤、长焰煤、烟煤、无烟煤、焦炭等，气化剂有空气、空气-水蒸气、氧气-水蒸气等，燃料由移动床上部的加煤装置加入，底部通入气化剂，燃料与气化剂逆向流动，反应后的灰渣由底部排出。移动床及其炉内料层温度分布情况如图2-20所示。

移动床气化
技术简介

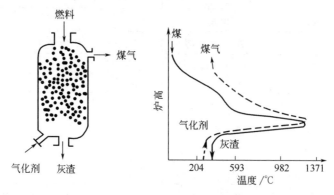

图 2-20　移动床及其炉内料层温度分布

当炉料装好进行气化时，炉内料层可分为六个层带，自上而下分别为：空层、干燥层、干馏层、还原层、氧化层、灰层，如图 2-21 所示。

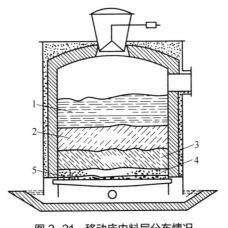

移动床床层
温度结构及
温度分布

图 2-21　移动床内料层分布情况
1—干燥层；2—干馏层；3—还原层；4—氧化层（火层）；5—灰层

### 1. 灰层

灰层中的灰是煤气化后的固体残渣，煤灰堆积在炉底的气体分布板上，具有三个方面的作用。

（1）均匀分布气化剂的作用　由于灰渣结构疏松并含有许多孔隙，可均匀分布气化剂。

（2）预热作用　煤灰的温度比刚入炉的气化剂温度高，可预热气化剂。

（3）保护作用　灰层上面的氧化层温度很高，有了灰层的保护，避免和气体分布板的直接接触，故能起到保护分布板的作用。

灰层温度较低，灰中的残炭较少，所以灰层中基本不发生化学反应。

### 2. 氧化层

氧化层也称燃烧层或火层，是煤气化的重要反应区域，从灰渣中升上来的预热气化剂与煤接触发生燃烧反应，产生的热量是维持气化炉正常操作的必要条件。氧化层带温度高，气化剂浓度最大，发生的化学反应剧烈，主要的反应为：

$$C + O_2 \longrightarrow CO_2$$
$$2C + O_2 \longrightarrow 2CO$$
$$2CO + O_2 \longrightarrow 2CO_2$$

上面三个反应都是放热反应，因而氧化层的温度是最高的。

考虑到灰分的熔点，氧化层的温度太高有烧结的危险，所以一般在不烧结的情况下，火层温度越高越好，温度低于灰分熔点的 80～120℃ 为宜，约 1200℃。氧化层厚度控制在 150～300mm，要根据气化强度、燃料块度和反应性能来具体确定。

降低氧化层的温度可以通过适当降低鼓风温度，也可以适当增大风量来实现。

### 3. 还原层

氧化层的上面是还原层，炽热的碳具有很强的夺取水蒸气和二氧化碳中的氧而与之化合的能力，水（当气化剂中用蒸汽时）或二氧化碳发生还原反应而生成相应的氢气和一氧化碳，还原层也因此而得名。还原反应是吸热反应，其热量来源于氧化层的燃烧反应所放出的热。还原层的主要化学反应如下：

$$C + CO_2 \rightleftharpoons 2CO$$
$$C + H_2O \rightleftharpoons H_2 + CO$$
$$C + 2H_2O \rightleftharpoons 2H_2 + CO_2$$
$$C + 2H_2 \rightleftharpoons CH_4$$
$$CO + 3H_2 \rightleftharpoons CH_4 + H_2O$$
$$2CO + 2H_2 \rightleftharpoons CO_2 + CH_4$$
$$CO_2 + 4H_2 \rightleftharpoons CH_4 + 2H_2O$$

由上面的反应可以看出：反应物主要是碳、水蒸气、二氧化碳和二次反应产物中的氢气；生成物主要是一氧化碳、氢气、甲烷、二氧化碳、氮气（用空气作气化剂时）和未分解的水蒸气等。常压气化时主要的生成物是一氧化碳、二氧化碳、氢气和少量的甲烷，而加压气化时的甲烷和二氧化碳的含量较高。

还原层厚度一般控制在 300～500mm。如果煤层太薄，还原反应进行不完全，煤气质量降低；煤层太厚，对气化过程也有不良影响，尤其是在气化黏结性强的烟煤时，容易造成气流分布不均，局部过热，甚至烧结和穿孔。

习惯上，把氧化层和还原层统称为气化层。气化层厚度与煤气出口温度有直接的关系，气化层薄，出口温度高；气化层厚，出口温度低。因此，在实际操作中，以煤气出口温度控制气化层厚度，一般煤气出口温度控制在 600℃左右。

### 4. 干馏层

干馏层位于还原层的上部，气体在还原层释放大量的热量，进入干馏层时温度已经不太高了，气化剂中的氧气已基本耗尽，煤在这个过程历经低温干馏，煤中的挥发分发生裂解，产生甲烷、烯烃和焦油等物质，它们受热成为气态而进入干燥层。

干馏区生成煤气中因为含有较多的甲烷，因而煤气的热值高，可以提高煤气的热值，但也产生硫化氢和焦油等杂质。

### 5. 干燥层

干燥层位于干馏层的上面，上升的热煤气与刚入炉的燃料在这一层相遇并进行换热，燃料中的水分受热蒸发。一般地，利用劣质煤时，因其水分含量较大，该层高度较大，如果煤中水分含量较少，干燥段的高度就小。脱水过程大致分为三个阶段。

（1）第一阶段　干燥层的上部，上升的热煤气使煤受热，首先使煤表面的润湿水分即外在水分汽化，这时煤微孔内的吸附水即内在水分同时被加热。随燃料下移温度继续升高。

（2）第二阶段　煤移动到干燥层的中部，煤表面的外在水分已基本蒸发干净，微孔中的内在水分保持较长时间，温度变化不大，继续汽化，直至水分全部蒸发干净，温度才继续上升，燃料被彻底干燥。

（3）第三阶段　燃料移动到干燥层的下部时，水分已全部汽化，此时不需要大量的汽化热，上升的热气流主要用来预热煤料，同时煤中吸附的一些气体如二氧化碳等逸出。干燥段的升温曲线如图 2-22 所示。

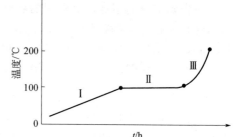

图 2-22　燃料在干燥段的升温曲线

### 6. 空层

空层即燃料层的上部，炉体内的自由区，其主要作用是汇集煤气，并使炉内生成的还原层气体和干馏段生成的气体混合均匀。由于空层的自由截面积增大，使得煤气的流动速度大大降低，气体夹带的颗粒返回床层，减少粉尘的带出量。

必须指出，上述各层的划分及高度随燃料的性质和气化条件而异，且各层间没有明显的界限，往往是相互交错的。

移动床按气化压力来分类，可以分为常压移动床和加压移动床；按排渣性质可以分为固态排渣移动床和液态排渣移动床。

空层的作用

## 二、常压移动床气化工艺

常压移动床气化是最早使用的气化工艺。在气化炉内，煤是分阶段装入的，随着反应时间的延长，燃料逐渐下移，经过前述的干燥、干馏、还原和氧化等各个阶段，最后以灰渣的形式不断排出，而后补加新的燃料。其操作方法有间歇法和连续气化法两种。

### 1. 常见工艺流程

煤气发生站的工艺流程按气化原料性质、燃料气的用途、投资费用等因素来综合考虑。目前，比较常见的工艺流程有以下四种。

（1）热煤气工艺流程　无冷却装置，从气化炉出来的热煤气直接作为燃料气。热煤气流程简单，从气化炉出来的热煤气经过旋风除尘后即送给用户，距离短，热损失较小，可以使能量充分利用。

（2）无焦油回收系统的冷煤气工艺流程　流程如图 2-23 所示。气化原料采用无烟煤或焦炭，煤气中没有或仅有少量的焦油，发生炉后的净化系统主要用来冷却和除尘。

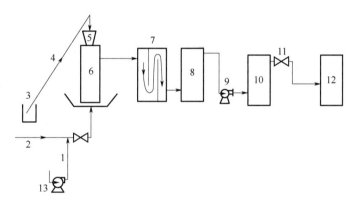

图 2-23　无焦油回收系统的冷煤气工艺流程

1—空气管；2—蒸汽管；3—原料坑；4—提升机；5—煤料储斗；6—发生炉；7—双竖管；8—洗涤塔；
9—排风机；10—除雾器；11—煤气主管；12—用户；13—送风机

经过筛选的原料煤经提升机送原料煤仓，煤仓中的煤料按要求间歇地加入发生炉。总管来的蒸汽和鼓风机来的空气按一定比例混合，经调节阀调节到需要的流量后送入炉底，入炉后进行气化反应。生成的热煤气由炉上部导出，进入双竖管 7，管内用水喷淋，煤气冷却到 85～90℃，同时煤气中部分煤尘和部分焦油被分离下来，初冷后的煤气入洗涤塔进一步冷却除尘，煤气被冷却到 35℃左右后，用排风机抽出并补足压力，煤气进入除雾器 10 后，除去煤气中的雾滴（水和少量的焦油），净化后的冷煤气从除雾器出来，经总管后送给用户。

冷煤气流程中的气化炉可以采用 3M-21 型煤气发生炉、W-G 型煤气发生炉等。20 世纪 80 年代，一些焦化厂将热值较高的干馏煤气送去作为城市煤气，而采用焦炉生产的中小块碎焦，在 W-G 发生炉里气化，用和上述流程类似的方法生产炼焦用的燃气。

（3）有焦油回收系统的冷煤气工艺流程　早期使用的 3M-13 型煤气发生炉的工艺流程如图 2-24 所示。

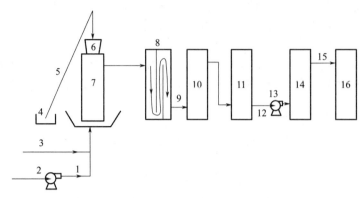

**图 2-24　有焦油回收系统的冷煤气工艺流程**

1—空气管线；2—送风机；3—蒸汽管线；4—原料煤坑；5—提升机；6—煤料储斗；
7—煤气发生炉；8—双竖管；9—初净煤气总管；10—电捕焦油器；11—洗涤塔；
12—低压煤气总管；13—排送机；14—除雾器；15—高压煤气总管；16—用户

当气化烟煤和褐煤时，气化过程中产生的大量焦油蒸气会随同煤气一起排出。这种焦油冷凝下来会堵塞煤气管道和设备，所以必须从煤气中除去。

原料煤经过粗碎、破碎、筛分等准备阶段，输送到气化炉厂房上部的煤料储斗，经过给料机落入气化炉的炉内，与炉底鼓入的气化剂反应。气化产生的煤气由煤气炉出来后，首先进入双竖管，煤气被增湿降温到 85～90℃，在此除去大部分粉尘和部分粒子较大的焦油雾，但细小的焦油雾滴难以去除，所以煤气进一步送入除油雾效率较高的电捕焦油器脱除，然后进入洗涤塔使煤气去湿降温到 35℃左右，经排送机加压后进一步去除雾，净化后的煤气送给用户。

（4）两段式冷净煤气工艺流程　流程如图 2-25 所示。两段炉形成两段独立的煤气流，即顶部煤气和底部煤气。顶部煤气温度低，一般为 100～150℃，主要含有焦油，飞灰颗粒少；底部煤气温度约为 500～600℃，主要含有飞灰颗粒，而焦油含量少。两段煤气的净化工序不

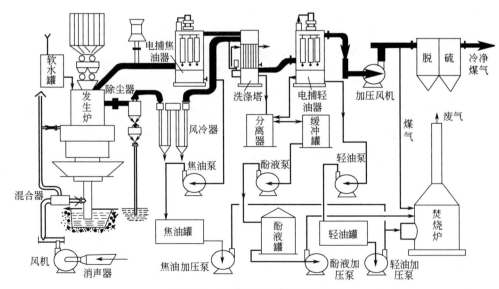

**图 2-25　两段式冷净煤气工艺流程**

同。底部煤气首先流经旋风除尘器，除去煤气中的大量粉尘，然后流经强制风冷器，冷却到120℃左右。此时经电捕焦油器除去大部分焦油蒸气的顶部煤气，和风冷器来的底部煤气混合一起送入洗涤塔，在塔内混合煤气被冷却到35℃左右。洗涤后的煤气进一步引入电捕轻油器，在此除去煤气中剩余的粉尘和油雾，然后经过排送机加压送用户使用，或者送下一工序进一步进行脱硫等净化处理。

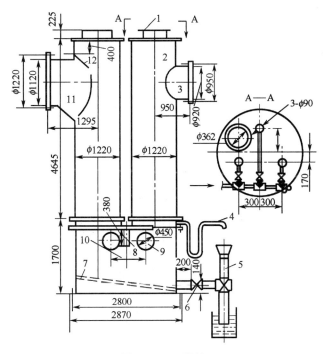

图 2-26　双竖管

1—进水管装置及喷头；2—竖管外壳；3—煤气出口；4—溢流管；5—疏水管；6—闭路阀；
7—流水斜板；8，12—挡板；9—人孔；10—底座；11—煤气进口

## 2. 主要设备简介

（1）双竖管　双竖管属于煤气冷却和净化设备。冷却介质是水，采用和煤气并流或逆流的方法，直接接触，使高温煤气冷却，煤气中的粉尘、焦油和硫化氢等杂质也被洗涤下来，同时，部分冷却水吸收热变成水蒸气进入煤气。

冷却水的用量可以由下式计算：

$$q_m = \frac{q_V(Q_1 - Q_2)}{t_1 - t_2} \qquad (2\text{-}10)$$

式中　$q_m$——冷却水用量，kg/h；

$\quad\quad q_V$——进洗涤设备的煤气流量，$m^3/h$；

$\quad\quad Q_1$——煤气在进口温度下的含热量，$kJ/m^3$；

$\quad\quad Q_2$——煤气在出口温度下的含热量，$kJ/m^3$；

$\quad\quad t_1$——进设备冷却水温度，℃；

$\quad\quad t_2$——出设备冷却水温度，℃。

双竖管是两个相连的钢制直立圆筒形装置，如图 2-26 所示。两个竖管顶部都有水喷头，煤气进口设在第一竖管的上部。高温煤气进入第一竖管后，与顶部喷头喷淋的雾状水一起由

上向下并流流动，煤气得以冷却，煤气中的杂质和焦油初步脱除。然后煤气由底座进入第二竖管自下而上流动，与第二竖管顶部喷淋而下的雾状水逆流接触，煤气进一步冷却除尘，从竖管顶部的煤气出口导出。

煤气在双竖管冷却后的温度为 85～95℃，冷却水温度从 30℃左右升到 40～45℃，除尘效率约为 70%，除焦油效率约为 20%。

（2）电捕焦油器　如图 2-27 所示。其静电除粉尘和焦油效率较高，内部为直立式管束状结构，每个圆管中央悬挂一根放电极，管壁作为沉降极，下端设有储油槽。在每个放电极和接地的沉降极之间，建立一个高压强电场。当煤气通过强电场时，由于电离使煤气中大部分粉尘和焦油雾滴带上负电，而往圆管壁（相当于正极）移动，碰撞后放电而黏附在上面，逐渐积聚沉淀而向下流动。煤气经两极放电后由电捕焦油器导出。

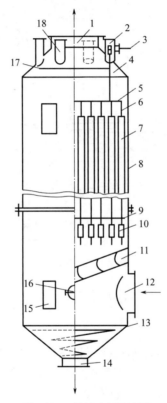

图 2-27　管式电捕焦油器

1—煤气出口；2—绝缘子箱；3—电缆；4—吊竿；5—上框架；6—放电极；7—沉降极；8—外壳；9—下框架；10—重锤；11—分气板；12—煤气进口；13—加热管；14—焦油出口；15—入孔；16，18—防爆阀；17—清洗管

管式电捕焦油器外加直流电压约为 50～60kV，工作电流约 200～300mA，煤气在沉降管内的流速约 1.5m/s，除尘、除焦油效率可达 99%左右。

### 3. 工艺参数及控制

在实际生产过程中，根据原料的种类、性质和煤气的具体用途，选择合适的炉型和适当的工艺参数，在可能达到的合理气化强度条件下，尽量得到高的气化效率。

对混合煤气发生炉而言，煤气发生炉的主要工艺参数有气化温度、气化压力、气化剂饱和温度、气化效率、料层高度、气化剂消耗量、炉出煤气温度、炉出煤气组成等。为了保证煤气发生炉的正常运转，对气化炉的主要工艺参数应精心调节、严格控制。

（1）混合煤气发生炉的工艺参数及控制

① 气化温度和气化剂饱和温度。气化温度一般指煤气发生炉内氧化层的温度。气化温度的大小直接影响煤气成分、煤气热值、气化效率和气化强度。煤气发生炉的温度一般控制在 1000～1200℃。通常，生产城市煤气时，气化层的温度在 950～1050℃最佳；生产合成原料气时，可以提高到 1150℃左右。温度太高，将带来一系列不良后果，不仅增加气化炉向四周辐射的热损失，而且会增大出口煤气的显热损失。同时，当超过煤灰熔点时，灰渣烧结，影响均匀布气，料层中可能出现气沟、火层倾斜、烧穿等异常现象。另外，烧结的煤渣将燃料包住，影响反应，使灰渣中的残炭量增大。温度太低，气化速度减慢，气化强度降低，蒸汽分解率降低，灰中的残炭量降低，煤气的质量变差。

调节气化温度的常用方法是通过调节气化剂的饱和温度来实现的。气化剂的饱和温度提高，则进入炉内的气化剂中水蒸气的含量增大、空气的含量减少；气化剂的饱和温度降低，则其中水蒸气的含量下降、空气的含量增大。因而，当炉温偏高时，提高气化剂的饱和温度，增加水蒸气的含量，空气中的氧气不足，则主要进行生成 CO 的反应，放热较少，气化温度下降；相反，当炉温偏低时，适当降低气化剂的入炉饱和温度，氧气充足，主要进行的是生成 $CO_2$ 的反应，热效应大，气化温度上升。

由于影响炉内反应的因素较为复杂，气化原料煤粒度的变化、水分、灰分以及灰熔点等都会引起炉内正常工况的波动，气化剂的饱和温度控制定性分析如下。

a. 原料煤的粒度的影响。原料煤的粒度越小，在气化过程中移至火层中的热焦粒也越小，因而反应的表面积大，气化反应剧烈，反应热强度较大，操作条件稍有波动，易引起结渣；又因粒子间缝隙小，一旦灰渣形成，极易黏结周围的热焦，结成渣块。这时为防止结渣，宜适当提高饱和温度。当原料煤粒度较大时，不宜结渣，用较低的饱和温度。

b. 原料煤水分的影响。气化原料煤水分较大，各层温度相应降低，使蒸汽分解率降低，最后导致煤气成分变差。因此，使用含水量较高的煤作原料时，为提高炉内温度，宜适当降低气化剂入炉的饱和温度。

c. 原料煤灰分的影响。通常情况下，气化灰含量高的煤种时较宜形成灰渣（尚与灰渣性质有关），此时，应适当提高气化剂的饱和温度，增加水蒸气的含量，控制火层温度低一些，以防止形成成渣的条件。气化含灰量低的煤种时，可以适当降低气化剂的饱和温度，也不致造成结渣。

d. 原料煤灰熔点的影响。气化原料煤的灰熔点主要是软化温度（$T_2$），是煤气化的重要指标。当用来气化的煤灰熔点较低时，应适当提高气化剂的饱和温度，但必须注意，不能提高太多，否则炉内温度太低，又对气化不利。反之，当气化原料煤灰熔点较高时，应降低气化剂的饱和温度。

一般气化剂的饱和温度控制在 50～65℃之间，具体温度应根据煤料性质、工艺操作水平及对煤气组成的要求来确定。

② 料层高度。气化炉内，灰层、氧化层、还原层、干馏层和干燥层的总高度即为料层高度。料层高度的大小，与煤气发生炉的结构型式、原料的粒度、原料中的水分含量、气化强度等因素都有关系。入炉煤的粒度大，水分含量高，要求气化强度适中时，料层高度可以适当高一些；反之，则低一些。

灰层高度过低，气化剂的预热效果不好，又因氧化层接近炉箅，可能使炉箅烧坏；控制的方法是用排灰速度来调节。灰层太高，气体的阻力又增大，一般控制在 100mm 左右。氧化层高度一般较小，是由于氧化反应极快。还原层高度决定于还原反应的速率，而该速率与氧化层上升气体的温度、组成有关，与还原层的自身温度、燃料的反应性、燃料的块度等因素也有一定的关系。为使反应完全，气化层要保持一定的高度，适当提高气化温度。如果原料粒度较大，且热稳定性又好，一般也要保持较高的气化层高度，以利于气化反应的充分进行。

对于气化一些挥发分高的煤种，如年轻烟煤或褐煤，干馏层的高度就变得甚为重要。因为煤中的挥发分大部分是在干馏层中逸出，并产生干馏煤气。干馏层太低，煤中部分挥发分来不及逸出而被带到还原层，这会影响还原反应的正常进行。

对于干燥层而言，主要是燃料中水分含量对它的影响。煤中的水分在进入干馏层之前必须除去，否则会影响干馏的正常进行。一般气化水分含量大的煤，干燥层高度易大一点，水分含量少的年老烟煤气化时，可适当降低。

③ 气化剂的消耗量。水蒸气的分解率、水蒸气消耗量、水蒸气分解量、气体热值与气体组成之间的关系如图2-28所示。

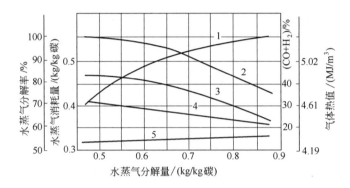

**图2-28 水蒸气消耗量、水蒸气分解率、水蒸气分解量、气体热值和气体组成的关系**
1—水蒸气分解量；2—气体热值；3—水蒸气分解率；4—CO含量；5—$H_2$含量

水蒸气的消耗量是气化过程中一个非常重要的指标，如前所述，在气化炉的生产操作过程中，为了防止炉内结渣，一般是通过控制加入的水蒸气量来实现的。但过分增加蒸汽用量，煤气的质量有所下降。由于不同的煤种的组成不同，活性差别较大，在气化时，所需的水蒸气的用量也不同。一般地，气化1kg无烟煤约需水蒸气0.32~0.50kg，气化1kg褐煤约需水蒸气0.12~0.22kg，气化1kg烟煤约需水蒸气0.20~0.30kg。水蒸气的分解率除了和气化温度有关外，还与其消耗量有关。从图2-28可以看出，随着水蒸气的消耗量增加，水蒸气的绝对分解量是增加的，如曲线1所示，然而，水的分解率却是下降的，如曲线3所示。蒸汽分解率的显著降低，将会使后续冷却工段的负荷增加，而且对水蒸气来讲也是一种浪费。

煤气组成受气化剂消耗量的影响也非常大。随着蒸汽消耗量的增大，气化炉内 $CO+H_2O \rightleftharpoons CO_2+H_2$ 的反应增强，使得煤气中的一氧化碳含量减少，氢气和二氧化碳的含量增加。

④ 灰中残炭量。在气化过程中，会有一部分可燃物被煤气带出炉外或随炉渣排出炉外。灰中残炭量的大小和原料的种类与性质、气化强度、操作条件及气化炉的结构有关。在各类煤种中，一般热稳定性差的褐煤和无烟煤，带出损失较大；燃料颗粒越细或细碎的部分越多，气流的速度越大，则灰渣残炭量越大。

附录二列出了无烟煤、气煤、褐煤以及泥煤等几种煤的主要气化指标。

（2）水煤气发生炉工艺参数及控制　间歇式水煤气的生产和混合煤气的生产不同。以水蒸气为气化剂时，在气化区进行碳和水蒸气的反应，不再区分氧化层和还原层。燃料底部为灰渣区，用来预热从底部进入的气化剂，又可以保护炉箅不致过热而变形，这一点和混合煤气发生炉相同。但由于氧化和还原反应分开进行，因此燃料层温度将随空气的加入而逐渐升高，而随水蒸气的加入又逐渐下降，呈周期性变化，生成煤气的组成也呈周期性变化。这就是间歇式制气的特点。

① 吹风（空气）过程的操作条件。吹风过程的目的是燃烧部分燃料给制气过程提供足够的热量，由于碳完全燃烧生成二氧化碳时的热效应最大，因而在吹风阶段，应该按完全燃烧来进行。然而，燃料层温度的升高将使二氧化碳还原成一氧化碳的生成量加大，图 2-29 反映了燃烧过程一氧化碳和二氧化碳的生成量与温度的关系。

由图 2-29 可以看出，煤气炉生产的吹风阶段，当空气开始通入时，燃烧彻底，二氧化碳的含量高，一氧化碳的含量低；随着炉层温度的提高，二氧化碳的含量逐渐减少，而一氧化碳的含量在增加。生产中，可以选择较高的空气鼓风速度，缩短吹风时间，或者在吹风阶段加入二次空气的量由小到大地变化，都可以减少一氧化碳的生成。

吹风过程的热效率（$\eta_1$）用料层蓄积的热量与该过程消耗的热量之比来表示，即：

$$\eta_1 = \frac{Q_A}{H_C \times m_A} \times 100\% \qquad (2\text{-}11)$$

式中　$Q_A$——料层蓄积的热量，kJ；

$H_C$——原料的热值，kJ/kg；

$m_A$——吹风气过程中的原料消耗量，kg。

吹风气中二氧化碳的含量、吹风气的温度和吹风效率的关系如图 2-30 所示。随着吹风气中二氧化碳含量的下降、燃料层温度的上升，吹风效率下降。如二氧化碳含量为 13%，温度在 800℃时效率为 53%；二氧化碳含量为 5%、温度 1200℃时效率为 18%；当没有二氧化碳、温度上升到 1700℃时，效率降到零，这时吹出气中一氧化碳的含量达到最大，反应放出的热量全部用于吹风气的加热，不能再为制气过程提供热量了。

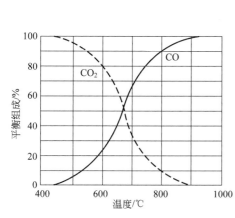

图 2-29　CO、$CO_2$ 平衡组成与温度的关系

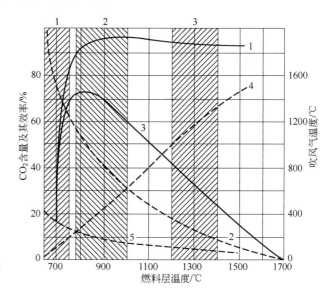

图 2-30　间歇法制水煤气的制气效率与料层温度的关系

1—制气效率；2—吹风效率；3—总效率；4—吹风气温度；
5—吹风气中 $CO_2$ 的含量

② 制气阶段的效率。制气效率（$\eta_2$）用下式表示：

$$\eta_2 = \frac{Q}{H_C \times m_C + Q_A} \times 100\% \qquad (2\text{-}12)$$

式中    $Q$——生成煤气中可燃气体（$H_2$+CO）的热值，kJ；

$\quad\quad m_C$——吹水蒸气过程中所消耗的煤量，kg；

$\quad\quad Q_A$——吹风阶段蓄积在燃料层中的热量，kJ；

$\quad\quad H_C$——原料的热值，kJ/kg。

制气效率与燃料层温度的关系如图 2-30 所示。当燃料层的温度从 850℃开始下降时制气效率急剧下降，料层温度太低制气过程将不能进行；温度在 850～1200℃之间，效率比较高；温度升至 1200℃以上时，效率不仅没有上升反而有所下降。

从以上的讨论可知，燃料层温度对吹风和制气两个过程的影响是不同的。因此，燃料层的温度一般控制在 1000～1200℃之间，太高或太低都不合适。

两个过程的总效率（$\eta$）为所得水煤气的热值与两个过程所消耗燃料的总热量之比，即：

$$\eta = \frac{Q}{H_{Cm_A} + H_{Cm_C}} \times 100\% \qquad\qquad (2-13)$$

制气总效率在 800～850℃时最高，但气化强度太低，综合考虑各种因素，一般在 1000～1200℃之间比较适宜。实际生产中，以提高制气效率为主，兼顾总效率。

③ 气流速度。吹空气过程的气流速度应尽量大，这样有利于碳的燃烧反应，可以缩短吹风时间。其好处是一方面可以相应增加制气阶段的时间，另一方面也减少了生成的二氧化碳与灼热炭层的接触时间，从而减少一氧化碳的生成量。发生炉的气化强度一般在 500～600kg/（$m^2 \cdot h$），所用的吹空气速度为 0.5～1.0m/s，水蒸气的速度为 0.05～0.15m/s。但风速过大，将导致吹出物的增加，燃料损失加大，严重时甚至会出现风洞或吹翻，造成气化条件恶化。

为了提高水煤气过程的生产能力，在生产条件不致恶化的前提下，常采用高吹空气速度 1.5～1.6m/s，这样，燃烧层温度迅速升高，二氧化碳来不及还原，吹风气中的一氧化碳仅 3%～6%，与此相应可采用高水蒸气流速 0.25m/s 左右。

④ 水蒸气用量。水蒸气用量是提高煤气产量，调节气体成分的重要指标。该量取决于水蒸气流速和延续时间。蒸汽一次上吹时，炉温高，所产的煤气质量好，产量大。由于强烈气化使炉温迅速下降，气化区上移，出口煤气温度上升，热损失加大。上吹时间不宜太长，相应水蒸气用量不宜太大。

蒸汽改下吹时，气化区下移到正常位置，由于床层温度总体下降，在蒸汽温度较高的情况下，下吹时间较上吹时间延长，相应蒸汽用量加大。

以内径为 2260mm 煤气发生炉为例，蒸汽用量一般为 2～2.4t/h；内径为 2400mm 的煤气发生炉的蒸汽用量为 2～2.6t/h。

⑤ 料层高度。料层高度对制气和吹风过程的影响相反。制气阶段，料层高，蒸汽在炉内的停留时间长，炉温稳定，有利于气化反应，蒸汽分解率提高；对吹风过程，料层高时，延长了二氧化碳和煤层的接触时间，易还原成一氧化碳，热损失增大。另外，高料层的阻力大，气体输送的动力消耗相应增大。

⑥ 循环时间。循环时间是指每一工作循环所需的时间。间歇制气的一个工作循环时间一般为 2.5～3min。通常，循环时间一般不做随意调整，在操作中可以通过改变各阶段的时间分配来调整炉内的工况。

一般地，吹风阶段的时间以能提供制气所必需的热量为限，其长短主要由燃料的灰熔点和空气流速而定，上下吹时间的分配主要考虑气化区要维持稳定、煤气质量好和热能的合理利用为原则；二次上吹和空气吹净时间的长短，应保证煤气发生炉上下部空间的煤气被排净，在下一个工作循环时，不致引起爆炸。例如，以粒度为 25～75mm 的无烟煤为气化原料时，各阶段的时间分配为：吹风 24.5%～25.5%；上吹 25%～26%；下吹 36.5%～37.5%；二次上吹 7%～9%；空气吹净 3%～4%。

采用焦炭、无烟煤、烟煤以及褐煤等四种煤制得水煤气的指标如附录三所示。

### 4. 典型常压发生炉

国内使用的移动床煤气发生炉有多种类型和规格，早期使用的以 3M 型为主，有 3M-13 型（即 3Ад-13 型）、3M-21 型（即 3Ад-21 型），后来有 W-G、U.G.I 及两段式气化炉。

（1）3M-21 型移动床混合煤气发生炉　3M-21 型煤气发生炉不带搅拌破黏装置，适宜于气化贫煤、无烟煤和焦炭等不黏结性燃料，气化剂用空气和水蒸气，湿式排渣，炉膛内径 3000mm，产气量为 4500m³/h，多用于冶金、玻璃等行业作为燃料气的生产装置。

如图 2-31 所示，3M-21 型气化炉的主体结构由四部分组成，即炉上部的加煤机构、中部为炉身、下部有除灰机构和气化剂的入炉装置。各主要部分的结构和功能如下。

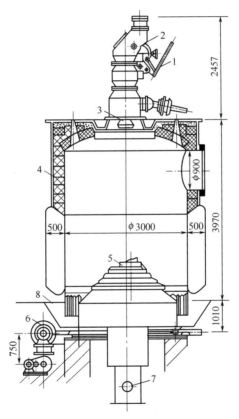

3M-21 型
气化炉简介

**图 2-31　3M-21 型气化炉**

1—传动装置；2—双钟罩加煤机；3—布料器；4—炉体；5—炉箅；6—炉盘传动；7—气化剂进口；8—水封盘

① 加煤机构。加煤机构的作用是将料仓中一定粒度的煤经相应部件传送，能基本保持煤的粒度不变，安全定量地送入气化炉内。3M-21 型加煤机构主要由一个滚筒、两个钟罩和传动装置组成。

② 中部炉身。中部炉身是煤气化的主要场所，上设探火孔、水夹套、耐火衬里等主要部分。水夹套是炉体的重要组成部分，由于强放热反应使得氧化段温度很高，一般在 1000℃以上。加设水夹套的作用一方面回收热量，产生一定压力的水蒸气供气化或探火孔汽封使用；

另一方面，可以防止气化炉局部过热而损坏。夹套水必须用软化水，特殊情况可暂时用自来水代替，但时间不宜太长，以防在夹套壁上形成水垢，影响传热。

③ 下部除灰机构。除灰机构的主要部件有炉箅、灰盘、排灰刀和风箱等。如图 2-32 所示。

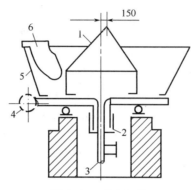

图 2-32　除灰机构

1—炉箅；2—水封；3—风箱；4—蜗杆；5—灰盘；6—灰刀

炉箅的主要作用是：支撑炉内总料层的重量，使气化剂在炉内均匀分布，与碎渣圈一起对灰渣进行破碎、移动和下落。它由四或五层炉箅和炉箅座重叠后用一长杆螺栓固定成一整体，然后固定在灰盘上。每两层炉箅之间及最后一层炉箅和炉箅座之间开有布气孔，每层的布气量通过试验来确定。安装时炉箅整体的中心线和炉体的中心线偏移 150mm 左右的距离，可以避免灰渣卡死。具体结构如图 2-33 所示。

直径 3m 的 3M-21 型煤气发生炉的主要技术参数为：原料（无烟煤、焦炭）粒度，25～50mm；原料耗量，1400～1800kg/h；气化强度，198～254kg/（m²·h）；煤气产量（标态），5500～6500m³/h；煤气热值（标态），5.0MJ/m³；空气消耗量，4000～5100m³/h；最大风压，4～6kPa；蒸汽消耗量，0.3～0.5kg/kg；水套压力，0.05MPa。

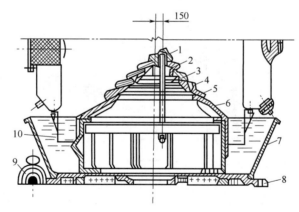

图 2-33　炉箅

1—一层炉箅；2—二层炉箅；3—三层炉箅；4—四层炉箅；5—五层炉箅；

6—炉箅座；7—灰盘；8—大齿轮；9—蜗杆；10—裙板

（2）3M-13 型移动床混合煤气发生炉　3M-13 型气化炉装有破黏装置，既能气化弱黏结性的煤（如长焰煤、气煤等），又能气化无烟煤、焦炭等不黏结性燃料，生产的煤气可以用来作为燃料气。其结构如图 2-34 所示。炉顶盖上设有 8 个探火孔，用于探测炉内温度和检查气化层的分布情况。也可以实施捣炉操作。半水夹套可以产生约 0.07MPa 的压力。

3M-13 型和 3M-21 型的结构及操作指标基本相同，不同的是加煤机构和搅拌破黏装置。

① 加煤机构。该种加煤机的主要部件有煤斗闸门、计量给煤器、计量锁气器等。煤斗闸门是一闸板阀，其作用是对从煤斗进入计量给煤器的煤量大小初步调节。进入气化炉内的煤量最终由计量给煤器进行控制，如图 2-35 所示。

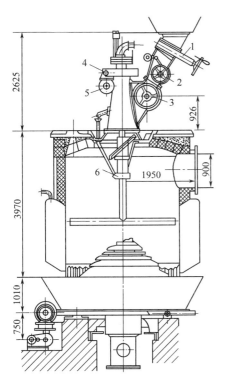

图 2-34　3M-13 型移动床混合煤气发生炉

1—插板阀；2—计量给煤器；3—整流器；4—蜗轮减速机；5—齿轮减速机；6—搅拌机构

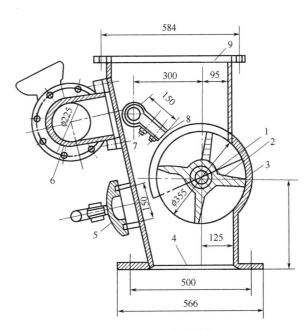

图 2-35　计量给煤器

1—叶轮轴；2—叶轮；3—壳体；4—煤出口；5—小门；6—吹洗管；7—调节轴；8—调节板；9—煤进口

计量给煤器的煤量调节，是通过计量给煤器上部的调节板 8 与外壳的间隙大小进行的。通过手轮调节使间隙增大时，则进入给煤器的煤量增加，反之，则减少。

计量锁气器的作用主要是隔断炉膛和计量给煤器，在加煤时煤气也不会进入计量给煤器内。通过计量锁气器的煤料进入炉内时，为了分布均匀，须通过一旋转的拨煤板，沿炉周围均匀地进入炉内。

② 搅拌破黏装置。3M-13 型的搅拌破黏装置如图 2-36 所示。搅拌破黏装置的作用是破坏煤的黏结性，将炉内的煤层扒平。当电动机转动时，通过蜗轮减速机带动，搅拌装置以一定的转速在炉内旋转。同时，破黏装置在料层内的垂直方向上可以自由升降，搅拌黏结性大的燃料受力大，搅拌装置将上升；反之，将下降。这种设计的优点是能够避免搅拌装置因强行搅拌而损坏，缺点是气化黏结性较大的煤时，由于它自动上升，减弱了搅拌破黏作用。

直径 3m 的 3M-13 型煤气发生炉的主要技术参数为：原料（烟煤）粒度，18~60mm；原料耗量，1400~1800kg/h；气化强度，200~240kg/（m² · h）；煤气产量（标态），5000~6000m³/h；煤气热值（标态），5.6~5.9MJ/m³；空气消耗量，3960~5100m³/h；最大风压，4~6kPa；蒸汽消耗量，0.2~0.3kg/kg；水套压力，0.35MPa。

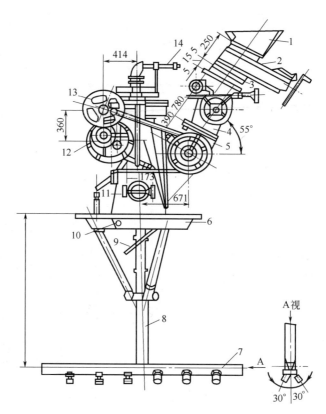

图 2-36 搅拌破黏装置

1—煤斗；2—煤斗闸门；3—伸缩节；4—计量给煤器；5—计量锁气器；6—托板和三脚架；7—搅拌耙齿；8—搅杆；
9—拨煤板；10—冷却水出口；11—空心柱；12—圆柱形减速机；13—蜗杆减速器；14—冷却水进口

3M-13 型和 3M-21 型气化炉整体密封采用的是炉底水封。因而气化剂的鼓风压力的大小受到水封高度的限制，一般为 4~6kPa，而鼓风压力又影响气化炉的气化强度，进而影响气化炉的煤气产量。

（3）U.G.I 型水煤气发生炉　水煤气发生炉和混合煤气发生炉的构造基本相同，一般用于制造水煤气或作为合成氨原料气的加氮半水煤气，代表性的炉型当推 U.G.I 型水煤气炉，属于固定床间歇式气化炉。

① U.G.I 炉的结构特点。U.G.I 型水煤气发生炉主要部件包括炉箅、水夹套、绝热筒体、破渣条和炉顶等，结构简单，安装方便。水煤气生产原料用焦炭或无烟煤，采用空气和水蒸气为气化剂。燃料从炉顶加入，气化剂从炉底加入，灰渣主要从炉子的两侧进入灰瓶，少量细灰由炉箅缝隙漏下进入炉底中心的灰瓶内，其结构如图 2-37 所示。

发生炉炉壳采用钢板焊制，上部衬有耐火砖和保温硅砖，使炉壳钢板免受高温的损害。

下部外设水夹套锅炉，用来对氧化层降温，防止熔渣黏壁并副产水蒸气。探火孔设在水套两侧，用于测量火层温度。

制造水煤气的关键是水蒸气的分解，由于水蒸气的分解是吸热反应，一般采用的方法是燃烧部分燃料来提供。

② U.G.I 炉的工作过程。常压固定床间歇式气化技术最大的特点是：作为气化剂的空气和水蒸气是交替进入气化炉与煤发生反应，每层的温度同时存在交替变化的现象，加入水煤气。

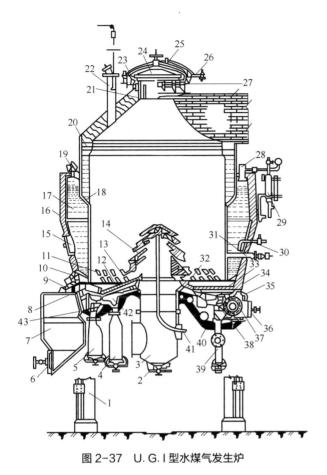

1—支柱；2—炉底三通阀门；3—炉底三通；4—长灰瓶；5—短灰瓶；6—灰斗圆门；7—灰槽；8—灰犁；9—圆门；10—夹层锅炉防水器；11—破碎板；12—小推灰器；13—大推灰器；14—宝塔形炉条；15—夹层锅炉入口；16—保温层；17—夹层锅炉；18—R形连接板；19—夹层锅炉安全阀；20—耐火砖；21—路口保护圈；22—探火装置；23—炉口座；24—炉盖；25—炉盖安全连锁装置；26—炉盖轨道；27—出气口；28—夹层锅炉出气管；29—夹层锅炉液位警报器；30—夹层锅炉进水器；31—试火管及试火考克；32—内灰盘；33—外灰盘；34—角钢挡灰圈；35—蜗杆箱大方门；36—蜗杆箱小方门；37—蜗杆；38—蜗轮；39—蜗杆箱灰瓶；40—炉底壳；41—热电偶接管；42—内刮灰板；43—外刮灰板

图 2-37　U.G.I 型水煤气发生炉

间歇法制造水煤气主要由吹空气（蓄热）和吹水蒸气（制气）两个过程组成。在实际生产过程中，还包含一些辅助过程，共同构成一个工作循环，如图 2-38 所示。

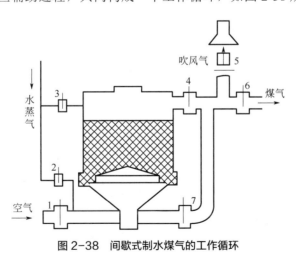

图 2-38　间歇式制水煤气的工作循环

间歇法制造水煤气的工作循环如下：

① 第一阶段为吹风阶段：吹入空气，提高燃料层的温度，空气由阀门 1 进入发生炉，燃烧后的吹风气由阀门 4、5 后经过烟囱排出，或去余热回收系统。

② 第二阶段为水蒸气吹净阶段：阀门 1 关闭，阀门 2 打开，水蒸气由发生炉下部进入，将残余吹风气经 4、5 排至烟囱，以免吹风气混入水煤气系统，此阶段时间很短。如不需要得到纯水煤气，例如制取合成氨原料气，该阶段也可取消。

③ 第三阶段为一次上吹制气阶段：水蒸气仍由阀门 2 进入发生炉底部，在炉内进行气化反应，此时，炉内下部温度降低而上部温度较高，制得的水煤气经阀门 4、6（阀门 5 关闭）后，进入水煤气的净化和冷却系统，然后进入气体储罐。

④ 第四阶段为下吹制气阶段：关闭阀门 2、4，打开阀门 3、7，水蒸气由阀门 3 进入气化炉后，由上而下经过煤层进行制气，制得的水煤气经过阀门 7 后由阀门 6 去净化冷却系统。该阶段使燃料层温度趋于平衡。

⑤ 第五阶段为二次上吹制气阶段：阀门位置和气流路线与第三阶段相同。主要作用是将炉底部的煤气吹净，为吹入空气做准备。

⑥ 第六阶段为空气吹净阶段：切断阀门 7，停止向炉内通入水蒸气。打开阀门 1，通入空气将残存在炉内和管道中的水煤气吹入煤气净制系统。

完成上述六个阶段即为一个工作循环，不断重复上述循环，就可以实现水煤气的间歇生产过程。

由以上方法制得的水煤气的体积组成为：$\varphi(CO_2)$，6.5%；$\varphi(CO)$，37.0%；$\varphi(H_2)$，50.0%；$\varphi(N_2)$，5.5%；$\varphi(CH_4)$，0.5%；$\varphi(H_2S)$，0.3%；$\varphi(O_2)$，0.2%。由前所述可知，水煤气中的（$CO+H_2$）和 $N_2$ 之比不符合合成氨原料气的要求，通常是在上述生产水煤气的基础上，在一次上吹制气阶段鼓入水蒸气的同时，适量鼓入空气（称加 $N_2$ 空气），这样制得的煤气中氮气含量增加，符合合成氨原料气中（$CO+H_2$）和 $N_2$ 之比约 3.2 的要求。但需注意的是，在配入加氮空气时，其送入时间应滞后于水蒸气，并在水蒸气停送之前切断。也就是说，为避免发生爆炸，开启时应先开蒸汽阀，然后开空气阀；关闭时，应先关闭加氮空气阀，然后再关闭蒸汽阀。通过这种方法制得的半水煤气的体积组成大致为：$\varphi(CO_2)$，6.6%；$\varphi(CO)$，33.3%；$\varphi(H_2)$，37.0%；$\varphi(N_2)$，22.4%；$\varphi(CH_4)$，0.3%；$\varphi(H_2S)$，0.2%；$\varphi(O_2)$，0.2%。

对每一个工作循环，都希望料层温度稳定。一般而言，循环时间长，气化层的温度、煤气的产量和成分波动大，相反，则波动小，但阀门的开启次数频繁。在实际生产过程中，应根据具体使用的气化原料和阀门的控制条件来确定。一般来说，气化活性差的原料需较长的循环时间；相反，气化活性高的原料，时间可适当缩短，因为活性好的原料气化时，反应速率大，料层温度降低得快，适当缩短时间对气化是有利的。工作循环的时间一般在 6～10min 之间。采用自动控制时，每一工作循环可以缩短 3～4min。如要制取合成氨原料气，进行的是一、三、四、五、六的循环过程，每一工作循环一般为 2.5～3min。表 2-6 为制取半水煤气的循环时间分配。

表 2-6　不同燃料循环时间分配

| 燃料品种 | 工作循环中各阶段时间分配/% | | | | |
| --- | --- | --- | --- | --- | --- |
| | 吹风 | 上吹 | 下吹 | 二次上吹 | 空气吹净 |
| 无烟煤（粒度 25～75mm） | 24.5～25.5 | 25～26 | 36.5～37.5 | 7～9 | 3～4 |
| 无烟煤（粒度 15～25mm） | 25.5～26.5 | 26～27 | 35.5～36.7 | 7～9 | 3～4 |
| 焦炭（粒度 15～50mm） | 22.5～23.5 | 24～26 | 40.5～42.5 | 7～9 | 3～4 |
| 石灰炭化煤球 | 27.5～29.5 | 25～26 | 36.5～37.5 | 7～9 | 3～4 |

实际生产过程中除合理分配循环时间外，对于吹风速度的控制也非常重要。吹空气过程属于非生产过程，其作用是提高料层温度或对料层进行吹扫。因此，生产上尽量提高空气的

鼓风速度，通常采用的鼓风速度是 0.5～1.0m/s。水蒸气的鼓入速度慢，在炉内的停留时间长，有利于气化反应，太慢则会降低设备的生产能力，水蒸气的吹入速度一般在 0.05～0.15m/s。

实践证明，间歇法制造半水煤气时，在维持煤气炉温度、料层高度和气体成分的前提下，采用高炉温、高风速、高料层、短循环（称三高一短）的操作方法，有利于气化效率和气化强度的提高。

① 高炉温。在燃料灰熔点允许的情况下，提高炉温，碳层中积蓄的热量多，碳层温度高，对蒸汽的分解反应有利，可以提高蒸汽的分解率，相应半水煤气的产量和质量提高。

② 高风速。在保证碳层不被吹翻的条件下，提高煤气炉的鼓风速度，碳与氧气的反应速率加快，吹风时间缩短；同时高风速还使二氧化碳在炉内的停留时间缩短，二氧化碳还原为一氧化碳的量相应减少，提高了吹风效率。但风速也不能太高，否则，燃料随煤气的带出损失增加，严重时有可能在料层中出现风洞。

③ 高料层。料层高度的稳定是稳定煤气化操作过程的一个十分重要的因素，加煤、出灰速度的变化会引起碳层高度的波动，进而影响炉内工况，煤气组成发生变化。在稳定料层高度的前提下，适当增加料层高度，有利于煤气炉内燃料各层高度的相对稳定，燃料层储存的热量多，炉面和炉底的温度不会太高，相应出炉煤气的显热损失减小；高料层也有利于维持较高的气化层，增加水蒸气和碳层的接触时间，提高气体的分解率和出炉煤气的产量与质量；采用高料层也是采用高风速的有利条件。但料层太高，会增加气化炉的阻力，气化剂通过碳层的能量损耗增大，相应的动力消耗增加，因而要综合考虑高料层带来的利弊。

④ 短循环。循环时间的长短，主要取决于燃料的化学活性。总的来讲，燃料活性好，循环时间短；燃料活性差，则循环时间长。

（4）固定床间歇式气化炉的运行现状 由于固定床间歇式气化炉相比于其他类型的气化炉来说，投资小，技术最成熟，而且运行正常，故而在早期的我国气化技术中占有较大比重。化肥和部分甲醇企业多采用 U.G.I 类炉型来生产合成氨和甲醇。近年来，研究学者主要对固定床间歇式气化技术的自动控制系统、水处理系统和尾气处理系统等进行了改进，大大减轻了其对环境的污染，目前情况下对企业仍是适用的。但是由于产气效率较低而且煤种适应性差，已被国家列入淘汰技术，只在原有炉子上进行改造，而不再引进新炉。

## 三、加压移动床气化工艺

### 1. 加压气化生产特点

常压固定床气化炉生产的煤气热值较低，煤气中一氧化碳的含量较高，气化强度和生产能力有限，采用加压气化热效率高，温度稳定，便于输送、易于调节和自动化。

加压气化的典型炉型是鲁奇气化炉。鲁奇加压可以采用氧气-水蒸气或空气-水蒸气作气化剂，在 2.0～3.0MPa 的压力和 900～1100℃ 的条件下进行煤的气化。制得的煤气热值高。

鲁奇加压气化和常压气化比较，主要有下面一些优点。

（1）原料选择 加压气化所用的煤种有无烟煤、烟煤、褐煤等。煤的活性高，能在较低的温度下操作，降低氧耗，并能提高气化强度和煤气质量，因此煤的活性越高越好；加压气化也可以采用弱黏结性煤种，炉内需设搅拌破黏装置，依靠桨叶的转动，将结块打碎。

由于气化温度降低，因而可以采用灰熔点较低的煤种；煤的粒度可选择 2～20mm、燃料的水分可高达 20%～30%、灰分高达 30% 也无碍于操作，这就扩大了煤种的使用范围，降低了制气成本；可以气化一些弱黏结性和稍强黏结性的煤；耗氧量低，在 2.0MPa 压力下仅为常压的 1/3～2/3，压力提高还可以降低耗氧量。

（2）生产过程控制 气化炉的生产能力高，以水分含量 20%～25% 的褐煤为原料，气化炉的气化强度在 2500kg/（m² · h）左右，比一般的常压气化高 4～6 倍；所产煤气的压力高，可以缩小设备和管道的尺寸。

（3）气化产物 压力高的煤气易于净化处理，副产品的回收率高；通过改变气化压力和气化剂的汽氧比等条件，以及对煤气进行气化处理后，几乎可以制得 $H_2/CO$ 各种比例的化工合成原料气。

（4）煤气输送 可以降低动力消耗，便于远距离输送。

加压气化工艺的主要缺点如下。

① 高压设备的操作具有一定的复杂性。固态排渣的鲁奇炉中水蒸气的分解率低。2MPa 下水蒸气的分解率只有 32%～38%，这样就要消耗大量的水蒸气。采用液态排渣的鲁奇炉，水蒸气的分解率可以提高到 95%左右。

② 气化过程中有大量（8%～10%）的甲烷生成，这对燃料煤气是有利的，但如果作为合成氨的原料气一般要分离甲烷，其工艺较为复杂。

③ 加压气化一般选纯氧和水蒸气作为气化剂，而不像常压气化那样较多地采用空气加蒸汽的方法。解决纯氧的来源需要配备庞大的空分装置，加上其他高压设备的巨大投资规模，成为国内一些厂家采用加压气化的障碍。

### 2. 加压气化工艺流程

煤气的用途不同，其工艺流程差别很大。但基本上包括三个主要的部分：煤的气化，粗煤气的净化，煤气组成的调整处理。

气化炉出来的煤气称粗煤气，净化后的煤气称为净煤气。煤气净化的目的是清除有害杂质，回收其中一些有价值的副产品，回收粗煤气中的显热。

粗煤气中的杂质主要有固体粉尘及水蒸气、重质油组分、轻质油组分、各种含氧有机化合物（主要是酚类）、含氮化合物（如氨和微量的一氧化氮）、各种含硫化合物（主要是硫化氢）、煤气中的二氧化碳等。

这里主要介绍有废热回收系统的煤气生产工艺流程、整体煤气化联合循环发电工艺流程。

（1）有废热回收系统的煤气生产工艺流程 采用大型加压气化炉生产时，煤气携带出的显热较大。煤气显热的回收对能量的综合利用有极其重要的意义。其工艺流程如图 2-39 所示。

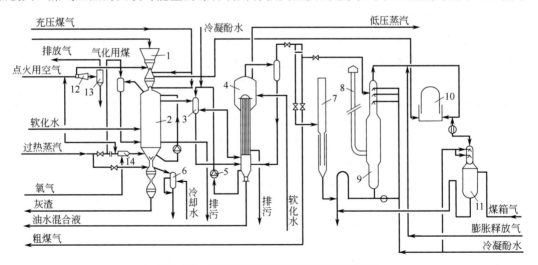

**图 2-39 有废热回收系统的煤气生产工艺流程**

1—储煤斗；2—气化炉；3—喷冷气；4—废热锅炉；5—循环泵；6—膨胀冷凝器；7—放散烟囱；8—火炬烟囱；
9—洗涤器；10—储气柜；11—煤箱气洗涤器；12—引射器；13—旋风分离器；14—混合器

　　原料煤经过破碎筛分后，粒度为 4～50mm 的煤加入上部的储煤斗，然后定期加入煤箱，煤箱中的煤不断加入炉内进行气化。反应完的灰渣经过转动炉箅借刮刀连续排入灰斗。从气化炉上侧方引出的粗煤气，温度高达 400～600℃（由煤种和生产负荷来定），经过喷冷器喷淋冷却，除去煤气中的部分焦油和煤尘，温度降至 200～210℃，煤气被水饱和，湿含量增加，露点提高。

　　粗煤气的余热通过废热锅炉 4 回收废热后，温度降到 180℃ 左右。温度降得太低，会出现焦油凝析，黏附在管壁上影响传热并给清扫工作增加难度。废热锅炉生产的低压蒸汽并入厂内的低压蒸汽总管，用来给一些设备加热和保温。

　　喷冷器洗涤下来的焦油水溶液由煤气管道进入废热锅炉的底部，初步分离油水。一部分油水由锅炉底部出来送入处理工段加工，酚水由循环泵加压送回喷冷器循环使用。

　　由锅炉顶部出来的粗煤气送下一工序继续处理。

　　煤从煤箱加入炉膛前需先进行加压，一般采用生成的煤气加压，而在向煤箱内加煤时，就应将煤箱内存在的压力煤气放出，使煤箱处于常压状态下。这一部分煤箱气送入低压储气柜，经过压缩和洗涤后当燃料使用。

　　（2）整体煤气化联合循环发电流程（IGCC）　整体煤气化联合循环发电系统，是将煤的气化技术和高效的联合循环发电相结合的先进动力系统。该系统包括两大部分，第一部分是煤的气化、煤气的净化部分，第二部分是燃气与蒸汽联合循环发电部分。第一部分的主要设备有气化炉、空分装置、煤气净化设备（包括硫的回收装置），第二部分的主要设备有燃气轮机发电系统、蒸汽轮机发电系统、废热回收锅炉等。煤在压力下气化，所产的清洁煤气经过燃烧，来驱动燃气轮机，又产生蒸汽来驱动蒸汽轮机联合发电。如图 2-40 所示。

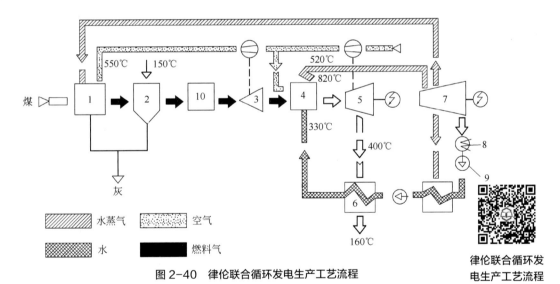

图 2-40　律伦联合循环发电生产工艺流程

1—加压气化炉；2—洗涤除尘器；3—透平压缩机；4—正压锅炉；5—燃气轮机；6—加热器；7—蒸汽轮机；
8—冷凝器；9—泵；10—脱硫装置（未建）

　　该流程是以五台鲁奇加压气化炉供气的实验性流程，经过德国律轮（Luenen）电厂试验，发电效率可达 36.5% 左右，而普通火力发电厂采用锅炉-汽轮机-发电机系统的效率仅为 34% 左右，而且污染严重，燃烧后的烟气脱硫系统装置庞大、运行费用高。

　　将空气和水蒸气作为气化剂送入鲁奇炉内，在 2MPa 的压力下气化，气化炉出口粗煤气的温度约 550℃，发热值为 6700kJ/m³ 左右。煤气经洗涤除尘器除去其中的部分焦油蒸气和固体颗粒，同时煤气的温度降到 160℃，并被水蒸气所饱和。煤气进一步经文丘里管除尘后，进入膨胀透平压缩机，压力下降到 1MPa 左右，气化用的空气在此由 1MPa 被压缩到 2MPa 后送入气化炉。

从透平压缩机来的煤气在正压锅炉中与空气透平压缩机一段来的空气燃烧，生产 520℃、13MPa 的高压水蒸气。煤气燃烧后产生的 820℃ 左右的高压烟气，进入燃气轮机中膨胀，产生的动力用于驱动压缩机一段，多余的能量发电，从燃气轮机出来的烟气温度约 400℃，压力为常压，通过加热器用于加热锅炉上水，水温被提高到 330℃ 左右，排出的烟气温度约 160℃。

正压锅炉所产的高温高压水蒸气带动蒸汽轮机发电机组发电，从蒸汽轮机抽出一部分蒸汽（压力约 2.5MPa）供加压气化炉用。

IGCC 技术既有高发电效率，又有极好的环保性能，是一种有发展前景的洁净煤利用技术。在目前的技术水平下，发电效率最高可达 45% 左右。污染物的排放量仅为常规电站的 1/10 左右，二氧化硫的排放在 $25mg/m^3$ 左右，氮氧化物的排放只有常规电站的 15%～20%，而水的耗量只有常规电站的 1/2～1/3，利于环境保护。

### 3. 工艺参数的选择

（1）气化压力　和常压气化比较，煤在加压下气化时，气化过程在数量上和质量上的指标均发生重大变化。随着气化压力的提高，燃料中的碳将直接与氢反应生成甲烷，在这种情况下，在 900～1000℃ 的低温下进行气化反应成为可能，同时，水煤气反应所需的大量的热量可以由甲烷生成反应放出的热量来提供，随着压力的提高，热量的需求量和氧气的需求量大大降低。以褐煤为原料，在中型气化炉中进行的长期的试验结果列于表 2-7。

表 2-7　褐煤在各种不同压力下的气化实验结果

| 指标 | | 气化压力 /MPa | | | | |
|---|---|---|---|---|---|---|
| | | 0.1 | 1.0 | 2.0 | 3.0 | 4.0 |
| 粗煤气（湿）组成（体积分数） | $\varphi(CH_4)/\%$ | 2.2 | 5.6 | 9.4 | 12.6 | 16.1 |
| | $\varphi(H_2)/\%$ | 40.7 | 33.5 | 27.2 | 20.4 | 15.8 |
| | $\varphi(C_nH_m)/\%$ | 0.2 | 0.25 | 0.4 | 0.8 | 2.2 |
| | $\varphi(CO)/\%$ | 27.1 | 19.5 | 14.2 | 13.1 | 9.2 |
| | $\varphi(CO_2)/\%$ | 19.3 | 22.55 | 23.8 | 25.6 | 26.2 |
| | $\varphi(H_2O)/\%$ | 10.5 | 18.6 | 25.0 | 27.2 | 30.5 |
| 粗煤气（干）组成（体积分数） | $\varphi(CH_4)/\%$ | 2.4 | 6.8 | 12.5 | 18.5 | 24.1 |
| | $\varphi(H_2)/\%$ | 45.6 | 41.3 | 36.3 | 29.7 | 23.4 |
| | $\varphi(C_nH_m)/\%$ | 0.2 | 0.3 | 0.5 | 1.1 | 2.8 |
| | $\varphi(CO)/\%$ | 30.2 | 23.9 | 18.9 | 16.1 | 13.8 |
| | $\varphi(CO_2)/\%$ | 21.6 | 27.7 | 31.8 | 33.6 | 35.9 |
| 净煤气（干）组成（体积分数） | $\varphi(CH_4)/\%$ | 2.7 | 9.4 | 17.8 | 29.4 | 38.8 |
| | $\varphi(H_2)/\%$ | 58.05 | 56.8 | 53.9 | 44.5 | 37.6 |
| | $\varphi(C_nH_m)/\%$ | 0.25 | 0.4 | 0.7 | 1.7 | 3.1 |
| | $\varphi(CO)/\%$ | 39.0 | 33.4 | 27.6 | 24.4 | 20.5 |
| 净煤气发热值/（$kJ/m^3$） | | 12301.7 | 14809.7 | 17138.0 | 19328.3 | 21752.7 |
| 净煤气/粗煤气 | | 0.784 | 0.723 | 0.682 | 0.664 | 0.641 |
| 焦油/% | 以煤计的产率 | 4.3 | 6.4 | 8.8 | 10.1 | 11.8 |
| | 对铝甑的收率 | 41.6 | 51.2 | 71.2 | 86.3 | 94.3 |
| | 轻油以煤计收率 | 0.3 | 1.3 | 2.04 | 2.88 | 4.23 |

续表

| 指标 | | 气化压力 /MPa | | | | |
|---|---|---|---|---|---|---|
| | | 0.1 | 1.0 | 2.0 | 3.0 | 4.0 |
| 氧气消耗量/（m³/m³ 净煤气） | | 0.186 | 0.169 | 0.151 | 0.138 | 0.127 |
| 水蒸气消耗量/（kg/m³ 净煤气） | | 0.464 | 0.807 | 1.03 | 1.28 | 1.46 |
| 净煤气产率/（m³/kg 煤） | | 1.45 | 1.05 | 0.71 | 0.64 | 0.56 |
| 热效率/% | 煤气热/总热 | 88.2 | 79.5 | 73.9 | 68.2 | 61.5 |
| | 水蒸气分解率/% | 64.7 | 50.3 | 37.5 | 30.1 | 29.0 |
| 气化强度/ [kg 煤/（m³·h）] | | 420 | 750 | 1500 | 1800 | 2200 |

注：1. 燃料成分：可燃物，69.00%，灰分，12.00%。

2. 干燃料热值：19446kJ/kg；燃料粒度：2～15mm。

3. 试验条件：气化温度为1000℃，水蒸气过热温度为500℃。

从表 2-7 中可知，气化时的操作压力是加压气化工艺过程的一个重要控制指标，它对煤气的产量、质量，对煤气的热值等各项消耗指标都有重要的影响。

① 气化压力对煤气组成的影响。根据化学反应平衡规律，提高气化炉的压力有助于分子数减小的反应，而不利于分子数增大或不变的反应。因此，高压对下列反应有利：

$$C + 2H_2 \rightleftharpoons CH_4$$
$$CO + 3H_2 \rightleftharpoons CH_4 + H_2O$$
$$CO_2 + 4H_2 \rightleftharpoons CH_4 + 2H_2O$$
$$2CO + 2H_2 \rightleftharpoons CO_2 + CH_4$$

提高气化压力不利于下列反应：

$$2H_2O \rightleftharpoons 2H_2 + O_2$$
$$C + H_2O \rightleftharpoons H_2 + CO$$
$$C + 2H_2O \rightleftharpoons 2H_2 + CO_2$$

由此可以知道，随着气化压力的提高，煤气中的甲烷和二氧化碳含量增加，而氢气和一氧化碳的含量减少，如图 2-41 所示。

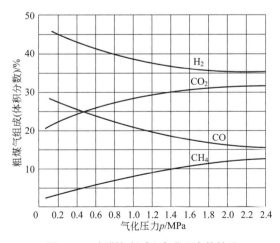

图 2-41 粗煤气组成和气化压力的关系

② 气化压力对氧气消耗量的影响。加压气化过程随压力的增大，甲烷的生成反应增加，由该反应提供给气化过程的热量亦增加。这样由碳燃烧提供的热量相对减少，因而氧气的消耗亦减少。例如，生产一定热值的煤气时，在 1.96MPa 下，氧气的消耗量为常压的 1/2～1/3。

③ 气化压力对水蒸气消耗量的影响。加压蒸汽的消耗量比常压蒸汽的消耗量高 2.5～3 倍，原因有几个方面。一是加压时随甲烷的生成量增加，所消耗的氢气量增加，而氢气主要来源于水蒸气的分解。从上面的化学反应可知，加压气化不利于水蒸气的分解，因而只有通过增加水蒸气的加入量提高水蒸气的绝对分解量，来满足甲烷生成反应对氢气的需求。二是在实际生产中，控制炉温是通过水蒸气的加入量来实现的，这也增加了水蒸气的消耗量。

④ 气化压力对气化炉生产能力的影响。经过计算，加压气化炉的生产能力比常压气化炉的生产能力高 $\sqrt{p}$ 倍。例如，气化压力在 2.5MPa 左右时，其气化强度比常压气化炉约高 4～5 倍。

另外，压力下气体密度大，气化反应的速度加快，有助于生产能力的提高。加压气化的气固接触时间长，一般加压气化料层高度较常压的大，因而加压气化具有较大的气固接触时间，这有利于碳的转化率的提高，使得生成的煤气的质量较好。

⑤ 气化压力对煤气产率的影响。气化压力对煤气产率的影响如图 2-42 所示。可以看出，随着压力的提高，粗煤气的产率是下降的，净煤气的产率下降得更快。这是由于气化过程的主要反应中，如 $C + H_2O \rightleftharpoons H_2 + CO$，以及 $C + CO_2 \rightleftharpoons 2CO$ 等都是分子数增大的反应，提高气化压力，气化反应将向分子数减小的方向进行，即不利于氢气和一氧化碳的生成，因此煤气的产率是降低的。而加压使二氧化碳的含量增加，脱除二氧化碳后的净煤气的产率却下降。

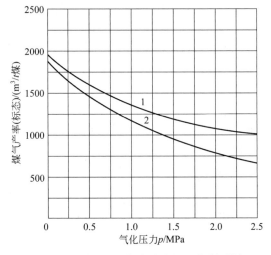

**图 2-42  气化压力对煤气产率的影响（褐煤）**

1—粗煤气；2—净煤气

从以上的分析来看，总体讲，加压对煤的气化是有利的，尤其是用来生产燃烧气（如城市煤气），因为它的甲烷含量高。但加压气化对设备的要求较高，不同的煤种的适宜气化压力也不尽相同，一般泥煤是 1.57～1.96MPa，褐煤是 1.77～2.16MPa，不黏结性烟煤是 1.96～2.35MPa，黏结性烟煤、年老烟煤和焦炭均为 2.16～2.55MPa，无烟煤为 2.35～2.75MPa。

对于加压气化生产合成气来讲，甲烷的生成是不利的。为获得较多的氢气和一氧化碳气体，可采用挥发分低的原料，如年老的烟煤、无烟煤以及焦炭；并采用低的压力、较高的操作温度和通入适当的气化剂等措施。另一种方法是在炉外将甲烷进行转化，但流程和操作都比较复杂。

（2）气化层的温度　甲烷的生成反应是放热反应，因而降低温度有利于甲烷的生成。但温度太低，化学反应的速率减慢。通常，生产城市煤气时，气化层的温度范围在950～1050℃；生产合成原料气时，可以提高到1150℃左右。影响反应层温度最主要的因素是通入炉中的气化剂的组成，即汽氧比，汽氧比下降，温度上升。

（3）汽氧比的选择　汽氧比是指气化剂中水蒸气和氧气的组成比例。采用的汽氧比不同对加压气化过程的影响有如下几个方面。

① 在一定的热负荷下，汽氧比增大，水蒸气的消耗量增大而氧气的消耗量减少。

② 汽氧比提高，水蒸气的分解率显著降低。

③ 汽氧比增大，气化炉内一氧化碳的变换反应增强，使煤气中一氧化碳的含量降低，而氢气和二氧化碳的含量升高。

④ 提高汽氧比，焦油中的碱性组分下降而芳烃组分则增加。

通常，变质程度深的煤种，采用较小的汽氧比，能适当提高气化炉内的温度，以提高生产能力。加压气化炉在生产城市煤气时，各种煤的汽氧比（kg/m³）的大致范围是：褐煤6～8；烟煤5～7；无烟煤和焦炭4.5～6。

### 4. 典型加压气化炉

（1）干法排渣鲁奇炉　鲁奇加压气化炉的结构和常压移动床的结构类似，如图 2-43 所示。

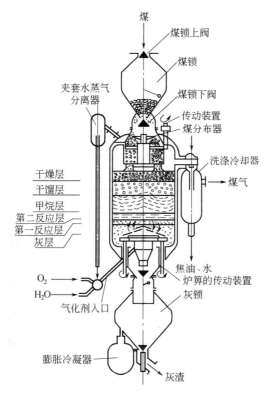

图 2-43　鲁奇加压气化炉

鲁奇炉内有可转动的煤分布器和灰盘，气化介质氧气和水蒸气由转动炉算的条状孔隙处进入炉内，灰渣由灰盘连续排入灰斗，以与加煤方向相反的顺序排出。块煤送入进气化炉顶部的煤锁，在进入气化炉之前增压。一个旋转的煤分布器确保煤在反应器的整个截面上均布。煤缓慢下移到气化炉，气化产生的灰渣由旋转炉箅排出并在灰斗中减压。蒸汽和氧气被向上吹。气化过程产生的煤气在650～700℃离开气化炉。该气化炉也由水夹套围绕，水夹套产生的水蒸气可用于工艺过程中。

鲁奇炉使用的原料仍是块煤，且产生焦油。干法排灰和湿法排灰的主要区别是前者使用的氧化剂中蒸汽与氧气的比率更大，干法约（4∶1）～（5∶1），湿法一般低于0.5∶1。这就意味着气化温度不能超过灰熔点，更适合气化一些反应性高的煤种如褐煤。

一般鲁奇炉内燃料的分层和一般移动床类似，从上到下分为干燥层、干馏层、甲烷层、第二反应层、第一反应层、灰渣层。其中：甲烷层、第二反应层、第一反应层为真正的气化阶段；干燥层和干馏层为原料的准备阶段。第二反应层和甲烷层统称还原层。燃料层的分布状况和温度之间的关系如图2-44所示。

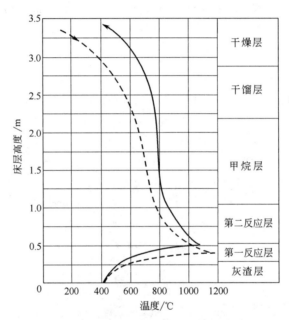

**图 2-44　加压气化炉中床层高度和温度之间的关系**

灰层位于气化炉的下部，燃烧区下来的灰温度约1500℃，进入灰层区后，在足够高的灰层已建立的条件下，灰被气化剂冷却，温度比气化剂温度高约30～50℃。

第一反应层（燃烧区）进行下列主要反应：

$$C + O_2 \longrightarrow CO_2 \quad \Delta H = -394.1kJ/mol$$

$$C + \frac{1}{2}O_2 \longrightarrow CO \quad \Delta H = -110.4kJ/mol$$

在燃烧区第一个反应是主要的，两反应均放出大量的热量，气体温度被加热到1500℃左右。

第二反应层（气化区）内的温度约850℃，来自燃烧区含$CO_2$和$H_2O$的气体主要进行以下反应：

$$C + H_2O \rightleftharpoons H_2 + CO \quad \Delta H = 135.0kJ/mol$$

在干馏层，煤的挥发分逸出并吸收上升煤气的热量。

在干燥层，煤被干燥并预热到大约200℃。

以第三代加压气化炉为例，该炉子的内径 3.8m，最大外径 4.1m，高 12.5m，工艺操作压力为 3MPa。主要部分有炉体、夹套、布煤器和搅拌器、炉箅、灰锁和煤锁等，现分述如下。

① 炉体。加压鲁奇炉的炉体由双层钢板制成，外壁按 3.6MPa 的压力设计，内壁仅能承受比气化炉内高 0.25MPa 的压力。

两个筒体（水夹套）之间装软化水借以吸收炉膛散失的一些热量产生工艺蒸汽，蒸汽经过液滴分离器分离液滴后送入气化剂系统，配成蒸汽/氧气混合物喷入气化炉内。水夹套内软化水的压力为 3MPa，这样筒内外两侧的压力相同，因而受力小。

夹套内的给水由夹套水循环泵进行强制循环。同时夹套给水流过煤分布器和搅拌器内的通道，以防止这些部件超温损坏。

第三代鲁奇炉取消了早期鲁奇炉的内衬砖，燃料直接与水夹套内壁相接触，避免了在较高温度下衬砖壁挂渣现象，造成煤层下移困难等异常现象。另外，取消衬砖后，炉膛截面可以增大 5%～10%，生产能力相应提高。

② 布煤器和搅拌器。如果气化黏结性较强的煤，可以加设搅拌器。布煤器和搅拌器安装在同一转轴上，速度为 15r/h 左右。

从煤箱降下的煤通过转动布煤器上的两个扇形孔，均匀下落在炉内，平均每转布煤 150～200mm 厚。

搅拌器是一个壳体结构，由锥体和双桨叶组成，壳体内通软化水循环冷却。搅拌器深入煤层里的位置与煤的结焦性有关，煤一般在 400～500℃结焦，桨叶要深入煤层约 1.3m。

③ 炉箅。炉箅分四层，相互叠合固定在底座上，顶盖呈锥体。材质选用耐热的铬钢铸造，并在其表面加焊灰筋。炉箅上安装刮刀，刮刀的数量取决于下灰量，灰分低，装 1～2 把，对于灰分较高的煤可装 3～4 把。

炉箅各层上开有气孔，气化剂由此进入煤层中均匀分布。各层开孔数不太一样，例如某厂使用的炉箅开孔数从上至下为：第一层 6 个、第二层 16 个、第三层 16 个、第四层 28 个。

炉箅的转动采用液压传动装置，也有用电动机传动机构来驱动，液压传动机构有调速方便、结构简单、工作平稳等优点。由于气化炉炉径较大，为使炉箅受力均匀，采用两台液压马达对称布置。

④ 煤锁。煤锁是一个容积为 12m³ 的压力容器，它通过上下阀定期定量地将煤加入气化炉内。根据负荷和煤质的情况，每小时加煤 3～5 次。加煤过程简述如下：

a. 煤锁在大气压下（此时煤锁下阀关，上阀开），煤从煤斗经过给煤溜槽流入煤锁。

b. 煤锁充满后，关闭煤锁上阀。煤锁用煤气充压到和炉内压力相同。

c. 充压完毕，煤锁下阀开启，煤开始落入炉内，当煤锁空后，煤锁下阀关闭。

d. 煤锁卸压，煤锁中的煤气送入煤锁气柜，残余的煤气由煤锁喷射器抽出，经过除尘后排入大气。煤锁上阀开启，新循环开始。

⑤ 灰锁。灰锁是一个可以装灰 6m³ 的压力容器，和煤锁一样，采用液压操作系统，以驱动底部和顶部锥形阀和充、卸压阀。灰锁控制系统为自动可控电子程序装置，可以实现自动、半自动和手动操作。该循环如下。

a. 连续转动的炉箅将灰排出气化炉，通过顶部锥形阀进入灰锁。此时灰锁底部锥形阀关闭，灰锁与气化炉压力相等。

b. 当需要卸灰时，停止炉箅转动，灰锁顶部锥形阀关闭，再重新启动炉箅。

c. 灰锁降压到大气压后，打开底部锥形阀，灰从灰锁进入灰斗，在此灰被急冷后去处理。

d. 关闭底部锥形阀，用过热蒸汽对灰锁充压，然后炉箅运行一段时间后，再打开顶部锥形阀，新循环开始。

加压鲁奇炉的操作压力为 3.6MPa，产气量在 36000～55000m³/h（以 4～50mm 贫煤为气化原料），所产的煤气主要成分为 CO、$H_2$、$CH_4$、$CO_2$、$H_2O$，并含有少量的 $C_nH_m$、$N_2$、$H_2S$、油、焦油、石脑油、酚、脂肪酸和氨等。生产中通常将含尘焦油返回气化炉内进一步裂解，称焦油喷射，正常操作时的喷射量一般为 0.5m³/h。

（2）液态排渣加压气化炉  液态排渣加压气化炉的基本原理是，仅向气化炉内通入适量的水蒸气，控制炉温在灰熔点以上，灰渣要以熔融状态从炉底排出。气化层的温度较高，一般在 1100～1500℃ 之间，气化反应速度大，设备的生产能力大，灰渣中几乎无残炭。液态排渣加压气化炉示于图 2-45。

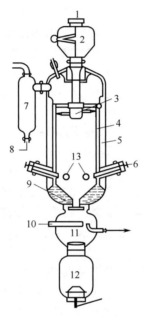

**图 2-45　液态排渣加压气化炉**

1—加煤口；2—煤箱；3—搅拌布煤器；4—耐火砖衬里；5—水夹套；6—气化剂入口；7—洗涤冷却器；
8—煤气出口；9—耐压渣口；10—循环熄渣水；11—液渣急冷箱；12—渣箱；13—风口

液态排渣加压气化炉的主要特点是炉子下部的排灰机构特殊，取消了固态排渣炉的转动炉箅。

在炉体的下部设有熔渣池。在渣箱的上部有一液渣急冷箱，用循环熄渣水冷却，箱内充满 70% 左右的急冷水。由排渣口下落的液渣在急冷箱内淬冷形成渣粒，在急冷箱内达到一定量后，卸入渣箱内并定时排出炉外。由于灰箱中充满水，和固态排渣炉比较，灰箱的充、卸压就简单多了。

在熔渣池上方有 8 个均匀分布、按径向对称安装并稍向下倾斜、带水冷套的钛钢气化剂喷嘴。气化剂和煤粉及部分焦油由此喷入炉内，在熔渣池中心管的排渣口上部汇集，使得该区域的温度可达 1500℃ 左右，使熔渣呈流动状态。

为避免回火，气化剂喷嘴口的气流喷入速度应不低于 100m/s。如果要降低生产负荷，可以关闭一定数量的喷嘴来调节，因此它比一般气化炉调节生产负荷的灵活性大。

高温液态排渣，气化反应的速率大大提高，是熔渣气化炉的主要优点。所气化的煤中的灰分以液态形式存在，熔渣池的结构与材料是这种气化方法的关键。为了适应炉膛内的高温，炉体以耐高温的碳化硅耐火材料做内衬。

该炉型装上布煤器和搅拌器后，可以用来气化强黏结性的烟煤。与固态排渣炉相比，可以用来气化低灰熔点和低活性的无烟煤。在实际生产中，气化剂喷嘴可以携带部分粉煤和焦油进入炉膛内，因此可以直接用来气化煤矿开采的原煤，为粉煤和焦油的利用提供了一条较好的途径。

液态排渣加压气化技术和固态排渣比较，关键在于通过提高气化温度来提高气化速率，气化强度大、生产能力高。一些加压气化实验表明，对于直径相同的加压气化炉，液态排渣能力约比固态排渣的能力又提高了 3 倍多。另一个更为重要的方面是，液态排渣加压气化的水蒸气分解率大大提高，几乎可以达到 95%，结果使水蒸气的消耗量仅为固态排渣时的 20% 左右，汽氧比也仅 1.3∶1 左右。低水蒸气消耗、高水蒸气分解率使得粗煤气中的水蒸气含量显著下降，冷凝液减少，最终煤气站的废水量下降，废水处理量仅为固态排渣时的 1/4～1/3。

液态排渣加压气化的高气化温度操作特点，也导致了煤气组成（体积分数）的变化。甲烷化反应属于放热反应，因而温度的上升必然使煤气中的甲烷含量减少。同时，较低的汽氧比使二氧化碳还原为一氧化碳的反应加强，粗煤气中的一氧化碳和氢气的总含量提高约 25%，二氧化碳的含量则由一般的 30% 下降到 2%～5%。这样的结果，对于煤气用于工业原料气当然是十分有利的，但作为城市民用燃气时，还必须有一氧化碳变换等工艺技术的配合。

## 知识点 2　流化床气化技术

### 一、流化床气化原理

在固定床阶段，燃料是以很小的速度下移，与气化剂逆流接触。当气流速度加快到一定程度时，床层膨胀，颗粒被气流悬浮起来。当床层内的颗粒全部悬浮起来而又不被带出气化炉，这种气化方法即为流化床（沸腾床）气化工艺。气化剂通过粉煤层，使燃料处于悬浮状态，固体颗粒的运动如沸腾的液体。气化用煤的粒度一般较小，比表面积大，气固相运动激烈，整个床层温度和组成一致，所产生的煤气和灰渣都在炉温下排出，因而，导出的煤气中基本不含焦油类物质，如图 2-46 所示。

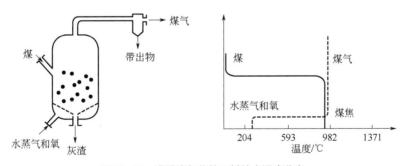

图 2-46　沸腾床气化炉及其炉内温度分布

在沸腾床气化炉（如温克勒炉）中，采用气化反应性高的燃料（如褐煤），粒度在 3～5mm，由于粒度小，再加上沸腾床较强的传热能力，因而煤料入炉的瞬间即被加热到炉内温度，几乎同时进行着水分的蒸发、挥发分的分解、焦油的裂化、碳的燃烧与气化过程。有的煤粒来不及热解并与气化剂反应就已经开始熔融，熔融的煤粒黏性强，可以与其他粒子接触形成更大的粒子，有可能出现结焦而破坏床层的正常流化，因而沸腾床内温度不能太高。由于加入气化炉的燃料粒径分布比较分散，而且随气化反应的进行，燃料颗粒直径不断减少，则其对应的自由沉降速度相应减少。当其对应的自由沉降速度减小到小于操作的气流速度时，燃料颗粒即被带出。

由于燃料粒径分布分散和随反应时间而变化以及高温下燃料颗粒的破碎等特点，因而沸腾床气化过程较之一般流态化过程更为复杂。总的来讲，气流速度小，可以减少颗粒的粉碎和夹带，气体在燃料层中的停留时间长，但降低了设备的生产能力，同时也降低了传热和传质速度。气流速度大，情况则相反。

此外，由于在流化床中煤和气体呈现流态化，因而向气化炉加料或由气化炉出灰都比较方便。整个床内的温度均匀，容易调节。但采用这种气化途径，对原料煤的性质很敏感，煤的黏结性、热稳定性、水分、灰熔点变化时，易使操作不正常。

和固定床相比较，流化床的特点是气化的原料粒度小，相应的传热面积大，传热效率高，气化效率和气化强度明显提高。目前常见的流化床气化工艺有温克勒气化工艺、高温温克勒（HTW）气化工艺、循环流化床（CFB）气化工艺以及灰融聚气化工艺等。

## 二、常压流化床气化工艺

### 1. 温克勒气化炉

温克勒气化工艺是最早的以褐煤为气化原料的常压流化床气化工艺。图 2-47 是温克勒气化炉的示意图。气化炉为钢制立式圆筒形结构，内衬耐火材料。

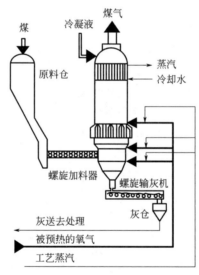

温克勒气化
炉气化过程

图 2-47　温克勒气化炉

温克勒气化炉采用粉煤为原料，粒度在 0～10mm。若煤不含表面水且能自由流动就不必干燥。对于黏结性煤，可能需要气流输送系统，借以克服螺旋给煤机端部容易出现堵塞的问题。粉煤由螺旋加料器加入圆锥部分的腰部，加煤量可以通过调节螺旋给料机的转数来实现。一般沿筒体的圆周设置 2～3 个加料口，互成 180°或 120°的角度，有利于煤在整个截面上的均匀分布。

温克勒气化炉的炉算安装在圆锥体部分，蒸汽和氧（或空气）由炉算底侧面送入，形成流化床。一般气化剂总量的 60%～75%由下面送入，其余的气化剂由燃料层上面 2.5～4m 处的许多喷嘴喷入，使煤在接近灰熔点的温度下气化，这可以提高气化效率，有利于活性低的煤种的气化。通过控制气化剂的组成和流速来调节流化床的温度不超过灰的软化点。较大的富灰颗粒比煤粒的密度大，因而沉到流化床底部，经过螺旋排灰机排出。大约有30%的灰从底部排出，另外的70%被气流带出流化床。

气化炉顶部装有辐射锅炉，是沿着内壁设置的一些水冷管，用以回收出炉煤气的显热，同时，由于温度降低可能被部分熔融的灰颗粒在出气化炉之前重新固化。

早期的温克勒气化炉在炉底部有炉栅，气化剂通过炉栅进入炉内。后来的气化炉取消炉栅，炉子的结构简化，同样能达到均匀布气的效果。

典型的工业规模的温克勒常压气化炉，内径5.5m，高23m，当以褐煤为原料时，氧气-蒸汽常压鼓风，单炉生产能力在标准状态下为47000m³/h，采用空气-蒸汽鼓风时，生产能力在标准状态下为94000m³/h。生产能力的调荷范围为25%～150%。

### 2. 温克勒气化工艺流程

温克勒气化工艺流程包括煤的预处理、气化、气化产物显热的利用、煤气的除尘和冷却等。如图2-48所示。

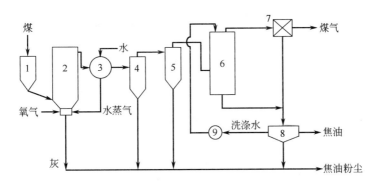

**图2-48 温克勒气化工艺流程**

1—料斗；2—气化炉；3—废热锅炉；4, 5—旋风除尘器；6—洗涤塔；
7—煤气净化装置；8—焦油、水分离器；9—泵

（1）原料的预处理 首先对原料进行破碎和筛分，制成0～10mm的炉料，一般不需要干燥，如果炉料含有表面水分，可以使用烟道气对原料进行干燥，控制入炉原料的水分在8%～12%。对于有黏结性的煤料，需要经过破黏处理，以保证床内的正常流化。

（2）气化 预处理后的原料送入料斗中，料斗中充以氮气或二氧化碳惰性气体。用螺旋加料器将煤料加入气化炉的底部，煤在炉内的停留时间约15min。气化剂送入炉内和煤反应，生成的煤气由顶部引出，煤气中含有大量的粉尘和水蒸气。

（3）粗煤气的显热回收 粗煤气的出炉温度一般为900℃左右。在气化炉上部设有废热锅炉，生产的蒸汽压力在1.96～2.16MPa，蒸汽的产量为0.5～0.8kg/m³干煤气。

（4）煤气的除尘和冷却 出煤气炉的粗煤气进入废热锅炉，回收余热，产生蒸汽，然后进入两级旋风分离器和洗涤塔，煤气中的大部分粉尘和水蒸气经过净化冷却，煤气温度降至35～40℃，含尘量降至5～20mg/m³。

### 3. 工艺条件和气化指标

（1）工艺条件

① 原料。褐煤是流化床最好的原料，但褐煤的水分含量很高，一般在12%以上，蒸发这部分水分需要较多的热量（即增加了氧气的消耗量），水分过大，也会造成粉碎和运输困难，

所以水分含量太大时，需增设干燥设备。煤的粒度及其分布对流化床的影响很大，当粒度范围太宽，大粒度煤较多时，大量的大粒度煤难以流化，覆盖在炉箅上，氧化反应剧烈可能引起炉箅处结渣。如果粒度太小，易被气流带出，气化不彻底。一般要求粒度大于 10mm 的颗粒不得高于 5%，小于 1mm 的颗粒小于 10%～15%。由于流化床气化时床层温度较低，碳的浓度较低，故不太适宜气化低活性、低灰熔点的煤种。

② 气化炉的操作温度。高炉温对气化是有利的，可以提高气化强度和煤气质量，但炉温是受原料的活性和灰熔点的限制的，一般在 900℃左右。影响气化炉温度的因素大致有汽氧比、煤的活性、水分含量、煤的加入量等。其中又以汽氧比最为重要。

③ 二次气化剂的用量。使用二次气化剂的目的是提高煤的气化效率和煤气质量。被煤气带出的粉煤和未分解的碳氢化合物，可以在二次气化剂吹入区的高温环境中进一步反应，从而使煤气中的一氧化碳含量增加、甲烷量减少。

（2）气化指标　褐煤的温克勒气化指标如表 2-8 所示。

表 2-8　褐煤的温克勒气化指标

| 指标 | | 褐煤（Ⅰ） | 褐煤（Ⅱ） |
|---|---|---|---|
| 对原料煤的分析（质量分数） | 水分/% | 8.0 | 8.0 |
| | $w$（C）/% | 61.3 | 54.3 |
| | $w$（H）/% | 4.7 | 3.7 |
| | $w$（N）/% | 0.8 | 1.7 |
| | $w$（O）/% | 16.3 | 15.4 |
| | $w$（S）/% | 3.3 | 1.2 |
| | 灰分/% | 13.8 | 23.7 |
| | 高热值/（kJ/kg） | 21827 | 18469 |
| 产品组成及热值（体积分数） | $\varphi$（CO）/% | 22.5 | 36.0 |
| | $\varphi$（$H_2$）/% | 12.6 | 40.0 |
| | $\varphi$（$CH_4$）/% | 0.7 | 2.5 |
| | $\varphi$（$CO_2$）/% | 7.7 | 19.5 |
| | $\varphi$（$N_2$）/% | 55.7 | 1.7 |
| | $\varphi$（$C_nH_m$）/% | — | — |
| | $\varphi$（$H_2S$）/% | 0.8 | 0.3 |
| | 焦油和轻油/（kg/m³） | — | — |
| | 煤气高热值/（kJ/m³） | 4663 | 10146 |
| 条件 | 汽/煤比/（kg/kg） | 0.12 | 0.39 |
| | 氧/煤比/（kg/kg） | 0.59 | 0.39 |
| | 空气/煤比/（kg/kg） | 2.51 | — |
| | 气化温度/℃ | 816～1200 | 816～1200 |
| | 气化压力/MPa | 约 0.098 | 约 0.098 |
| | 炉出温度/℃ | 777～1000 | 777～1000 |
| 结果 | 煤气产率/（m³/kg） | 2.9 | 1.36 |
| | 气化强度/[kJ/（m²·h）] | 20.8×10⁴ | 21.2×10⁴ |
| | 碳转化率/% | 83.0 | 81.0 |
| | 气化效率/% | 61.9 | 74.4 |

由以上的叙述可知，温克勒气化工艺单炉的生产能力较大。由于气化的是细颗粒的粉煤，因而可以充分利用机械化采煤得到的细粒度煤。由于煤的干馏和气化是在相同温度下进行的，相对于移动床的干馏区来讲，其干馏温度高得多，所以煤气中几乎不含有焦油，酚和甲烷的含量也很少，排放的洗涤水对环境的污染较小。但温克勒常压气化也存在一定的缺点，主要是温度和压力偏低造成的。炉内温度要保证灰分不能软化和结渣，一般应控制在900℃左右，所以必须使用活性高的煤为气化原料。气化温度低，不利于二氧化碳还原和水蒸气的分解，故煤气中二氧化碳的含量偏高，而可燃组分如一氧化碳、氢气、甲烷等含量偏低。同时，与移动床比较，气化炉的设备庞大，出炉煤气的温度几乎和床内温度一样，因而热损失大。另外，流态化使颗粒磨损严重，气流速度高又使出炉煤气的带出物较多。为此进一步开发了温克勒加压气化、灰熔聚气化工艺。

## 三、加压流化床气化工艺

### 1. 高温温克勒（HTW）气化法

高温温克勒气化法是采用比低温温克勒气化法较高的压力和温度的一项气化技术。除了保持常压温克勒气化炉的简单可靠、运行灵活、氧耗量低和不产生液态烃等优点外，主要采用了带出煤粒再循环回床层的做法，从而提高碳的利用率。

（1）工艺流程 高温温克勒的气化工艺流程如图2-49所示。

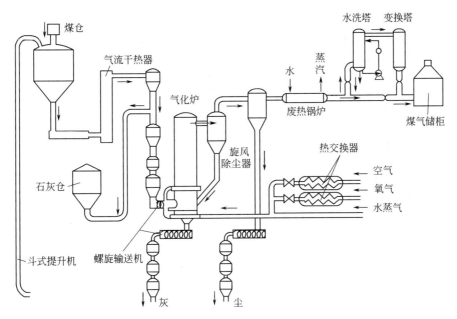

**图2-49 HTW示范工艺流程**

与低温温克勒气化炉相比较，高温温克勒气化炉的主要特点是出炉粗煤气直接进入两级旋风除尘器，一级除尘器分离的含碳量较高的颗粒返回到床内进一步气化。出二级除尘器的气体入废热锅炉回收热量，再经水洗塔冷却除尘。

整个气化系统是在一个密闭的压力系统中进行的，加煤、气化、出灰均在压力下进行。含水分8%～12%的褐煤进入压力为0.98MPa的密闭料锁系统后，经过螺旋给料机输入炉内。为提高煤的灰熔点而按一定比例配入的添加剂（主要是石灰石、石灰或白云石）也经给料机加入炉内。经过预热的气化剂（氧气/蒸汽或空气/蒸汽）从炉子的底部和炉身适当位置加入气化炉内，与由螺旋给料机加入的煤料并流气化。

HTW 气化工艺最初是由德国的莱茵褐煤公司发明的，该公司拥有并经营德国鲁尔地区的几座褐煤煤矿。用莱茵褐煤为原料，煤的灰分中 CaO+MgO 占 50%左右；$SiO_2$ 占 8%；灰熔点 $T_1$=950℃，添加 5%的石灰石后提高到 1100℃。在 0.98MPa 的气化压力下，以氧气/水蒸气为气化剂，温度 1000℃下进行 HTW 气化工艺试验，其结果和常压温克勒气化的比较如表 2-9 所示。

表 2-9　两种温克勒方法的比较

| 项目 | | 常压温克勒 | HTW |
|---|---|---|---|
| 气化条件 | 压力/MPa | 0.098 | 0.98 |
| | 温度/℃ | 950 | 1000 |
| 气化剂 | 氧气耗量/（$m^3$/kg 煤） | 0.398 | 0.380 |
| | 水蒸气耗量/（$m^3$/kg 煤） | 0.167 | 0.410 |
| 产率（CO+H₂）/（$m^3$/t 煤） | | 1396 | 1483 |
| 气化强度（CO+H₂）/（$m^3$/t 煤） | | 2122 | 5004 |
| 碳转化率/% | | 91 | 96 |

由表中的数据可以看出，压力和高温下的温克勒气化，设备的生产能力大大提高，是常压的两倍多。温度的提高和大颗粒重新返回床层使得碳转化率上升为 96%。煤中加入助剂，可以脱除硫化氢等，并且可使碱性灰分的灰熔点提高。气化温度提高，虽然煤气中的甲烷含量降低，但煤气中的有效成分却提高，煤气的质量也相应提高。

（2）工艺条件和气化指标

① 气化温度。提高气化温度有利于二氧化碳的还原反应和水蒸气的分解反应，相应地提高了煤气中的一氧化碳和氢气的浓度，碳的转化率和煤气的产率也提高。

提高气化反应温度是受灰熔点的限制的。当灰分为碱性时，可以添加石灰石、石灰和白云石来提高煤的软化点和熔点。

② 气化压力。加压气化可以增加炉内反应气体的浓度，流量相同时，气体流速减小，气固接触时间增大，使碳的转化率提高，在生产能力提高的同时，原料的带出损失减小。在同样的生产能力下，设备的体积相应减小。

试验证明，使用水分为 24.5%、粒度为 1～1.6mm 的褐煤为原料，在表压分别为 0.049MPa 和 1.96MPa 下，用水蒸气/空气为气化剂时，气化强度可由 930kg/（$m^2$·h）增加到 2650kg/（$m^2$·h）；用水蒸气/氧气作为气化剂时，气化强度可以由 1050kg/（$m^2$·h）增加到 3260kg/（$m^2$·h）。

加压流化床的工作状态比常压的稳定。经研究，加压流化床内气泡含量少，固体颗粒在气相中的分散较常压流态化时均匀，更接近散式流态化，气固接触良好。

此外，加压流化时，对甲烷的生成是有利的，相应提高了煤气的热值。

2. 灰熔聚气化法

一般流化床气化炉不能从床层中排出低碳灰渣，这是因为要保持床层中高的碳灰比和维持稳定的不结渣操作，流化床内必须混合良好。因此，排料的组成与床内物料的组成是相同的，所以排出灰渣中的含碳量就比较高。为了解决这一问题，提出了熔聚排灰方式。

灰熔聚气化法也属于加压流化床气化工艺。所谓的灰熔聚是指在一定的工艺条件下，煤被气化后，含碳量很小的灰分颗粒表面软化而未熔融的状态下，团聚成球形颗粒，当颗粒足够大时即向下沉降并从床层中分离出来。其主要特点是灰渣与半焦的选择性分离，即煤中的碳被气化成煤气，生成的灰分熔聚成球形颗粒，然后从床层中分离出来。

灰熔聚气化法与传统的固态排渣和液态排渣不同，与固态排渣相比，降低了灰渣中的碳损失；与液态排渣相比，降低了灰渣带走的显热损失，从而提高气化过程的碳利用率，这种排渣方法是煤气化排渣技术的重大进展。目前使用该技术的气化方法有 U-GAS 气化工艺和 KRW 气化工艺。从 1980 年起，中国科学院山西煤炭化学研究所开始了灰熔聚流化床气化技术的开发，1983 年底建成 $\phi$0.3m（1t/d）的小型装置，1986 年通过鉴定，完成了对包括冶金焦粉、气煤、焦煤、贫煤、瘦煤乃至无烟煤的气化。1987 年，直径为 1.0m（24t/d）灰熔聚流化床粉煤直接气化技术中间试验研究列入国家科技攻关项目，1991 年完成了太原东山瘦煤和焦粉两个煤种的空气/蒸汽鼓风条件试验与长时间稳定性运行。1992 年至今完成了神木煤、洗中煤两个煤种的空气/蒸汽鼓风煤种试验及太原东山煤、西山煤和陕西彬县煤氧气/蒸汽鼓风煤种试验，取得不同煤种气化的数据库。"八五"期间"灰熔聚流化床粉煤气化成套装置研制"列入国家计委科技攻关项目，已完成工业装置工艺和工程设计。经过多年的研究开发，所取得的数据和经验达到了与国外同类技术相当的水平，依据国内市场的需要，正在进行制合成气示范厂项目。下面以美国煤气工艺研究所（IGT）开发的 U-GAS 气化工艺为例，对灰熔聚气化作一简单介绍。

U-GAS 气化炉的结构如图 2-50 所示，气化炉要完成的三个过程是：煤的破黏脱挥发分、煤的气化、灰的熔聚和分离。

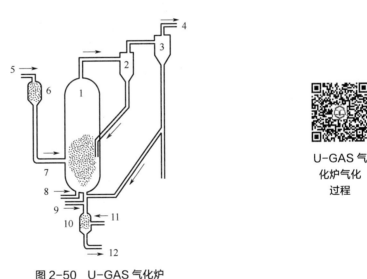

图 2-50 U-GAS 气化炉

1—气化炉；2—一级旋风除尘器；3—二级旋风除尘器；4—粗煤气出口；5—原料煤入口；6—料斗；
7—螺旋给料机；8，9—气化剂入口；10—灰斗；11—水入口；12—灰、水混合物出口

U-GAS 气化炉可以气化 36% 的烟煤。煤料破碎到 0～6mm 的范围，和温克勒气化炉相比，可气化粒度更细的粉煤是其又一优点，U-GAS 气化可以接纳 10% 小于 200 目（0.07mm）的煤粉。对黏结性强的煤种要在脱黏器中进行预处理以免气化炉发生问题，气化非黏结性煤种时可以取消。

经过粉碎和干燥的煤料通过闭锁煤斗或螺旋加料器均匀、稳定地加入炉内。煤脱黏时的压力与气化炉的压力相同，温度一般在 370～430℃之间，吹入的空气使煤粉颗粒处于流化状

态，并使煤部分氧化提供热量，同时进行干燥和浅度炭化，使煤粉颗粒表面形成一层氧化层，达到脱黏的目的。脱黏后的煤粒在气化过程中可以避免黏结现象的发生。

在流化床内，煤与气化剂在 950～1100℃和表压 0.69～2.41MPa 下接触反应，生成的煤气从气化炉的顶部导出经过两级旋风分离器除尘，气化形成的灰分被团聚成球形粒子，从床层中分离出来。

炉箅呈倒锥格栅形，气化剂分两部分进入炉子。通过炉箅侧面的栅孔进入炉内的一部分气化剂，由下而上流动，流速约 0.30～0.76m/s，使入炉煤粒处于流化状态，煤粒在床内的高温环境下被迅速气化，逐步缩小的焦粒之间不会形成熔渣。生成气体主要是 CO、$H_2$、$N_2$、$CO_2$，甲烷含量稍多于一般气化生成气的量。流化床均处于还原气氛中，故煤粒中的绝大部分硫都转为硫化氢，有机硫化合物很少。一座直径为 1.2m 的 U-GAS 气化炉，以空气和水蒸气为气化剂，气化温度为 943℃，气化压力为 2.41MPa 时，粗煤气的产量为 16000m³/h，调荷能力达 10∶1，气化效率约 79%，煤气组成和热值如表 2-10 所示。

表 2-10　煤气组成和热值

| 操作条件 | 煤气组成（体积分数） | | | | | | 煤气热值 / （kJ/m³） |
|---|---|---|---|---|---|---|---|
| | $\varphi$（CO） / % | $\varphi$（$CO_2$） / % | $\varphi$（$H_2$） / % | $\varphi$（$CH_4$） / % | $\varphi$（$H_2S$+COS） / % | $\varphi$（$N_2$+Ar） / % | |
| 空气鼓风（烟煤） | 19.6 | 9.9 | 17.5 | 3.4 | 0.7 | 48.9 | 5732 |
| 氧气鼓风（烟煤） | 31.4 | 17.9 | 41.5 | 5.6 | 微量 | 0.9 | 11166 |

另一部分气化剂通过炉子底部中心文氏管高速向上流动，经过倒锥体顶端孔口进入锥体内的灰熔聚区域，使该区域的温度高于周围流化床的温度，一般比灰熔点（$T_1$）低 100～200℃，接近煤的灰熔点。在此温度下，煤气化后形成的含灰分较多的粒子由流化床的上部落下进入该区域后，互相黏结、逐渐长大、增重，当其重量超过锥顶逆向而来的气流的上升力时，即落入排渣管和灰渣斗中，被水急冷后定时排出，渣粒中的含碳量一般低于 1%。控制中心管的气流速度，可以控制排灰量的多少。

中心文氏管中的气流速度和气化剂中的汽氧比极为重要，它直接关系到灰熔聚区的形成。气流速度决定了灰球在床层中的停留时间，气流速度越大，则停留时间越长，相应的灰渣残炭量小，在灰渣残炭量满足要求后，停留时间应尽量短，以免由于停留时间过长，床层中灰渣过多而熔结。对于气化剂的汽氧比而言，一般地，通过文氏管的气化剂的汽氧比要远远低于通过炉箅的气化剂的汽氧比，过量的氧气能够提供足够的热量，形成灰熔聚所必需的高温区。

床层上部较大的空间是气化产生的焦油和轻油进行裂解的主要场所，因而粗煤气实际上不含这两种物质，这有利于热量的回收和气体的净化。

气化产生的煤气夹带大量的煤粉，含碳量较大，一般采用的方法是用两级旋风除尘器分离，一级分离下来的较大颗粒的煤粉返回气化炉的流化区进一步气化，二级分离的细小粉尘进入熔聚区气化。一种方法是一级旋风除尘器置于气化炉内，另一种方法是一级旋风除尘器和二级旋风除尘器一样置于气化炉外。

U-GAS 气化工艺的突出优点是碳的转化率高，气化炉的适应性广，一些黏结性不太大或者灰分含量较高的煤也可以作为气化原料。

## 知识点 3　气流床气化技术

当气体通过床层的速度超过某一数值时，床层不再能保持流态化，固体煤粒将被带出床层，此时的床层即为气流床。

气流床煤气化操作，是将煤制成粉煤或煤浆，通过气化剂夹带，由特殊的喷嘴喷入炉内进行瞬间气化。煤与气化剂并流加料。微小的煤粒在火焰中经部分氧化提供热量，然后进行气化反应，火焰中心区温度可高达 2000℃。由于温度高，煤气中不含焦油等物质，剩余的煤渣以液态的形式从炉底排出，如图 2-51 所示。

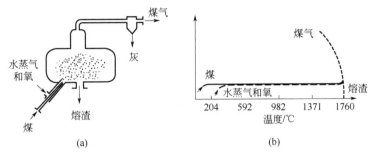

**图 2-51　气流床气化炉及其炉内温度分布**

煤和气化剂之间进行并流气化，反应物之间的接触时间短，煤颗粒在反应区内停留时间约 1～10s，来不及熔化而迅速气化，而且煤粒能被气流各自分开，不会出现黏结凝聚，因而燃料的黏结性对气化过程没有太大的影响。

为了提高反应速率，一般采用纯氧-水蒸气为气化剂，并且将煤磨细，以增加反应的表面积，一般要求 70%的煤粉通过 200 目筛。

与前述的几种气化工艺比较，反应温度高（火焰中心温度可达 2000℃），反应速率快，煤料的停留时间短（1～10s），产物不含焦油、甲烷等物质，用来生产合成氨、甲醇时，甲烷含量低是其优点。另一特点是，由于煤料悬浮在气流中，随气流并流运动，煤粒的干燥、热解、气化等过程瞬间完成，煤粒被气流隔开，所以煤粒基本上是单独进行膨胀、软化、燃尽及形成熔渣等过程，所以煤的黏结性、机械强度、热稳定性等对气化过程不起作用，原则上几乎可以气化任何煤种。气流床的设计简单，内件很少。

该法的缺点是，由于燃料在气化介质中的浓度低，由于反应物并流，产品气体与燃料之间不能进行内部换热，其结果是出口气体的温度比移动床和流化床的都高，为了保证较高的热效率，就得在后续的热量回收装置上设置换热面积较大的换热设备，这就在一定程度上抵消了气化炉结构简单的优点。

气流床气化，煤的加料有两种形式，一是干法（干粉煤）加料，另一种是湿法（水煤浆）加料。

已经工业化的气流床气化炉主要包括国外的干法加料的 K-T 炉、Shell 气化炉、GSP 气化炉、Prenflo 气化炉和湿法 Texaco 气化炉、E-gas 气化炉以及国内的对置多喷嘴气化炉、多元料浆气化炉等。本书将针对较典型的 K-T 炉、Shell 气化炉、Texaco 气化炉、对置多喷嘴气化炉进行分析讨论。

### 一、水煤浆加料气化工艺

水煤浆气化是煤以水煤浆形式加料，利用喷嘴、气化剂高速喷出与料浆并流混合雾化，在气化炉内进行火焰型非催化部分氧化反应的工艺过程。

水煤浆和氧气喷入气化炉后，瞬间经历煤浆升温及水分蒸发、煤热解挥发、残炭气化和气体间化学反应等过程，生成以 CO、$H_2$ 为主要组分的粗煤气。灰渣采用液态排渣。

水煤浆气化制煤气有如下优点：

① 气化原料范围宽，可适用泥炭、褐煤、烟煤和无烟煤等煤种。

② 水煤浆进料与干粉进料比较，安全并易控制。

③ 工艺技术成熟，流程简单，过程控制安全可靠。设备布置紧凑，运转率高。气化炉内部结构简单，炉内没有机械传动装置；操作性能好。

④ 操作弹性大，气化过程碳转化率较高，一般可达 95%～99%，负荷调整范围为 50%～105%。

⑤ 粗煤气质量好，用途广。采用高纯氧气进行部分氧化反应，粗煤气中有效成分（CO+$H_2$）达 80%左右，除含少量甲烷外不含其他烃类、酚类和焦油等物质。

⑥ 气化压力范围较宽，操作压力在 2.6～8.5MPa 之间，下游产品为甲醇、醋酸、二甲醇等，选择压力上限有利于降低能耗。

⑦ 生产能力大，单台气化炉一般在 400～1000t/d。

⑧ 气化过程污染少，环保性能较好。高温、高压气化产生的废水所含的有害物极少，少量废水经简单处理后可直接排放，排出的炉渣可作水泥或建筑材料的原料。

水煤浆气化缺点如下：

① 炉内耐火砖侵蚀严重，选用高铬耐火砖寿命为 1～2 年，更换耐火砖费用高，增加生产运行成本。

② 喷嘴使用周期短，一般运行 1～2 个月需更换或修复，停炉更换喷嘴对生产连续运行或高负荷运行有影响。

③ 水煤浆含水量高，冷煤气效率和有效气体成分较低，氧耗、煤耗比干法高。

④ 对管道及设备材料要求高，工程投资较大。

水煤浆技术目前较成熟和使用较广的有 Texaco 气化工艺、对置多喷嘴气化工艺和 E-gas（Dow Chemical CO）生产技术（也称两段气化技术）。

### （一）德士古（Texaco）气化工艺

德士古气化工艺最早开发于 20 世纪 40 年代后期，当时水煤浆采用干磨湿配工艺，即先将原煤磨细再加水混合制成水煤浆，浓度只能达到 50%左右。20 世纪 90 年代开始，Texaco 气化技术主要在我国煤化工行业中得到应用。

### 1. Texaco 气化工艺流程

煤气化工段主要包括煤气化和合成气冷却工序、合成气洗涤工序以及黑水处理工序，如图 2-52 所示。

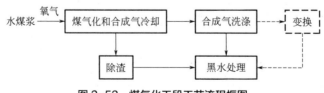

图 2-52　煤气化工段工艺流程框图

（1）煤气化和合成气冷却工序　水煤浆由浆料加压泵输送，与空分装置送来的氧气在德士古烧嘴中充分混合雾化后，进入气化炉燃烧室中进行气化反应，生成以 CO 和 $H_2$ 为有效成分的粗合成气。粗合成气和熔融态灰渣一起向下，经过均匀分布激冷水的激冷环沿下降管进入激冷室的水浴中。大部分的熔渣经冷却固化后，落入激冷室底部。粗合成气从下降管和导气管的环隙上升，出激冷室去洗涤塔。在激冷室合成气出口处设有工艺冷凝液冲洗，以防止灰渣在出口管累积堵塞，激冷室底部黑水送入黑水处理系统。

（2）合成气洗涤工序　从激冷室出来的饱和合成气进入文丘里洗涤器，与激冷水泵送出的黑水混合，使合成气夹带的固体颗粒完全湿润，以便在洗涤塔内能快速除去。

从文丘里洗涤器出来的气液混合物进入洗涤塔，沿下降管进入塔底的水浴中。合成气向上穿过水层，大部分固体颗粒沉降到塔底部与合成气分离。上升的合成气沿下降管和导气管的环隙向上穿过四块冲击式塔板，与冷凝液泵送来的冷凝液逆向接触，洗涤掉剩余的固体颗粒。合成气在洗涤塔顶部经过丝网除沫器，除去夹带气体中的雾沫，然后离开洗涤塔进入变换工序。

合成气水气比控制在 1.4～1.6 之间，含尘量小于 $1mg/m^3$。在洗涤塔出口管线上设有在线分析仪，分析合成气中 $CH_4$、$O_2$、CO、$CO_2$、$H_2$ 含量。

在开车期间，合成气经由压力调节阀排放至开工火炬来控制系统压力。火炬管线连续通入 LN 使火炬管线保持微正压。当洗涤塔出口合成气压力及温度正常后，经压力平衡阀使气化工序和变换工序压力平衡，缓慢打开合成气手动控制阀向变换工序送合成气。

洗涤塔底部黑水经黑水排放阀排入高压闪蒸罐处理。灰水槽的灰水由高压灰水泵加压后进入洗涤塔。从洗涤塔中下部抽取的灰水，由激冷水泵加压作为激冷水和文丘里洗涤器的洗涤水。

（3）黑水处理工序　来自气化炉激冷室和洗涤塔的黑水分别经减压阀减压后进入高压闪蒸罐，黑水经闪蒸后，一部分水被闪蒸为蒸汽，少量溶解在黑水中的合成气解析出来，同时黑水被浓缩，温度降低。从高压闪蒸罐顶部出来的闪蒸汽经灰水加热器与高压灰水泵送来的灰水换热冷却后，再经高压闪蒸冷凝器冷凝进入高压闪蒸分离罐，分离出的不凝气送至火炬，冷凝液经液位调节阀进入灰水槽循环使用。

高压闪蒸罐底部出来的黑水由液位调节阀减压后，进入真空闪蒸罐进一步闪蒸，浓缩的黑水经由液位调节阀自流入沉降槽。真空闪蒸罐顶部出来的闪蒸汽经真空闪蒸冷凝器冷凝后进入真空闪蒸分离罐，冷凝液经液位调节阀进入灰水槽循环使用，顶部出来的闪蒸汽用水环式真空泵抽取，在保持真空度后排入大气，液体自流入灰水槽循环使用。

从真空闪蒸罐底部自流入沉降槽的黑水，为了加速在沉降槽中的沉降速度，在流入沉降槽处加入絮凝剂。粉末状的絮凝剂加脱盐水（DW）溶解后贮存在絮凝剂槽，由絮凝剂泵送入混合器和黑水充分混合后进入沉降槽。沉降槽沉降下来的细渣由刮泥机刮至底部排入渣池，上部的澄清水溢流到灰水槽循环使用。

（4）锁斗系统　激冷室底部的渣和水，在收渣阶段经由锁斗收渣阀、锁斗安全阀进入锁斗。锁斗安全阀处于常开状态，仅当由激冷室液位低引起的气化炉停车，锁斗安全阀才关闭。锁斗循环泵从锁斗顶部抽取相对洁净的水送回激冷室底部，帮助将渣冲入锁斗。

锁斗循环分为泄压、清洗、排渣、充压、收渣五个阶段，由锁斗程序自动控制。循环时间一般为 30min，可以根据具体情况设定。锁斗程序启动后，锁斗泄压阀打开，开始泄压，锁斗内压力泄至锁斗冲洗水罐。泄压后，泄压管线清洗阀打开清洗泄压管线，清洗时间到后清洗阀关闭。锁斗冲洗水阀和锁斗排渣阀及充压阀打开，开始排渣。当冲洗水罐液位低时，锁斗排渣阀、充压阀和冲洗水阀关闭。锁斗充压阀打开，用高压灰水泵来的灰水开始充压，当气化炉与锁斗压差低时，锁斗收渣阀打开，锁斗充压阀关闭。锁斗循环泵进口阀打开，循环阀关闭，锁斗开始收渣，收渣计时器开始计时。当收渣时间到锁斗循环泵循环阀打开，进口阀关闭，锁斗循环泵自循环。锁斗收渣阀关闭，泄压阀打开，锁斗重新进入泄压步骤。如此循环。

从灰水槽来的灰水，由低压灰水泵加压后经锁斗冲洗水冷却器冷却后，送入锁斗冲洗水罐作为锁斗排渣时的冲洗水。锁斗排出的渣水排入渣斗，用冲洗水泵来的冲洗水冲入渣沟进入澄清池进行沉淀分离。经澄清、过滤后的清水由冲洗水泵大部分送至制浆、气化、渣水工序作为冲洗水，一部分送往沉降槽重复使用，多余部分经废水冷却器冷却后送入生化处理工序。粗渣经沉降分离后送出界区。

德士古煤气化流程如图2-53所示。

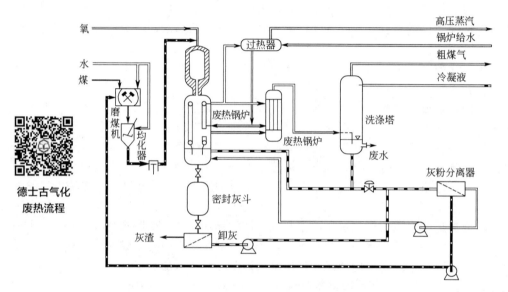

图 2-53　德士古煤气化流程

## 2. 水煤浆制备和气化原理

（1）煤浆的制备和输送　合格煤浆的制备是德士古法应用的基本前提。煤浆的浓度、黏度、稳定性等对气化过程和物料的输送均有重要的影响，而这些指标与煤的研磨又有着密切的关系。

固体物料的研磨分为干法和湿法两大类。制取水煤浆时普遍采用的是湿法，这种方法又分为封闭式和非封闭式两种系统。

a. 封闭式湿磨系统。如图2-54所示，煤经过研磨后送到分级机中进行分选，过大的颗粒再返回到磨机中进一步研磨。这种方法的优点是得到的煤浆粒度范围较窄，对磨机无特殊要求；缺点是需要分级设备。为了达到适当的分级，煤浆的黏度就不能太大，这就意味着煤浆中的固含量不能太大，而水分含量相应地就高，后系统需要增设稠化的专用设备，以达到该法的煤浆浓度要求。

b. 非封闭式湿磨系统。如图2-55所示，该法中，煤一次通过磨机，所制取的煤浆同时能够满足粒度和浓度的要求。煤在磨机中的停留时间相对长一些，这样可以尽可能保证较大的颗粒不太多。要达到合格的研磨，选择适当的磨机就变得很重要，最合适的是用充填球或棒的滚筒磨机，妥善选择磨机长度、球径及球数，使得煤通过磨机时一次即能达到高浓度的煤浆，并具有所需要的粒度。

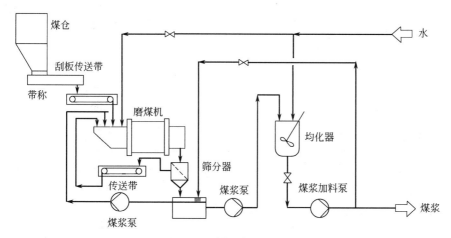

图 2-54　封闭式湿磨系统

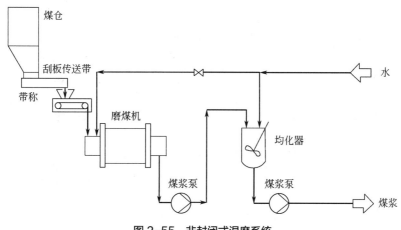

图 2-55　非封闭式湿磨系统

　　需要指出的是，不管是哪一种制浆工艺，都是耗能大户。因此，为了减少磨矿功耗，磨矿前，除特殊情况（如用粉煤或煤泥制浆）外，都必须经过破碎，预先破碎到粒度小于30mm，然后经过带称送入磨粉机。

　　研磨好的煤浆首先要进入一均化罐，然后用泵送到气化炉。煤浆是否能够顺利进入气化炉，在泵功率确定的前提下，取决于煤浆的浓度和颗粒的粒度，这又集中体现在煤浆的黏度上，可加入添加剂以降低煤浆黏度。

　　（2）气化　气化炉是气化过程的核心，而喷嘴又是气化炉的关键设备。合格的水煤浆在进入气化炉时，首先要被喷嘴雾化，使煤粒均匀地分散在气化剂中，从而保证高的气化效率。良好的喷嘴设计可以保证煤浆和氧气的均匀混合。满足实际生产要求的喷嘴，应该具有以较少的雾化剂和较少的能量达到较好雾化效果的能力，而且结构要简单，加工要方便，使用寿命要长等。多采用三流道喷嘴，中心管导入15%的氧气，内环隙导入煤浆，外环隙导入85%的氧气，根据煤浆的性质可调节两股氧气的比例，以促使氧气和碳的反应。

　　气化炉内进行的反应主要有：

$$C + O_2 \longrightarrow CO_2 \quad \Delta H = -394.1kJ/mol$$
$$C + H_2O \Longrightarrow CO + H_2 \quad \Delta H = 135.0kJ/mol$$

$$C + CO_2 \rightleftharpoons 2CO \quad \Delta H = 173.3 \text{kJ/mol}$$
$$C + 2H_2 \rightleftharpoons CH_4 \quad \Delta H = -84.3 \text{kJ/mol}$$
$$CO + H_2O \rightleftharpoons H_2 + CO_2 \quad \Delta H = -38.4 \text{kJ/mol}$$
$$CO + 3H_2 \rightleftharpoons CH_4 + H_2O \quad \Delta H = -219.3 \text{kJ/mol}$$

还进行以下反应：

$$C_mH_n \rightleftharpoons (m-1)C + CH_4 + 0.5(n-4)H_2$$
$$C_mH_n + (m+0.25n)O_2 \rightleftharpoons mCO_2 + 0.5nH_2O$$

当煤浆进入气化炉被雾化后，部分煤燃烧而使气化炉温度很快达到 1300℃ 以上的高温，由于高温气化在很高的速率下进行，平均停留时间仅几秒钟，高级烃完全分解，甲烷的含量也很低，不会产生焦油类物质。由于温度在灰熔点以上，灰分熔融并呈微细熔滴被气流夹带出，离开气化炉的粗煤气可用各种方法处理。

**3. 工艺条件和气化指标**

影响德士古气化的主要工艺指标有：水煤浆浓度、粉煤粒度、氧煤比、气化压力、气化温度、煤种等。

（1）水煤浆浓度　水煤浆浓度是德士古气化方法的一个重要工艺参数。一定浓度煤浆除了要易于输送外，还要保证煤浆中水在较长时间内不析出，以保证水煤浆固含量。煤浆的浓度、黏度、稳定性等对气化过程和物料输送均有重要影响。常规做法是在水煤浆中加入添加剂、石灰石、氨水，以降低煤浆黏度，提高固含量。所谓水煤浆的浓度是指煤浆中煤的质量百分数，即煤的固含量。该浓度与煤炭的质量、制浆的技术密切相关。需要说明的是，水煤浆中的水分含量是指全水分，包括煤的内在水分。通常使用的煤也并不是完全干的，一般含有 5%~8% 甚至更多的水分在内。

一般地，随着水煤浆浓度的提高，煤气中的有效成分增加，气化效率提高，氧气的消耗量下降，如图 2-56 和图 2-57 所示。Texaco 技术中水煤浆浓度一般要求固含量达到 65% 左右。

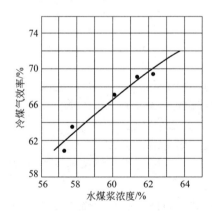

**图 2-56　水煤浆浓度和冷煤气效率的关系**

[气化压力为 2.45MPa（表压）；气化温度为 1380℃；入炉煤量（干）为 1.00~1.05t/h；氧煤比为 1.0kg/kg]

（2）粉煤的粒度　粉煤的粒度对碳的转化率有很大影响。较大的颗粒离开喷嘴后，在反应区的停留时间比小颗粒的停留时间短，而且，颗粒越大气固相的接触面积越小。这双重的影响结果是，使大颗粒煤的转化率降低，导致灰渣中的含碳量增大。

结合上面关于水煤浆浓度和煤粉粒度的讨论，就单纯的气化过程而言，水煤浆的浓度越高、煤粉的粒度越小，越有利于气化。但实际生产过程中，不得不考虑煤浆的泵送和煤浆在气化炉中的雾化，而这两个生产环节又极大地受水煤浆的黏度的限制，煤浆黏度与煤种、固含量、煤颗粒大小等因素有关。煤的粒度越小,煤浆浓度越大,则煤浆的黏度越大。为了便于使用,水煤浆应具有较好的流动性,黏度不能太大,以利于泵送和雾化,工业上在水煤浆中加入添加剂来降低其黏度,将黏度控制在1Pa·s左右。煤浆浓度与黏度之间的关系见图2-58。

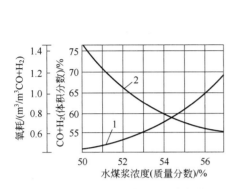

图2-57 水煤浆浓度和煤气质量及氧耗的关系
1—(CO+H₂)含量;2—氧气耗量

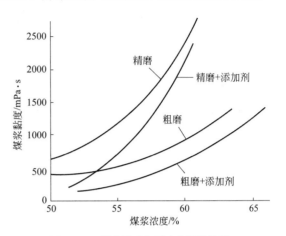

图2-58 煤浆浓度与黏度之间的关系

水煤浆添加剂由分散剂、稳定剂和助剂组成。分散剂即表面活性剂,有双亲活性,由疏水基和亲水基两部分组成。在水煤浆中,表面活性剂的亲水基伸入水中,而疏水基却被煤粒的表面吸引,使煤粒均匀分散在水中,并在表面形成水化膜,使煤浆具有流动性,可以是阳离子表面活性剂、阴离子表面活性剂、两性表面活性剂和非离子表面活性剂。水煤浆用的表面活性剂多选择芳烃类中与煤结构相近的物质,如萘系、聚烯烃系、聚羧酸系、腐殖酸系、木质素磺酸盐系等,这样可以在煤的表面更好地吸附。由于煤气化生产规模大,添加剂的用量不小,一个日产千吨氨厂按添加0.5%计算,每年需表面活性剂约3000~4000t,因此选择价廉且高效的添加剂,可以降低生产成本。

(3)氧煤比 氧煤比是德士古气化法的重要指标。在其他条件不变时,氧煤比决定气化炉的操作温度,如图2-59所示。同时,氧煤比增大,碳的转化率也增大,如图2-60所示。

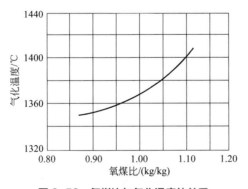

图2-59 氧煤比与气化温度的关系
[气化压力为2.45MPa;入炉煤量(干)为1.00~1.05t/h;煤浆浓度(质量分数)为60%;铜川煤]

虽然氧气比例增大可以提高气化温度,有利于碳的转化,降低灰渣含碳量,但氧气过量会使二氧化碳的含量增加,从而造成煤气中的有效成分含量降低,气化效率下降。

某化肥厂曾经因为灰渣含碳量太高,在氧气流量不变的条件下,采用降低煤浆的加入量相应提高氧煤比的方法，在德士古气化装置上进行过验证性试验。当氧气的消耗量从每天的 263900m³ 提高到 267200m³ 后，有效气体（CO+H₂）的含量从试验前的 83.85% 降低到 81.84%；而二氧化碳的含量从试验前的 15.94% 提高到 17.74%；灰渣可燃物的含量从试验前的 43.96% 降低到 31.83%。与此相应的比煤耗从试验前的 0.5653kg/m³（CO+H₂）降低到 0.5410kg/m³（CO+H₂）；煤气产量也从试验前的每天 873.35km³ 提高到 887.40km³。由此可见，适当提高氧气的消耗量，可以相应提高炉温，降低生产成本，但提高炉温还要考虑耐火砖和喷嘴等的寿命。

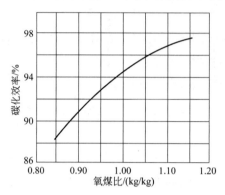

**图 2-60  氧煤比与碳转化率的关系**

[气化压力为 2.45MPa（表压）；气化温度为 1380℃；入炉煤量（干）为 1.00～1.05t/h；
煤浆浓度（质量分数）为 60%；铜川煤]

（4）气化压力　提高气化压力，可以增加反应物的浓度，加快反应速率；由于煤粒在炉内的停留时间延长，碳的转化率提高。同时气化炉生产能力与 $\sqrt{p}$ 成正比，提高气化压力，有利于提高气化炉单生产能力。Texaco 工艺的气化压力一般在 10MPa 以下，通常根据煤气的最终用途，经过经济核算，选择合适的气化压力。例如，生产合成氨一般为 8.5～10MPa；用于合成甲醇则 6～7MPa 为宜，这样后面工序不需再增压。

（5）气化温度　气化温度是气化过程的重要控制参数，气化温度决定了气化效率，同时影响反应时间。提高气化温度，可提高气化效率并缩短反应时间。Texaco 技术采用液态排渣，操作温度大于煤的灰熔点，一般控制在 1350～1500℃ 之间。

（6）煤种　德士古气化的煤种范围较宽，一般情况下不适宜气化褐煤。由于褐煤的内在水分含量高，内孔表面大，吸水能力强，在成浆时，煤粒上吸附的水量多。因此，相同的浓度下自由流动的水相对减少，煤浆的黏度大，成浆较困难。

① 灰分含量。灰分含量是影响气化的一个重要因素。德士古法是在煤的灰熔点以上的温度操作，炉内灰分的熔融所需要的热量须燃烧部分煤来提供，因而煤灰分含量增大，氧消耗量会增大，同理煤的消耗量亦增大，如图 2-61 和图 2-62 所示。一般地，同样反应条件下，灰分含量每增加 1%，氧耗约增加 0.7%～0.85%，煤耗约增加 1.3%～1.5%。对于灰分含量，一般应低于 10%～15%。

② 灰熔点。煤灰熔融性常用三个温度描述，即初始变性温度（$T_1$）、软化温度（$T_2$）、流动温度（$T_3$）。煤的灰熔点指流动温度，它的高低与灰的化学组成有关。灰分中 $Fe_2O_3$、CaO、MgO 含量越多，灰熔点越低；$SiO_2$、$Al_2O_3$ 含量越高，灰熔点越高。通常用酸碱比来判断灰分熔融的难易程度：

$$酸碱比 = \frac{w_{SiO_2} + w_{Al_2O_3}}{w_{Fe_2O_3} + w_{CaO} + w_{MgO}} \tag{2-14}$$

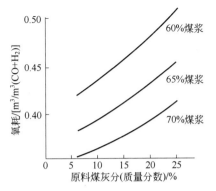

图 2-61　1500℃原料煤灰分含量与氧耗的关系

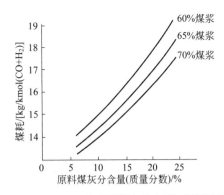

图 2-62　1500℃原料煤灰分含量与煤耗的关系

式中，$w_i$ 为各组成质量分数。

当酸碱比值在 1～5 之间为易熔，比值大于 5 时为难熔。

选择煤种时，应选择活性好，灰熔点低（小于 1300℃）的煤。对于灰分含量，一般应低于 10%～15%，或当灰熔点高于 1500℃时，需添加助熔剂（CaO 或 $Fe_2O_3$）。

表 2-11 列出了国内外德士古法的主要气化指标。

### 表 2-11　国内外德士古法的主要气化指标

| 项目 | | 国外中试 | 国外中试 | 宇部工业（日本） | 我国中试 |
|---|---|---|---|---|---|
| 煤种 | | 伊利诺斯 6 号煤 | 伊利诺斯 6 号煤 | 澳洲煤 | 铜川煤 |
| 元素分析<br>（质量分数） | $w(C)\%$ | 65.64 | 65.64 | 66.80 | 69.34 |
| | $w(H)\%$ | 4.72 | 4.72 | 5.00 | 3.92 |
| | $w(N)\%$ | 1.32 | 1.32 | 1.70 | 0.60 |
| | $w(S)\%$ | 3.41 | 3.41 | 4.20 | 1.54 |
| | $w(A)\%$ | 13.01 | 13.01 | 15.00 | 15.17 |
| | $w(O)\%$ | 11.90 | 11.90 | 7.30 | 9.40 |
| 煤样高热值/（kJ/kg） | | 26796 | 26796 | 28931 | 28361 |
| 投煤量/（t/h） | | 0.365 | 6.35 | 约 20 | 1.2 |
| 气化压力（绝压）/MPa | | 2.58 | — | 3.49 | 2.56 |
| 气体组成<br>（体积分数） | $\varphi(CO)\%$ | 42.2 | 39.5 | 41.8 | 36.1～43.1 |
| | $\varphi(H_2)\%$ | 34.4 | 37.5 | 35.7 | 32.3～42.4 |
| | $\varphi(CO_2)\%$ | 21.7 | 21.5 | 20.6 | 22.1～27.6 |
| 碳转化率/% | | 99.0 | 95.0 | 98.5 | 95～97 |
| 冷煤气效率/% | | 68.0 | 69.5 | — | 65.0～68.0 |

注：A 代表灰分含量。

### 4. 气化炉结构和主要设备

德士古气化炉是一种以水煤浆进料的加压气流床气化装置，如图 2-63 所示。

根据粗煤气采用的冷却方法不同，德士古气化炉可分为淬冷型 [图 2-63（a）] 和全热回收型 [图 2-63（b）]。

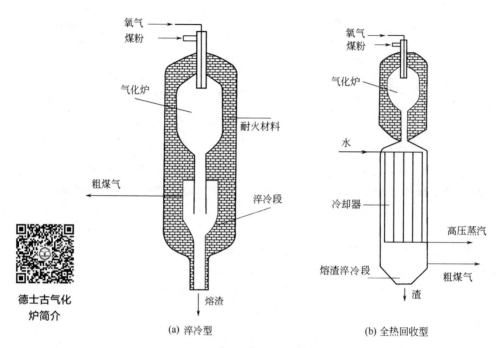

图 2-63 德士古气化炉

　　两种炉型仅是对高温粗煤气所含显热回收利用不同，气化工艺基本相同。德士古加压水煤浆气化过程是并流反应过程。水煤浆原料与氧气从气化炉顶部进入。煤浆由喷嘴导入，在高速氧气的作用下雾化。氧气和雾化后的水煤浆在炉内受到高温衬里的辐射作用，迅速进行一系列物理、化学变化：预热、水分蒸发、煤的干馏、氧化还原等。气化后煤气中主要成分是一氧化碳、氢气、二氧化碳和水蒸气。

　　在淬冷型气化炉中，粗合成气体经过淬冷管离开气化段底部，淬冷管底端浸没在一水池中。粗煤气经过急冷到水的饱和温度，并将煤气中的灰渣分离下来，灰熔渣被淬冷后截留在水中，落入渣罐，经过排渣系统定时排放。冷却了的煤气经过侧壁上的出口离开气化炉的淬冷段。然后按照用途和所用原料，粗合成气在使用前进一步冷却或净化。

　　在全热回收型炉中，粗合成气离开气化段后，在合成气冷却器中从 1400℃ 被冷却到 700℃，回收的热量用来生产高压蒸汽。溶渣向下流到冷却器被淬冷，再经过排渣系统排出。合成气由淬冷段底部送下一工序。

　　目前大多数德士古气化炉采用淬冷型，其优势在于它更廉价，可靠性更高，缺点是热效率较全热回收型的低。

　　气化炉为一直立圆筒形钢制耐压容器，内壁衬以高质量的耐火材料，可以防止热渣和粗煤气的侵蚀。

　　（1）气化炉结构及气化操作过程　气化炉是气化的核心设备，分为上、下两部分，其上部是燃烧室，下部为急冷室或辐射废热锅炉结构。

　　气化炉的结构如图 2-64 所示，气化部分是一个用耐火砖砌成的高温空间，水煤浆和纯度为 95% 的氧气从安装在炉顶的一个特制的燃烧喷嘴中向下喷入其间，形成一个非催化的、连续的、喷流式的部分氧化过程，反应温度在 1500℃ 以下。

　　开工时经过预热烧嘴，将气化炉预热到要求的温度，水煤浆和氧气通过煤浆喷嘴喷入燃烧室内，燃烧并完成部分氧化反应，生成粗煤气，进入急冷室。

初步冷却后的含渣气流流经急冷管和抽引管之间的环隙、鼓泡，洗涤去绝大部分的灰渣，气流经过急冷室的分离空间进一步分离出去，进入后一工序。

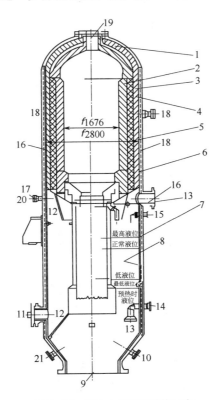

**图 2-64　德士古气化炉结构示意**

1—浇注料；2—向火面砖；3—支撑砖；4—绝热砖；5—可压缩耐火材料；6—燃烧室炉壳；7—淬冷段炉壳；8—堆积层；
9—渣水出口；10—锁斗再循环口；11—人孔；12—液位指示联箱；13—仪表孔；14—排放水出口；15—冷淬水入口；
16—出气口；17—锥底温度计；18—热电偶；19—烧嘴口；20—吹氮口；21—再循环口

气化炉燃烧室和急冷室外壳是连成一体的。上部燃烧室为一中空圆体钢制容器，带拱形顶部和锥形下部，内衬耐火材料，燃烧反应主要在此进行；顶部连有烧嘴口，锥口下部接激冷室，生成气体出口到急冷室。

炉壁表面有测温系统，炉膛上安装有高温热偶，用以指导气化炉操作。

德士古气化炉的结构具有以下特点：

① 反应区无任何机械部分。在反应区中留存的反应物料最少。

② 由于反应温度甚高，炉内设有耐火衬里。

③ 在燃烧室的中下部安装 4 支高温热电偶，调节控制反应物料的配比。

④ 在炉壳外表面装设表面测温系统，掌握炉内衬里的损坏情况。这种测温系统将包括拱顶在内的整个燃烧室外表面分成若干个测温区，通过每一小块面积上的温度测量，迅速指出在炉壁外表面上出现的任何一个热点温度，从而可预示炉内衬的侵蚀情况。

气化炉气化效果的好坏取决于燃烧室形状及其与工艺烧嘴结构之间的匹配。

值得注意的是：如果反应物料配比或进料顺序不得当，不是超温就是有爆炸危险。

（2）合成气洗涤塔（碳洗塔）　合成气洗涤塔（图 2-65）的功能是清洗粗煤气。由气化炉产生的粗煤气经除雾器使气体中含尘量降至 $<1\text{mg/m}^3$。常用洗涤塔有：空塔、填料塔、筛

板塔、喷淋塔、蒸发热水塔等。

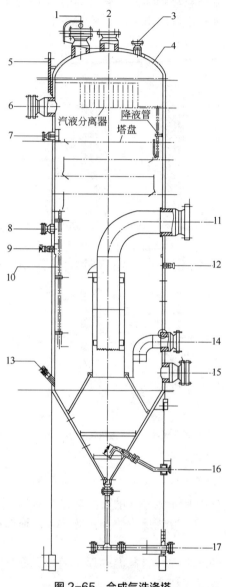

图 2-65  合成气洗涤塔

1，6，15—人孔；2—合成气出口；3—安全阀；4—封头；5—吊耳；7—冷凝液进口；8—灰水进口，冷凝液进口；
9，13—液位变送器接口；10—挡液板；11—合成气进口；12—氮气口；14，16—黑水出口；17—排渣口

塔顶除沫装置：为除去夹带的液滴，顶上可设丝网除沫器或垂直型折板除沫器。丝网除沫器可有效去除 3～5μm 的雾滴，垂直型折板除沫器一般只能除去 50μm 微小液滴，但防堵塞效果比丝网除沫器性能好得多。

丝网除沫器：如图 2-66 所示，丝网除沫器主要由丝网、丝网格栅组成丝网块和固定丝网块的支承装置构成，丝网为各种材质的气液过滤网，气液过滤网由金属丝或非金属丝组成。该丝网除沫器不但能滤除悬浮于气流中的较大液沫，而且能滤除较小和微小液沫。其工作原理如图 2-67 所示。丝网除沫器具有结构简单，重量轻，空隙率大，压力降小，接触表面积大，除沫效率高，安装、操作、维修方便，使用寿命长的特点。

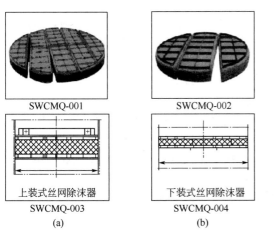

图 2-66　丝网除沫器

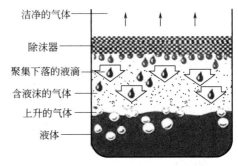

图 2-67　丝网除沫器的工作原理

（3）工艺烧嘴　工艺烧嘴的功能要求：工艺烧嘴的主要功能是利用高速氧气流的动能，将水煤浆雾化并充分混合，在炉内形成一股有一定长度黑区的稳定火焰，为气化创造条件。工艺烧嘴的设计要求如下。

① 采用气流雾化。水煤浆的浓度、粒径分布和黏度即流动性决定其雾化性能。

② 雾化了的水煤浆与氧气混合的好坏，直接影响气化效果。局部过氧，会导致局部超温，对耐火内衬不利；局部欠氧，会导致碳气化不完全，增加带出物中碳的损失。

③ 炉子结构尺寸要与烧嘴的雾化角和火焰长度相匹配，达到有限炉子空间的充分和有效利用。

工业上使用的三流式工艺烧嘴，如图 2-68 所示。该工艺烧嘴系三流通道，氧分为两路，

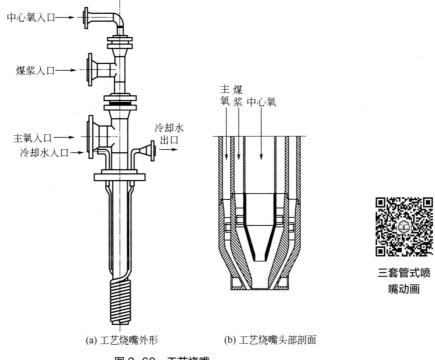

(a) 工艺烧嘴外形　　(b) 工艺烧嘴头部剖面

图 2-68　工艺烧嘴

一路为中心氧通道，由中心管喷出，水煤浆由内环道流出，并与中心氧在出烧嘴口前预先混合；另一路为主氧通道，主氧道氧气在外环道烧嘴口处与煤浆和中心氧再次混合。水煤浆未与中心氧接触前，在环隙通道为厚达十余毫米的一圈膜，流速约 2m/s。中心氧占总氧量的15%～20%，流速约 80m/s。环隙主氧占总氧量的 89%～85%，气速高于中心氧道，约 120m/s。氧气在烧嘴入口处的压力与炉压之比约为 1.2～1.4。

烧嘴头部最外侧有水冷夹套，冷却水入口直抵夹套，再由缠绕在烧嘴头部的数圈盘管引出，对烧嘴出口进行降温，起到保护作用。

（4）煤浆振动筛　如果煤浆中的大颗粒煤粒卡在煤浆泵入口阀上，将造成煤浆泵跳车，引发气化炉安全停车，重则导致误操作，使气化炉内因氧气过量而造成炉温急剧上升，酿成大事故。因此在煤浆槽上方设置煤浆筛，及时筛出煤浆中的大颗粒煤粒。

煤浆筛的结构特点是：筛子由两个筛架组成，一个筛架插入另一个之中，由一偏心轴带动。当偏心轴旋转时，两个筛架始终做相反方向来回摆动，造成上面的筛网面忽而拉紧忽而松弛。每分钟 600 次的筛网一张一弛，筛上的物料像在蹦床上跳动似的被弹起后再落下，使黏稠物料达到很好的过筛，且通过能力强。

（5）煤磨机　煤磨机采用通用的磨碎机械，见图 2-69。煤磨机的功用是得到指定煤浆浓度和粒度的水煤浆成品。采用湿式溢流型煤磨机和无返料的开式流程。

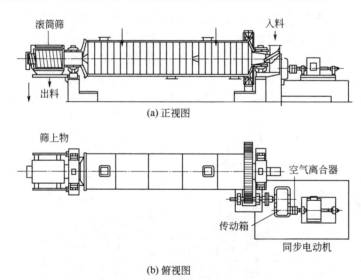

图 2-69　煤磨机

（6）煤浆泵　水煤浆输送一般采用活塞隔膜泵，如图 2-70 所示，采用橡胶隔膜，将料浆与活塞、缸衬里等隔开，当活塞运动时，活塞推动力作用在隔膜上，继而传递到料浆上。当活塞向右方推动时，右上方的阀芯抬起，右方料浆排出，同时左下方阀芯也拉起，左方料浆被吸入。当活塞向左方推动时，则右方吸料、左方排料。

（二）对置多喷嘴水煤浆气化技术

对置多喷嘴式水煤浆气化炉是国家"九五"重点科技攻关项目，2000 年 7 月第一次投料成功，并通过国家技术测试及鉴定，经过长达 20 余年的探索与改进，目前已经形成了 2000t/d、2500t/d、3000t/d、4000t/d 不同级别的装置，是有自主知识产权的项目，已经成为世界范围内三大主流煤气化技术之一。如图 2-71 所示。

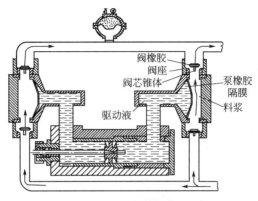

图 2-70 活塞隔膜泵

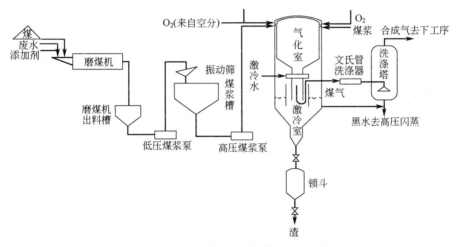

图 2-71 对置多喷嘴水煤浆气化工艺流程

煤浆分别经 4 台高压煤浆泵加压计量后与氧气一起送至 4 个两两水平对称布置的工艺喷嘴,在气化炉内进行部分氧化反应。生成的粗煤气、熔渣并流向下进入气化炉激冷室,熔渣在底部水浴中激冷固化,由锁渣罐收集定期排放。粗煤气经脱除游离氧的水喷淋降温后送洗涤塔除尘。从洗涤塔下部抽出的含固量较低的黑水,经洗涤塔循环加压后送入激冷室作为煤气的激冷水使用。

对置多喷嘴水煤浆气化工艺的主要技术特点如下。

① 炉内温度分布均匀,炉膛内温度差在 50~150℃之间,由于温差小,延长了炉内耐火砖寿命。

② 有效成分含量高,碳转化率高达 99%,通过撞击流强化了传质传热过程以提高气化效果。经比较,有效气体(CO+H$_2$)含量较德士古(Texaco)气化装置高 2%~3%,同时氧耗下降。

③ 采用预膜式喷嘴。预膜式喷嘴氧气与水煤浆同时离开喷嘴,喷嘴内部没有预混段,利用内、外侧高速氧气扰动水煤浆雾化和与氧气的充分混合。

④ 选用混合器-旋风分离器-泡罩塔组合方案,采用"分级"净化,是一项高效、节能型工艺。

⑤ 多喷嘴对置水煤浆气化技术采用直接接触式蒸发回收黑水热量,有利于解决换热器

结垢问题，提高传热效率。

### （三）E-gas 气化炉

E-gas（以前也称 Dow、Destec）煤气化工艺是在 Texaco 气化工艺上发展起来的两段式水煤浆气化工艺，使用煤种为次烟煤。主要用于 IGCC 示范装置，耗煤 2500t/d，气化压力 2.8MPa，发电量达 262MW。

#### 1. 结构及流程

E-gas 水煤浆气化炉由两段反应器组成，如图 2-72 所示。第一段是在高于煤的灰流动温度下操作的气流夹带式部分氧化反应器，操作温度为 1300～1450℃，第一段反应器水平安装，两端同时对称进料，熔渣从炉膛中央底部孔排至激冷区，经激冷并减压后从系统连续排入常压脱水罐；煤气经第一段中央上部的出气口进入第二段，第一段反应器内衬有高温耐火砖。第二段也是一个气流夹带反应器，垂直安装在第一段反应器上方。在第二段炉膛入口喷入第二股煤浆，通过喷嘴均匀注入来自第一段的热煤气中，第二段水煤浆喷入量为总量的 10%～20%。一段煤气的显热通过蒸发新喷入煤浆的水而回收，煤气温度被冷却到灰软化温度（约1000℃）以下，新喷入的煤浆颗粒在该温度下被热解和气化。气体从第二段顶部出来进入旋风分离器，未反应半焦再次循环使用，煤气进入净化工序。

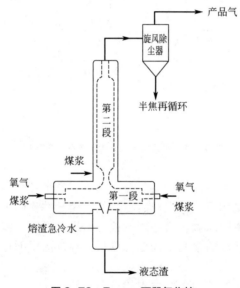

图 2-72　E-gas 两段气化炉

#### 2. 工艺特点

E-gas 煤气化工艺有以下特点：

① 采用两段水煤浆进料。与 Texaco 不同的是，80%水煤浆和纯氧混合通过第一段对称布置的 2 个喷嘴喷入气化炉，10%～20%水煤浆由第二段加入，与粗煤气混合并发生反应。

② 采用两段气化，提高了煤气热值，降低了氧耗，并使出口煤气温度降低，省掉了庞大而昂贵的辐射废热锅炉，降低设备投入。

③ E-gas 气化炉一段气化温度为 1371～1427℃，出口煤气温度约 1038℃，冷煤气效率为 71%～77%。

④ 喷嘴寿命一般为 2～3 个月，耐火砖寿命为 2～3 年，二段耐火砖寿命更长一些。

⑤ E-gas 气化炉采用压力螺旋式连续排渣系统，泄压和碎渣设备造价较低。

⑥ 由于增加了第二段气化，延长了煤气在炉内的停留时间，二段出口温度高于 1000℃，煤气中焦油及烃类物质少。

⑦ 第二段出炉煤气经旋风除尘分离下来的半焦，用水激冷并减压后制成半焦浆液，再加入第一段气化炉进料中，可提高碳转化率和冷煤气效率。

**3. 技术指标**

E-gas 气化炉的技术指标如下。

① 原料煤的煤质数据及煤气组成见表 2-12。

**表 2-12　E-gas 气化采用煤种的煤质数据及煤气组成**

| 技术指标 | | 次烟煤 | 褐煤 |
|---|---|---|---|
| 加料量/（t/d） | 干燥基 | 1440 | 1830 |
| | 收到基 | 2000 | 2630 |
| 工业分析（质量分数） | $w$（固定碳）/% | 32.9 | 26.7 |
| | $w$（V）/% | 32.3 | 31.5 |
| | $w$（M）/% | 28.9 | 30.0 |
| | $w$（A）/% | 5.9 | 11.8 |
| 煤气组成（体积分数） | $\varphi$（$H_2$）/% | 41.35 | |
| | $\varphi$（$N_2$）/% | 1.48 | |
| | $\varphi$（CO）/% | 38.4 | |
| | $\varphi$（$CO_2$）/% | 18.46 | |
| | $\varphi$（$CH_4$）/% | 0.11 | |
| | $\varphi$（$H_2S$）/% | 0.14 | |
| | $\varphi$（COS）/% | 0.006 | |
| 高热值（干燥基）/（MJ/kg） | | 28.1 | 24.9 |

注：V 代表挥发分，M 代表水分，A 代表灰分。

② 次烟煤水煤浆浓度 52%～54%（质量分数）。

③ 操作压力 2.14MPa，氧煤比为 0.8kg/kg，煤气产率为 2.35$m^3$/kg（干燥基次烟煤），冷煤气效率为 79%。

## 二、干粉煤加料气化工艺

气流床气化的另一种典型生产方法是以干粉煤为原料，由气化剂将粉煤夹带入炉的生产工艺，煤与气化剂并流加入。粉煤气流床的生产特点是煤种适应性强，反应时间短，气化温度高，碳转化率高，液态排渣，煤气中 $CH_4$ 含量少，热值低，适用于化工生产合成气。典型的生产技术有 K-T 法、Shell 技术、GSP 技术、Prenflo 技术和两段干粉气化技术。

### （一）K-T 法

K-T 法是柯柏斯-托切克（Koppers-Totzek）的简称。K-T 法于 1952 年实现工业化，目前已成为一种成熟的气化技术，大都用来生产富氢气以生产合成氨。

## 1. K-T 气化炉结构

K-T 气化炉结构如图 2-73 所示。炉身是一圆筒体,用锅炉钢板焊成双壁外壳,通常衬有耐火材料。在内外壳的环隙间产生低压蒸汽的同时把内壁冷到灰熔点以下,使内壁挂渣而起到一定的保护作用。

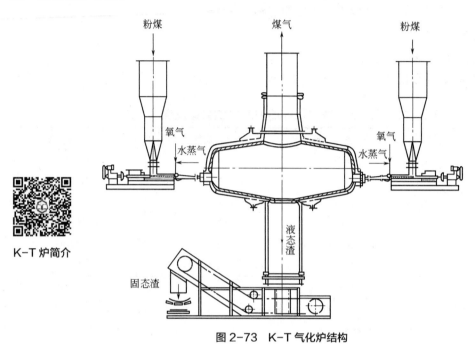

图 2-73　K-T 气化炉结构

两个稍向下倾斜的喷嘴相对设置,一方面可以使反应区内的反应物形成高度湍流,加速反应,同时火焰对喷而不直接冲刷炉墙,对炉墙有一定的保护作用。另一方面,在一个反应区未燃尽的喷出颗粒将在对面的火焰中被进一步气化,如果出现一个烧嘴临时堵塞时能保证连续安全生产。

喷嘴出口气流速度通常要大于 100m/s,以避免回火而发生爆炸。

在高温气化环境条件下,炉子的防护除了用挂渣来起一定的作用外,更重要的是耐火材料的选择。最初采用硅砖砌筑,经常发生故障,改用含铬的混凝土,后来用加压喷涂含铬耐火材料,涂层厚达 70mm,寿命可达 3~5 年。采用以氧化铝为主体的塑性捣实材料,效果也较好。

采用双喷嘴加料,气化能力从早期设计的 81552m$^3$/d 发展到了后来的 611643m$^3$/d,每天气化的煤超过 394t。四炉头的气化炉,其能力达到每天处理煤 785t,大约可生产煤气 1223286m$^3$/d。

K-T 气化炉可以在 45min 内从备用状态达到满负荷生产。螺旋加料器上的变速装置可使操作负荷减小到不低于设计能力的 60%,同时能够保证有足够的进料以避免回火。对四炉头的气化炉,关闭一对烧嘴可以使能力调低 30%。

## 2. 工艺流程

K-T 气化工艺流程包括:煤粉制备、原料输入、气化制气、废热回收和洗涤冷却等部分。如图 2-74 所示。

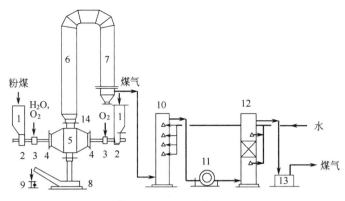

**图2-74 K-T气化工艺流程**

1—煤斗；2—螺旋给料机；3—氧煤混合器；4—粉煤喷嘴；5—气化炉；6—辐射锅炉；7—废热锅炉；8—除渣机；
9—运渣机；10—冷却洗涤塔；11—泰生洗涤机；12—最终冷却塔；13—水封槽；14—急冷器

（1）煤粉制备 从煤厂来的原料，破碎后再经球磨机、棒磨机或辊磨机粉碎，同时用427～482℃热烟道气将煤粉干燥到水分含量符合要求，一般烟煤水分控制在1%，褐煤控制在8%～10%。煤粒度达到70%～85%通过200目筛。气流将煤粉干燥、夹带并送入分级器，细粒继续前进送旋风分离器，不合格的粗粒返回磨机继续研磨。旋风分离器分离下来的合格煤粉送煤粉储仓，煤粉储仓充入氮气保护。

（2）原料输入 煤粉由煤仓用氮气通过气动输送系统送入煤粉料斗，全系统均以氮气充压，以防氧气倒流而爆炸。螺旋加料器将煤粉由料斗以一定的速度送入炉头，同时空分车间来的工业氧气和过热的工艺蒸汽混合后也送入炉头，混合气体将煤粉夹带一起由喷嘴喷入气化炉内。

（3）气化制气 从烧嘴喷出的氧、蒸汽和煤粉并流进入高温炉头，粉状燃料与气化介质氧和水蒸气均匀混合，发生强烈氧化反应。煤料在炉头内的停留时间约0.1s，气化反应瞬时完成，产生高达2000℃的火焰区，碳的还原反应又使火焰温度下降，火焰末端即炉中部温度为1500～1600℃。煤气在炉内的停留时间约1～1.5s。几个重要的气化反应如下：

$$C + \frac{1}{2}O_2 \longrightarrow CO$$
$$C + O_2 \longrightarrow CO_2$$
$$C + CO_2 \rightleftharpoons 2CO$$
$$C + H_2O \rightleftharpoons CO + H_2$$

同时在气相中进行下面的反应：

$$CO + H_2O \rightleftharpoons H_2 + CO_2$$

在此高温环境下，基本不生成焦油、甲烷、酚等物质。煤中硫全部进入气相，其中80%～90%为$H_2S$，其余为COS。

煤中大部分灰分在高温区被熔化，以熔渣形式沿气化炉壁向下流动，进入熔渣水淬槽成粒状，由出灰机移走。激冷温度必须利用快速的水循环来进行控制，否则将有过多的蒸汽上升进入气化炉内，使向下流动的渣在没有进入熔渣水淬槽前提前固化，导致炉壁受损。

炉温一般要比煤的灰熔点高100～150℃，灰熔点过高、过低或灰的初始变形温度和熔融温度相差过大，均对操作不利。

在炉内的高温下，灰渣熔融成液态，其中60%～70%自气化炉底部排出，其余的以飞灰的形式随煤气逸出炉外。对于液态排渣来讲，如果灰的初始变形、熔融和流动的温度在1040～

1315℃的范围内，则从气化炉内排渣基本没有困难。如果采用灰熔点太高的煤种，那么熔渣可能在气化炉内壁上固化，这就需要添加助熔剂。这并不是说渣的流动性越大越好，如上所述，渣的流动性太大，耐火衬里就失去保护而受到侵蚀。

（4）废热回收　气体出气化炉的温度约为 1400～1500℃，在出口处用饱和蒸汽急冷以固化夹带的熔渣小滴，以防止熔渣黏附在高压蒸汽锅炉的炉管上，气体温度被降至 900℃。

高温生成气的显热用废热锅炉回收产生高压蒸汽，回收显热后的煤气温度降至 300℃以下。

采用辐射式废热锅炉，可回收约 70%的显热，由于炉内的空腔大，故结渣和结灰都不太严重；采用对流式废热锅炉会有炉管磨损严重等问题。

（5）洗涤冷却　洗涤冷却系统可根据出炉煤气的灰含量、回收利用的要求、煤气的具体用途等进行不同的组合。传统的柯柏斯除尘流程、干湿法联合除尘流程以及湿法文丘里流程等，都可供选择。

图 2-74 所示流程中除尘部分为柯柏斯除尘流程。由于气化时的飞灰含碳量都很低，故不考虑飞灰的回收利用。

气体经过废热锅炉后进入冷却洗涤塔，直接用水喷淋冷却，再由机械除尘器（泰生洗涤机）和最终冷却塔除尘和冷却。冷却洗涤塔可除去 90%的灰尘，温度被冷却到 35℃，再经过泰生洗涤机和最终冷却塔，气体含尘量可降至 30～50mg/m³。如果要得到含尘量更低的气体，可采用两套泰生洗涤机串联，并通过焦炭过滤，气体的含尘量可降至 3mg/m³。有的流程在进入洗涤塔前先经过旋风除尘，也有采用二级文丘里除尘。在其他的一些流程中，采用静电除尘可使气体含尘量降到 0.3～0.5mg/m³。

洗涤塔中的洗涤水经过沉降可循环使用，泰生洗涤机要使用新水。

### 3. 工艺指标

（1）原料　K-T 炉原则上可以用任何煤种，但褐煤和年轻烟煤更为适用。要求煤的粒度小于 0.1mm，70%～80%过 200 目筛。进料采用干粉煤，当褐煤的水分较高时，预先将煤干燥。由于气体将煤粒隔开，因而不会造成黏结现象，所以气化用煤不必考虑黏结性。但粉煤采用气力输送，不仅能耗大，而且管道与设备的磨损也较为严重。

（2）温度　炉头内火焰中心的温度在 2000℃，粗煤气出口温度为 1500～1600℃，经过急冷后温度降到 900℃左右。高温有利于加快反应速率，提高气化强度和生产能力。同时高温还可以获得比较高的碳转化率。

（3）压力　炉内压力（表压）为 196～294Pa，微正压。

（4）汽氧比　水蒸气和氧气的体积比为 1∶2，因要维持高温气化，应尽量少加水蒸气，因而该法的氧耗高。对烟煤而言，每千克烟煤消耗的氧气约 0.85～0.9kg，消耗水蒸气约 0.30～0.34kg。

（5）气化效率　冷煤气效率为 69%～75%。

（6）碳转化率　碳转化率为 80%～90%。

该法在更换烧嘴后还可以气化液体和气体燃料。使用不同燃料的指标如表 2-13 所示。

表 2-13　K-T 法气化不同燃料时生成气的指标

| 项目 | | 烟煤 | 褐煤 | 燃料油 |
|---|---|---|---|---|
| 燃料元素（质量分数） | $w$（含水率）/% | 1.0 | 8.0 | 0.05 |
| | $w$（A）/% | 16.2 | 18.4 | — |
| | $w$（C）/% | 68.8 | 49.5 | 85.0 |

续表

| 项目 | | 烟煤 | 褐煤 | 燃料油 |
|---|---|---|---|---|
| 燃料元素<br>（质量分数） | $w$（H）/% | 4.2 | 3.3 | 11.4 |
| | $w$（O）/% | 8.6 | 16.1 | 0.40 |
| | $w$（N）/% | 1.1 | 1.8 | 0.15 |
| | $w$（S）/% | 0.1 | 2.9 | 3.0 |
| 生成气组成<br>（体积分数） | $\varphi$（$H_2$）/% | 33.3 | 27.2 | 47.0 |
| | $\varphi$（CO）/% | 53.0 | 57.1 | 46.6 |
| | $\varphi$（$CH_4$）/% | 0.2 | 0.2 | 0.1 |
| | $\varphi$（$CO_2$）/% | 12.0 | 11.8 | 4.4 |
| | $\varphi$（$O_2$）/% | 痕迹 | 痕迹 | 痕迹 |
| | $\varphi$（$N_2$+Ar）/% | 1.5 | 2.2 | 1.2 |
| | $\varphi$（$H_2S$）/% | <0.1 | 1.5 | 0.7 |
| 生成气发热值 $Q$/（$MJ/m^3$） | | 10.36 | 10.22 | 10.99 |
| 产气率/（$m^3$/kg 煤） | | 1.87 | 1.27 | 2.89 |

注：A 代表灰分含量。

K-T 气化法的技术成熟，有多年的运行经验，气化炉的结构简单，维护方便；煤种范围宽；煤气中不含焦油和烟尘，甲烷含量仅约 0.2%，（CO+$H_2$）含量可达 85%～90%；不产生含酚废水，使煤气的净化工艺简单；碳的转化率高于流化床气化工艺。

但 K-T 法在运行过程中，由于煤要粉碎，因而制粉设备庞大，耗电量又高；气化需要消耗大量的氧，因此需加空分装置，又增大了电的消耗；为将煤气中的粉尘降到规定要求，需要有高效率的除尘设备。

### （二）Shell 气化技术

Shell 煤气化工艺是由荷兰壳牌公司开发的以干粉煤气流加压气化技术，也称壳牌气化工艺。自 20 世纪 70 年代开发以来，对大量煤种进行气化试验，用于 IGCC 发电，在中国主要用于煤化工生产。由于煤种适应性广，几乎可以气化从无烟煤到褐煤的所有煤种，能源利用效率高，碳转化率高达 99%，气化效率高、单台气化炉产气能力高和影响环境的副产品少使其得到广泛应用。

### 1. Shell 气化工艺及流程

Shell 气化生产由粉煤制备与输送、气化制气、废热回收、冷却除尘等工序组成。如图 2-75 所示。

（1）粉煤的制备与输送 Shell 技术采用干粉煤加料，要求含水量<1%。水分含量（特别是外在水分）的高低直接影响运输成本和制粉能耗。原料煤在风动磨内磨制成粒度小于 0.1mm 的煤粉，干燥后由氮气或二氧化碳浓相输送至炉前粉煤储仓及煤锁斗，再经氮气加压或二氧化碳加压将细煤粒由煤锁斗送入两个相对气化烧嘴。气化所需氧气和水蒸气同时加入。粉煤密相输送是采用载气（$N_2$ 或 $CO_2$）和粉煤呈非连续相输送，一股载气推动一股柱状粉煤直接进入气化炉，为减少煤气中 $N_2$ 含量，要求尽可能提高粉煤输送的固气比，每立方米 $N_2$ 可输送 50～500kg 粉煤。

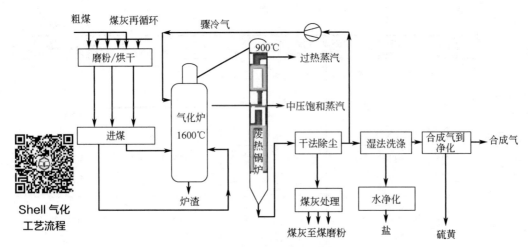

图 2-75　Shell 技术气化流程

（2）气化制气　通过控制加煤量，调节氧量和蒸汽量，使气化炉在 1400～1700℃范围内运行。气化炉操作压力为 2～4MPa。在气化后以液态排渣，绝大部分熔渣从炉底离开气化炉，用水激冷，再经破渣机进入渣锁系统，最终泄压排出。出气化炉的粗煤气夹带细小熔渣被循环冷却煤气激冷，使熔渣固化而不致黏在合成气冷却壁上，然后再从煤气中脱除，冷煤气被激冷至 900℃左右，进入废热锅炉。

（3）废热回收　合成气冷却气进入废热锅炉，被冷却至 250～400℃。分别在中、上部产生中压饱和蒸汽和过热蒸汽，过热蒸汽可用于发电，中压蒸汽供给气化用蒸汽需要。

（4）冷却除尘　粗煤气带有少量灰分颗粒由废热锅炉底部出来，经陶瓷过滤器除去细灰（＜20mg/m³），干灰进入灰锁斗后到储仓，可作为水泥配料。部分煤气加压循环用于出炉煤气激冷，其余粗煤气经脱除氯化物、氨、氰化物和硫（$H_2S$、$COS$），HCN 转化为 $N_2$ 或 $NH_3$，硫化物转化为单质硫，经水洗塔脱 $NH_3$ 后送脱硫工序。工艺过程中大部分水循环使用，废水在排放前需经生化处理或利用低位热将水蒸发，减少废水排放量。

2. 工艺条件和气化指标

（1）原料　Shell 技术对煤种适应性很广，从生产可行性分析，可气化各种煤，对煤的活性、黏结性、机械强度、水分、灰分、挥发分等要求均不严格，但从生产经济成本与效益考虑，还是有一定要求。同时，煤种特性与气化炉及相关设备的设计和操作有较大关系。

由于 Shell 采用干粉煤进料，要求含水量<2%。水分含量高将增加制粉能耗，从表 2-14 可见，入炉原料煤中水含量高将消耗大量气化潜热，降低冷煤气效率，导致粗煤气中有效气体（$CO + H_2$）减少。灰分含量高，则煤中有效成分少，惰性物质多，这种煤用于生产，使气化煤耗、氧耗增加，灰渣处理量大。为保证气化炉正常操作，气化选用灰熔点小于 1400℃、灰分含量（$A_d$）小于 20%的煤对生产更适宜。

表 2-14　水分对气化性能的影响

| 水分含量/% | 2 | 16.5 | 20 | 40 |
|---|---|---|---|---|
| 煤量/kg | 1000 | 1000 | 1000 | 1000 |
| 耗氧量/kg | 700 | 750 | 810 | 880 |
| 加入蒸汽量/kg | 15 | 0 | 0 | 0 |
| 产蒸汽量/kg | 1155 | 1320 | 1510 | 1375 |

续表

| 水分含量/% | | 2 | 16.5 | 20 | 40 |
|---|---|---|---|---|---|
| 气体组成<br>（体积分数） | $\varphi$（CO）/% | 65.6 | 54.0 | 41.7 | 32.5 |
| | $\varphi$（$CO_2$）/% | 1.6 | 7.0 | 11.8 | 15.1 |
| | $\varphi$（$H_2$）/% | 28.7 | 27.8 | 26.0 | 23.3 |
| | $\varphi$（$H_2O$）/% | 1.7 | 9.0 | 18.6 | 27.3 |
| | $\varphi$（其他）/% | 2.4 | 2.2 | 1.9 | 1.8 |
| 冷煤气效率/% | | 77.6 | 76.3 | 72.5 | 68.7 |

（2）操作温度和操作压力 一般情况下，气化炉在温度 1400～1700℃下运行，碳转化率可高达 99%。实际生产过程中，为保证气化炉正常操作，气化温度要高于灰熔点 FT（流动温度）100～150℃。Shell 操作压力为 2～4MPa。

（3）氧煤比 氧煤比对 Shell 气化的影响与 K-T 炉的影响变化关系相同，不同煤种氧煤比不同。增大氧煤比，气化温度提高，同时碳转化率增加，当氧煤比为 1.0 时，碳转化率达98%～99%，冷煤气效率也最高；再增加氧煤比，过量氧与 CO 反应生成 $CO_2$，气化效率降低。因此，操作控制氧煤比在 1.0 左右。

Shell 生产工艺的主要特点如下：

① 可用褐煤，碳转化率达 98%以上。

② 产品气中有效成分（CO+$H_2$）含量达 90%以上，适宜作合成气，$CO_2$ 相当少，无焦油，降低酸性气体处理费用。

③ 干法进料，降低氧耗，增加了冷煤气效率，比 Texaco 技术高 2 个百分点。

④ 单炉生产能力大，装置处理能力可达 3000t/d。

⑤ 热效率高，排渣易处理。83%的热能转化为合成气，总热效率可达 98%。

⑥ Shell 气化炉关键部件烧嘴的设计寿命达 8000h，控制系统安全可靠。

⑦ 符合环保要求：粗煤气中 S、$NH_3$ 易清除，灰分为玻璃状固体，可作建筑材料。

### 3. Shell 气化炉结构

Shell 气化装置的核心设备是气化炉和废热锅炉。气化炉主要由内筒和外筒两部分构成，包括膜式水冷壁、环形空间和高压容器外壳。膜式水冷壁向火侧有一层较薄的耐火材料，一方面是为了减少热损失；另一方面更主要是为了挂渣，利用渣层进行隔热并起到保护炉壁的作用。外侧利用沸水冷却，产生中压蒸汽和高压蒸汽。从构成上，主要包括渣池、气化炉、激冷段、输气导管、冷却器等部分。在 $N_2$ 和 $CO_2$ 的输送下，粉煤从给料仓源源不断地输送至气化炉，同时空分提供的纯氧也送至气化炉，纯氧与煤粉在气化炉内发生气化反应，炉内温度可高达 1600℃，反应的主要产物有 $CO_2$、CO、$H_2$、$H_2S$ 等。煤中的灰在高温下呈液化状态，从而以液态方式从气化炉渣口流出，在气化过程中，所产生的高温由膜式壁循环水带走，以生产中压蒸汽。Shell 气化炉结构见图 2-76。

气化炉内筒上部为燃烧室（气化区），下部为熔渣激冷室，煤粉及氧气在燃烧室内温度为 1600℃左右时发生反应。膜式水冷壁设计避免了高温、熔渣腐蚀及开停车产生的应力对耐火材料的破坏，有效提高了气化炉的使用周期。

气化炉加料采用侧壁烧嘴，可按生产能力在高温区对称安装 4～8 个不等，使用寿命可长达一年。烧嘴喷射速度必须大于火焰扩散速度，否则会发生回火现象。

Shell 气化炉
结构

(a) Shell气化炉炉型　　　(b) Shell气化炉结构

图 2-76　Shell 气化炉结构

### 三、水煤浆生产技术与干粉煤生产技术比较

由于适应煤种广、气化效率高和生产能力大，水煤浆加料与干粉煤加料生产技术在我国煤化工行业得到了广泛应用与发展，使新型煤化工成为具有经济效益的大型产业。这两种生产技术，特别是加压下的两种不同生产技术各有其特点，现以 Texaco 工艺和 Shell 工艺作比较，见表 2-15。

表 2-15　Texaco 水煤浆气化与 Shell 粉煤气化工艺比较

| 工艺参数 | Texaco 工艺 | Shell 工艺 |
| --- | --- | --- |
| 适用煤种 | 褐煤、烟煤、石油焦 | 各种烟煤、石油焦 |
| 常用压力/MPa | 2.6~8.5 | 2.0~4.0 |
| 气化温度/℃ | 1300~1400 | 1400~1700 |
| 气化剂 | $O_2$ | $O_2$ |
| 进料方式 | 60%水煤浆 | 干粉煤 |
| 单炉最大投煤量/（t/d） | 2000 | 3000 |
| 碳转化率（体积分数）/% | 95~98 | ≥98 |
| 冷煤气效率（体积分数）/% | 70~76 | 80 |
| 煤气中（$CO+H_2$）含量（体积分数）/% | 77~85 | 80 |
| 氧气量/$m^3$ | 380~430 | 330~360 |

（1）气化效率　干粉煤进料，气化效率高。与水煤浆加料相比，干法气化 1kg 煤至少可以减少蒸发约 0.35kg 水，如果将这部分水汽化并加热到 1500℃，大约需要 2600kJ 热量。假设 1kg 干煤热量是 26000kJ，即湿法气化将有 10%左右热量用于将水汽化，从能量利用来看，干法气化冷煤气效率高于湿法。

（2）氧耗　干粉煤进料与湿法相比，干法氧气消耗低 15%~25%，干法可减少空气分离操作费用。

（3）热效率　采用废热锅炉，煤中约 83%热能转化为煤气化学能，另外 15%热能被回收为高、中压蒸汽，总热效率可达 98%。

 **技能训练** ·····················································

分组讨论，列举每种煤气化技术代表性炉型结构及工艺特点。

·····················································

# 单元 4　Texaco 气化炉的生产操作

认识煤气化生产中两种典型的气化技术，即干粉煤（Shell）气化炉和水煤浆（Texaco）气化炉的生产操作。下面以水煤浆气化炉的生产操作为例，学会进行开停车操作及正常运行操作，能判别及处理生产中遇到的典型事故，能选择合适的生产工艺条件，确定设备参数。

## 一、开车操作

### 1. 开车应具备的条件

开车应具备的条件为：所有设备、管道和阀门都已安装完毕，并做过强度试验、吹扫和清洗、气密性试验合格；所有程控阀调试完毕，动作准确，报警和联锁整体完成；电气、仪表检查合格；单体试车、联动试车完毕；水（新鲜水、冷热密封水、脱盐水、循环水等）、电、气（仪表空气、压缩空气、氧气、氮气、液化气）、汽、柴油及原料输送等公用设置都已完成，并能正常供应；生产现场清理干净，特别是易燃、易爆物品不得留在现场；临时盲板均已拆除，操作盲板也已就位；用于开车的通信器材、工具、消防器材已准备就绪；界区内所有工艺阀门确认关闭；核查各记录台账，确认各项工作准确无误后，准备开车。

### 2. 开车准备

① 开车前，将进界区水（包括新鲜水、冷热密封水、脱盐水、循环水）的入口总阀打开引入界区，且压力、温度等指标都应保证设计要求，并送至各用水单元最后一道阀前待用。

② 接收低压蒸汽到界区内各用汽单元。

③ 烘炉预热用柴油已从界外管网送来，火炬用液化气准备就绪，分别接入气化炉顶柴油管线及火炬系统燃气管线。

④ 压缩空气、仪表空气、氧气、低压氮气均已从空分送至界区各使用单元。

⑤ 低压氮气引入低压氮罐，经氮压机加压后储存在高压氮罐中。

⑥ 原料煤经分析合格后由供煤系统送入煤斗，处于正常料位。

⑦ 添加剂槽中已配好合格的添加剂。

⑧ 磨煤工序已开车稳定，生产出合格的水煤浆储存在煤浆槽中。

⑨ 所有仪表投入运行，确认其灵敏、指示准确。

⑩ 冷、热密封水送至各使用单元。

⑪ 分散剂、絮凝剂已配制并储存在槽内。

⑫ 所有调节阀的前后手动阀打开，旁路阀及导淋阀关闭。

⑬ 气化炉炉膛热电偶已更换为预热电偶，表面热电偶投用。

⑭ 气化炉安全联锁系统最少空试两遍。

### 3. 开车步骤

在气化工段具备开车条件和开车准备工作完成后，德士古煤气化系统的原始开车主要包括的步骤有：烘炉预热、锁斗循环系统的启动、气化炉系统水循环的建立、冷凝液泵的启动及供水准备、工艺烧嘴冷却水循环的建立、安全联锁的空试、锁斗安全阀开关试验、闪蒸系统的启动、火炬系统的启动、调换工艺烧嘴、煤浆循环的建立、系统氮气置换、激冷室液位的调整、投料前现场情况是否满足投料的检查、氧气的接入、投料前中控各参数是否满足投料的检查、气化炉投料、气化炉升压、导气、沉降分离投入运行、澄清池的启动等。

其中，烘炉预热指对耐火砖和灰缝中的水分进行烘烧，避免开工时的迅速升温导致水分急速挥发而出现裂缝甚至倒塌。

安全联锁空试的目的是确认阀门开关顺序正常及联锁好用。

调换工艺烧嘴指气化炉预热至1200℃，且恒温4h以上后，拆除掉预热烧嘴，安装上工艺烧嘴的过程。

系统氮气置换指用低压氮气吹扫火炬管线、事故火炬管线、氧气管线、燃烧室、激冷室和洗涤塔等管线和设备内的氧，使其含量达到投料要求。

导气指气化炉压力达到正常，洗涤塔出口温度满足要求，且合成气取样分析合格后，将合成气由去开工火炬切换为去后续变换工段。

## 二、停车操作

### 1. 二停一操作

正常运行的炉中计划停一台，按下列步骤进行。

（1）停车前准备

① 通知调度、空分及下游工序，气化将停一台炉。

② 确认低压氮气已通入开工火炬系统，中控或现场点燃开工火炬长明灯。

③ 逐渐降低负荷至正常操作的50%。

④ 提高氧煤比，使气化炉在高于正常操作温度50～100℃下操作至少30min，以清除炉壁挂渣。

⑤ 将除氧器液位调节选择改为另一台洗涤塔塔板下进水调节阀控制。

⑥ 中控手动打开背压前阀，缓慢打开背压阀，合成气排入开工火炬。

⑦ 缓慢关闭合成气出口手动调节阀，用背压阀和背压前阀控制系统压力。

⑧ 解除冷水泵的备用泵自启动联锁。

（2）停车操作    停车一般由控制系统自动完成，其主要停车步骤如表2-16所示。

表2-16    停车步骤

| 项目 | 状态 |
| --- | --- |
| 煤浆给料泵 | 停 |
| 合成气手动控制阀 | 可控→关 |
| 氧气上游切断阀 | 开→关 |
| 氧气调节阀 | 开→关 |

续表

| 项目 | 状态 |
| --- | --- |
| 煤浆切断阀 | 开→关（延时 1s） |
| 氧气上游切断阀 | 开→关（延时 1s） |
| 氧气管线高压氮气吹扫阀 | 关→开 25s→关 |
| 煤浆管线高压氮气吹扫阀 | 关→延时 7s→开 10s→关 |
| 高压氮气小流量吹扫阀 | 关→开（延时 30s） |
| 氧气手动阀 | 开→关 |
| 高压氮气密封阀 | 关→开（延时 30s） |

（3）停车后的操作

① 减少冷激水流量为先前的一半，防止气化炉液位的上升，同时调整洗涤塔液位，关闭洗涤塔塔板上补水控制阀和塔板下补水阀。

② 关闭洗涤塔出口阀后手动阀，切断与变换工序的联系。

③ 现场关闭煤浆给料泵进口柱塞阀，清洗煤浆给料泵。

（4）气化炉的卸压操作

① 逐渐打开背压阀及其背压前阀。将气化炉压力降低。

② 当气化炉压力降至 1.0MPa 时，打开激冷室黑水开工排放阀，将黑水引入低闪蒸器。

（5）手动吹扫　在气化炉卸压时间达到后，对炉顶煤浆管线、氧气管线进行吹扫。

（6）高压氮气吹扫复位　当洗涤塔出口压力达到低值时，吹扫停止。

（7）清洗煤浆管线　为防止煤浆管道、阀门堵塞，在手动吹扫完成后，用冲洗水清洗煤浆管线。

（8）氧气管线吹扫　用氮气对氧气管线反复冲压卸压以置换其中的氧。

（9）氮气置换　用低压氮气吹扫气化炉燃烧室、激冷室及洗涤塔，使氧含量小于 0.5%。

（10）激冷室的冷却。

（11）拆除工艺烧嘴。

（12）洗涤塔的冷却。

（13）锁斗系统停车。

## 2. 二停二操作

当继续停 B 炉时，按以下步骤停车。

当 A 炉停车时，即可将 B 炉炉温提高 50～100℃操作（但不高于 1420℃）。

当 A 炉减压完毕，联系调度通知空分及下游工序准备停车，停车操作与 A 炉相同，仅有以下区别。

① 若计划停 A、B 两台炉，提前通知磨煤工序，根据大煤浆槽液位计算好时间停磨煤系统。

② 摘除冷凝液泵、高压灰水泵的自启动联锁。

③ 当黑水排放切换至水封罐排放后，降低高压闪蒸罐和真空闪蒸罐的液位，尽可能地排尽容器内的黑水，视情况按单体操作规程停水环真空泵。

④ 当激冷环供水切换为辅助激冷水泵后，按单体操作过程停高压灰水泵、絮凝剂泵、分散剂泵、工艺冷凝液泵。

⑤ 关除氧气器进口低压蒸汽、脱盐水、低温冷凝液手动阀，打开排放阀将水排至灰水槽。

⑥ 锁斗系统停车后，按单体操作规程停低压灰水泵。

⑦ 视情况按单体操作规程停沉降槽刮泥机。

⑧ 吊出工艺烧嘴后，摘除烧嘴冷却水系统联锁，按单体操作规程停烧嘴冷却水泵。

### 3. 紧急停车

由停车触发器造成的气化炉停车，属紧急停车。无论是手动停车还是安全系统触发器自动停车，其停车后的动作都是相同的，按正常停车步骤进行处理。

## 技能训练

实操训练：Shell 煤气化技术制甲醇气化工段的开停车操作。

## 练习题

### 一、填空题

1. 煤气化的方法，按技术可分为_____气化和_____气化。

2. 气化反应中，提高反应温度，平衡向_____方向进行；提高压力，平衡向_____方向进行。

3. 移动床气化中，炉内料层自上而下可分为六个层带：_____、_____、_____、_____、_____、_____。

4. 气化过程中，燃料的粒度越小，比表面积越_____。

5. 以空气作为气化剂生成的煤气称_____。以水蒸气作气化剂生成的煤气称_____。以水蒸气为主加适量的空气或富氧空气同时作为气化剂制得的煤气称_____。

### 二、判断题

1. 固定床气化、流化床气化及气流床气化属于地面气化技术。　　　　　（　　）

2. 德士古气化炉不适宜气化褐煤。　　　　　（　　）

3. 鲁奇炉主要部分由炉体、布煤器和搅拌器、炉箅、灰锁和煤锁等构成。　　　　　（　　）

4. 水煤浆加料气化工艺属于流化床气化工艺。　　　　　（　　）

5. K-T 气化炉可以气化任何煤种。　　　　　（　　）

### 三、简答题

1. 简述炉箅的主要作用是什么？

2. 煤的气化过程发生哪些主要的化学反应？哪些属于吸热反应？

3. 根据燃料在炉内的运动状况可以将气化炉分为哪几类？分别列举各类气化炉的典型代表气化炉名称。

4. 简述移动床气化炉的燃料分层情况，并说明各层的主要作用。

5. 什么是沸腾床气化？与移动床相比较，各有什么优点？

6. 为什么煤的黏结性对气流床气化过程没有太大影响？

7. 发生炉煤气分为哪几类？有何区别？

8. 试画出制取水煤气的工艺流程图，并叙述水煤气发生炉的主要工艺指标有哪些。

9. 简述电捕焦油器的除尘原理。

10. 什么是气化温度，它对气化过程有何影响？影响气化温度的主要因素有哪些？

11. 饱和温度和蒸汽含量有什么关系？如何通过调节饱和温度来调节气化炉的火层温度？

12. 什么是气化炉的料层高度？

13. 加压气化有何优点？

14. 简述鲁奇炉的加煤过程。

15. 简述整体煤气化联合循环发电流程主要由哪两部分构成。

16. 压力提高对气化指标有什么影响？

17. 高温温克勒气化工艺有什么优点？温克勒气化炉为什么使用二次气化剂？

18. 什么是灰熔聚气化法，属于哪一种气化类型？

19. K-T炉的喷嘴为什么对称设置？

20. 德士古气化炉有哪两种类型，主要区别是什么？

21. 制取水煤浆有哪两种方法？

22. 水煤浆的浓度对气化过程有什么影响？

23. 在水煤浆中加入添加剂有什么意义？

24. 为什么德士古气化炉不适宜气化褐煤？

25. 德士古气化炉烧嘴中心氧的作用是什么？

26. 气化反应的氧碳比一般选多少？

# 模块三
# CO 变换过程技术

## 学习目标

（1）掌握变换的目的及原理。
（2）了解变换催化剂的分类及特点。
（3）熟悉变换主要设备结构及工艺流程。

## 岗位任务

（1）能明确变换工段外操岗位任务、变换工段内操岗位任务，严格执行操作规程。
（2）负责变换工段工艺参数的调节，根据生产变化调整操作参数。
（3）加强设备运行状态的监控，对现场进行巡回检查。
（4）能明确变换工段中控岗位任务，能识读典型工艺流程图。
（5）能根据生产原理进行生产条件的确定和工业生产的组织。
（6）加强安全学习，提高安全意识，保证岗位安全平稳运行。
（7）培养学生良好的职业素养、团队协作、安全生产的能力。

## 单元 1 变换原理

　　一氧化碳与水蒸气在催化剂上进行变换反应，生成氢气和二氧化碳。这个过程最早在1913 年就应用于合成氨工业，后用于制氢工业。在合成甲醇和合成汽油生产中，也用此反应来调整一氧化碳与氢的比例，以满足工艺的要求。近年来为了降低城市煤气中一氧化碳的含量，也采用变换装置。

　　工业上一氧化碳变换反应都是在催化剂存在的条件下进行的，以前在许多中型合成氨厂的工艺中都是将原料气中的 $H_2S$ 和 $CS_2$ 等酸性气体在被脱除的情况下应用铁铬系变换催化剂（以 $Fe_2O_3$ 为主体的催化剂），温度在 350~550℃的条件下进行变换反应。但约有 3%的 CO 仍存在于变换气中，所以还需要采用铜锌系变换催化剂（以 CuO 为主体的催化剂），温度在 200~280℃的条件下进行再次变换反应，残余的 CO 才能降到 0.5%以下，满足生产合成氨的工艺需要，即中变串低变工艺。20 世纪 50 年代后期开发了一种耐硫变换催化剂，这是一种宽温变换催化剂，主要成分为钴、钼氧化物，也称钴钼系变换催化剂，因活性组分为钴和钼的硫化物，故开工时需先进行硫化处理。该催化剂能够适应含硫工艺气的场合，目前得到了广泛应用。

## 一、变换反应热效应

一氧化碳变换的化学反应为：

$$CO(g) + H_2O(g) \rightleftharpoons H_2(g) + CO_2(g) \quad \Delta H_{298}^{\ominus} = -41.19kJ/mol$$

此反应的特点是可逆、放热、反应前后体积不变，且反应速率比较慢，只有在催化剂作用下，才能加快反应的速率。

还可进行其他反应：

$$CO + H_2 \rightleftharpoons C + H_2O$$
$$CO + 3H_2 \rightleftharpoons CH_4 + H_2O$$

由于所用的催化剂对变换反应具有良好的选择性，可抑制其他反应的发生，因此副反应发生的概率很小。

变换反应放出的热量随着温度升高而减少。当操作压力低（3MPa）时，压力对反应热的影响很小，可以忽略不计。不同温度下的反应热见表 3-1。

表 3-1 变换反应的反应热

| 温度/K | 298 | 400 | 500 | 600 | 700 | 800 | 900 |
|---|---|---|---|---|---|---|---|
| 反应热/（kJ/mol） | 41.16 | 40.66 | 39.87 | 38.92 | 37.91 | 36.87 | 35.83 |

## 二、变换反应平衡常数

一氧化碳变换反应通常是在常压或压力不甚高的条件下进行，故平衡常数计算时各组分用分压表示已足够精确。因此平衡常数 $K_p$ 可用下式计算

$$K_p = \frac{p_{CO_2} \cdot p_{H_2}}{p_{CO} \cdot p_{H_2O}} = \frac{y_{CO_2} \cdot y_{H_2}}{y_{CO} \cdot y_{H_2O}} \tag{3-1}$$

式中　$p_{CO}$，$p_{H_2O}$，$p_{CO_2}$，$p_{H_2}$——CO、$H_2O$、$CO_2$ 和 $H_2$ 各组分的分压；

$y_{CO}$，$y_{H_2O}$，$y_{CO_2}$，$y_{H_2}$——CO、$H_2O$、$CO_2$ 和 $H_2$ 的摩尔分数。

$K_p$ 是温度的函数，其值可用下式计算。

$$\lg K_p = \frac{3994.704}{T} + 12.220227 \lg T - 0.004462T + 0.67814 \times 10^{-6} T^4 - 36.72508 \tag{3-2}$$

计算表明：压力小于 5MPa 时，可不考虑压力对平衡常数的影响。

## 三、平衡含量的计算

以 1mol 湿原料气为基准，$y_a$、$y_b$、$y_c$、$y_d$ 分别为初始组成中 CO、$H_2O$、$CO_2$ 和 $H_2$ 的摩尔分数，$x_e$ 为 CO 的平衡转化率（或变换率），则各组分的平衡含量分别为：$y_a - y_a x_e$、$y_b - x_e$、

$y_c+x_e$、$y_d+x_e$。

所以 
$$K_p = \frac{p_{CO_2} \cdot p_{H_2}}{p_{CO} \cdot p_{H_2O}} = \frac{(y_c + x_e y_a) \cdot (y_d + x_e y_a)}{(y_a - x_e y_a) \cdot (y_b - x_e y_a)}$$
(3-3)

实际生产中则可测定原料气及变换气中一氧化碳的含量（干基），而由下式计算一氧化碳的实际转化率 $x$：

$$x = \frac{y_a - y_a'}{y_a(1 + y_a')} \times 100\%$$
(3-4)

式中　$y_a$，$y_a'$——原料气和变换气中一氧化碳的摩尔分数（干基）。

### 四、变换反应机理

目前提出的 CO 变换反应的机理很多，流行的有两种：一种是 CO 和 $H_2O$ 分子先吸附到催化剂表面上，两者在表面进行反应，然后生成物脱附；另一种观点认为被催化剂活性位吸附的 CO 与晶格氧结合形成 $CO_2$ 并脱附，被吸附的 $H_2O$ 解离脱附除去 $H_2$，而氧则补充到晶格中，这就是有晶格氧转移的氧化还原机理。

 技能训练 ·······················································································

在煤气化过程中，影响化学平衡的因素有哪些？

··············································································································································

# 单元 2　变换催化剂

1912 年，德国人 W.Wied 利用 $FeO-Al_2O_3$ 作为 CO 变换催化剂，从水煤气中制取氢气。A.Mittasch 等研制成功 Fe-Cr 系催化剂，并于 1913 年在德国 BASF 公司合成氨工厂首先得到工业化，其使用温度在 300～530℃，称高温变换催化剂。1963 年美国 Giraler 公司将 Cu-Zn 系变换催化剂引入合成氨工艺，使得 CO 变换反应温度降到 180～280℃。在高温变换之后接着再进行低温变换，可使最终变换反应出口 CO 含量降到 0.5% 以下，使得变换反应的总转化率大大提高。

中国在 20 世纪 50 年代初开始生产 Fe-Cr 系催化剂，60 年代成功地研制成 Cu-Zn 系低温变换催化剂，70 年代研制成功 Fe-Mo、Co-Mo 系耐硫宽温变换催化剂，并广泛应用于各种类型的氨厂。

## 知识点 1　催化剂的基本知识

通过本知识点的学习，我们将认识催化剂的基本构成、制备方法，为正确选择变换催化剂做好前期准备。

### 一、工业上对催化剂的要求

（1）催化剂要具有较好的活性　催化剂的活性是表示催化剂加快反应速率能力的一种度量。要求在其他条件相同的情况下，能使反应具有较快的速度，对可逆反应来说即是缩短达到平衡的时间。

（2）催化剂的活性温度要低　一般催化剂在一定的温度范围内具有较好的活性，具有工业生产意义的活性最低温度称为起始活性温度，起始活性温度与催化剂的耐热温度之间的温度范围，是催化剂操作的温度范围，或称为活性温度范围。活性温度低，反应可在较低的温度下进行，对提高变换率，减少反应物的预热，降低反应设备的材质要求及简化热量回收装置都有好处。

（3）催化剂具有较好的选择性　当反应物能按照热力学上可能的方向同时发生几种不同的反应时，要求所选用的催化剂只能加速希望发生的某一反应，而不能加速所有反应。

此外，还要求催化剂对毒物敏感性小、机械强度高、耐热性好、使用寿命长、价格低廉及原料易得等。

## 二、催化剂的基本组成与孔结构

### 1. 催化剂的基本组成

催化剂通常由活性组分、助催化剂（又称促进剂）和载体组成。

活性组分是催化剂中起决定性作用的物质。不同的反应，其活性组分不同，而且绝大部分催化剂产品为了保证运输、装填的安全，在包装出厂时处于钝态，使用时必须用还原、氧化、硫化、热处理等方法在一定条件下处理，呈现出活性状态后才能起良好的催化作用。

助催化剂是加入催化剂中的少量物质，这种物质本身没有活性或活性很小，但它的加入能提高催化剂的活性、选择性或稳定性。助催化剂分为结构型和电子型两类。

多相催化剂反应只在催化剂表面上进行。为了增加催化剂的有效表面积，一般常使起催化剂作用的组分附着在多孔物质的表面，这种多孔物质称为催化剂载体。工业上最常用的载体有氧化铝、氧化镁、氧化钙、氧化硅等单体或混合物。

### 2. 催化剂的孔结构

固体催化剂内部都有许多大小不等、形状不同的孔道，通常用以下参数表示其孔结构。

（1）密度　催化剂单位堆积体积（催化剂颗粒内部空隙及颗粒间空隙）所具有的质量，称为堆密度，用 $\rho_p$ 表示。

催化剂单位骨架体积（不包括催化剂颗粒内部空隙和颗粒空隙）所具有的质量，称为真密度，用 $\rho_t$ 表示。

（2）孔隙率和比孔体积（孔容）　催化剂颗粒内部空隙的体积和颗粒体积之比，称为孔隙率，用 $\theta$ 表示。

单位质量催化剂所具有的孔隙体积称为比孔体积或简称为孔容，用 $V_g$ 表示。

孔隙率与孔容的关系为：

$$\theta = \rho_p V_g \tag{3-5}$$

一般工业催化剂的孔隙率为 0.5 左右，表示在总的颗粒体积中，孔隙空间和固体物质各占一半左右。

（3）比表面积　催化剂颗粒内部孔隙形成的表面叫催化剂的内表面。通常催化剂的内表面积是相当大的，即使是细颗粒催化剂，其外表面积与微孔的内表面积相比仍是微不足道的。催化剂的工作表面主要是内表面。而单位质量催化剂所拥有的内表面积则称为比表面积，用 $S_g$ 表示。

## 三、CO 变换催化剂的制造

CO 变换催化剂常用的制造方法主要有沉淀法、混合法和浸渍法。可根据原料、工艺路线和能保证催化剂有良好的性能，选择工艺简单易行、环保条件好、成本低廉等单元组合而成。类型相同的催化剂，制造方法各不尽相同。现简单介绍如下。

（1）沉淀法　高温和低温一氧化碳变换催化剂的制造方法主要流程如图 3-1 所示。

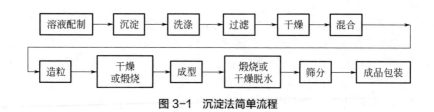

图 3-1    沉淀法简单流程

其中沉淀方法也有很多种，单组分沉淀法，如高温变换催化剂中 $FeSO_4$ 沉淀；共沉淀法，如高温变催化剂中 $FeSO_4$ 和 $H_2CrO_4$ 共沉淀，低温变换催化剂中 $Cu(NO_3)_2$ 和 $Zn(NO_3)_2$ 共沉淀或 $Cu(NO_3)_2$、$Zn(NO_3)_2$、$Al(NO_3)_3$ 三组分共沉淀；均匀沉淀法；超均匀沉淀法等。

（2）浸渍法    宽温变换催化剂主要是浸渍法，其简单流程如图 3-2 所示。

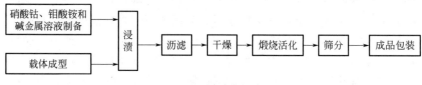

图 3-2    浸渍法简单流程

（3）混合法    混合法可以在任何两相之间进行，可以是液-液混合、固-固混合（干式混合），也可以是液-固混合（湿式混合）。如高温变换催化剂用单组分沉淀获得氧化铁后，再与铬酐及其他助催化剂混合、碾压而制成。宽温变换催化剂可将硝酸钴、钼酸铵碱金属类水溶液，氧化铝及黏结剂等按比例配制混合，碾压而制成，简单流程如图 3-3 所示。

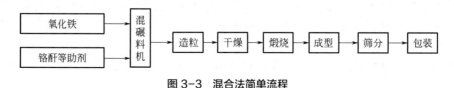

图 3-3    混合法简单流程

知识点 2    选择 CO 变换的催化剂

通过本知识点的学习，我们将认识 CO 变换催化剂的类型及特点，能根据场合选择合适的变换催化剂。

变换催化剂目前主要有中变（或称高变）催化剂、铜锌系低变催化剂和钴钼系耐硫宽温催化剂三大类。

## 一、中（高）温变换催化剂

传统的中（高）温变换催化剂是以氧化铁为主体的一类变换催化剂，目前广泛采用的是以 $Fe_2O_3$ 为活性主体，以 $Cr_2O_3$ 为主要添加物的多成分 Fe-Cr 系催化剂，其中除添加铬的氧化物外，有时还添加铝、镁的氧化物。这类催化剂具有活性温域宽、热稳定性好、寿命长和机械强度高等优点。但使用中水碳比高、转化率较低，还可能发生 F-T 副反应。为此，近年来开发了含少量铜的铁基和铜基高温变换催化剂。另外，由于铬的氧化物对人体有害，随着人们环保意识的日益增强，近年中国已开发出低铬和无铬的 CO 高变催化剂，并在工业中应用。国内外几种高（中）变催化剂如表 3-2 所示。

表3-2　国内外几种高（中）变催化剂

| | 国家 | 中国 | | | | | | 英国(ICI) | 德国(BASE) | 美国(UCI) |
|---|---|---|---|---|---|---|---|---|---|---|
| | 型号 | B109 | B110-2 | B111 | B113 | B117 | B121 | 115-4 | K6-10 | C12-1 |
| 化学组成 | $w(Fe_2O_3)$/% | ≥75 | ≥79 | 67~69 | 78±2 | 65~75 | 主要成分是$Fe_2O_3$，主要添加物有$K_2O$、$Al_2O_3$ | | | 89±2 |
| | $w(Cr_2O_3)$/% | ≥9 | ≥8 | 7.6~9 | 9±2 | 3~5 | | 0.1 | 0.1 | 9±2 |
| | $w(K_2O)$/% | | | 0.3~0.4 | | | | | | |
| | $w(SO_4^{2-})$/% | ≤0.7 | <0.06 | | $1\sim200cm^3/m^3$ | <1 | | | | <0.05 |
| | $w(MoO_3)$/% | | | 5 | | | | | | |
| | $w(Al_2O_3)$/% | | | | | | | | | <1 |
| 物理性质 | 外观 | 棕褐片剂 | 棕褐片剂 | 棕褐片剂 | 棕褐片剂 | 棕褐片剂 | 棕褐片剂 | | | |
| | 尺寸 /(mm×mm) | Φ(9~9.5) ×(5~7) | Φ(9~9.5) ×(5~7) | Φ9 ×(5~7) | Φ9×5 | Φ(9~9.5) ×(7~9) | Φ9 ×(5~7) | Φ8.5×10 | Φ6×6 | Φ9.5×6 |
| | 堆积密度 /(kg/L) | 1.3~1.5 | 1.4~1.6 | 1.5~1.6 | 1.3~1.4 | | 1.35~1.55 | 1.1 | 1.0~1.5 | 1.13 |
| | 比表面积 /($m^2$/g) | 36 | 35 | 50 | 74 | | | | | |
| | 孔隙率/% | 40 | | | 45 | | | | | |
| 备注 | | 低温活性好，蒸汽消耗低 | 还原后强度好，放硫快，活性高，适用于凯洛格型氨厂 | 耐硫性能好，适用于重油制氨流程 | 广泛应用于中小型氨厂 | 低铬 | 无铬 | 在无硫条件下高变串低变程中使用 | 高变串低变流程中使用 | 还原态强度好 |

　　铁系高（中）变催化剂中，铁的氧化物是高变和中变催化剂的主要成分，即活性组分，它因制备方法的不同，可得不同组成、不同晶相的铁的氧化物，例如有 $\gamma\text{-}Fe_2O_3$、$\alpha\text{-}Fe_2O_3$、$\beta\text{-}Fe_2O_3$、$\gamma\text{-}Fe_2O_3 \cdot H_2O$，甚至还有 $FeCO_3$。其中以 $\gamma\text{-}Fe_2O_3$ 的活性和机械强度最高。虽然 $Fe_3O_4$ 是高变催化剂的活性组分，但是纯 $Fe_3O_4$ 的活性温度范围很窄，耐热性差，且在低汽气比条件下有可能发生过度还原而变为 $FeO$ 甚至 $Fe$，从而引起 $CO$ 的甲烷化和歧化反应。添加 $Cr_2O_3$ 可防止铁氧化物的过度还原，即铬的氧化物是作为稳定剂存在的，其含量一般为 $3.0\%\sim15.0\%$。氧化钾在催化剂中被用作助催化剂，加入少量钾盐对催化剂的活性、耐热性和强度都是有利的。但超过一定量时，就会使催化剂容易结皮、阻塞孔道等。国产高变催化剂一般含 $0.2\%\sim0.4\%$ 的 $K_2O$。

　　高变催化剂的活性除与其组成和生产方法、还原过程有关外，还受操作温度和毒物的影响。操作中随着使用时间的延长，催化剂的活性会逐渐下降，这时可以通过升高温度来弥补。

　　但温度升高是有限的，一般只有 $50℃$，而且要慎重地分几年逐步升温。原料气中的某些杂质可使高变催化剂活性显著下降，有些杂质甚至会造成催化剂的永久中毒，例如磷、砷的化合物。最常见的毒物是 $H_2S$，它能使铁变成 $FeS$ 而造成活性下降。但 $H_2S$ 不是永久性毒物，中毒后如使用纯净的原料气，催化剂的活性可以较快地恢复。一般认为，当气体中 $H_2S$ 含量低于 $200cm^3/m^3$ 时，活性不受影响。但反复地中毒和恢复也会使催化剂活性下降。

　　高变催化剂产品中的铁都是以 $Fe_2O_3$ 形式存在，使用前必须还原成 $Fe_3O_4$ 才具有活性。工业生产中常用含有 $CO$、$H_2$、$CO_2$ 的工艺气体或 $H_2$ 作为还原性气体，还原时还必须同时加入足够量的蒸汽，以防催化剂被过度还原为元素铁。特别是水碳比较低时，还有可能被还原成 $Fe_5C_2$。过度还原的碳化铁在适当条件下可催化 F-T 反应的进行，生成烷烃、烯烃、羧酸类、醛类、酮类和醇类。还原过程中的主要反应为：

$$3Fe_2O_3 + H_2 \Longrightarrow 2Fe_3O_4 + H_2O \quad \Delta H_{298}^{\ominus} = -9.261kJ/mol$$

$$3Fe_2O_3 + CO \Longrightarrow 2Fe_3O_4 + CO_2 \quad \Delta H_{298}^{\ominus} = -50.811kJ/mol$$

　　这两个还原反应均为放热反应，催化剂中的 $Cr_2O_3$ 不被还原。当用含 $H_2$ 或 $CO$ 的气体配入适量水蒸气（水蒸气/干气 $=1$）对催化剂进行还原时，每消耗 $1\%H_2$ 的温升约为 $1.5℃$，而消耗 $1\%CO$ 的温升约为 $7℃$，所以还原时气体中的 $CO$、$H_2$ 的含量不宜过高，以免超温而降低催化剂的活性。此外，高变催化剂通常都含有少量硫酸盐，在新催化剂首次使用时，它们会被还原以 $H_2S$ 形式放出，这一过程称为"放硫"。对于高变串低变流程，高变炉出口气中的硫含量应符合低变炉进口气要求，即"放硫"必须彻底。

　　为克服传统的高变催化剂的缺点，工业上已开发出了适应低汽气比下操作的改进型高变催化剂，一种是加铜的 Fe-Cr 系改进型变换催化剂，国内的产品如西北化工研究院成功开发的具有较高活性、选择性和耐热稳定性的 FB122 型节能高温变换催化剂；另一种是以添加适量铜为代表的改进型 FB123。国外开发出的适用于低汽气比变换工艺的高温变换催化剂，一类是铜（锰）促进的铁基改进型高温变换催化剂；另一类是不含铁、铬的铜基高温变换催化剂。近年来，国内外研究者纷纷采用过渡金属元素及稀土元素取代铬氧化物，研制具有高活性的低铬或无铬铁系催化剂，从而降低或避免铬组分引起的环境污染和对生产者及使用者的危害。此外，锰系和贵金属系高变催化剂也在研究中，并取得了一定进展。

## 二、低变催化剂

　　目前工业上应用的低变催化剂有铜锌铝系和铜锌铬系两种，均以氧化铜为主体，但还原后具有活性的组分是细小的铜结晶——铜微晶。铜对 $CO$ 的活化能力比 $Fe_3O_4$ 强，故能在较低温度下催化一氧化碳变换反应。低变催化剂中铜微晶通常在 $(50\sim150)\times10^{-10}m$，铜微晶越小，其比表面积越大，活性也越高。单纯的铜微晶由于表面能量高，在使用温度下会迅速向表面能量低的大晶粒转变，导致比表面锐减，活性降低。为了提高微晶的热稳定性，需要加入适宜的添加物，氧化锌、氧化铝或氧化铬对铜微晶都是有效的稳定剂，因为它们的熔点都显著高于铜（见表 3-3）。

表 3-3　铜、氧化锌、氧化铝和氧化铬的熔点

| 物质 | Cu | ZnO | $Al_2O_3$ | $Cr_2O_3$ |
|---|---|---|---|---|
| 熔点/℃ | 1083 | 1975 | 2045 | 2435 |

铜离子与锌离子的半径相近，电荷相同，因而容易制得比较稳定的铜锌化合物的复晶或固熔体。催化剂还原后，氧化锌晶粒均匀散布在铜微晶之间，将微晶有效地分隔开来，防止温度升高时微晶烧结，保证细小的、具有大比表面的铜微晶的稳定性。氧化铬与氧化锌的作用相似，氧化铝由于熔点高，可提高催化剂的物理强度，且其无毒，是添加物的合适组分。

我国 CO 低温变换催化剂的研究始于 20 世纪 60 年代，南化集团研究院研制成功了国内第一种 CO 低温变换催化剂 B201 型（Cu-Zn-Cr 系），1966 年开发了降铜去铬的 Cu-Zn 系 B202 型催化剂，继而又开发了 Cu-Zn-Al 系 B204 型催化剂，80 年代开发的 B206 型催化剂成功替代了进口催化剂。

目前，我国用于工业生产的 CO 低温变换催化剂主要有：低铜含量的 B202、B205；高铜含量的 B204、B206、C13-2、CB-5、B205.1；Cu-Zn-Al 系有 B203。国内几种低温变换催化剂的性能见表 3-4。我国低温变换催化剂已全部国产化。

表 3-4　我国几种低温变换催化剂的性能

| | 型号 | B203 | B204 | B205 | B205-1 | B206 |
|---|---|---|---|---|---|---|
| 化学组成 | $\omega$（CuO）/% | 17～19 | 35～40 | 28～29 | >39 | 34～41 |
| | $\omega$（ZnO）/% | 28～31 | 36～41 | 47～51 | >39 | 34～41 |
| | $\omega$（$Al_2O_3$）/% | $Cr_2O_3$44～48 | 8～10 | 8～10 | >8 | 6.5～10.5 |
| 物理性能 | 片剂尺寸/(mm×mm) | $\phi6 \times 4$ | $\phi5 \times 5$ | $\phi6 \times 4$ | $\phi6 \times 5$ | $\phi6 \times 5$ |
| | 堆密度/(kg/L) | <1.4 | 1.4～1.6 | <1.4 | 1.1～1.2 | 1.4～1.6 |
| | 比表面积/(m²/g) | 50～70 | 70～75 | 60～80 | | 65～85 |
| | 侧压强度/(N/cm) | >200 | 157 | >200 | >250 | >250 |
| | 磨耗率/% | <8 | | <6 | | <6 |
| | 使用压力/MPa | 1.0～5.0 | <4.0 | 1.0～5.0 | 1.0～5.0 | <4.0 |
| | 温度/℃ | 180～240 | 200～240 | 200～250 | 170～250 | 180～260 |
| | 空速/($10^3 h^{-1}$) | <8 | 1～2.5 | 1～4 | <4.3 | 2～4 |
| | 汽/气 | >0.45 | | >0.4 | 0.2～0.5 | |
| | 制备工艺 | | 硝酸法 | 络合法 | 络合法 | 络合法 |

低变催化剂产品供应通常是氧化态，装填后使用前必须还原。由于还原反应为放热反应，操作不慎会烧坏催化剂、缩短使用寿命等，因此一定要严格控制还原温度。低变催化剂用 $H_2$ 或 CO 还原时的反应如下。

$$CuO+H_2 \Longrightarrow Cu+H_2O \qquad \Delta H_{298}^{\ominus}=-86.71kJ/mol$$
$$CuO+CO \Longrightarrow Cu+CO_2 \qquad \Delta H_{298}^{\ominus}=-127.7kJ/mol$$

在还原过程中，催化剂中的添加物一般不被还原，但当温度高于 250℃时可发生下列反应。

$$yCu+ZnO+H_2 \Longrightarrow \alpha\text{-}Cu_y \cdot Zn+H_2O$$

即部分 ZnO 被还原成 Zn 并与 Cu 生成 Zn-Cu 合金，从而导致催化剂活性降低。

催化剂还原时，可用氮气、天然气或过热水蒸气作为载气，配入适量还原性气体。由于还原过程 $H_2$ 比 CO 放热量较少，故多用 $H_2$ 进行还原。

与高变催化剂相比，低变催化剂对毒物十分敏感。引起低变催化剂中毒或活性降低的主要物质有冷凝水、硫化物和氯化物。

冷凝水除对催化剂物理性能有直接损害外，还由于烃类蒸气转化及高温过程中可生成数量多达每立方米含几百立方厘米的氨，此氨溶于冷凝水成为氨水，它能溶解催化剂的活性组分铜，生成铜氨配合物，导致催化剂活性下降。

硫化物使低变催化剂永久中毒，气体中的硫化物可全部被催化剂吸收，使铜微晶转变成硫化亚铜而失去活性。

氯化物是对低变催化剂危害最大的毒物，其毒性较硫化物大 5~10 倍，也是永久性中毒。实测证明，氯使低变催化剂一部分铜变成氯化铜，并导致铜和氧化锌的晶粒成倍增长，使活性表面锐减而造成催化剂严重失活。为保护催化剂，蒸汽中氯含量越低越好，一般要求低于 $0.03mL/m^3$，有时甚至要求低于 $0.003mL/m^3$。

### 三、耐硫变换催化剂

Fe-Cr 系高（中）变催化剂的活性温度高、抗硫性能差，Cu-Zn 系低变催化剂低温活性虽然好，但活性温度范围窄，且对硫十分敏感。为了满足重油、煤气化制氨流程中可以将含硫气体直接进行一氧化碳变换，再脱硫、脱碳的需要，20 世纪 50 年代末期开发了既耐硫、活性温度范围又较宽的变换催化剂。表 3-5 为国内外耐硫变换催化剂的化学组成及其物理性质。

表 3-5    国内外耐硫变换催化剂的化学组成及其物理性质

| | 国别 型号 | 德国 K8-11 | 丹麦 SSK | 美国 C25-4-02 | 中国 B301 | 中国 B303Q | 中国 QCS-04 |
|---|---|---|---|---|---|---|---|
| 化学组成 | $w(CoO)/\%$ | 约 1.5 | 约 3.0 | 约 3.0 | 2~5 | >1 | 1.8±0.3 |
| | $w(MoO_3)/\%$ | 约 10.0 | 约 10.0 | 约 12.0 | 6~11 | 8~13 | 8.0±1.0 |
| | $w(K_2O)/\%$ | 适量 | 适量 | 适量 | 适量 | | 适量 |
| | $w(Al_2O_3)/\%$ | 余量 | 余量 | 余量 | 余量 | | 余量 |
| | 其他 | — | — | 加有稀土元素 | — | | — |
| 物理性质 | 尺寸/mm | $\phi4×10$ 条 | $\phi3×5$ 条 | $\phi3×10$ 条 | $\phi5×5$ 条 | $\phi3$~5 球 | 长 8~12 $\phi3.5$~4.5 球 |
| | 颜色 | 绿 | 墨绿 | 黑 | 蓝灰 | 浅蓝色 | 浅绿 |
| | 堆积密度 /（kg/L） | 0.75 | 1.0 | 0.70 | 1.2~1.3 | 0.9~1.1 | 0.75~0.88 |
| | 比表面积 /（m²/g） | 150 | 79 | 122 | 148 | | ≥60 |
| | 孔容/（mL/g） | 0.5 | 0.27 | 0.5 | 0.18 | | 0.25 |
| | 使用温度/℃ | 280~500 | 200~475 | 270~500 | 210~500 | 160~470 | |

耐硫变换催化剂通常是将活性组分 Co-Mo、Ni-Mo 等负载在载体上而组成，载体多为 $Al_2O_3$ 或 $Al_2O_3 + Re_2O_3$（Re 代表稀土元素）。目前主要是 Co-Mo-$Al_2O_3$ 系，并加入碱金属助催化剂以改善低温活性。这一类变换催化剂主要有下列特点。

① 有很好的低温活性。使用温度比铁铬系低 130℃ 以上，而且有较宽的活性温度范围（180～500℃），因而被称为宽温变换催化剂。

② 有突出的耐硫和抗毒性。因硫化物为这一类催化剂的活性组分，可耐总硫到几十克每立方米，其他有害物如少量 $NH_3$、HCN、$C_6H_6$ 等对催化剂的活性均无影响。

③ 强度高。尤以选用 $\gamma$-$Al_2O_3$ 作载体时，强度更好，遇水不粉化，催化剂硫化后的强度还可提高 50% 以上（Fe-Cr 系催化剂还原态的强度通常比氧化态要低些），而使用寿命一般为 5 年左右，也有使用 10 年仍在继续使用的。

钴钼系耐硫变换催化剂出厂时成品是以氧化物状态存在的，活性很低，使用时需通过"硫化"，使其转化为硫化物方能显示其活性。硫化过程是将催化剂装入变换炉后，用含硫的工艺气体进行硫化，硫化时的化学反应和硫化方法与钴-钼加氢脱硫原理一样。

催化剂中的活性组分在使用中都是以硫化物形式存在，在 CO 变换过程中，气体中有大量水蒸气，催化剂中的活性组分 $MoS_2$ 与水蒸气有一水解反应平衡关系，化学反应为：

$$MoS_2 + 2H_2O \rightleftharpoons MoO_2 + 2H_2S$$

这一过程被称为"反硫化"。在 CO 变换过程中，如果气体中 $H_2S$ 含量高，催化剂中的钼以硫化物形式存在，催化剂维持高活性；如果气体中 $H_2S$ 含量过低，$MoS_2$ 将转化为 $MoO_2$，即发生"反硫化"。所以在一定工况下，要求变换的气体中有一最低 $H_2S$ 含量，以维持催化剂中的钼处于硫化态。这一 $H_2S$ 最低含量受反应温度及汽气比的影响，温度及汽气比越低，最低 $H_2S$ 含量越低，催化剂越不易发生反硫化。

 **技能训练**

查阅资料，了解 CO 变换催化剂的国内外研究进展。

 **知识拓展**

**催化剂制造的新型方法**

传统的催化剂制造方法有机械混合法、沉淀法、浸渍法、溶液蒸干法、热熔融法、离子交换法等，现在发展的新方法有化学键合法、纤维化法等。

① 化学键合法。此法现大量用于制造聚合催化剂。其目的是使均相催化剂固态化。能与过渡金属配合物化学键合的载体，表面有某些官能团（或经化学处理后接上官能团），如—X、—$CH_2$、—OH 基团。将这类载体与膦、胂或胺反应，使之膦化或胺化，然后利用表面上磷、砷或氮原子的孤电子对与过渡金属配合物中心金属离子进行配位络合，即可制得化学键合的固相催化剂，如丙烯本体液相聚合用的载体——齐格勒-纳塔（Ziegler-Natta）催化剂的制造。

② 纤维化法。用于含贵金属的载体催化剂的制造。如将硼硅酸盐拉制成玻璃纤维丝。用浓盐酸溶液腐蚀，变成多孔玻璃纤维载体，再用氯铂酸溶液浸渍，使其载以铂组分。根据使用情况，将纤维催化剂压制成各种形状和所需的紧密程度，如用于汽车排气氧化的催化剂，可压紧在一个短的圆管内。如果不是氧化过程，也可用碳纤维。纤维催化剂的制造工艺较为复杂，成本高。

# 单元 3　CO 变换工艺及设备

## 知识点 1　变换的工艺条件

通过本知识点的学习,我们将认识 CO 变换的工艺条件,对工艺过程的选择具有指导作用。

在确定变换的工艺条件时,通常考虑的原则是:反应速率快,催化剂的活性高,CO 的变换率高,水蒸气的消耗少。可从压力、温度、汽气比等方面,讨论它们对变换过程的影响。

### 一、压力

由于变换反应为等体积反应,所以压力对平衡几乎没有影响。由于是气相反应,加压可提高反应物浓度,从而提高反应速率,提高设备生产能力。但提高压力将促进析炭和生成甲烷等副反应。具体操作压力的数值则应根据具体的气化工艺决定,目前大型煤气化装置都采用了加压变换。

### 二、温度

CO 变换为放热反应,随着 CO 变换反应的进行,温度不断升高,反应速率增加,继续升高温度,反应速率随温度的增值为零,再提高温度时,反应速率随温度升高而下降。对一定类型的催化剂和一定的气体组成而言,必将出现最大的反应速率值,与其对应的温度称为最佳温度或最适宜温度。反应沿最佳温度进行可使催化剂用量最少,但要控制反应温度严格按照最佳温度曲线进行目前是不现实和难于达到的。目前在工业上是通过将催化剂床层分段来实现使反应温度靠近最佳温度进行。但对于低温变换过程,由于温升很小,催化剂不必分段。

### 三、汽气比

CO 变换的汽气比一般是指 $H_2O/CO$ 比值或水蒸气/干原料气比(摩尔比)。从变换反应可知,增加水蒸气用量,可提高 CO 平衡变换率,且能保证催化剂中 $Fe_3O_4$ 的稳定而不被还原,同时过量水蒸气还起到载热体的作用。因此改变水蒸气的用量是调节床层温度的有效手段。

但水蒸气用量是变换过程中最主要的消耗指标,尽量减少其消耗对过程的经济性具有重要意义。同时水蒸气比例过高,还将造成催化剂床层阻力增加,CO 停留时间缩短,余热回收设备负荷加重等。中(高)温变换操作时适宜的水蒸气比例一般为 $H_2O/CO=3\sim5$。反应后中(高)变气中 $H_2O/CO$ 比可达 15 以上,不必再添加水蒸气即可满足低变要求。汽气比降低虽然可节约成本,但过低的汽气比将会导致铁-铬系中变催化剂铁过度还原,从而降低活性。因此要降低变换过程的汽气比,必须确定合适的 CO 最终变换率或残余 CO 含量,中(高)变气中一般 CO 含量为 3%~4%,低变气中 CO 含量为 0.3%~0.5%。催化剂段数也要合适,段间冷却要良好。同时注意余热的回收,降低蒸汽消耗。

## 知识点 2　变换的反应器

通过本知识点的学习,我们将认识 CO 变换的主要设备,可为工艺流程的确定选择合适的变换反应器。

CO 的工艺流程在常压下较长,设备较多,但都属于一般的化工设备,材料大都是碳钢;在加压下,流程较短,设备较少,但对设备的材质和强度要求较高,这里主要介绍变换反应器。

### 一、变换反应器结构

变换反应器随工艺流程的不同，有各种结构形式，但都应满足以下要求：

① 变换炉的处理量尽可能大；

② 气流的阻力小，气体在炉内分布均匀；

③ 热损失小——这是稳定生产、节能降耗的重要条件；

④ 结构简单，便于制造和维修，并尽可能接近最佳温度曲线。

此外，变换反应器还应根据原料组成、压力、温度、流量、催化剂性能和要求的变换率来确定。当原料气中 CO 含量为 45%~60% 时，一般采用三段变换。三段变换可在一炉子内完成，也可以分成三个炉子，为避免一次反应热太多，气体温升太大，每段之间要有冷却，要尽可能使温度分布接近最佳的温度曲线。

变换炉主要有绝热型、冷管型，应用最广泛的还是绝热型。此处主要介绍两种不同结构的绝热型变换炉。

（1）中间换热式变换炉　图 3-4 为中间间接冷却加压变换炉，半水煤气和蒸汽由炉顶进入，经过分配器分配后进入第一、二层催化剂，一段变换气经过换热器冷却后，进入下部第三层催化剂，变换气在底部通过分配器，再进入另一个换热器。加压变换反应器隔热层在器内，以降低器壁温度，即冷壁筒。隔热层有两种结构：一种为耐热混凝土；另一种靠器壁钢板处为石棉板，先砌一层硅藻土砖，再砌一层轻质黏土砖。催化剂靠支架支撑，支架上铺箅子板、铁丝网及耐火球，然后装催化剂，上部再装一层耐火球。为了测量器内各处温度，通过器壁设有多处热电偶；另外还配置人孔和催化剂装卸口。但这种冷壁筒因为隔热材料经常产生裂纹而导致热气渗至筒壁造成局部过热而损坏外壳，故大型氨厂多采用外保温的热壁筒，相应地壳体要采用耐热抗氢钢材制造。

（2）轴径向变换炉　为了提高变换率，采用低汽气比的小颗粒变换催化剂，以不增加床层阻力来达到节能降耗的目的。其结构示意如图 3-5 所示。我国云天化集团有限责任公司就

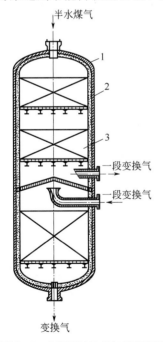

图 3-4　中间间接冷却加压变换炉

1—外壳；2—耐热混凝土；3—催化剂层

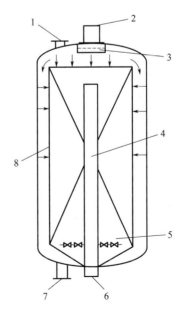

图 3-5　轴径向变换炉示意图

1—塑料口（入孔）；2—进气口；3—分布器；4—中心内集气器；
5—内集气器；6—出气口；7—卸料口；8—外集气器

采用了这种炉型，节能效果良好。气体从进气口进入，经分布器后，70%气体从壳体外集气器进入炉内，径向通过催化剂层，30%气体从顶部轴向进入催化剂层，两股气体反应后一起进入中心内集气器而出反应器。顶部用 $Al_2O_3$ 球并用钢丝网固定。外集气器上开孔面积为 0.5%，气流速度为 6.7m/s。中心内集气器开孔面积为 1.5%，气流速度为 22m/s，大大高于传统轴向线速 0.5m/s。因此要求催化剂有好的强度，催化剂粒度用小的颗粒，例如，高变催化剂 $\phi$6mm × 3mm，低变催化剂用 $\phi$5mm × 2.2mm。

## 二、变换反应器操作控制要点

变换反应器的操作控制要点与流程及所用催化剂的类别和型号有关，下面以合成氨的中变催化反应为例。

### 1. 催化剂的升温还原

升温还原操作对催化剂的活性组分使用寿命影响很大，应引起足够重视。在升温还原前，要根据催化剂的性质和现场的具体情况，指定合理的升温还原指标及曲线，详细表明升温还原的阶段和升温速度，何时恒温及恒温时间长短等。B106 型催化剂的升温还原控制指标如表 3-6 所示。以升温还原时间为横坐标、催化剂床层温度为纵坐标制成的曲线图，称为催化剂的升温还原曲线。升温还原过程应严格按照升温还原曲线进行。温度升至 120℃进行恒温是为了使催化剂内部的吸附水蒸发干净，以增加催化剂的机械强度。在 250℃和 350℃恒温是为了消除催化剂床层轴向和径向温差，使床层温度均匀一致，并使催化剂内部的结晶水释放出来。

表 3-6　B106 型催化剂升温还原控制指标

| 阶段 | 温度区间/℃ | 升温速度/（℃/h） | 所需时间/h | 阶段 | 温度区间/℃ | 升温速度/（℃/h） | 所需时间/h |
|---|---|---|---|---|---|---|---|
| 升温 | 常温～120 | 10 | 10 | 还原 | 250～350 | <20 | 8 |
| 恒温 | 120 | — | 6 | 恒温 | 350 | — | 4 |
| 升温 | 120～250 | <20 | 10 | 还原 | 350～450 | 10 | 10 |
| 恒温 | 250 | — | 8 | 合计 | — | — | 56 |

### 2. 变换炉的正常操作控制要点

中温变换炉的正常操作主要是将催化剂床层的温度控制在适宜的范围内，以便充分发挥催化剂的活性，提高设备的生产能力和一氧化碳的变换率，同时尽量降低水蒸气消耗定额。

催化剂床层温度的变化应根据"灵敏点"温度的升降来判断。所谓"灵敏点"就是催化剂床层温度变化最灵敏的一点，以这点的温度作为操作依据，可以及时发现催化剂温度变化趋势，预先采取措施。催化剂温度指标的控制则以"热点"为准，而"热点"则是催化剂床层温度的最高点。

在实际生产中，影响催化剂床层温度变化的主要因素有以下几个方面：

① 系统负荷变化。进入变换系统的原料气量发生变化，气量增大反应热增加，催化剂床层的温度上升。

② 气体成分变化。原料气中一氧化碳、硫化氢、氧含量变化均会造成炉温的变化。一氧化碳含量升高，参加反应的一氧化碳增多，放热量增大，导致床层温度上升；硫化氢含量高时会使催化剂中毒，一氧化碳反应量减少，温度下降；氧含量增大，催化剂将被剧烈氧化放出大量的热量，使床层温度猛涨，严重时会烧毁催化剂。

③ 水蒸气用量变化。蒸汽压力或变换系统的压力发生波动时，进入变换系统的蒸汽量也会发生变化，从而影响床层温度。

上述各种原因导致催化剂床层温度发生波动时,在以往的操作习惯中,调温的手段主要是调节蒸汽用量,通过蒸汽作为载热体把过多的热量移走。但这显然是不经济的,对能量的利用也是不合理的。过多地加入蒸汽,不仅蒸汽消耗定额增加,而且加大了蒸汽回收设备的负荷,热能利用率下降。现在普遍使用冷激副线调温,间接换热式变换炉必须具备有效的调温副线,把调温蒸汽的使用量减少到最低限度,完善管理,使蒸汽消耗降到最低。

在具体控制炉温时,必须细心观察催化剂床层温度的变化,分析原因,如果是气体成分变化引起的,应及时通知有关工段严格控制其含量,并采取相应的调温措施精心调节。调节时应预见到炉温的升降趋势,尽快使操作恢复原状,床层温度波动应在最小范围内,避免造成床层温度大起大落。

## 知识点 3　变换的工艺流程

通过本知识点的学习,我们将认识 CO 变换的工艺流程及特点,有利于变换过程工艺参数调控、生产安全操作。

CO 变换的工艺流程主要由原料气组成决定,同时还与所用催化剂、变换反应器的结构,以及气体的净化要求等有关。原料气组成中首先要考虑的是 CO 含量,CO 含量高则应采用中(高)温变换,因为中(高)变催化剂操作温度范围较宽,且价廉易得,寿命长。CO 含量超过 15% 时,首先应考虑将反应器分为二段或三段;其次应考虑进入系统的原料气温度及湿含量,若原料气温度及湿含量较低,则应考虑预热与增湿,合理利用余热;最后是将 CO 变换与脱除残余 CO 的方法结合考虑。下面分别予以介绍。

### 1. 中(高)变-低变串联流程

采用此流程一般与甲烷化脱除少量碳氧化物相配合。这类流程是先通过中(高)变将大量 CO 变换达到 3% 左右后,再用低温变换使 CO 含量降低到 0.3%~0.5%,即"中串低"流程。为了进一步降低出口气中 CO 含量,也有在低变后面再串一个甚至两个低变的流程,如"中低低""中低低低"等。同样是"中串低",根据原料气中 CO 含量不同又有多种流程,CO 含量较高时,变换气一般选在炉外串低变,而 CO 含量较低时,可选在炉内串低变。图 3-6 为中变串低变的调温水加热变换流程,而图 3-7 为中变增湿的中低低流程。

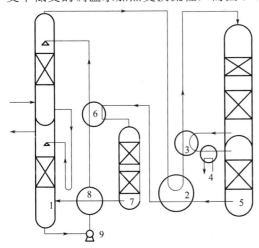

图 3-6　炉外中变串低变的调温水加热变换流程

1—饱和热水塔;2—主热交换器;3—中间换热器;4—蒸汽过热器;5—变换炉;6—变换气换热器(冷却);7—低变炉;8—水加热器;9—热水泵

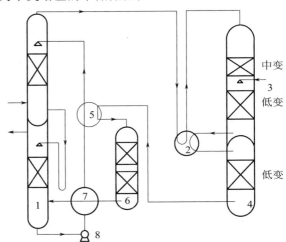

图 3-7　中变增湿的中低低流程

1—饱和热水塔;2—主热交换器;3—喷水增湿;4—变换炉;5—调温水加热器;6—低变炉;7—水加热器;8—热水泵

其实中变后串一个还是两个低变只是一个形式，关键是变换终态温度。有的用户尽管是中低低（串两个低变）甚至中低低低（串三个低变），如果低变催化剂活性不高，终态温度降不下来，其效果也不明显。反之串一个低变的中串低，如采用低温活性高的钴钼低变催化剂［如 B303Q 催化剂，堆积密度（10±0.02）kg/L］，确保较低变换终态温度，其效果也很好，与中低低相同。但中变串低变流程中要注意两个问题，一是要提高低变催化剂的抗毒性，防止低变催化剂过早失活；二是要注意中变催化剂的过度还原，因为与单一的中变流程相比，中串低特别是中低低流程的反应汽气比下降，中变催化剂容易过度还原，引起催化剂失活、阻力增大及使用寿命缩短。

### 2. 全低变流程

全低变工艺是采用宽温区的钴钼系耐硫变换催化剂，主要有下列优点。

① 催化剂的起始活性温度低。变换炉入口温度及床层内热点温度大大低于中变炉入口及热点温度（降低 100～200℃）。这样，就降低了床层阻力，缩小了气体体积约 20%，从而提高变换炉的生产能力。

② 变换系统处于较低的温度范围内操作。在满足出口变换气中 CO 含量的前提下，可降低入炉蒸汽量，使全低变流程蒸汽消耗降低。

目前全低变流程有两种：一种是新设计的，另一种是将原有中小型装置加以改造的。图 3-8 为改进后的全低变流程。半水煤气先进入饱和热水塔的饱和塔部分，与塔顶流下的热水逆流接触进行热量与质量的传递，使半水煤气提温增湿。带有水分的出塔气体进入热交换器预热并使夹带的水分变成蒸汽，然后进入变换炉顶部。经两段变换引出，在增湿器中喷水增湿，然后返回第三段催化剂进行变换，从第三段出来的气体经与原料气换热后进入第四段催化剂进行最后的变换反应。从变换炉出来的变换气先经调温水加热器再进入热水塔回收热量后引出。该流程有如下优点：

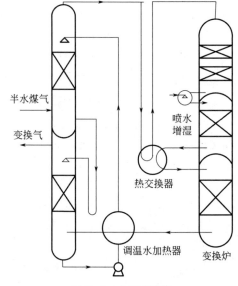

图 3-8　全低变流程

① 杜绝了铁铬中变催化剂过度还原的问题，延长了一段变换的使用寿命。

② 床层温度下降了 100～200℃。气体体积缩小 25%，降低系统阻力，提高了变换炉的设备能力；减少压缩机功率消耗。

③ 提高有机硫的转化能力，在相同操作条件和工况下全低变工艺比中串低或中低低工艺有机硫转化率提高 5%。

④ 操作容易，启动快，增加了有效时间。

### 3. 变换工艺的新进展

① 取消饱和热水塔工艺。由于低变催化剂的应用，特别是全低变工艺的应用，变换气中过量水蒸气已很少，也就是说，利用饱和热水塔回收潜热的意义不大了。计算表明，当变换出口 CO 含量为 12%时，饱和塔可回收的潜热为 200kg 蒸汽/t 氨；而当联醇工艺变换出口 CO 含量为 4%时，饱和塔可回收的潜热仅为 65kg 蒸汽/t 氨。假如在流程上用喷水增湿来代替水加热器回收变换气的显热，而用外加蒸汽代替回收的潜热，即联醇工艺吨氨蒸汽消耗增

加 65kg，这样联醇工艺完全可取消饱和热水塔，而出口 CO 含量为 12%的变换工艺的吨氨蒸气消耗增加约 200kg，其潜热可设法用其他方式回收。取消饱和热水塔的工艺已在国内多家工厂得到应用，且效果良好。

② 变换兼有机硫转化工艺。以煤或重油为原料的合成气生产中，在低温变换时，大部分有机硫能够转化成无机硫，但有少部分有机硫化物（如噻吩、COS 和 CS₂ 等）却难以转化。后续工序的脱硫中一般只能脱除无机硫，为保护后续工艺中的各种催化剂，采用变换兼有机硫转化工艺，可实现对硫的精脱。

③ 适用于醇生产的低温变换工艺。用于联醇或单醇生产的变换工艺，由于变换气中可以有较高的 CO 浓度，因此其工艺可作适当简化。用于联醇时可用变换兼有机硫转化工艺，而用于单醇时，由于转化率要求较低，一般采用一段中温变换流程，并兼设有机硫转化。

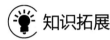 知识拓展

## 全低变工艺介绍

随着低温变换技术的采用，特别是全低变工艺的应用，变换气中过量蒸汽已经很少，传统利用冷凝和蒸发原理回收蒸汽的饱和热水塔已经失去了理论依据。

当变换的压力较高时，若采用饱和热水塔流程，由于水蒸气在煤气中的分压高，所以出饱和塔的煤气带出的蒸汽相对较少，节能效果不如低压变换好。在高压的情况下，饱和热水塔还存在着严重的腐蚀问题。另外，煤气中的 H₂S 在饱和塔内能被氧化成硫酸根，并且带入变换炉中，使催化剂结块和堵塞。所以在这种情况下，一般选用废热锅炉自产高压蒸汽回收热量。这种流程一次性投资省，但蒸汽消耗高。图 3-9 所示为生产甲醇的无饱和热水塔全低变工艺流程。

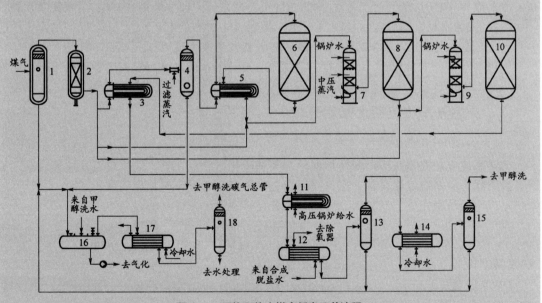

**图 3-9　无饱和热水塔全低变工艺流程**

1—气水分离器；2—过滤器；3—预热器；4—汽气混合器；5—换热器；6—第一变换炉；7—第一淬冷过滤器；8—第二变换炉；9—第二淬冷过滤器；10—第三变换炉；11—锅炉给水预热器；12—脱盐水预热器；13—第一变换气气水分离器；14—变换气冷却器；15—第二变换气气水分离器；16—冷凝液闪蒸槽；17—闪蒸气冷却器；18—闪蒸气气水分离器

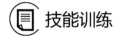 **技能训练**

调查研究国内主要化工企业采用的 CO 变换炉有哪些类别及特点。

# 单元 4　CO 变换生产操作

通过本单元的学习，我们将熟悉 CO 变换工段的生产操作规程，清楚采用耐硫宽温变换催化剂的升温过程，对实际生产操作具有指导意义。

## 一、CO 变换的工艺流程

如图 3-10 所示，由气化送来的水煤气 [242.7℃；5.70MPa（A）；水汽比 1.50]，经水煤气分离器 V2501 和水煤气废热锅炉 E2501，温度降至 230℃，再经 1 号冷凝液分离器 V2502。在 V2502 中分离冷凝液后的水煤气分成两股，一股作为配气不经过变换炉，另一股入中温换热器 E2502，预热至 260℃，进入变换炉 R2501。炉内装耐硫变换催化剂。出变换炉反应气 CO 含量约为 14%（干），温度为 394℃，经 E2502 降温后，温度为 364℃。与经旁路的水煤气混合，形成 CO 含量 19%（干）、温度 338℃的变换气。变换气经锅炉给水加热器 E2503，温度降至 191℃，再经 2 号冷凝液分离器 V2503 分离。分离后的变换气进入脱盐水加热器 E2504，降温至 70℃再进入变换气水冷器 E2505，温度降至 40℃。经 3 号冷凝液分离器 V2504。分离冷凝液后的变换气送低温甲醇洗工号。

由管网来的 140℃的锅炉给水经给水加热器 E2503 加热至 235℃后送界外。1 号冷凝液分离器分离的冷凝液进入 2 号冷凝液分离器 V2503。2 号冷凝液分离器 V2503 冷凝液大部分经高温冷凝液泵 P2501 送气化工号洗涤塔（C1301），另外的部分经由 P2501 泵送往灰水处理 V1401-2。脱盐水站来的脱盐水经脱盐水加热器 E2504 加热至 134.2℃，送至锅炉给水系统的除氧器。3 号冷凝液分离器 V2504 的冷凝液去老装置变换冷凝液气提塔 C1501 进行处理。

催化剂升温在 0.5MPa（G）进行。将氮气（N₂ 或 N₃ 视情况而定）引至变换工号，经氮气加热器 E2506 升温至 260～300℃进入变换炉，出变换炉废氮气引入火炬放空。

## 二、原始开车（包括大修后开车）

### 1. 开车前的准备工作

确认系统安装检修完毕，变换炉催化剂装填硫化已完成。机、电、仪调试检修完毕，处于可投用状态。系统运转设备处于可投用状态（为安全起见，电在启动前再送）。系统干燥，吹扫，试压，气密完成。界区内公用工程部分已具备以下条件：

| | | | |
|---|---|---|---|
| 氮气　　　$N_2$： | 压力：5.8～6.0MPaG（表压） | 纯度：99.99% |
| 　　　　　$N_2$： | 压力：0.4～0.5MPa（G） | 纯度：99.99% |
| CW（冷却水） | 压力：0.42MPa（G） | 温度：<31℃ |
| DW（脱盐水） | 压力：1.2MPa（G） | 温度：40℃ |
| EW（高压密封水） | 压力：7.8MPa（G） | 温度：40℃ |
| IA（气化来的粗煤气） | 压力：0.49～0.59MPa（G） | 露点温度：<−40℃ |
| $S_2$（高压蒸汽） | 压力：3.8～4.2MPa（G） | 温度：390～415℃ |
| $S_3$（中压蒸汽） | 压力：0.8～1.2MPa（G） | 温度：190～210℃ |
| $S_4$（低压蒸汽） | 压力：0.25～0.45MPa（G） | 温度：160～180℃ |

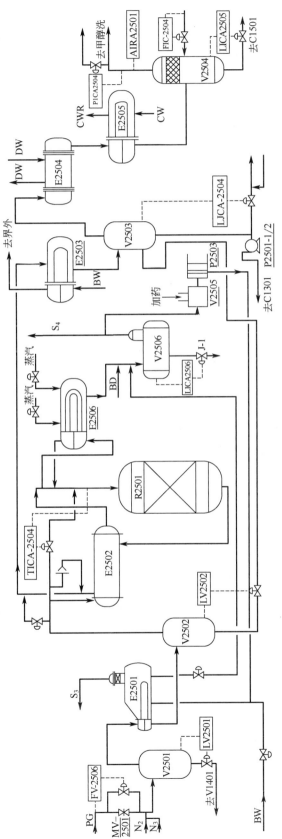

**图 3-10　带控制点变换工艺流程图**

V2501—水煤气分离器；V2502—1 号冷凝液分离器；V2503—2 号冷凝液分离器；V2504—3 号冷凝液分离器；V-2505—加药灌；V2506—蒸汽冷凝液分离器；
E2501—水煤气废热锅炉；E2502—中温换热器；E2503—锅炉给水加热器；E2504—脱盐水冷器；E2505—变换气水冷器；E2506—氮气加热器；
P2501-1/2—高温冷凝液泵；P2503—加药泵；R2501—变换炉

### 2. 开车前的检查、确认工作

确认本工号各盲板位置正确,确认所有临时盲板和过滤器均已拆除。确认本工号内的所有液位、压力和流量仪表导压管根部阀处于开的位置,所有的调节阀及联锁系统动作正常。确认系统内所有的阀门处于关闭位置并与前后系统有效隔离。确认系统内的设备、管线等设施均正确无误。确认系统内的导淋阀门关闭,需加盲板的已倒盲。确认 CW、DW、BW、EW 已分别供到相应设备。

### 3. 系统氮气置换

① 确认除需通氮气的截止阀、调节阀打开以外,其余阀位、盲板均处于关闭或盲死状态。
② 确认及准备工作完成后,用氮气置换整个系统。

### 4. 变换催化剂升温

变换催化剂升温可用 $N_2$ 或 $N_3$ 为加热载体,当用 $N_2$ 加热时应确认新加 $N_3$ 进系统 3 号管线截止阀关闭(防止 $N_2$ 串入 $N_3$ 管网)。由于二期使用的 $N_2$ 来自一期,如果一期不能给二期提供足够的 $N_2$,变换的开车就采用二期空分来的 $N_3$ 升温。接着投用换热器等设备,并进行系统升温。

### 5. 系统导气

升温结束,确认各工艺条件达到规定指标后,导入工艺气(导气时须联系调度同意再进行)。导气可采用配氮气法和不配氮气法,但两种导气方法是有区别的。

## 三、向甲醇洗导气

当变换工号正常且各指标合格后,甲醇洗工号就可以导气。在向甲醇洗导工艺气时要慢,一定要注意变换压力的波动以及气液分离器 V2504 的液位,防止液位过高将水夹带至甲醇洗工段。

## 四、正常操作

### 1. 加减负荷

① 加减负荷要与前后工号配合,与调度联系。
② 加负荷时,要视床层温度而定,每次加量要小。
③ 加减负荷时,床层温度和 HV2504 要做相应调节。

### 2. 床层温度的调节

催化剂运行初期,变换器第一段进口温度设定要尽可能低,当变换率下降,床层温度维持困难时,可适当调高进口温度设定值。

### 3. 进变换器气体流量的调节

在系统运行正常时,通过调节主阀 MV2501 的开度,来保证自动控制阀 FV2506 有一定的调节余量。

### 4. 工艺气回路注意事项

① 运行时要检查各分离器的液位和温度,以免雾滴夹带进入工艺气中。
② 注意变换炉压差的升高,以免高压差下支撑的损坏。
③ 注意 E2502 的压差,以免高压差下换热器 E2502 浮头的损坏。

④ 运行时要注意 E2504、E2505 的温度以及前后的压差，以判断是否出现碳铵结晶。

## 五、运转设备的开停

### 1. 高温冷凝液泵 P2501 泵

（1）启动

① 确认 2 号冷凝液分离器 V2503 的液位 50%以上；

② 确认二期变换系统与气化系统压差小于 0.8MPa；

③ 向轴承箱通冷却水；

④ 确认进出口压力表投用完好，轴承箱油位正常，油品合格；

⑤ 确认泵导淋阀、出口阀及暖机管线阀关闭，打开入口阀、最小回流阀；

⑥ 通密封水，确认其流量在 $0.7 \sim 1.5 m^3/h$；

⑦ 盘车正常；

⑧ 泵体排气后关闭排气阀；

⑨ 通知电气人员送电；

⑩ 启动泵，在电流、出口压力正常后，慢开出口阀，向 V2501 及碳洗塔送液，送液后关最小回流阀。

（2）停泵

① 关小泵出口阀后再停泵；

② 泵停后全关出口阀；

③ 如泵要检修，全关进出口阀，停泵的密封水、冷却水，排净泵内冷凝液，再断电交检修。

（3）倒泵

① 启动备用泵（方法如上）；

② 备用泵启动并运行正常后，慢开出口阀，同时关运行泵出口阀；

③ 运行泵的停泵如上。

### 2. 加药泵 P2503 的开停

① 确认 V2505 已充满药液，泵油位正常；

② 确认泵进出口阀已开，且行程已调好；

③ 确认出口压力表根部阀开，泵电机已送电；

④ 启动泵，注意出口压力，如有规律波动，则属正常。

## 六、系统停车

### 1. 长期停车

（1）停车的处理

① 关闭主阀 MV2608 以及旁路阀；

② 关闭主阀 MV2501、自动阀 FV2506 以及旁路阀；

③ 通知气化车间，准备停 P2501 泵，待泵前液位较低时关泵出口阀以及 V2501 的喷淋水阀，停 P2501 泵；

④ 停 P2503 加药泵；

⑤ 关闭 E2501 上的 LV2502、PV2503 及其截止阀，使其与 S3 管网隔离，缓慢打开手动放空阀泄压；

⑥ 停 V2504 的喷淋水，关闭 V2501、V2502、V2503、V2504 的排放阀及其截止阀；

⑦ 关 V2506 与 S4 管网连接阀，其液位排空后关 LV2506 及其截止阀。

（2）系统减压　调节 PICA2504 以 0.1MPa/min 的速率降低系统压力，系统压力至 0.5MPa 以下时，联系倒通 N₃ 管线的盲板。

（3）系统氮置换　当系统压力降到 0.1MPa 时，缓慢打开 N₃ 管线的截止阀，通少量氮气进入变换系统，通过 PV2504 升压，控制升压速率小于 0.1MPa/2min，升压至 0.5MPa 时，调节 N₃ 管线的截止阀开度以及 PV2504 阀门开度对系统进行置换，置换时要注意床层压差。直至 A2509 处分析 $CO+H_2 \leqslant 0.5\%$ 时，即可认为置换合格，系统保压 0.5MPa。

### 2. 短期停车

停车处理如上，但要视停车时间长短决定是否氮置换。

## 七、事故处理

① 如气化突然停止向本工号送气，必须立即通知后工号并快速关闭变换器主控阀 MV2501、自控阀 FV2506、主控阀 MV2608，系统作停车处理。

② 锅炉给水 BW 故障，出现 E2501、E2503 断水时，系统作停车处理。

③ 高压密封水 EW 故障，出现 V2504 断水时，通知后系统减负荷，如密封水较长时间（2h 以上），不能恢复甲醇洗停车处理，变换视情况再定是否停车；P2501 泵的 EW 中断，会使泵的机械密封损坏，视情况再定是否停泵，停泵后要注意 V2503 液位调节。

④ 冷却水 CW 中断，会使出换热器 E2505 的工艺气温度升高而且带水量加大，变换系统要作停车处理。

⑤ DW 故障，处理方法同④。

⑥ 当系统发生爆炸或着火，应立即停车并联系消防队。系统泄压后通氮置换。

⑦ 仪表空气中断或晃电时，系统应立即停车。

⑧ 一台气化炉跳车后，马上通知 627 工段快速降负荷从而维持住 625 的压力。调整入口温度和水汽比，防止床层超温。

⑨ 二期液氧泵跳车。液氧泵跳车后将联锁一台气化炉跳车并且 HV2731 也将联锁关闭。此时应及时调节系统压力防止超压，并根据调度要求作下一步处理。

⑩ 工艺气带水。当工艺气带水时首先 V2501 的液位将会上涨，而且工艺气温度 TI2501 也会有所下降。此时应马上告知调度及气化车间，可以稍开 LV2501 阀间导淋现场排液。如果仍然无法稳定住 V2501 的液位应果断联系调度要求降负荷，严防将水带入变换炉内，防止 DW 温度超高。

## 八、催化剂的硫化

变换系统在新装或更换催化剂后，即要进行催化剂的硫化，硫化可按以下操作进行。

在系统安装检修完毕，变换炉催化剂装填完成并气密结束后，即可进行催化剂的硫化。

（1）硫化前的确认　同操作规程原始开车前的检查、确认。

（2）系统氮气置换　系统升温：过程见操作规程系统升温。

当催化剂床层温度达到 100～130℃时，恒温 2～3h 排除吸附的物理水，然后继续升温至 200～230℃时，进行下一步的硫化程序。

硫化：本处叙述的工艺流程采用工艺气硫化，所以硫化过程的操作如操作规程中的导气操作。但要注意以下事项：

①　每小时要做变换器 R2501 进出口硫含量分析，要求 R2501 进口硫含量不低于 0.06%（体积分数）。如果 13 工段工艺气总硫含量偏低，可联系气化从 H1201 入口加入硫黄，以增加工艺气中总硫含量。

②　在硫化过程中，床层温度应控制<350℃，各压差控制在范围内。

③　用工艺气硫化，硫化过程中可能发生一系列放热反应。为了使产生的热量尽可能小，便于硫化温度控制，在硫化过程中应尽可能地抑制放热量较大的反应，通常初期一般采用低压、小气量硫化，随着硫化的进行，逐渐提高压力和气量。

④　硫化结束时，将温度慢慢提升到规定的变换入口温度。用工艺气硫化催化剂，尤其在较高压力下，应该注意存在甲烷化反应的可能性。为了防止此反应发生，或者如果已经发生了这种反应，应通过控制温度来限制此反应。

⑤　当有明显的硫穿透时，为了深度硫化，应逐步增加压力至 0.8MPa、1.2MPa、1.5MPa 进行硫化。当在 1.5MPa 压力下有明显的硫穿透时，表明硫化接近完全，等出口硫含量与入口硫含量平衡时，表明硫化结束。（如果采用 $N_3$ 升温硫化，系统压力大于 0.5MPa 时应停止通氮，只用工艺气硫化，并严格控制床层不超温。）

⑥　硫化结束后，以 10～15℃/h 的速度将入口温度提高到设计温度，催化剂床层温度要保持足够高，避免水蒸气在催化剂上冷凝。

硫化结束后的正常开车：在硫化结束后，可少量多次地增大工艺气量，按系统导气的操作程序及要求，使系统压力及流量正常，停氮气及 E2506 蒸汽，进而开变换炉入口大阀将 E2506 切出，转入正常开车。

 **技能训练**

实操训练：进行 Shell 煤气化制甲醇变换工段的开停车操作。

 **练习题**

1. 什么是 CO 变换？它的目的是什么？
2. 目前常用的变换催化剂有哪些？各有什么特点？
3. 耐硫变换工艺有什么特点？
4. 写出变换反应的化学平衡方程式及变换反应的特点。
5. 简述钴钼催化剂的主要成分。
6. 简述钴钼催化剂的原理及过程。
7. 什么是钴钼催化剂的反硫化，应如何防止反硫化现象的发生？
8. 简述变换压力的高低对变换过程的影响。
9. 简述变换系统开停车的主要步骤。
10. 对无饱和热水塔的全低变变换流程，简述工艺气在整个流程中的流动路线及流过各设备时发生的变换。

# 模块四
# 煤气净化过程技术

## 学习目标

（1）熟悉煤气净化常用的方法、原理及工作过程。
（2）掌握煤气净化除尘的设备及常见工艺流程。
（3）掌握低温甲醇洗净化技术的工艺，能分析低温甲醇洗净化过程影响因素。
（4）会对低温甲醇洗净化工艺（工段）进行开、停车操作。

## 岗位任务

（1）能明确净化工段内、外操岗位工作任务，具备相应工作技能。
（2）能熟知本岗位所属设备的技术规范、结构、性能、原理及系统的工艺流程和操作方法，熟悉 DCS 系统，熟悉盘面操作。
（3）能根据生产原理进行生产条件的确定和工业生产的组织。
（4）能进行低温甲醇洗工段装置的开停车及正常操作。
（5）培养学生良好的职业素养、团队协作、安全生产的能力。

## 单元 1　煤气净化技术概述

### 知识点 1　认识常见的煤气净化方法

通过本知识点的学习，我们能认识气体净化的几种常见方法，为深入了解煤气净化技术奠定基础。

酸性气体脱除是指将合成气中的酸性杂质脱除的技术，其主要目的是保护环境，例如工业气体中硫化氢与有机硫的脱除，同时，可以清除对后续加工不利的杂质，包括会使催化剂中毒或会产生副反应影响最终产品质量的杂质。通常，脱除的杂质可回收加工为有用的化工产品，如硫化氢可加工生产硫酸或硫黄等，$CO_2$可以用于食品加工、化工原料及驱油领域，产生经济效益。

酸性气体脱除的方法有很多。按照脱除剂的物理特征，可分为干法和湿法两类。将采用溶液或溶剂作为脱除剂的方法统称为湿法，将采用固体作为脱除剂的方法统称为干法。按照吸收过程中的作用机理，可分为化学吸收法、物理吸收法、物理-化学吸收法、直接氧化法、固体吸收/吸附法及膜分离法等。

### 1. 化学吸收法

化学吸收法也称为化学溶剂吸收法，其以碱性溶液为吸收溶剂，在低温高压下，溶剂与原料气中的酸性组分（主要是 $H_2S$ 和 $CO_2$）发生可逆反应，生成某种物质。在升温降压的条件下，该物质又能分解，释放出酸性气并使溶剂得以再生。化学吸收法的代表技术有醇胺法、碱性盐溶液法和湿式氧化法等。醇胺法是一种较为成熟的方法，在 20 世纪 30 年代已开始工业生产，常用化学吸收剂有：单乙醇胺（MEA）、二乙醇胺（DEA）、二异丙醇胺（DIPA）、甲基二乙醇胺（MDEA）等。碱性盐溶液法主要有改良热钾碱法、氨基酸盐法等。

### 2. 物理吸收法

物理吸收法也称为物理溶剂吸收法，是利用某些物质对合成气中的酸性组分进行物理吸收而将它们从原料气脱除的技术。物理吸收法的基本定律是亨利定律：

$$C_i = K_i \times p_i \tag{4-1}$$

式中　$C_i$——气体组分 $i$ 在溶剂中饱和溶液的浓度；

　　　$p_i$——气体组分 $i$ 的分压；

　　　$K_i$——溶解常数，与气体和溶剂的性质有关，通常随温度升高而减小。

由上式可知，溶剂中酸性气浓度与气相中酸性组分的分压成正比。当温度上升、压力降低时，酸性组分会从吸收了酸性组分的富液中逸出，因此，吸收操作应在高压低温下进行，而解吸应在高温低压下进行。

物理吸收法的主要特点是：溶剂吸收能力强；溶剂性质稳定，无腐蚀，对设备和管道要求低；可脱除有机硫。物理吸收法不宜用于吸收重烃含量高的原料气，且多数方法由于受溶剂溶解平衡的影响，再生程度受到一定限制。

物理溶剂吸收法的工艺流程简单，主要设备有吸收塔、闪蒸塔和循环泵，但由于部分工艺要求冷量回收，因此换热网络非常复杂。一般情况下，溶液可采用多级闪蒸进行再生，不需要蒸汽和其他热源；但当净化度要求较高时，则需采用汽提或真空闪蒸解吸、惰性吹脱和加热溶剂等较为复杂的方法进行溶液再生。目前已工业化的装置采用的技术和溶剂主要为：低温甲醇洗使用的甲醇、Selexol 法（NHD 法）使用的聚乙二醇二甲醚、Flour 法使用的碳酸丙烯酯、Purisol 法使用的 $N$-甲基吡咯烷酮（NMP）等。

### 3. 物理-化学吸收法

物理-化学吸收法兼有化学吸收法和物理吸收法的特点，具有良好的选择性、可脱除有机硫、溶液的硫负荷高等特点。已工业化的代表技术为砜胺法（Sulfinol）法，采用的物理溶剂为环丁砜，化学溶剂则是一乙醇胺（MEA）、二异丙醇胺（DIPA）或甲基二乙醇胺（MDEA）等，溶液中还含有一定量的水。其余物理-化学吸收法技术还有胺-有机溶剂（Optisol）法、甲醇-二乙醇胺（Amisol）法、叔胺（Selefining）法、胺类配方溶剂（Ucarsol）法等。

#### 4. 直接氧化法

直接氧化法以氧化-还原反应为基础，借助溶液中氧载体的催化作用，把被碱性溶液吸收的 $H_2S$ 直接氧化为单质硫，然后通过鼓入空气，使吸收剂再生，可实现脱硫与硫回收的一体化。以所使用的氧载体分类，直接氧化法主要有铁法、钒法及其他方法。铁法的氧载体大多使用三价铁，目前国内获工业应用的有 EDTA 络合铁法、FD 法及 HEDP-NTA 络合铁法等。钒法的氧载体是五价钒，获工业应用的主要有 Stretford 法、Sulfolin 法及 Unisulf 法等。

#### 5. 固体吸附法

固体吸附法是指使酸性气体在加压环境下被固体物质吸附，然后再用减压解吸回收酸性气，同时使吸附剂再生的方法。

#### 6. 膜分离法

膜分离法是使用一种选择性渗透膜，利用不同气体渗透性能的差别而实现酸性组分分离的方法。其基本原理是利用原料气中的各个组分在压力作用下通过半透膜的相对传递速率不同而得以分离。

除前面介绍的几类方法外，根据特定的工况还有一些特殊的酸性气体脱除方法，如生化脱硫法，主要是利用细菌将 $H_2S$ 转化成硫或促进脱硫液再生的方法等。

下文中将详细介绍目前已实现大规模工业应用的低温甲醇洗、NHD 法、MDEA 法、干法脱硫等技术，简要介绍其他酸性气脱除方法，并对各种技术进行对比分析，其中低温甲醇洗将在单元 3 中做详细介绍。

### 知识点 2　工业煤气净化原理及过程

通过本知识点的学习，能了解几种常见煤气净化技术基本原理、工艺过程、主要特点及影响因素，能正确选择合适的煤气净化技术。

#### 一、NHD 净化技术

##### 1. 基本原理

（1）热力学基础　在 $H_2S$、COS、$CO_2$ 等酸性气体与 NHD 溶剂形成的系统中，当上述气体分压低于 1MPa 时，气相压力与液相浓度基本符合亨利定律，此时，NHD 溶剂吸收 $H_2S$、COS、$CO_2$ 的过程具有典型的物理吸收特征。表 4-1 列出了各种气体在 NHD 溶剂中的相对溶解度。

表 4-1　各种气体在 NHD 溶剂中的相对溶解度

| 组分 | $H_2$ | CO | $CH_4$ | $CO_2$ | COS | $H_2S$ | $CH_3SH$ | $CS_2$ | $H_2O$ |
|------|------|------|------|------|------|------|------|------|------|
| 相对溶解度 | 1.3 | 2.8 | 6.7 | 100 | 233 | 893 | 2270 | 2400 | 73300 |

$H_2S$、COS、$CO_2$ 等酸性气在 NHD 溶剂中的溶解度随系统压力升高、温度降低而增大，反之减小。当系统压力升高、温度降低时，溶剂吸收 $H_2S$、COS、$CO_2$；当系统压力降低、温度升高时，溶剂中溶解的气体又释放出来，实现溶剂的再生过程。

（2）动力学基础　惠特曼（W.G.Whitman）等提出了质量传递机理，即双膜理论，对物理吸收过程进行描述。双膜理论在很大程度上是以 Nernst 的"扩散层"概念和固体表面对流动流体的简化给热模型为基础的。假定在气液界面有一厚度为 $\delta$ 的静止膜，膜内无对流，被溶气体的浓度从

相界面上的 $c_i$ 降到膜内面与液相主体交界面处的 $c_0$，全靠分子扩散传递。传递速率 $N$ 可描述为：

$$N = \frac{D_L}{\delta_L}(c_i - c_0) = K_L(c_i - c_0) \tag{4-2}$$

式中　$D_L$，$K_L$——液相传递速率系数。

NHD 溶剂吸收二氧化碳时的传质阻力主要是在液相，不在气相，NHD 溶剂吸收二氧化碳的速率方程式可写成：

$$G_{CO_2} = K_G\left(p_{CO_2} - p_{CO_2}^*\right) \tag{4-3}$$

式中　$K_G$——气相传递速率系数；

　　　$p_{CO_2}$——$CO_2$ 分压；

　　　$p_{CO_2}^*$——与液相对应的 $CO_2$ 平衡分压。

提高气相压力对传递速率系数无明显影响，但提高了 $CO_2$ 分压 $p_{CO_2}$，从而增大传递动力 $\left(p_{CO_2} - p_{CO_2}^*\right)$，从式（4-3）可见，$G_{CO_2}$ 也增大。可见，提高吸收压力对提高吸收速率是有利的。

若降低吸收温度，则一方面提高了气相传递速率系数 $K_G$，另一方面会使同样的液相浓度的平衡分压 $p_{CO_2}^*$ 降低，从而吸收 $CO_2$ 的推动力 $\left(p_{CO_2} - p_{CO_2}^*\right)$ 将增大。因此从式（4-3）可以看出，降低吸收温度，会极大地增加吸收速度。

因此，提高吸收压力、降低吸收温度有利于吸收过程。

解吸过程是吸收过程的逆过程，压力和温度对解吸的影响正好与吸收相反。

由于 NHD 吸收二氧化碳是个液膜控制过程。因此在传质设备的选择和设计上，应采取提高液相湍动、气液相逆流接触、减薄液膜厚度及增加相际接触面积等措施，以提高传质速率。

### 2. 典型工艺流程

图 4-1 为典型的 NHD 脱硫脱碳流程。以合成氨生产中变换气脱硫脱碳为例，工艺气进入脱硫塔底部与塔顶流下的 NHD 贫液逆流接触，吸收全部的 $H_2S$、$COS$ 及部分 $CO_2$，出脱硫塔顶的脱硫气含总硫≤10mg/m³，送入脱碳部分。

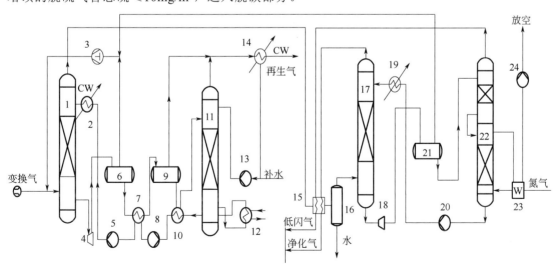

图 4-1　NHD 脱硫、脱碳流程

1—脱硫塔；2，14—水冷器；3—闪蒸气压缩机；4，18—透平；5，8，13，20—泵；6—脱硫高闪槽；
7，10，12，15—换热器；9—脱硫低闪槽；11—脱硫再生塔；16—分离器；17—脱碳塔；19—氨冷器；
21—脱碳高闪槽；22—低闪气提塔；23—氨气冷却器；24—鼓风机

脱硫塔底排出的富液进入脱硫闪蒸槽，闪蒸出所溶解的二氧化碳以及部分氢气、一氧化碳，以回收有效气（$H_2 + CO$）。闪蒸槽底排出的 NHD 溶液与热再生后的贫液在贫富液换热器中换热，进入再生塔上部。溶液自塔上部向下流经填料层，使溶解的气体解吸出来。再生塔底溶液由煮沸器用蒸汽加热蒸煮，将溶液中的残量 $H_2S$ 和 COS 赶出，得到贫度较高的再生贫液。

贫液经过贫富液换热器换热，脱硫贫液泵增压，并由冷却水冷却，最终贫液以 40℃ 进脱硫塔顶部，完成溶剂循环。

经过 NHD 脱硫的脱硫气，冷却后进入脱碳塔。气体在塔内向上流动的过程中与自上而下的溶剂接触，气流中的二氧化碳被吸收，从塔顶离开脱碳塔。此时，脱碳气含二氧化碳 $\leq 0.2\%$，总硫 $\leq 1 \times 10^{-6}$，去后工序。

吸收了二氧化碳的富液从脱碳塔底流出，然后在脱碳闪蒸槽中闪蒸出富液溶解的氢气、一氧化碳和部分二氧化碳，以回收有效气（$H_2 + CO$）。

从脱碳高闪槽底部流出的脱碳高闪液进入脱碳低闪槽，闪蒸出大部分 $CO_2$，其浓度 $\geq 98.5\%$，脱碳低闪槽底部液体进入汽提塔上部，向下流经汽提塔下部的填料层，与氮气逆流接触，溶液得到再生，由脱碳贫液泵加压，经制冷设备冷却，送入脱碳塔，重新用于吸收二氧化碳。

氮气进入汽提塔底部，向上流经填料层时，溶液中残余二氧化碳被解吸出来，汽提气以及被解吸的二氧化碳一起从汽提塔顶部离开放空。

根据不同的工艺气条件，脱硫和脱碳也可以分开使用，并且根据气源条件的不同与其他的流程组合。

### 3. 工艺技术特点及主要指标

NHD 净化工艺主要技术特点如下：

① 净化度高，经 NHD 净化后，工艺气含二氧化碳小于 0.1%，硫化氢小于 $1 \times 10^{-6}$，回收二氧化碳纯度大于 98.5%。

② 吸收二氧化碳、硫化氢、硫氧化碳等气体的能力强。

③ 能选择性吸收硫化氢和二氧化碳。

④ 溶剂无腐蚀性，设备基本采用碳钢材料，投资少。

⑤ 溶剂蒸气压低，挥发损失少，溶剂消耗小于 $0.2kg/t\ NH_3$。

⑥ 化学稳定性和热稳定性好。

⑦ 操作时不起泡，不需消泡剂。

⑧ 溶剂无毒无味，对环境无污染。

⑨ 流程短，操作稳定方便。

⑩ 能耗低，脱碳再生不需要蒸汽。

NHD 净化技术的主要工艺参数包括吸收温度、吸收气液比、溶液含水量、溶液的再生和制冷系统的设置等。

（1）吸收温度　降低吸收温度可提高 NHD 溶剂的吸收能力，降低溶液循环量和输送功率，提高净化度，减少溶剂损耗。当温度降低，亦使溶液黏度增大，传质速率下降，使填料高度增加，冷量损失增大，不利于闪蒸和汽提操作。

一般情况下，脱硫部分贫液冷却利用水冷器，将 NHD 脱硫贫液冷却至 40℃，进入脱硫塔，在一定的气液比下，将原料气中的总硫脱除至 $\leq 10mg/m^3$。脱碳部分利用制冷装置，将贫液温度降到 $-5 \sim 5℃$，进入脱碳塔，以保证净化气含量。

（2）吸收气液比　在一定的吸收温度、压力和再生条件下，气量一定，溶液循环量越大，出吸收塔气体含酸性气越少。但溶液循环量大，消耗动力大，且氢气损失多，所以在保证净化度的前提下，采取尽量大的气液比。

（3）溶液含水量 一般说，当NHD溶剂水含量大于10%（质量分数）时，将会影响硫化氢、硫氧化碳和二氧化碳的吸收能力，因此，我们将贫液含水量控制在5%（质量分数）以下。

脱硫贫液含水量通过再生塔顶冷凝液回流量和煮沸器的热负荷来控制。

（4）溶液的再生 进吸收塔溶液贫度直接影响气体的最终净化度，而溶液的贫度取决于再生效果。在净化度要求高的情况下，溶液再生的好坏尤为重要。

根据对硫化物和二氧化碳净化度的要求，NHD溶剂的再生可采用多级减压闪蒸和汽提法（加热蒸汽汽提，惰性气体汽提）。本系统对硫化氢、硫氧化碳净化度要求高，只采用简单的多级闪蒸不能再生，所以，脱硫须采用热再生，即蒸汽汽提，而脱碳采用氮气汽提。

（5）制冷系统的设置 NHD脱碳过程是在低于常温的条件下进行的。冷源来自制冷装置系统。设置制冷装置的目的主要是减少溶液循环量，减小设备及管道直径，提高净化度，而且通过调节贫液温度，增加了操作弹性。冷冰机的位置一般放在贫液上，它的优点是，控制进脱碳塔贫液温度比较直接，大部分设备在稍高的温度下操作，仅小部分贫液管道处于低温，有利于解吸过程，冷量损失少。缺点是传热温差小，溶剂损耗大。

### 4. 主要设备

NHD装置的主要设备有脱硫塔、脱碳塔、溶液氨冷器、高压/低压闪蒸槽及脱水塔等。

（1）脱硫塔、脱碳塔 NHD溶剂脱除酸性气的过程为物理吸收，传质速度较慢，同时在低温下操作，溶剂黏度较大，流动性差，这就需要增大气液传质界面以获得较高的传质速率，因此，一般选择填料塔。

（2）溶液氨冷器 溶液氨冷器一般选择卧式管壳换热器，管程为NHD溶液，壳程为液氨，液氨的液位控制在换热器高度的1/2～2/3，使气氨也与NHD溶液换热，气氨出口温度为−10℃左右，既可充分利用气氨的显热，降低能耗，也可保证冰机的正常运行。

（3）高压闪蒸槽 高压闪蒸槽采用立式容器形式，内装规整填料，溶液进口设置液体分布器。这种设计采用填料取代折流板，大大增加闪蒸面积。同时，一般将高压闪蒸槽、解吸气分离器、空气水分离器、高闪气分离器合并组成联合操作塔，高压闪蒸槽置于顶部。

（4）低压闪蒸槽 低压闪蒸槽为立式容器，内装规整填料，并且将其布置在汽提塔顶部，使低压闪蒸槽与汽提塔成为一体。通过高压和低压闪蒸槽的合理布置，使得NHD溶液可直接由高压闪蒸槽进入低压闪蒸槽，然后再由低压闪蒸槽自流入汽提塔，从而省去了原有的富液泵。

（5）脱水塔 通常NHD脱水装置中脱水塔为填料塔，内置加热器，管程介质为蒸汽，壳程介质为NHD溶液，但容易产生偏流现象，影响蒸发效果。为了避免这一现象，可将加热器移至塔外，单独设一个管壳式换热器，管程介质为NHD溶液，壳程介质为低压蒸汽，使NHD溶液强制循环加热，从而保证达到脱水效果。

## 二、MDEA法

20世纪30年代醇胺法脱硫脱碳工艺研发成功，立刻成为酸性气净化工艺中重要的工艺之一。在早期，主要使用一乙醇胺（MEA）、二乙醇胺（DEA）、二异丙醇胺（DIPA）、二甘醇胺（DGA）等作为醇胺法工艺的脱硫剂，自20世纪70年代初，甲基二乙醇胺（MDEA）开始作为选择性脱硫溶剂使用，其具有酸性气负荷大、低能耗、低腐蚀等性能，经过不断开发，目前，基于MDEA的溶剂体系的应用范围已涵盖选择性脱硫脱碳、同时脱硫脱碳、酸性汽提浓、脱除有机硫等几乎所有的气体脱硫脱碳领域。

### 1. 基本原理

（1）$H_2S$ 的脱除    MDEA 与 $H_2S$ 的反应用如下式所示：

$$MDEA + H_2S \Longrightarrow MDEAH^+ + HS^-$$

$$MDEA + HS^- \Longrightarrow MDEAH^+ + S^{2-}$$

MDEA 与 $H_2S$ 的反应是受气膜控制的瞬时质子反应。根据气液传质的双膜理论，此反应在近界面处液膜内极窄的锋面上即可完成，且在界面和液相本体中处处都达到平衡。

（2）$CO_2$ 的脱除    由于叔胺的氨基 N 原子上无活泼 H 原子，不能与 $CO_2$ 反应生成两性离子，因此，只能通过碱催化的方式促进 $CO_2$ 的水解反应，具有较低的反应速率，反应式如下：

$$CO_2 + H_2O \xrightarrow{k_{oh}} H^+ + HCO_3^-$$

$$H^+ + R_2^1CH_3N \longrightarrow R_2^1CH_3NH^+$$

当在 MDEA 溶液中加入少量的伯胺或仲胺活化剂 $R^2R^3NH$ 时，反应按如下历程进行：

$$CO_2 + R^2R^3NH \xrightarrow{k_{AM}} R^2R^3NCOOH$$

$$R^2R^3NCOOH + H_2O \longrightarrow H^+ + HCO_3^- + R^2R^3NH$$

$$H^+ + R_2^1CH_3N \longrightarrow R_2^1CH_3NH^+$$

式中，$R^1$、$R^2$、$R^3$ 为烷基、烷醇基或 H。

其中第二个反应是二级反应，反应速率大大快于 $CO_2$ 和 $H_2O$ 的。

（3）选择性脱除 $H_2S$    当以 MDEA 水溶液处理同时含有 $H_2S$ 和 $CO_2$ 的原料气时，MDEA 吸收 $H_2S$ 是受气膜扩散控制的瞬时质子反应；而吸收 $CO_2$ 则是受液膜扩散和液相反应共同控制的慢反应，反应在液相本体中仍继续进行，这种反应速率上的巨大差别是 MDEA 溶液产生选择性吸收的动力学基础。因此 MDEA 溶液常被单独用于选择性脱除原料气中几乎全部的 $H_2S$ 和部分 $CO_2$ 等酸性组分，或作为配方型溶剂的主要组分以赋予配方型溶剂良好的 $H_2S$ 脱除性能和必要的选择性。

### 2. 工艺流程

基于进料组成及处理要求的差异，MDEA 法有多种流程，下面简要介绍几种主要流程。

（1）一级吸收+闪蒸再生流程    该工艺流程如图 4-2 所示，适用于净化气要求 $CO_2$ 分压为 0.10～0.12MPa，即净化气 $CO_2$ 含量要求小于 2%（体积分数）的情况。当净化气要求 $CO_2$ 分压更低时，可通过附加一个贫液冷却器加以解决。该流程的显著特点是能耗较低，仅为 5～20MJ/kmol $CO_2$。

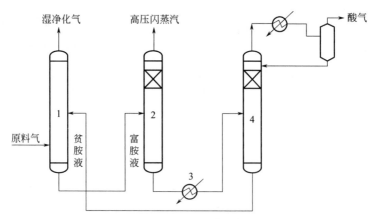

**图 4-2  一级吸收+闪蒸再生流程**

1—吸收塔；2—高压闪蒸塔；3—加热器；4—低压闪蒸塔

（2）一级吸收+（闪蒸+汽提）再生流程  如果原料中 $H_2S$ 的浓度稍高，而净化气要求也更高时就可采用此种流程（图 4-3）。这种工艺组合很容易就可使净化气 $CO_2$ 和 $H_2S$ 含量分别达到低于 $50\mu L/L$ 和 $4\mu L/L$ 的指标。然而，能耗较高，一般为 $80\sim100MJ/kmol\ CO_2$。

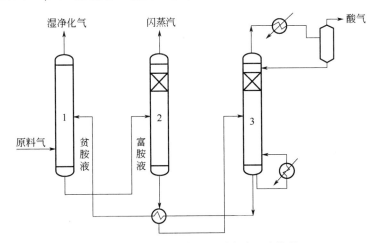

**图 4-3  一级吸收+（闪蒸+汽提）再生流程**

1—吸收塔；2—闪蒸罐；3—再生塔

（3）二级吸收+（闪蒸+汽提）再生流程  二级吸收+（闪蒸+汽提）再生流程如图 4-4 所示，这种工艺流程可得到净化度更高的气体，同时由于采取了两级吸收，半贫液进行部分汽提，因而能耗比一级吸收+（闪蒸+汽提）流程的更低，一般为 $20\sim40MJ/kmol\ CO_2$。

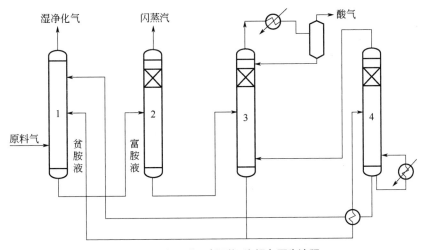

**图 4-4  二级吸收+（闪蒸+汽提）再生流程**

1—吸收塔；2—高压闪蒸塔；3—低压闪蒸塔；4—再生塔

此外，为了实现某些特殊的要求，也可以将上述几种流程组合起来使用，如在 IGCC 合成气净化的过程中，可以使用一级吸收+闪蒸再生流程将大部分 $CO_2$ 脱除，再采用一级吸收+（闪蒸+汽提）再生流程将剩余的 $H_2S$ 和 $CO_2$ 脱除，这样可以提高再生酸气中 $H_2S$ 的浓度。

### 3. 工艺技术特点及主要指标

（1）MDEA 法的工艺技术特点

① 灵活性。MDEA 法的溶剂体系的应用范围已涵盖选择性脱硫脱碳、同时脱硫脱碳、

酸性汽提浓、脱除有机硫等几乎所有的气体脱硫脱碳领域。

② 再生热耗低。从化学观点来看，MDEA 含有一个叔氮原子作为活性基团，这就意味这个溶液吸收 $CO_2$ 仅生成碳酸氢盐，因此可以进行加热再生，它的蒸汽消耗远比伯、仲胺与 $CO_2$ 生成颇为稳定的氨基甲酸盐进行加热再生时低。

MDEA 溶液的另一个重要性能表现在不同 $CO_2$ 分压的等温溶解度曲线上，此曲线表明它介于物理溶剂与化学溶剂之间，我们称 MDEA 溶液是一种"物理"化学吸收剂。如溶液中的 MDEA 浓度为 4.28mol/L，温度为 70℃时，分压为 0.5MPa 的 $CO_2$ 溶解度为 57L/L，分压为 0.1MPa 的 $CO_2$ 溶解度为 27L/L，意味着差额 $\Delta X = 30$L/L（见图 4-5）。利用这一特点，工艺流程中采用常压闪蒸而使溶剂得到部分再生，从而减少整个工艺的再生热能耗。

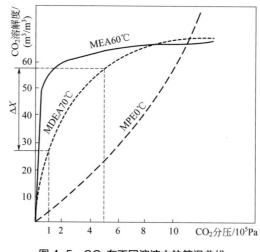

图 4-5　$CO_2$ 在不同溶液中的等温曲线

③ 腐蚀性低。MDEA 被证实为非腐蚀性，其组分的性质使 MDEA 成为热和化学上稳定的溶剂，因此装置的主要部分可采用碳钢，不需要金属钝化剂或抗腐蚀剂。

④ 非毒性。由于不存在溶剂的降解，故无需回收装置。MDEA 为非毒性，偶然的泄漏可在废水处理单元内处理。

⑤ 低溶剂补充。MDEA 的蒸气压力很低，从而使溶剂的损失保持较低水平上。

（2）MDEA 法的主要参数　根据不同处理要求，经 MDEA 法处理后的气体中 $H_2S$ 含量可达到低于 1μL/L，而处理后的气体中 CO 含量可在 20μL/L 至任意量之间调节。其具体工艺操作条件视不同的处理要求而有较大幅度的变化，但对维持系统清洁的要求是一致的，如：原料气分离器必须在气体与胺液接触之前能够充分地从气体系统中去除液体、粉尘和颗粒物质；对胺液则必须采用机械过滤除去溶液中的固体杂质，采用活性炭脱除大量的有机降解物，消除泡沫增进剂，采用除盐装置除去胺液中的热稳定盐；对胺液进行有效保护，避免氧化。实践证明，良好的溶剂管理是净化系统长期稳定运行的重要保证。

### 4. 主要设备

MDEA 装置的主要设备有吸收塔、再生塔、重沸器及富液闪蒸罐等。

（1）吸收塔　吸收塔系以 MDEA 溶液或其配方溶液脱除原料气中的 $H_2S$、$CO_2$ 及有机硫化合物而达到所要求的净化指标的设备。MDEA 与酸性物质的接触及反应常采用气液逆流接触的传质设备。逆流的气液传质设备有填料塔及板式塔两类，对于不同的处理要求，可以灵活选用。为提高脱硫选择性，一些新型传质设备如超重力机、气动塔等也已经开始使用。

（2）再生塔　再生塔用于使酸气从富液中解吸，在一些场合中，再生塔也称为汽提塔。为了增强溶液再生效果和提供热量，通常设有重沸器使 MDEA 溶液产生蒸汽，蒸汽在再生塔内加热溶液并与解吸的酸气一起向上流动，塔顶设有回流以维持系统溶液组成稳定。再生塔的具体形式并不限于填料塔或板式塔。

（3）重沸器　胺法装置的重沸器具有供热、产生蒸汽（以降低酸气分压）和使残余酸气进一步从溶液中解吸等多项功能。汽提蒸汽量取决于工艺要求的贫液质量、溶液浓度、塔高、保温等。

（4）富液闪蒸罐　富液闪蒸罐用于使吸收塔底流出的富液夹带和溶解的烃类、氢气等有效气体逸出，既可回收用作工厂的燃料气，又可降低去后续硫黄回收装置的酸气中的烃含量。目前均使用可提供较大气界面的卧式结构。在烃类闪蒸出的同时常伴有酸气逸出，故在闪蒸罐上常设一吸收段以一小股贫液处理。富液闪蒸的要点可归纳为闪蒸压力、闪蒸温度和罐内停留时间三点。此外，如果系统存在液烃进入富液的可能性，则闪蒸罐还应安排撇油设施。

## 三、干法脱硫技术

湿法脱硫技术需要先将合成气温度降低，脱硫后送至燃气轮机发电，此时存在合成气"热-冷-热"的温度变化，产生能量损失，而干法脱硫技术可以实现硫在高温下脱除，避免合成气温度的大幅度变化，降低能量损失。

干法脱硫是利用吸附剂和（或）催化剂将硫化物直接脱除或转化后再脱除的过程，与湿法脱硫相比，干法工艺脱硫的吸收、解吸过程是间歇进行的。干法脱硫的特点是脱硫精度高，气体中的硫含量可以脱至小于 $1 \times 10^{-6}$，投资低、操作费用低、几乎没有动力消耗，适合进口浓度低和处理气体量少的脱硫要求。

### 1. 主要方法

常用的干法脱硫方法比较见表 4-2，可处理的硫化物包括各种 $H_2S$，RSH，$CS_2$，COS 及其他有机硫。

表 4-2　常用的干法脱硫方法

| 方法 | 加氢转化 | | | 活性炭法 | 氧化铁法 | 氧化锌法 | 氧化锰法 | |
|---|---|---|---|---|---|---|---|---|
| 脱硫剂 | 钴-钼 | 铁-钼 | 钴-镍-钼 | 活性炭 | 氧化铁 | 氧化锌 | 氧化锰 | 铁锰 |
| 可处理的硫化物 | RSH，$CS_2$，COS，$C_4H_4S$ | RSH，$CS_2$，COS | $C_nH_{2n}$RSH，$CS_2$，COS $C_4H_4S$ | $H_2S$，RSH，$CS_2$，COS | $H_2S$，RSH，COS | $H_2S$，RSH，$CS_2$，COS | $H_2S$，RSH，$CS_2$，COS | $H_2S$，RSH，$CS_2$，COS |
| 脱硫方式 | 转化 | 转化 | 转化（烯烃饱和） | 转化吸收 | 转化吸收 | 吸收 | 吸收 | 转化吸收 |
| 操作压力/MPa | 0.69~6.86 | 1.77~2.06 | 1.0~5.0 | 常压~2.94 | 常压~2.94 | 常压~4.9 | 常压~1.96 | 1.67~4.96 |
| 操作温度/℃ | 350~430 | 380~450 | 250~400 | 室温 | 20~650 | 常温~450 | 400 | 350~400 |
| 空速/$h^{-1}$ | 500~4000 | 700 | <1500 | 400 | 200~800 | 400 | 1000 | 600~1000 |

续表

| 方法 | 加氢转化 | | | 活性炭法 | 氧化铁法 | 氧化锌法 | 氧化锰法 |
|---|---|---|---|---|---|---|---|
| 出口总硫/（mg/m³） | | | | <1 | <1 | <0.3 | <3 | <1 |
| 硫容/% | | | | 10 | 30 | 10~25 | 10~14 | 14~16 |
| 再生性能 | 结炭后再生 | 结炭后再生 | 蒸汽再生 | 蒸汽再生 | 蒸汽再生 | 不再生 | 不再生 | 不再生 |
| 备注 | 因CO、CO₂甲烷化强放热会降低转化活性 | | 用于焦化干气、催化干气原料的有机硫氢、烯烃饱和 | >C₂烷烃及烯烃会降低脱硫效率 | 水汽对平衡影响很大，氢也有影响 | 水汽对平衡及硫容有一定影响 | CO会导致甲烷化反应而放热 | >5%烯烃加氢放热影响效率 |

気体中微量硫和有机硫的脱除以固体干法为主，干法脱硫广泛用作精细脱硫，如近代以天然气、轻油等为原料的大型合成氨厂中，广泛采用活性炭、氧化锌、钴-钼催化剂等干法脱硫，使原料气中总硫含量降至 $1 \times 10^{-6}$ 以下。

精脱硫可根据原料气含硫等情况选择不同的工艺方法。

① 含有少量 $H_2S$ 及 RSH 的天然气，单用 ZnO 脱除即可。

② 含硫较高的天然气，用活性炭和 ZnO 串联。

③ 如果原料气中的 COS 较多，应先将 COS 进行水解，再用 ZnO 或活性炭脱除，也可在脱除 COS 前先用氧化铁脱除部分硫化物。灵活应用不同的组合，如夹心饼式，也可分几层装填，高径比一般在 1.5~3 为宜，最好为 2 以上。

④ 如果含有少量的硫醇和噻吩，可直接用分子筛脱除。

⑤ 含有硫醚时，最典型的是二甲硫醚 $[(CH_3)_2S]$，其性能比较稳定，在 400℃ 以上才能分解成烯烃和 $H_2S$。还有噻吩（$C_4H_4S$）不溶于水，性质稳定，加热到 500℃ 也难分解，有这几种硫化物的原料气必须先用加氢转化催化剂，如 Co-Mo、Ni-Mo 等催化剂，将有机硫加氢转化后再用氧化锌等吸收，也可串联使用。

⑥ 对含有机硫较高的液态烃，先要经 Co-Mo 加氢转化，再经湿法脱硫，再用氧化锌等脱除。

⑦ 对于高温下煤气的脱硫（如 IGCC），需采用 $ZnFe_2O_4$ 类复合金属氧化物系列或白云石系列等。

中国很多以煤为原料的合成氨厂的煤气脱硫，大多选用直接氧化法。而视后面工艺流程如采用碳酸丙烯酯、聚乙二醇二甲醚法、改良热钾碱法脱除二氧化碳等需要选用合适的干法脱硫来精脱硫。为了保证脱碳工艺的正常运行和二氧化碳气体（去制尿素）的纯度，常选用氧化铁或活性炭脱除变换器中的少量硫。有的合成氨工厂后面采用联醇的工艺流程，因甲醇催化剂对总硫含量要求更高，可采用活性炭-水解催化剂-活性炭夹心饼式组合的脱硫工艺，或选用水解催化剂-常温氧化锌串联的脱硫工艺，这两种方法均可使总硫含量降至 $1 \times 10^{-6}$ 以下。

## 2. 工艺技术特点

干法脱硫与湿法脱硫相比，有以下优点：

① 可回收高温煤气中占总值 10%~20% 的显热。

② 不必像湿法脱硫那样除去热煤气中的水汽及 $CO_2$，可直接推动燃气轮机，增加了输出功率。

③ 省去了煤气热交换装置，减少了设备投资，降低了发电成本。

④ 硫回收弹性大，可视市场供需情况，生产硫黄或硫酸。常规火力发电厂，燃煤中的

硫分多作为废料排走。

⑤ 煤气中焦油等杂质不因冷凝而堵塞系统。

### 3. 干法脱硫的主要设备

（1）脱硫槽 干法脱硫的主要设备是脱硫槽。壳体用碳钢制造，当用于常温脱硫时，壳体内壁应进行防腐。无论采用哪一种脱硫剂（粗脱硫剂或精脱硫剂），脱硫槽的结构基本相同，常用结构如图 4-6 和图 4-7 所示。

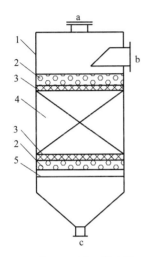

图 4-6　常压脱硫槽

1—壳体；2—耐火球；3—铁丝网；
4—脱硫剂；5—托板
a—人孔；b—气体进口；c—气体出口

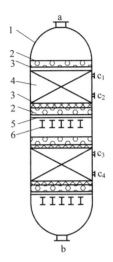

图 4-7　加压脱硫槽

1—壳体；2—耐火球；3—铁丝网；
4—脱硫剂；5—箅子板；6—支撑
a—气体进口；b—气体出口；$c_1 \sim c_4$—测温口

为有利于气体再分布，槽内一般分两段或三段，每段脱硫剂的高度应大于 1m。高度过低易产生气体偏流，为保证气体分布均匀与脱硫效果，脱硫槽中必须设气体分布器，气体分布挡板是最简单的结构。

（2）气水分离器 当脱硫槽放在湿法脱硫、脱碳之后，在脱硫槽前需设置气水分离器，而且必须有足够的分离能力，在操作中实现"严禁带液"。

（3）微量硫分析仪 脱硫槽进出口气体中硫化物的形态与含量的分析仪是监控脱硫指标的重要仪器。过去脱硫比较粗放，多用化学分析方法与微库仑等方法进行分析，随着脱硫精度的提高与测试技术的进步，在脱硫二段中，不论是精脱还是粗脱（如 $H_2S < 1 \times 10^{-6}$）都应配备微量硫分析仪，因为它可同时测定不同形态的有机硫含量，且灵敏度高，最小检测量可达 $0.02 \times 10^{-6}$（以 $H_2S$ 计），相对均方根误差不超过 10%，基线漂移不超过 0.2mV/h。目前国内最常用的是 TY-2000 型和 GC-9860 型。

现阶段干法脱硫技术主要用来对原料气进行精脱硫，在大型煤气化过程中，一般与湿法酸性气脱除技术（如低温甲醇洗、MDEA 等）配套使用。由于使用条件、硫容等限制，还无法实现高温下直接对合成气进行大规模脱硫。脱硫剂和脱硫工艺还有待进一步开发研究。

## 四、其他酸性气脱除方法

前面几节已分别介绍了几种在煤化工领域常见的酸性气体脱除方法，另外，还有碳酸丙烯酯法、热钾碱法、生物脱硫法、变压吸附法等其他酸性气脱除方法，列举如下。

### 1. 热钾碱法

热钾碱工艺是广泛使用的一种二氧化碳脱除方法，为了增加反应速率及吸收容量，采用加入活化剂的方法来提高吸收与再生速率。活化热碳酸钾工艺已被广泛用于合成气、天然气、制氢等工业原料气净化，同时也应用于石油化工生产中反应循环气脱除二氧化碳。热钾碱溶液吸收 $CO_2$ 及 $H_2S$ 的反应如下：

（1）反应原理　热钾碱溶液吸收 $CO_2$ 及 $H_2S$ 的反应如下：

$$K_2CO_3 + CO_2 + H_2O \Longrightarrow 2KHCO_3$$

$$K_2CO_3 + H_2S \Longrightarrow KHS + KHCO_3$$

该工艺具有溶液吸收能力强、净化度高、再生气纯度高、溶液价格便宜等优点；但再生热耗高是其主要缺点。针对这个问题，国内外开发出了各种新技术、新工艺，主要分为两大类：

① 开发新型活化剂（催化剂），提高溶液的吸收和再生性能。

② 开发新流程、新设备，合理分级利用热能，提高再生效率、降低再生能耗。

（2）热钾碱法各种工艺　在热钾碱法中，Benfield 法是应用最广的工艺，Catacarb 法次之，国内开发的热钾碱法也获得了工业应用，它们的简要情况示于表 4-3。

表 4-3　活化热钾碱法工艺

| 工艺 | Benfield | Catacarb | FlexsorbHP | SCC-A | 复合催化 |
|---|---|---|---|---|---|
| 技术拥有者 | 美国 UOP | 美国 Eickmeyer | 美国 Exxon | 中国 四川化工厂 | 中国石化南化集团研究院 |
| 活化剂 | DEA | 硼酸盐 | 位阻胺 | 二亚乙基三胺 | 双活化剂 |

南化集团研究院自 20 世纪 60 年代开始，研究开发了"无毒脱碳新技术""复合催化双活化剂催化热钾碱液脱除二氧化碳新技术""复合活化剂 NCR-PC3 热钾碱法脱 $CO_2$ 新工艺""空间位阻胺脱除 $CO_2$ 新技术"，后者达到了美国 UOP 公司和 Exxon 公司的技术水平。

（3）热钾碱法常规流程　图 4-8 为常规热钾碱法流程。热钾碱法的具体操作参数通常为：吸收塔的操作温度为 110℃，汽提塔的操作压力在 13.69～68.95kPa 范围内。采用常规流程，可使净化气中 $CO_2$ 浓度达到 0.5%～0.6%。

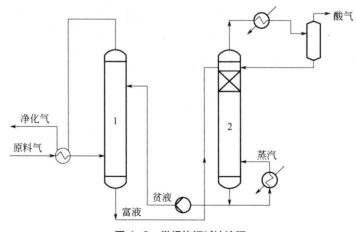

图 4-8　常规热钾碱法流程

1—吸收塔；2—汽提塔

## 2. 生物脱硫法

生物脱硫（biodesulfurization，BDS）技术是 20 世纪 80 年代发展起来的常规脱硫替代新工艺，具有设备简单、成本低、环保清洁、二次污染小等优点，是极具发展潜力的脱硫新方法。迄今为止，获得工业应用的生物脱硫工艺有两种：SHELL-Paques 工艺和 Bio-SR 工艺。

（1）SHELL-Paques 工艺　SHELL-Paques 工艺脱硫基本原理：将 $H_2S$ 气体和洗涤塔里含硫细菌的苏打水溶液进行接触，$H_2S$ 溶解在碱液中并随碱液进入生物反应器（专利技术）中。在生物反应器的充气环境下，硫化物被硫杆菌家族细菌氧化成元素硫。硫黄以料浆的形式从生物反应器中析出，可通过进一步干燥生成硫黄粉末，或经熔融生成商品硫黄，如图 4-9 所示。

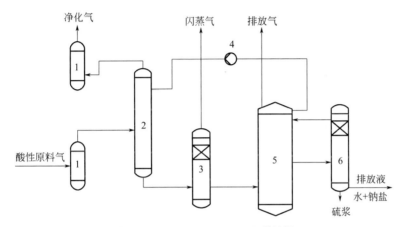

**图 4-9　SHELL-Paques 工艺流程**

1—分离器；2—吸收塔；3—闪蒸罐；4—溶液泵；5—生物反应器；6—吸收塔

（2）Bio-SR 工艺　Bio-SR 工艺利用氧化亚铁硫杆菌的间接氧化作用，用硫酸铁氧化脱除硫化氢，再用氧化亚铁硫杆菌将亚铁氧化为三价铁，吸收液在细菌作用下再生，细菌在此过程中获得能量。由于氧化亚铁硫杆菌具有嗜酸性，反应在酸性条件下进行，氧化反应 pH 值在 2.0～2.5。装置由用于脱除气体中 $H_2S$ 和生成硫黄的填料式吸收塔、溶液还原再生的生物反应器及硫黄分离器三个部分组成，如图 4-10 所示。

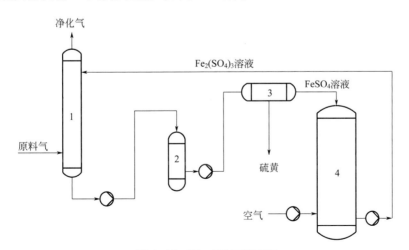

**图 4-10　Bio-SR 工艺流程**

1—吸收塔；2—硫浆罐；3—硫黄分离器；4—生物反应器

### 3. 膜分离法

膜分离技术是 20 世纪开发的一门较成熟的分离技术，它与传统的分离方法相比，具有节能、高效、操作简单、使用方便、不产生二次污染等优点。随着近年来膜的制备方法与膜分离工艺的发展，用于分离气体的膜技术受到越来越多的关注。在二氧化碳的分离和回收、二氧化硫的分离和回收、汽油蒸气的回收、天然气净化以及有机蒸气回收等领域，已经有了成功运用的实例，膜分离技术用于气体净化已经开始进入工业化阶段。

（1）膜分离原理　膜分离技术是基于混合气体中各组分在压力的推动下透过膜的传递速率不同，从而达到分离目的。每种组分透过膜的速度与该气体的性质、膜的特性和膜两边的气体分压差有关。气体通过膜渗透的机理可分为如下几步：①气体在膜表面的吸附；②气体溶解于膜；③气体在膜中扩散；④溶解于膜内的气体从膜另一端表面弛放；⑤气体从膜表面脱附。

（2）气体分离膜材料　气体膜分离技术的核心是膜，膜的性能主要取决于膜材料及成膜工艺。气体分离膜的构成材料可分为聚合物材料，无机材料，有机、无机集成材料。气体膜分离技术发展到今天，膜组件及装置的研究已日趋完善，但膜的发展仍具相当大的潜力。有关专家预言，若在膜上有所突破，气体膜分离技术将会有更大的发展。

气体膜分离是一项高效节能环保的新兴技术，今后在开发新的制膜方法、新的制膜材料方面是研究的热点，如开发简单方便且普遍适用的制备无缺陷超薄膜（$<5 \times 10^{-8}$m）的方法；开发具有高性能同时又易形成无缺陷超薄皮层的 $O_2/N_2$ 分离膜材料；耐高温的有机和无机膜的开发等。

### 4. 变压吸附法

变压吸附（pressure swing adsorption，PSA）是 20 世纪 40 年代发展起来的一项气体分离技术。由于变压吸附技术投资少、运行费用低、产品纯度高、操作简单、灵活、环境污染少、原料气源适用范围宽，因此，到 70 年代，变压吸附技术获得更为广泛的关注，已成为现代工业中较为重要的、高效节能的气体分离及净化技术。

（1）基本原理　变压吸附的基本原理是利用吸附剂在不同压力下对各种气体的吸附容量、吸附力、吸附速度不同的特性，在吸附剂选择吸附的条件下，加压吸附混合物中的易吸附组分（通常是物理吸附），当吸附床减压时，解吸这些吸附组分，从而使吸附剂得到再生。因此，采用多个吸附床循环变动所组合的各吸附床压力，达到连续分离气体混合物的目的。工业上常用的吸附剂有硅胶、活性氧化铝、活性炭、分子筛等，另外还有针对某种组分选择性吸附而研制的吸附材料。气体吸附分离成功与否，极大程度上依赖于吸附剂的性能。

（2）工艺流程　变压吸附脱碳工艺流程如图 4-11 所示。变压吸附法脱碳就是根据上述原

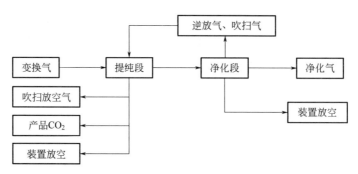

**图 4-11　变压吸附脱碳工艺流程**

理,利用所选择的吸附剂,在一定的吸附操作压力下,选择性吸附变换气中的气态水、有机硫、无机硫及 $CO_2$。变换气先进入提纯段,处于吸附状态的吸附床吸附,当吸附床吸附饱和后,通过 20 次均压降充分回收床层死空间中的 $H_2$ 和 $N_2$,同时增加床层死空间中的 $CO_2$ 浓度,操作全过程在入塔原料气温度下进行。

（3）工业应用　变压吸附技术由于其自身的优点,目前已推广应用到以下九个主要领域:①氢气的提纯;②二氧化碳的提纯,可直接生产食品级二氧化碳;③一氧化碳的提纯;④变换气脱除二氧化碳;⑤天然气的净化;⑥空气分离制氢;⑦空气分离制氮;⑧瓦斯气浓缩甲烷;⑨浓缩和提纯乙烯。

## 五、技术对比

### 1. 各类酸性气体脱除工艺的比较

按照酸性气体脱除过程的本质,可以将其分为化学反应类、物理分离类、化学物理类及生化类四大类。其中,化学类及物理类又可以分为若干小类,表 4-4 列出了它们的工作原理、工艺特点及适应性。

表 4-4　各种酸性气体脱除工艺的特点

| 方法 | 脱硫脱碳物料 | 工艺名称/供应商 | 工作原理 | 工艺特点 | 适应性 |
|---|---|---|---|---|---|
| 胺法 | 各种醇胺溶液 | BASF,DOW,HUNSTMAN,Ineos,Taminco,NCMA 法,等 | 利用醇胺与 $H_2S$ 及 $CO_2$ 的可逆反应,在高压低温下吸收,然后升温降压再生,溶液循环使用 | 既可完全脱除 $H_2S$ 及 $CO_2$,也可选择性脱除 $H_2S$,烃吸少,脱有机硫效率不高,工业经验十分丰富 | 对不同组成的工艺气体有广泛的适应性 |
| 低温甲醇洗法 | 甲醇 | Linde,Lurgi,大连理工,SNEC | 利用不同成分在溶剂中的溶解度不同,在高压下吸收,通过降压闪蒸等措施析出酸气而再生,溶液循环使用 | 溶剂吸收能力大,能同时脱除有机硫,能耗低 | 适于原料气中酸气分压高或处理量大的工况 |
| 聚乙二醇二甲醚法 | 聚乙二醇二甲醚 | Selexol,NHD | 利用不同成分在溶剂中的溶解度不同,在高压下吸收,通过降压闪蒸等措施析出酸气而再生,溶液循环使用 | 常温下脱硫,较低温下脱碳,溶剂较贵 | 适于原料气中酸气分压高且重烃含量低的工况 |
| 化学物理溶剂法 | 醇胺与物理溶剂组合的溶液 | Sulfinol-D,Sulfinol-M,Amiso 等 | 在较高酸气分压下,溶液除化学性吸收酸气外,还有较高的酸气溶解度,降压升温使酸气解析,溶液循环使用 | 净化度高,具有高的脱有机硫效率,在高 $H_2S$ 分压下能耗显著低于胺法,酸气烃含量高于胺法,溶液价格较贵 | 适于原料气中有机硫需要脱除的工况,高酸气分压更有利,但烃含量高时不宜用 |
| 热钾碱法 | 加有活化剂的 $K_2CO_3$ 溶液 | Benfield 法,Catacarb 法,G-V 法,低供热源变压再生工艺等 | 以热钾碱液在较高的温度下吸收酸气,然后降压再生放出酸气,碱液循环使用 | 在较高温度下吸收酸气,净化度不如胺法,能耗较胺法高 | 宜用于 F-T 合成循环等含 $O_2$、醛、酮等脱除 $CO_2$ |

续表

| 方法 | 脱硫脱碳物料 | 工艺名称/供应商 | 工作原理 | 工艺特点 | 适应性 |
|---|---|---|---|---|---|
| 直接转化法 | 含有氧载体的溶液 | 络合铁法，Lo-Cal法等 | 以中性或微碱性溶液吸收 $H_2S$，其中的氧载体可将其转化为元素硫，以空气再生溶液后循环使用 | $H_2S$ 净化度高，将脱硫和硫回收连为一体，一般不脱除 $CO_2$ | 适于低 $H_2S$ 含量或总硫较低的原料气脱硫 |
| 膜分离法 | 具有可将 $H_2S$ 及 $CO_2$ 与 $CH_4$ 等烃分离的薄膜 | Prisrn，Gasep，Delsep，Separex 等 | 利用酸气和烃类渗透通过薄膜性能的差异而脱除酸气，特别是 $CO_2$ | 难于达到高的净化程度，流程十分简单，能耗低但有烃损失问题 | 适于高酸气浓度的原料气处理，可作为第一步脱碳措施 |
| 生化法 | 含有可促进溶液脱硫或溶液再生的细菌的溶液 | Bio-SR，SHELL-Paquas 等 | 溶液吸收 $H_2S$ 后，其中的细菌或将 $H_2S$ 转化为元素硫或促进溶液的再生（以空气再生之），溶液循环使用 | 与直接转化法相比，没有有机物的化学降解问题，不脱除 $CO_2$，需供营养料给细菌 | 尚待进一步发展，适于低 $H_2S$ 含量天然气脱硫 |

## 2. 酸性气体脱除技术方案选择

酸性气体脱除工艺的选择取决于许多因素，既要考虑方法本身的特点，也需从整个工艺流程，并结合原料路线、加工方法、操作经验、公用工程费用等方面综合考虑，没有一种脱除方法能适用于不同条件。

Fluor 公司曾依据不同的气体净化要求，以进料气体中的酸气分压为纵坐标、净化气中的酸气分压为横坐标，大体界定了各种净化工艺的适用范围，见图 4-12～图 4-15，当然，随着时间的推移，情况发生了很多变化，但它提供了一条初步筛选大类工艺的方法，仍然具有较高的参考价值。

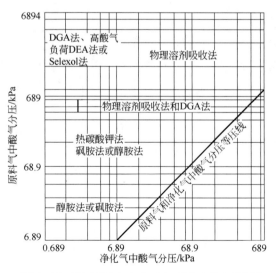

图 4-12　同时脱除 $H_2S$ 与 $CO_2$ 时的工艺应用范围

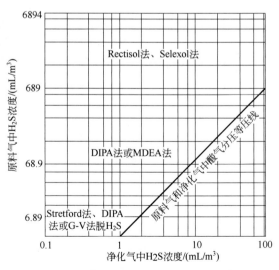

图 4-13　选择性脱除 $H_2S$ 时的工艺应用范围

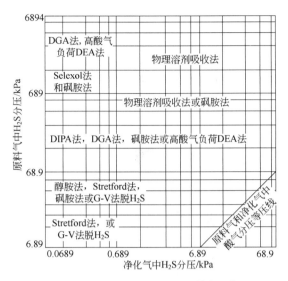

图 4-14　只脱除 H₂S 时的工艺应用范围

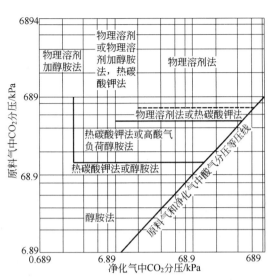

图 4-15　只脱除 CO₂ 时的工艺应用范围

当原料气中酸气分压较低时，宜采用基于 MDEA 的化学方法进行净化；当原料气中酸气分压较高时，宜采用物理溶剂如低温甲醇洗等物理方法进行净化；以煤为原料，采用热裂解技术制氢，副产 LNG、石脑油、柴油、液化气，优先选用活化 MDEA 法，它既能使气体净化度达到要求，又能利用系统的低品位热量，与后面的 PSA 流程匹配；以水煤浆为原料，吸收压力在 2.8MPa 以上，因原料要脱除的 $CO_2$ 量多，用化学吸收法蒸汽消耗量人，推荐采用物理吸收法。如果吸收压力在 4.0MPa 以上，或生产规模大，还是推荐采用低温甲醇洗，与后面液氮洗流程匹配。

在 SNG 工艺中，如采用低温甲醇洗，可以达到很高的净化度，设备套数也少，但需要增加制冷系统，而整个工艺所产生的大量热量的利用将是需要重点解决的问题。如采用 MDEA 法净化，可以利用系统中的低品位热量，但设备规模偏大，净化质量较差，需要匹配精脱装置。因此，需要经过详细的技术经济比较，才能确定何种净化方法是适合的。

## 📋 技能训练

调查研究国内大中型煤制氢工艺中气体净化采用哪些技术？

# 单元 2　煤气除尘操作

## 知识点 1　认识常见的除尘技术

通过本知识点的学习，我们将认识化工生产中常见的除尘技术，能初步根据不同粒径的灰尘选择除尘技术。

无论用何种方法制得的煤气，煤气中都会含有杂质。这些杂质大致分为两类：一类是固体颗粒杂质，主要是煤灰；另一类是化学物质，如硫化物、卤化物、砷化物、酚、氨、煤焦油、氰化物等。

这些物质进入管道中会导致管道堵塞、设备腐蚀、催化剂中毒、环境被污染等一系列问题。因此，在煤气出气化炉后应立即对煤气进行净化处理，以减少煤气中的杂质对后续生产及环境带来的危害。

### 1. 除尘技术的分类

煤气除尘就是从煤气中除去固体颗粒物。化工生产中所用的除尘设备有 4 类：机械力除尘、静电除尘、过滤除尘和洗涤除尘。

（1）机械力除尘　机械力除尘器依靠机械力将尘粒从气流中除去，其结构简单，设备费和运行费均较低，但除尘效率不高。依据其作用力的不同，机械力除尘器又分为重力沉降除尘器、惯性除尘器和旋风除尘器。

① 重力沉降除尘器。重力沉降除尘器是利用粉尘与气体的密度不同的原理，使扬尘靠本身的重力从气体中自然沉降下来的净化设备，通常称为沉降室或降升室。它是一种结构简单、体积大、阻力小、易维护、效率低的比较原始的净化设备，只能用于粗净化。

② 惯性除尘器。惯性除尘器也叫惰性除尘器。它的原理是利用粉尘与气体在运动中惯性力的不同，将粉尘从气体中分离出来。一般都是在含尘气流的前方设置某种形式的障碍物，使气流的方向急剧改变。此时粉尘由于惯性力比气体大得多，尘粒便脱离气流而被分离出来，得到净化的气体在急剧改变方向后排出。这种除尘器结构简单，阻力较小，多用于多段净化时的第一段，与其他净化设备配合使用。

③ 旋风除尘器。旋风除尘器是利用含尘气流做旋转运动时产生的对尘粒的离心力，将尘粒从气流中分离出来，具有结构紧凑、简单，造价低，维护方便，除尘效率较高、操作管理简便等优点，是工业中应用最为广泛的一种除尘设备。

（2）静电除尘　静电除尘是利用静电场使气体电离从而使尘粒带电吸附到电极上的收尘方法。静电除尘器净化效率高、阻力损失小、允许操作温度高、处理气体范围量大，但是，静电除尘器设备比较复杂，投资高，要求设备调运和安装以及维护管理水平高，而且对粉尘比电阻有一定要求。所以，静电除尘对粉尘有一定的选择性，不能使所有粉尘都获得很高的净化效率。

（3）过滤除尘　过滤除尘是使含尘气流通过过滤材料而将粉尘分离捕集。依据过滤介质不同又可分为颗粒层过滤器和袋式过滤器。颗粒层过滤器是把松散多孔的填料装在框架内作为过滤层，尘粒在过滤层内部被捕集；袋式过滤器使用纤维织物作为滤料介质，通过过滤介质的表面捕集尘粒。

（4）洗涤除尘　湿法洗涤器是在除尘设备内将水通过喷嘴喷成雾状，当含尘烟气通过雾状空间时，尘粒与液滴之间发生碰撞、拦截、凝聚、静电吸引等作用，尘粒随液滴降落下来。湿法洗涤器既可用于除去气体中的颗粒物，又可同时脱除气体中的有害化学组分，所以用途十分广泛。但它只能用来处理温度不高的气体，排出的废液或泥浆尚需二次处理，否则会形成二次污染。

各类除尘器的比较见表 4-5。

表 4-5　除尘方法与设备

| 分类 | 机械力除尘 | | | 静电除尘 | 过滤除尘 | 洗涤除尘 |
|---|---|---|---|---|---|---|
| 主要设备 | 重力沉降器 | 惯性除尘器 | 旋风除尘器 | 静电除尘器 | 袋式除尘器 颗粒层除尘器 | 水浴式除尘器 泡沫式除尘器 文丘里管除尘器 水膜式除尘器 |

续表

| 造价 | 低 | 低 | 低 | 高 | 中 | 中 |
|---|---|---|---|---|---|---|
| 操作费用 | 低 | 低 | 低 | 中 | 高 | 高 |
| 主要优点 | 压力损失小，操作费用低，可以处理高温气体 | 压力损失小，操作费用低，适合处理密度较大的金属颗粒 | 压力损失小，操作费用低，对大颗粒粉尘除尘效率高 | 能捕集 1μm 以下的细微粉尘，除尘效率高，压力损失小，可捕集腐蚀物质 | 除尘效率高，特别是细粉 | 结构简单，占地少，不易堵；可处理易燃、黏结性较强的固体颗粒 |
| 主要缺点 | 除尘效率低，主要用于高效除尘器的前级除尘器 | 不适合处理纤维和黏结性强的颗粒，易堵塞，除尘效率低 | 对小颗粒粉尘除尘效率低 | 设备投资及操作费用高，除尘效率受粉尘浓度和比电阻影响 | 不适宜处理温度较高、有腐蚀性、黏结性较强的固体颗粒，压力损失大，操作费用高 | 压力损失大，操作费用高，耗水量大 |

各类除尘技术设备除尘原理各不相同，设备各有其特点。分别选取各类除尘设备中的典型代表加以介绍。

### 2. 除尘技术的选择

选择工业除尘设备的运行条件：选择除尘器时必须考虑除尘系统中所处理烟气、烟尘的性质，使除尘能正常运行，达到预期效果。烟气性质：如温度、压力、黏度、密度、湿度、成分等对除尘器的选择有直接关系。烟尘性质：如烟尘的粒度、密度、吸湿性和水硬性、磨损性对除尘器的选择及其正常运行都具有直接影响。

（1）按处理气体量选型　处理气体的多少是决定除尘器大小和类型的决定性因素。对大气量，一定要选能处理大气量的除尘器，如果用多个处理小气量的除尘器并联使用往往是不经济的；对较小气量要比较用哪一种类型的除尘器最经济、最容易满足尘源点的控制和粉尘排放的环保要求。

由于除尘器进入实际运行后，受操作和环境条件影响有时是不易预计的，因此，在决定设备的容量时，需保证有一定的余量或预留一些可能增加设备的空间。

（2）按粉尘的分散度和密度选型　粉尘分散度对除尘器的性能影响很大，即使粉尘的分散度相同，操作条件不同也会影响除尘器的除尘效果。因此，在选择除尘器时，首要的是确切掌握粉尘的分散度，如粒径多在 10μm 以上时可选旋风除尘器；在粒径多为数微米以下时，则应选用静电除尘器、袋式除尘器。具体可以根据分散度和其他要求，参考常用除尘器类型与性能表进行初步选择；然后再依照其他条件和介绍的除尘器种类和性能确定。如图 4-16 所示为不同除尘设备所能捕集到的最大粒径范围。

粉尘密度对除尘器的除尘性能影响也很大。这种影响表现最为明显的是重力、惯性力和离心力除尘器。所有除尘器的一个共同点是堆积密度越小，尘粒分离捕集就越困难，粉尘的二次飞扬越严重，所以在操作上与设备结构上应采取特别措施。

（3）按气体含尘浓度选型　对惯性和旋风除尘器，一般说来，进口含尘浓度越大，除尘效率越高，但会增加出口含尘浓度，所以不能仅从除尘效率高就笼统地认为粉尘处理效果好。对文氏洗管除尘器、喷射洗涤器等湿式除尘器，以初始含尘浓度在 10g/m² 以下为宜；对袋式除尘器，含尘浓度愈低，除尘性能愈好。

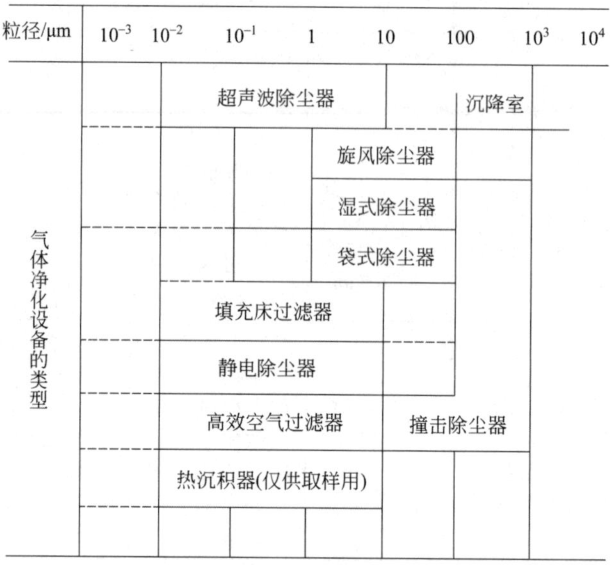

| 粒径/μm | $10^{-3}$ $10^{-2}$ $10^{-1}$ 1 10 100 $10^3$ $10^4$ |
|---|---|
| | 超声波除尘器　　　沉降室 |
| | 旋风除尘器 |
| | 湿式除尘器 |
| 气体净化设备的类型 | 袋式除尘器 |
| | 填充床过滤器 |
| | 静电除尘器 |
| | 高效空气过滤器　　撞击除尘器 |
| | 热沉积器(仅供取样用) |

**图 4-16　气体净化设备可能捕集到的最大粒径范围**

（4）粉尘黏附性对选型的影响　粉尘和壁面的黏附机理与粉尘的比表面积和含湿量关系很大。粉尘粒径 $d$ 越小，比表面积越大，含水量越多，其黏附性也越大。在旋风除尘器中，粉尘因离心力黏附于壁面上，有发生堵塞的危险；而对袋式除尘器黏附的粉尘容易使过滤袋的孔道堵塞，对电除尘器则易使放电极和集尘极积尘。

（5）粉尘比电阻对选型的影响　粉尘的比电阻随含尘气体的温度、湿度不同有很大变化，对同种粉尘，在 100～200℃ 之间比电阻值最大。因此，在选用电除尘器时，需事先掌握粉尘的比电阻，充分考虑含尘气体温度的选择和含尘气体性质的调整。

（6）选择工业除尘器的其他因素　选择除尘器时应考虑的其他因素主要有除尘设备的经济性、占地面积、维护条件以及安全因素等，因此，选择除尘器时，在必须满足所处理烟尘达到排放标准的基础上，确保除尘器运行中的技术、经济合理性。表 4-6 比较了不同除尘设备的除尘效率。

**表 4-6　不同除尘设备除尘效率**

| 除尘器名称 | 全效率/% | 不同粒径时的分级效率/% | | | | |
|---|---|---|---|---|---|---|
| | | 0～5μm | 5～10μm | 10～20μm | 10～44μm | >44μm |
| 带挡板的沉降室 | 58.6 | 7.5 | 22 | 43 | 80 | 90 |
| 普通的旋风除尘器 | 65.3 | 12 | 33 | 57 | 82 | 91 |
| 长锥体旋风除尘器 | 84.2 | 40 | 79 | 92 | 99.5 | 100 |
| 喷淋塔 | 94.5 | 72 | 96 | 98 | 100 | 100 |
| 电除尘器 | 97.0 | 90 | 94.5 | 97 | 99.5 | 100 |
| 文丘里除尘器（$\Delta p$=7.5kPa） | 99.5 | 99 | 99.5 | 100 | 100 | 100 |
| 袋式除尘器 | 99.7 | 99.5 | 100 | 100 | 100 | 100 |

## 知识点2 典型除尘设备

通过本知识点的学习，熟悉除尘设备的结构、工作原理等，能进行除尘设备的基本操作。

### 一、旋风除尘器

旋风除尘器是利用旋转气流产生的离心力使尘粒从气体中分离出来的设备。旋风除尘器的特点为：结构简单、占地面积小，投资少，操作维修方便，压力损失中等，动力消耗不大，操作可靠，适应高温高浓度的气体，一般收尘效率为 60%～90%，适用于收集大于 10μm 的粉尘。其主要缺点：捕集微粒小于 5μm 的效率不高。

#### 1. 旋风除尘器的工作原理

当含尘气流以一定初速度由进气管进入旋风除尘器时，气流将由直线运动变为圆周运动。旋转气流的绝大部分沿器壁自圆筒体呈螺旋形向下，朝锥体流动。通常称此为外旋气流。含尘气体在旋转过程中产生离心力，将重力大于气体的尘粒甩向器壁。尘粒一旦与器壁接触，便失去惯性力而靠入口速度的动量和向下的重力沿壁面下落，进入排气管。旋转下降的外旋气流在到达锥体时，因圆锥形的收缩而向除尘器中心靠拢。根据"旋转矩"不变原理，其切向速度不断提高。当气流到达锥体下端某一位置时，即以同样的旋转方向从旋风除尘器中部由下反转而上，继续做螺旋形流动，即内旋气流。最后净化气经排气管排出器外。一部分未被捕集的尘粒也由此逃失。

自进气管流入的另一小部分气体则向旋风除尘器顶盖流动，然后沿排气管外侧向下流动。当到达排气管下端时，即反转向上随上升的中心气流一同从排气管排出。分散在这一部分上旋气流中的尘粒也随同被带走。

#### 2. 旋风除尘器的分类

旋风除尘器的种类繁多，分类也各有不同。

（1）按其性能分类

① 高效旋风除尘器。其筒体直径较小，用来分离较细的粉尘，除尘效率在 95% 以上。

② 高流量旋风除尘器。筒体直径较大，用于处理很大的气体流量，其除尘效率为 50%～80%。

③ 通用旋风除尘器。介于上述两者之间的通用旋风除尘器用于处理适当的中等气体流量，其除尘效率为 80%～95%。

（2）按结构形式分类　按结构不同可分为长锥体、圆筒体、扩散式、旁路形。

（3）按其组合、安装情况分类　按组合、安装情况分为内旋风除尘器（安装在反应器或其他设备内部）、外旋风除尘器、立式与卧式以及单筒与多管旋风除尘器。

（4）按气流导入情况分类

① 切流反转式旋风除尘器。这是旋风除尘器最常用的形式，其原理如图 4-17 所示。含尘气体由筒体的侧面沿切线方向导入。气流在圆筒部旋转向下，进入锥体，到达锥体的端点前反转向上。清洁气流经排气管排出旋风除尘器。根据不同的进口形式又可以分为直入切向进入式、蜗壳切向进入式、轴向进入式等，如图 4-18 所示。

为提高捕集能力，把排出气体中含尘浓度较高的气体以二次风形式引出后，经风机再重复导入旋风器内。这种狭缝进口的旋风除尘器，按二次风引入的方式又可分为切流二次风和轴流二次风。

② 轴流式旋风除尘器。轴流式旋风除尘器是利用导流叶片使气流在旋风除尘器内旋转。除尘效率比切流式旋风除尘器低，但处理流量较大。

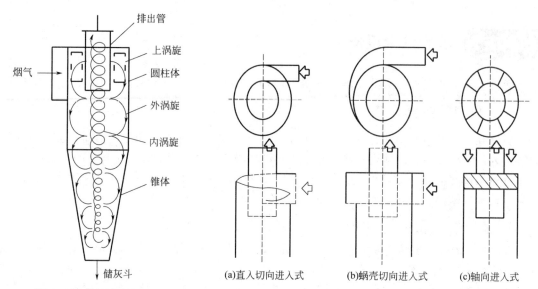

图 4-17　旋风除尘器原理　　　　　图 4-18　旋风除尘器的气流导入形式

根据气体在旋风除尘器内的流动情况分为轴流反转式、轴流直流式。

轴流直流式的压力损失最小，尤其适用于动力消耗不宜过大的地方，但除尘效率较低。

它同样可以把排出气体中含尘浓度较大部分（或干净气体）以二次风的形式再导回旋风除尘器内，以提高除尘效率，此即成为龙卷风除尘器。龙卷风除尘器按二次风导入的形式可分为切流二次风和轴流二次风。

### 3. 旋风除尘器的结构对除尘效果的影响

（1）进气口　旋风除尘器的进气口是形成旋转气流的关键部件，是影响除尘效率和压力损失的主要因素。切向进气的进口面积对除尘器有很大的影响，进气口面积相对于筒体断面小时，进入除尘器的气流切线速度大，有利于粉尘的分离。

（2）圆筒体直径和高度　圆筒体直径是构成旋风除尘器的最基本尺寸。旋转气流的切向速度对粉尘产生的离心力与圆筒体直径成反比，在相同的切线速度下，筒体直径 $D$ 越小，气流的旋转半径越小，粒子受到的离心力越大，尘粒越容易被捕集。因此，应适当选择较小的圆筒体直径，但若筒体直径选择过小，器壁与排气管太近，粒子又容易逃逸；筒体直径太小还容易引起堵塞，尤其是对于黏性物料。筒体总高度是指除尘器圆筒体和锥筒体两部分高度之和。增加筒体总高度，可增加气流在除尘器内的旋转圈数，使含尘气流中的粉尘与气流分离的机会增多，但筒体总高度增加，外旋流中向心力的径向速度使部分细小粉尘进入内旋流的机会也随之增加，从而又降低除尘效率。筒体总高度一般以 4 倍的圆筒体直径为宜，锥筒体部分，由于其半径不断减小，气流的切向速度不断增加，粉尘到达外壁的距离也不断减小，除尘效果比圆筒体部分好。因此，在筒体总高度一定的情况下，适当增加锥筒体部分的高度，有利提高除尘效率。一般圆筒体部分的高度为其直径的 1.5 倍，锥筒体高度为圆筒体直径的 2.5 倍时，可获得较为理想的除尘效率。

（3）排风管直径和深度　排风管的直径和插入深度对旋风除尘器除尘效率影响较大。排风管直径必须选择一个合适的值，排风管直径减小，可减小内旋流的旋转范围，粉尘不易从排风管排出，有利提高除尘效率，但同时出风口速度增加，阻力损失增大；若增大排风管直径，虽阻力损失可明显减小，但由于排风管与圆筒体管壁太近，易形成内、外旋流"短路"现象，使外旋流中部分未被清除的粉尘直接混入排风管中排出，从而降低除尘效率。一般认为排风管直径为圆筒体直径的 0.5～0.6 倍为宜。排风管插入过浅，易造成进风口含尘气流直接进入排风管，影响除尘效率；排风管插入过深，易增加气流与管壁的摩擦面，使其阻力损失增大，同时，使排风管与锥筒体底部距离缩短，增加灰尘二次返混排出的机会。排风管插入深度一般以略低于进风口底部的位置为宜。

### 4. 旋风除尘器的选择

旋风除尘器有 3 个技术性能（处理量 $Q$、压力损失 $\Delta p$ 及除尘效率）和 3 个经济指标（基建投资和运转管理费、占地面积、使用寿命），在评价及选择旋风除尘器时，须全面考虑这些因素。

理想的旋风除尘器必须在技术上能满足工艺生产及环境保护对气体含尘的要求，在经济上是最合算的。在具体设计选择形式时，要结合生产实际（气体含尘情况、粉尘的性质、粒度组成）。

### 5. 旋风式除尘器的维护

（1）稳定运行参数　旋风式除尘器运行参数主要包括：除尘器入口气流速度、处理气体的温度和含尘气体的入口质量浓度等。

① 入口气流速度。对于尺寸一定的旋风式除尘器，入口气流速度增大不仅处理气量可提高，还可有效地提高分离效率，但压降也随之增大。当入口气流速度提高到某一数值后，分离效率可能随之下降，磨损加剧，除尘器使用寿命缩短。因此入口气流速度应控制在 18～23m/s 范围内。

② 处理气体的温度。因为气体温度升高，其黏度变大，使粉尘粒子受到的向心力加大，于是分离效率会下降。所以高温条件下运行的除尘器应有较大的入口气流速度和较小的截面流速。

③ 含尘气体的入口质量浓度。浓度高时大颗粒粉尘对小颗粒粉尘有明显的携带作用，表现为分离效率提高。

（2）防止漏风　旋风式除尘器一旦漏风将严重影响除尘效果。据估算，除尘器下锥体或卸灰阀处漏风 1% 时，除尘效率将下降 5%；漏风 5% 时，除尘效率将下降 30%。旋风式除尘器漏风一般在 3 个部位：进出口连接法兰处、除尘器本体和卸灰装置。

（3）预防关键部位磨损　影响关键部位磨损的因素有负荷、气流速度、粉尘颗粒，磨损的部位有壳体、圆锥体和排尘口等。防止磨损的技术措施包括：

① 防止排尘口堵塞。主要方法是选择优质卸灰阀，使用中加强对卸灰阀的调整和检修。

② 防止过多的气体倒流入排灰口。使用的卸灰阀要严密，配重得当。

③ 经常检查除尘器有无因磨损而漏气的现象，以便及时采取措施予以杜绝。

④ 在粉尘颗粒冲击部位，使用可以更换的抗磨板或增加耐磨层。

⑤ 尽量减少焊缝和接头，必须有的焊缝应磨平，法兰止口及垫片的内径相同且保持良好的对中性。

（4）避免粉尘堵塞和积灰　旋风式除尘器的堵塞和积灰主要发生在排尘口附近，其次发生在进排气的管道里。

① 排尘口堵塞及预防措施。引起排尘口堵塞通常有两个原因：一是大块物料或杂物（如刨花、木片、塑料袋、碎纸、破布等）滞留在排尘口，之后粉尘在其周围聚积；二是灰斗内灰尘堆积过多，未能及时排出。预防排尘口堵塞的措施有：在吸气口增加一棚网；在排尘口上部增加手掏孔（孔盖加垫片并涂密封膏）。

② 进排气口堵塞及其预防措施。进排气口堵塞现象多是设计不当造成的，如进排气口略有粗糙直角、斜角等就会形成粉尘的黏附、加厚，直至堵塞。

## 二、静电除尘器

静电除尘器分为干式电除尘器和湿式电除尘器。与其他除尘器的根本区别在于除尘过程的分离力直接作用在粒子上，而不是作用于整个气流上。这就决定了它具有分离粒子耗能小、气流阻力小的特点。静电除尘器对细微粉尘的捕集效率高，处理烟气量大，能在高温或强腐蚀性气体下操作，正常操作温度高达 400℃。其主要缺点：一次性投资费用高、占地面积较大、除尘效率受粉尘比电阻等物理性质限制，不适宜直接净化高浓度含尘气体；此外，对粉尘有一定的选择性，且结构复杂，安装、维护管理要求严格，对制造和安装质量要求很高，需要高压变电及整流控制设备。

### 1. 静电除尘器的工作原理

静电除尘器由平行布置的收尘电极（阳极）组成，收尘电极通过除尘器的外壳连通接地，收尘电极之间形成通道，含尘气体流经这些通道。在收尘电极之间布置高压框架，框架中装有放电电极（阴极），是以细金属丝或金属片并带有芒刺组成，并和高压供电系统连接，有绝缘子支架，在放电极的紧邻区域存在着极高强度的电压，由于电晕电压排放的结果，导致形成带负电荷的气体离子，在放电电极和收尘电极之间的电场作用下，带负电的气体离子偏移到带正电的收尘电极上，这样就形成了一个极小的电流（电晕电流），如图 4-19 所示。灰尘离子因受到部分气体离子的作用同样带上负电，自由移向收尘电极。由以上方式积聚在收尘电极上的细颗粒粉尘通过一个振打脱尘系统，使粉尘掉落在静电除尘器底部的粉尘漏斗中。

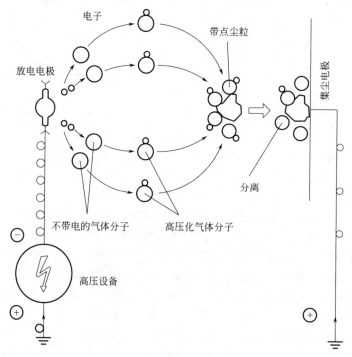

**图 4-19　静电除尘器的工作过程**

静电除尘器的性能受粉尘性质、设备构造和烟气流速等 3 个因素的影响。粉尘的比电阻是评价导电性的指标，它对除尘效率有直接的影响。比电阻过低，尘粒难以保持在收尘电极上，致使其重返气流；比电阻过高，到达集尘电极的尘粒电荷不易放出，在尘层之间形成电压梯度，会产生局部击穿和放电现象，这些情况都会造成除尘效率下降。

### 2. 静电除尘器的结构

静电除尘器一般由外壳、收尘极板、放电极、振打清灰装置、气流分布板等组成。其两端是气体的进出口，进出口有气体分布板，集尘板在筒体内垂直排列，与气流方向平行。两排集尘极之间悬挂着放电极，放电极为圆钢（或扁钢）芒刺线。振打清灰在圆筒内进行，振打周期各电场不一样。被振打落入筒体底部的粉尘借助电动扇形刮板刮到输送器，然后排出筒体外，这一过程由密封阀控制完成。其结构如图4-20所示。

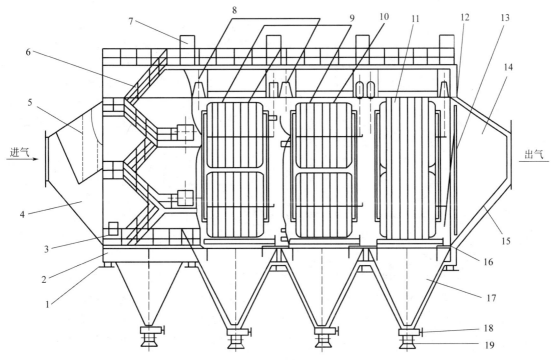

图4-20　静电除尘器结构

1—支座；2—外壳；3—大孔；4—进气烟箱；5—气流分布板；6—梯子平台栏杆；7—高压电源；
8—点晕极吊挂；9—电量极；10—点晕极振打；11—收尘极；12—收尘极振打；13—出口槽型板；
14—出气烟槽；15—保温层；16—内部走台；17—灰斗；18—插板箱；19—卸灰阀

（1）放电电极　放电电极又称阴极或电晕极，其作用是与收集尘电极（阳极）一起形成非均匀电场，产生电晕电流。放电电极由电晕线、电晕框架、悬吊杆和支撑绝缘套管等组成。放电电极的形式很多，可分为没有固定放电点的非可控电极（如圆线、星形线等）和有固定放电点的可控电极（如锯齿线、芒刺线、鱼骨线等）两大类，见表4-7。

表4-7　放电电极的主要类型

| 名称 | 星形线 | 锯齿线 | 角钢芒刺线 | 管状芒刺线 | 方体芒刺线 | 灌装多刺线 |
|------|--------|--------|------------|------------|------------|------------|
| 简图 |        |        |            |            |            |            |

芒刺式电晕极的电晕电流强度大，有利于捕集高浓度的微小尘粒，适用于含尘浓度高的

烟气，因此，在第一、二电场采用芒刺线，在第三电场采用光线或星形线。芒刺式电晕极尖端应避免积尘，以免影响放电。

（2）收尘电极　收尘电极是收尘板通过上部悬吊杆及下部冲击杆组装后的总称。收尘极板又称阳极板或沉淀极，其作用是捕集荷电粉尘。

（3）振打清灰装置　沉积在电晕极和集尘极上的粉尘必须通过振打及时清除。电晕极上积灰过多会影响放电，集尘极上积灰过多会影响尘粒的驱进速度，对高比电阻粉尘还会引起反电晕。及时清灰是防止电晕的措施之一。

振打频率和振打强度必须在运行过程中调整。振打频率高、强度大，积聚在极板上的粉尘层薄，振打后粉尘会以粉末状下落，容易产生二次飞扬。振打频率低、强度弱，极板上积聚的粉尘层较厚，大块粉尘会因自重高速下落，也会造成二次飞扬。振打强度与粉尘的比电阻有关，高比电阻粉尘应采用较高的振打强度。

为了防止比电阻小的粉尘产生二次飞扬，有的静电除尘器专门在集尘极的表面淋水，形成一层水膜，用水膜把粉尘带走，这种静电除尘器自然称为湿式静电除尘器。用湿法清灰虽解决了粉尘的二次飞扬问题，但是也带来了泥浆和废水的处理问题。

（4）气流分布装置　静电除尘器中气流分布的均匀性对除尘效率有较大影响。除尘效率与气流速度成反比，当气流速度分布不均匀时，流速低处增加的除尘效率远不足以弥补流速高处效率的下降，因而总的效率是下降的。

气流分布的均匀程度与除尘器进出口的管道形式及气流分布装置的结构有密切关系。

在静电除尘器的安装位置不受限制时，气流经渐扩管进入除尘器，然后再经 1～2 块平行的气流分布板进入除尘器电场。在这种情况下，气流分布的均匀程度取决于扩散角和分布板结构。除尘器安装位置受到限制，需要采用直角入口时，可在气流转弯处加设导流叶片，然后再经分布板进入除尘器。

### 3. 静电除尘器的影响因素

（1）比电阻　比电阻也叫电阻率，是指单位长度、单位截面的某种物质的电阻。

① 低阻型粉尘。比电阻低于 $10^4\Omega \cdot cm$ 的粉尘称为低阻型粉尘。这类粉尘有较好的导电能力，荷电尘粒到达集尘极后，会很快放出所带的负电荷，同时由于静电感应获得与集尘极同性的正电荷。如果正电荷形成的斥力大于粉尘的黏附力，沉积的尘粒将离开集尘极重返气流。尘粒在空间受到负离子碰撞后又重新获得负电荷，再向集尘极移动。这样很多粉尘沿极板表面跳动前进，最后被气流带出除尘器。用静电除尘器处理金属粉尘、炭墨粉尘、石墨粉尘都可以看到这一现象。

② 正常型粉尘。比电阻位于 $10^4 \sim 10^{11}\Omega \cdot cm$ 的粉尘称为正常型粉尘。这类粉尘到达集尘极后，会以正常速度放出电荷。对这类粉尘（如锅炉飞灰、水泥尘、平炉粉尘、石灰石粉尘等）电除尘器一般都能获得较好的效果。

③ 高阻型粉尘。比电阻超过 $10^{11}\Omega \cdot cm$ 的粉尘称为高阻型粉尘。高比电阻粉尘到达集尘极后，电荷释放很慢，这样集尘极表面逐渐积聚一层荷负电的粉尘层。由于同性相斥，使随后尘粒的驱进速度减慢，大量中性尘粒由气流带出除尘器，使除尘器效果急剧恶化，这种现象称为反电晕。

因此，正常型粉尘比较适合静电除尘器。

（2）气体含尘浓度　粉尘浓度过高，粉尘阻挡离子运动，电晕电流降低；严重时电流为零，会出现电晕闭塞，除尘效果将急剧恶化。

（3）气流速度　随气流速度的增大，除尘效率降低。其原因是：风速增大，粉尘在除尘器内停留的时间缩短，荷电的机会降低。同时，风速增大二次扬尘量也增大。但是风速过低，静电除尘器体积大，投资增加。

## 三、袋式除尘器

袋式除尘器是一种高效干式除尘器。它是依靠纤维滤料做成的滤袋，更主要的是通过滤袋表面上形成的粉尘层来净化气体的。几乎对于一般工业中的所有粉尘，其除尘效率均可达到 99% 以上。袋式除尘器作为一种高效除尘器，广泛用于各种工业废气除尘中，如轻工、机械制造、建材、化工、有色冶炼及钢铁企业等。它比静电除尘器的结构简单，投资省，运行稳定，还可以回收因比电阻高而难于回收的粉尘；它与文丘里管洗涤器相比，动力消耗小，回收的干粉尘便于综合利用，不存在泥浆处理的问题。因此，对于细而干燥的粉尘，采用袋式除尘器净化较为适宜。

### 1. 袋式除尘器的工作原理

袋式除尘器的工作原理如图 4-21 所示。

（1）滤尘机理　含尘气流从下部进入圆筒形滤袋，在通过滤料的孔隙时，粉尘被滤料阻留下来，透过滤料的清洁气流由排出口排出。沉积于滤料上的粉尘层在机械振动的作用下从滤料表面脱落下来，落入灰斗中。

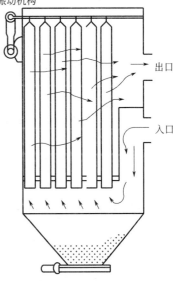

**图 4-21　袋式除尘器工作原理**

袋式除尘器的滤尘机制包括筛分、惯性碰撞、拦截、扩散、静电及重力作用等。筛分作用是袋式除尘器的主要滤尘机制之一。当粉尘粒径大于滤料中纤维间孔隙或滤料上沉积的粉尘间的孔隙时，粉尘即被筛滤下来。通常的织物滤布，由于纤维间的孔隙远大于粉尘粒径，所以刚开始过滤时，筛分作用很小，主要是纤维滤尘机制——惯性碰撞、拦截、扩散和静电作用。但是当滤布上逐渐形成了一层粉尘黏附层后，则碰撞、扩散等作用变得很小，而是主要靠筛分作用。

一般粉尘或滤料可能带有电荷，当两者带有异性电荷时，则静电吸引作用显现出来，使滤尘效率提高，但却使清灰变得困难。不断有人试验使滤布或粉尘带电的方法，强化静电作用，以便提高对微粒的滤尘效率。重力作用只是对相当大的粒子才起作用。惯性碰撞、拦截及扩散作用随纤维直径和滤料的孔隙减小而增大，所以滤料的纤维愈细、愈密实，滤尘效果愈好。

（2）滤尘效率　在各种除尘装置中，袋式除尘器是滤尘效率很高的一种，几乎在各种情况下，滤尘效率都可以达到 99% 以上。如设计、制造、安装运行得当，特别是维护管理适当，则不难使其除尘效率达到 99.9%。在许多情况下，袋式除尘器的排尘浓度可以达到每立方米数十毫克，甚至 $0.1mg/m^2$ 以下。因此，有时还可以将袋式除尘器排气送回车间内部循环使用，节省了为补给空气加热或冷却的能耗和费用。当然，在设计、选用不当或操作管理不善的情况下，袋式除尘器的排尘浓度也会达到很高数值。

### 2. 袋式除尘器的影响因素

（1）滤料的性能　袋式除尘器采用的滤料种类较多，按滤料的材质分，有天然纤维、无机纤维和合成纤维等。不同结构的滤料，滤尘过程不同，对滤尘效率的影响也不同。袋式除尘器的滤尘效率高，主要是靠滤料上形成的粉尘层的作用，滤布则主要起形成粉尘层和支撑它的骨架的作用。滤料的性能，主要指过滤效率、透气性和强度等，这些都与滤料材质和结构有关。根据袋式除尘器的除尘原理和粉尘特性，对滤料有如下要求：

① 容尘量大，清灰后能保留一定的永久性容尘，以保持较高的过滤效率。

② 在均匀容尘状态下透气性好，压力损失小。

③ 抗皱褶、耐磨、耐温和耐腐蚀性好，机械强度高。

④ 吸湿性小，易清灰。

⑤ 使用寿命长，成本低。

这些要求有些取决于纤维的理化性质，有些取决于滤料的结构。一般滤料很难同时满足所有要求，要根据具体使用条件来选择合适的滤料。

（2）粉尘层厚度　由于袋式除尘器是把沉积在滤料表面上的粉尘层作为过滤层的一种过滤式除尘装置，所以为控制一定的压力损失而进行清灰时，应保留住粉尘初层，而不应清灰过度，以免引起效率显著下降，滤料损伤加快。

（3）清灰方式　袋式除尘器滤料的清灰方式也是影响其滤尘效率的重要因素。如前所述，滤料刚清灰后的滤尘效率是最低的，随着过滤时间（即粉尘层厚度）的增长，效率迅速上升。当粉尘层厚度进一步增加时，效率保持在几乎恒定的高水平上。清灰方式不同，清灰时逸散粉尘量不同，清灰后残留粉尘量也不同，因而除尘器排尘浓度也不同。

（4）过滤速度　袋式除尘器的过滤速度 $V$ 是指气体通过滤料的平均速度。过滤速度的选择要考虑经济性和对滤尘效率的要求等各方面因素。从经济方面考虑，选用的过滤速度高时，处理相同流量的含尘气体所需的滤料面积小，则除尘器的体积、占地面积、耗钢量亦小，因而投资小，但除尘器的压力损失、耗电量、滤料损伤增加，因而运行费用高。过滤速度提高时，将加剧尘粒以直通、压出和气孔三条途径对滤料的穿透，因而会降低除尘效率。

### 3. 脉冲式袋式除尘器结构

脉冲式袋式除尘器如图 4-22 所示，由箱体、灰斗、支架、滤袋、袋笼、喷吹装置、卸灰

脉冲式袋式除尘器工作原理

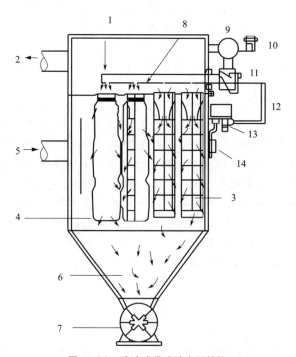

图 4-22　脉冲式袋式除尘器结构

1—压缩气口；2—清洁气体出口；3—滤网架；4—滤网袋；5—空气进口；
6—粉尘收集桶；7—旋转下料阀；8—文氏管；9—供气口；10—压力开关；
11—膜片阀；12—（辅助）气控管；13—电磁阀；14—顺序控制器

装置、压缩空气管路等组成。含尘气体经过进风口进入箱体内，通过初级沉降后，较粗颗粒粉尘及大部分粉尘在初级沉降及自身重力的作用下降至灰斗中，另一部分粉尘则吸附在滤袋外表面上，净化后气体穿过滤袋进入上箱体，汇集在清洁室内由出风管口排出。随着过滤工况的不断进行，积附在滤袋外表面上的粉尘亦将不断增加，当过滤阻力达到一定的压力值时，储气罐内的压缩空气通过脉冲阀对滤袋进行反吹，使滤袋上的集灰层浮动、疏松、膨胀达到流态化，最后被清离滤袋表面，落入灰斗内。如此反复进行，连续净化气体。

### 4. 袋式除尘器的分类

（1）按进气方式不同分类　按进气方式可分为上进气和下进气两种方式。其中，用得较多的是下进气方式，它具有气流稳定、滤袋安装调节容易等优点；但气流方向与粉尘下落方向相反，清灰后会使细粉尘重新积附于滤袋上，清灰效果变差，压力损失增大。上进气形式可以避免上述缺点，但由于增设了上花板和上部进气分配室，使除尘器高度增大，滤袋安装调节较复杂，上花板易积灰。

（2）按除尘器内气体压力分类　按这种分类，有正压式和负压式两类。正压式又称压入式，这类除尘器内部气体压力高于大气压力，一般设在通风机出风段；反之为吸入式。正压式袋式除尘器的特点是外壳结构简单、轻便，严密性要求不高，甚至在处理常温无毒气体时可以完全散开，只需保护滤袋不受风吹雨淋即可，且布置紧凑，维修方便，但风机易受磨损。负压式袋式除尘器的突出优点是可使风机免受粉尘的磨损，但对外壳的结构强度和严密性要求高。

（3）按滤袋断面形状分类　按滤袋断面形状，有圆筒形滤袋和扁平形滤袋两种。圆袋应用较广，直径一般为120～300mm，最大不超过600mm，滤袋长度一般为2～6m，有的滤袋长达12m以上。长径比一般为16～40，其取值与清灰方式有关。对于大中型袋式除尘器，一般部分成若干室，每室袋数少则8～15只，多达200只，每台除尘器的室数，少则3～4室，多达16室以上。

（4）按含尘气流通过滤袋的方向分类　按这种分类，有内滤式和外滤式两类。内滤式系指含尘气流先进入滤袋内部，粉尘被阻留在袋内侧，净气透过滤料逸到袋外侧排出；反之，则为外滤式。外滤式的滤袋内部通常设有支撑骨架（袋笼），滤袋易磨损，维修困难。

（5）按清灰方式分类　袋式除尘器的清灰方式也很多，大致可以分为3类：机械清灰、逆气流清灰及脉冲喷吹清灰。机械清灰包括人工敲打和机械振动。逆气流清灰是借助于空气或压力较高的循环气体，以与含尘气流相反的方向通过滤袋进行反吹清灰。这种清灰方式滤袋易磨损，换装及维修工作量较大。脉冲喷吹清灰是压缩空气经过喷吹口以很高的速度喷出后诱导二次气流在极短的时间内喷入滤袋，使滤袋产生快速膨胀。这种方式的清灰强度大，可以在过滤工作状态下进行清灰，允许的过滤风速也高。

### 5. 脉冲式袋式除尘器的维护

① 要经常检查控制阀、脉冲阀以及定时器等的动作情况。

脉冲阀橡胶膜片的失灵是袋式除尘器常见故障，它直接影响清灰效果。该设备属于外滤式，袋内装骨架，要检查固定滤袋的零件是否松弛，滤袋的张力是否合适。支撑框架是否光滑，以防止磨损滤袋。清灰采用压缩空气。因此要求除油雾及水滴，且油水分离器必须经常清洗，以防运动机构失灵及滤袋的堵塞。

② 处理风量和各测试点压力与温度是否与设计相符。

③ 滤袋的安装情况，是否有在使用后掉袋、松口、磨损等情况发生，可目测投运后烟图的排放情况来判断。

④ 防止结露。使用中要防止气体在袋室内冷却到露点以下，特别是在负压下使用袋式

除尘器更应注意。由于其外壳常常会有空气漏入,使袋室气体温度低于露点,滤袋就会受潮,致使灰尘不是松散地,而是黏糊地附着在滤袋上,把织物孔眼堵死,造成清灰失效,使除尘器压降过大,无法继续运行,有的产生糊袋无法除尘。

要防止结露,必须保持气体在除尘器及其系统内各处的温度均高于其露点 25～35℃,以保证滤袋的良好使用效果。

### 四、湿法除尘装置

湿法除尘是利用洗涤液(一般为水)与含尘气体充分接触,将尘粒洗涤下来而使气体净化的方法。可将直径为 0.1～20μm 的粒子除去。具有结构简单、造价低、占地面积小、操作及维修方便和净化效率高等优点,能够处理高温、高湿的气流,将着火、爆炸的可能性减至最低。

采用湿法除尘器要特别注意设备和管道腐蚀以及污水和污泥的处理等问题。如果设备安装在室外,还必须考虑在冬天设备可能冻结的问题。

#### 1. 湿法除尘机理及分类

湿法除尘器的除尘的捕集有 3 类:液滴、液膜及液层。不同湿法除尘器的比较见表 4-8。

表 4-8　不同湿法除尘器的比较

| 装置名称 | 气体流速/(m/s) | 液气比/(L/m³) | 压力损失/Pa | 分割直径/μm |
|---|---|---|---|---|
| 喷淋塔 | 0.1～2 | 2～3 | 100～500 | 3.0 |
| 填料塔 | 0.5～1 | 2～3 | 1000～2500 | 1.0 |
| 旋风洗涤器 | 15～45 | 0.5～1.5 | 1200～1500 | 1.0 |
| 转筒洗涤器 | 300～750r/min | 0.7～2 | 500～1500 | 0.2 |
| 冲击式洗涤器 | 10～20 | 10～50 | 0～150 | 0.2 |
| 文丘里洗涤器 | 60～90 | 0.3～1.5 | 3000～8000 | 0.1 |

(1) 液滴捕集　在这种捕集方法中,液滴呈分散相,含尘气体呈连续相,两相间存在着速度差,依靠颗粒对液滴的惯性碰撞、拦截、扩散、静电吸引等效应而把颗粒聚集在液滴上被捕集。液滴大,捕集效率较低;液滴过小,易蒸发,也影响效率。

(2) 液膜捕集　将液体淋洒在填料上从而在填料表面形成很薄的液体网络,液体和含尘气体都呈连续相,气体在通过这些液体网络时,其中含尘颗粒就被液膜捕集。

(3) 液层捕集　将含尘气体鼓入液层内产生许多小气泡,气体呈分散相,液体呈连续相,颗粒在气泡中依靠惯性、重力和扩散等机理而产生沉降,被液体带走。

实际的湿法除尘器兼有两种以上的接触捕集形式。根据湿式除尘器的净化机理,可以将其大致分成 7 类:重力喷雾洗涤器、旋风洗涤器、自激喷雾洗涤器、板式洗涤器、填料洗涤器、文丘里洗涤器、机械诱导喷雾洗涤器。

#### 2. 文丘里管除尘器

文丘里管除尘器又称文丘里洗涤器,是一种湿法洗涤除尘设备。文氏管是一种投资省、效率高的湿法净化设备,适用于去除粒径 0.1～100μm 的尘粒,除尘效率为 80%～99%,压力损失范围为 1.0～9.0kPa,液气比取值范围为 0.3～1.5L/m³。对高温气体的降温效果良好,广泛用于高温烟气的除尘、降温,也能用作气体吸收器。

文丘里除尘器的除尘过程包括雾化、凝并和脱水 3 个阶段。来自除尘系统的含尘气体进入收缩管后，由于截断面积逐渐减小，管内静压也逐渐转化为动能，使管内流速增加；气流进入喉管后，由于喉管截断面积不变，管内静压降到最低值，并维持不变，此时气流流速达到最高值；气流进入扩散管后，由于截断面积逐渐扩大，管内静压逐渐得到恢复，气流流速也逐渐下降。如果在收缩管末端或喉管处通过喷管引入洗涤液（通常是水），由于该处的气流速度很高，由喷嘴喷出的洗涤液在高速气流的冲击下，进一步雾化成更细小的雾滴，而且气、液、固（粉尘颗粒）三相的速度都很大，使它们得以充分混合，从而增加粉尘颗粒与雾滴的碰撞机会。另外，由于洗涤液雾化充分，使气体达到饱和，从而破坏了粉尘颗粒表面的气膜，使得粉尘颗粒完全被水湿润。当气流进入扩散管后，这些被水湿润的粉尘颗粒与雾滴之间，以及不同粒径的粉尘颗粒或雾滴之间，在不同的惯性力作用下，在互相碰撞接触中凝并成颗粒较大的含尘液滴，这些颗粒较大的含尘液滴随气流进入脱水器后，在重力、惯性力、离心力的作用下，从气流中分离出来，从而达到除尘的目的。被净化后的烟气经除雾器排入大气。其结构如图4-23所示。

### 3. 洗涤塔

洗涤塔是一种新型的气体净化处理设备。它是在可浮动填料层气体净化器的基础上改进而产生的，广泛应用于工业废气净化、除尘等方面的前处理，净化效果很好。由于其工作原理类似洗涤过程，故名洗涤塔。

洗涤塔与精馏塔类似，由塔体、塔板、再沸器、冷凝器组成。洗涤塔适用于含有少量粉尘的混合气体分离，各组分不会发生反应，且产物应容易液化，粉尘等杂质（也可以称之为高沸物）不易液化或凝固。当混合气从洗涤塔中部通入洗涤塔，由于塔板间存在产物组分液体，产物组分气体液化的同时蒸发部分，而杂质由于不能被液化或凝固，当通过有液体存在的塔板时将会被产物组分液体固定下来，产生洗涤作用。

如图4-24所示，洗涤塔在使用过程中再沸器一般用蒸汽加热，冷凝器用循环水导热。在使用前应建立平衡，即通入较纯的产物组分用蒸汽和冷凝水调节其蒸发量和回流量，使其能在塔板上积累一定厚度的液体，当混合气体组分通入时就能迅速起到洗涤作用。在使用过程中要控制好一个液位、两个温度和两个压差等几个要点，即洗涤塔液位、气体进口温度、塔顶温度、塔间压差（洗涤塔进口压力与塔顶压力之差）、冷凝器压差（塔顶与冷凝器出口压力之差）。

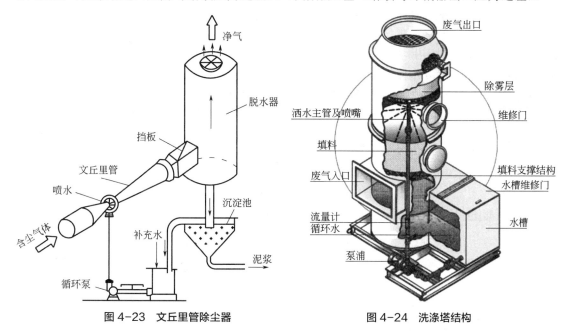

图4-23　文丘里管除尘器　　　　　　　图4-24　洗涤塔结构

### 4. 除沫器

在各类湿法洗涤器中，除尘后气体中难免会带有许多液雾，所以都有除沫器将这些液雾尽可能地除去。丝网除沫器是一种常见的除沫装置。

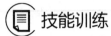

### 技能训练

查阅资料，了解粗煤气除尘工艺和设备的研究进展及应用。

# 单元 3　低温甲醇洗净化技术

### 知识点 1　低温甲醇洗的原理和工艺

通过本知识点的学习，我们需掌握低温甲醇洗的基本原理、工艺流程及特点，为深入学习低温甲醇洗技术打下基础。

煤经过气化得到的粗煤气成分包括 $H_2$、CO、$CO_2$、$CH_4$、$H_2S$、COS、$CH_3SH$、$CS_2$、$C_4H_4S$ 等，其中 $H_2S$、COS、$CH_3SH$、$CS_2$、$C_4H_4S$ 等硫化物对后续工艺管道、设备和仪器有危害作用，特别容易使后续催化剂失活。$CO_2$ 属于酸性气体，大量的 $CO_2$ 会对后续管道、设备造成腐蚀，并且后续工艺对工艺气中 $CO_2$ 含量有具体要求。因此需要将粗煤气中的绝大部分硫化物和大部分 $CO_2$ 脱除并回收。人们习惯把脱除硫化物和 $CO_2$ 的这一过程称为净化。对于大型煤化工项目，一般采用低温甲醇洗对粗煤气进行净化得到后续工艺需要的合成气。

### 一、基本原理

低温甲醇洗是基于粗煤气中的硫化物和 $CO_2$ 等气体在不同温度、压力条件下在低温甲醇中的溶解度不同来分离和脱除的。

**低温甲醇洗
涤法简介**

低温甲醇洗（Rectisol）工艺是德国林德（Linde）和鲁奇（Lurgi）两家公司在 20 世纪 50 年代共同开发的。该工艺使用冷甲醇作为酸性气体吸收液。利用甲醇在低温下对酸性气体具有极大溶解度的物理特性，同时分段选择性地吸收粗煤气中的 $H_2S$、$CO_2$ 及各种有机硫等杂质，可得到高纯度 $CO_2$ 和硫黄（采用硫回收）。1964 年，林德公司设计了低温甲醇洗配液氮洗联合装置来净化变换气中的 $CO_2$ 和 $H_2S$，以获得高纯度氢气。我国赛鼎工程有限公司、大连理工大学和上海国际化建工程咨询公司等在低温甲醇洗研究方面积累了丰富的经验，并实现了多套工业化装置的稳定运行。

甲醇是重要的化学工业基础原料和清洁液体燃料，同时也是一种极性溶剂，其凝固点低、沸点低、黏度低，对有机硫化物和 $CO_2$ 具有很大的亲和力。表 4-9 列出了甲醇的一般物理化学性质。

表 4-9　甲醇的一般物理化学性质

| 性质 | 数据 | 性质 | 数据 |
|---|---|---|---|
| 密度（0℃）/（g/mL） | 0.8100 | 黏度（20℃）/Pa·s | $5.945 \times 10^{-1}$ |
| 相对密度 | 0.7913 | 热导率/[J/（cm·s·K）] | $2.09 \times 10^{-3}$ |

续表

| 性质 | | 数据 | 性质 | | 数据 |
|---|---|---|---|---|---|
| 沸点/℃ | | 64.5～64.7 | 表面张力（20℃）/（N/cm） | | $22.55 \times 10^{-3}$ |
| 熔点/℃ | | -97.8 | 折射率（20℃） | | 1.3287 |
| 闪点/℃ | 开口 | 16 | 蒸发潜热（64.7℃）/（kJ/mol） | | 35.295 |
| | | | 熔融热/（kJ/mol） | | 3.169 |
| | 闭口 | 12 | 燃烧热/（kJ/mol） | 25℃液体 | 727.038 |
| 自燃点/℃ | 空气 | 473 | | 25℃气体 | 742.038 |
| | 氧气 | 461 | 生成热/（kJ/mol） | 25℃液体 | 238.798 |
| 临界温度/℃ | | 240 | | 25℃气体 | 204.385 |
| 临界压力/Pa | | $79.54 \times 10^{3}$ | 膨胀系数（20℃） | | 0.00119 |
| 临界体积/（mL/mol） | | 117.8 | 腐蚀性 | | 常温无腐蚀性，铅、铝除外 |
| 临界压缩系数 | | 0.224 | | | |
| 蒸气压（20℃）/Pa | | $1.2789 \times 10^{3}$ | | | |
| 液体热容（20～25℃）/［kJ/（g·℃）］ | | 2.51～2.53 | 空气中爆炸性（体积分数）/% | | 6.0～36.5 |

甲醇对多种气体具有较大的溶解能力，尤其是在低温下，其溶解能力更强。当温度从 20℃降到-40℃，$CO_2$ 的溶解度约增加 6 倍，另外，$H_2$、CO、$CH_4$ 等气体的溶解度在温度降低时变化很小；在低温下，例如-40～-50℃时，$H_2S$ 的溶解度差不多比 $CO_2$ 的大 6 倍，这样就可以选择性地从原料气中先脱除 $H_2S$，再脱除 $CO_2$。表 4-10 列出了-40℃时一些气体在甲醇中的相对溶解度。采用低温甲醇洗工艺能得到总硫含量<$0.1 \times 10^{-6}$、$CO_2$ 含量只有百万分之几的合成气。

表4-10　-40℃时一些气体在甲醇中的相对溶解度

| 气体 | $H_2$ | CO | $CH_2$ | $CO_2$ | COS | $H_2S$ |
|---|---|---|---|---|---|---|
| 与 $H_2$ 的相对溶解度 | 1 | 5 | 12 | 430 | 155 | 2540 |

$H_2S$、$CO_2$、COS 等酸性气体在甲醇中溶解会产生热效应。表 4-11 列出了各种气体在甲醇中的溶解热。$CO_2$ 和 $H_2S$ 的溶解热不同，但因其溶解度较大，在甲醇吸收气体的过程中，塔中溶液温度有明显的提高，为保持低温甲醇的吸收效果，需要在塔内 $CO_2$ 吸收段设置冷却器。

表4-11　各种气体在甲醇中的溶解热

| 气体 | $H_2$ | $CH_2$ | $CO_2$ | COS | $H_2S$ | $CS_2$ |
|---|---|---|---|---|---|---|
| 溶解热/（kJ/mol） | -3.826 | 3.349 | 16.945 | 17.364 | 19.264 | 27.614 |

由于煤气化方法不同，对进变换系统的原料气要求不同，净化系统采用的低温甲醇洗流程也有所不同。主要有两种类型：二段吸收（两步法）、一段吸收（一步法）。前者适用于进

变换系统的原料气脱硫要求严格的情况下（不耐硫变换流程），用低温甲醇洗预先脱硫，在 CO 变换之后，再用低温甲醇洗脱除 $CO_2$；后者适用于耐硫变换之后，用低温甲醇洗同时进行脱硫和脱除 $CO_2$。在实际应用中多采用一段吸收（一步法）。低温甲醇洗工艺的主要流程是多段吸收和解吸的组合，高压低温吸收和低压高温解吸是吸收分离法的基本特点。以煤气化为前提的低温甲醇洗工艺的完整流程必须包括三部分，即吸收、解吸和溶剂回收，通常每一部分要由 1~3 个塔（每个塔有 1~4 个分离段）来完成。

### 1. 吸收

通常原料气体中除了含 CO、$H_2$ 外，还含有 $CO_2$、$H_2S$、$N_2$、Ar 以及 COS、$CH_4$、$H_2O$ 等。在吸收开始前，首先要除去 $H_2O$，以免在后续过程中产生水的冻结现象。通常是喷入冷甲醇液体来洗涤原料气，原料气中含有的极其微量的焦油等杂质也同时被除去。吸收的主要目的是将 $CO_2$ 和 $H_2S$ 溶解在甲醇中，少量的 $H_2$、COS、$CH_4$ 也会同时被吸收。但 $H_2$ 和 $CH_4$ 混入吸收液中却给解吸后的分离带来麻烦。吸收过程是一个放热的过程，需要较高的压力（2.5~8.0MPa）和较低的温度（-40~-70℃）。吸收后吸收液的冷却降温通常在塔内进行，也可以在塔外进行。

### 2. 解吸

解吸过程是将 $H_2$、$CO_2$、$H_2S$ 等从吸收液中释放出来。解吸过程需要较低的压力（0.1~3.0MPa）和较高的温度（0~100℃）。通过闪蒸可以得到 $H_2$，并将其作为原料回收。一部分 $CO_2$ 可以通过闪蒸释放出来，另一部分则要靠 $N_2$ 吹出。释放的 $H_2S$ 另外进行回收，不在本系统内。因此，该过程至少要 3 个塔约 10 个分离段来完成。

### 3. 溶剂回收

吸收前的溶液（贫液）中含有极少量的其他杂质，但是吸收后的溶液（富液）中却含有较多其他杂质。将甲醇进行精馏提纯，可得到新鲜的吸收贫液。低温甲醇洗工艺需要的溶液量比较大，循环这些溶液所需的动力也很可观。含有 $N_2$ 的 $CO_2$ 吹出气中会带有少量甲醇，常用纯水吸收来进行回收，甲醇水中的微量甲醇也要回收，因此该溶剂回收过程至少要 2 个塔来完成。

## 二、工艺流程与技术特点

图 4-25 是典型的脱硫脱碳的低温甲醇洗工艺流程。该流程主要塔设备有 5 座（甲醇吸收塔 C1、二氧化碳解吸塔 C2、硫化氢浓缩塔 C3、热再生塔 C4 和甲醇/水精馏塔 C5）。

进入甲醇吸收塔 C1 塔底的气体（温度 40℃，压力 7.7MPa）来自一氧化碳变换工段，称为变换气。变换气首先要经过冷却才可以进入甲醇吸收塔 C1，为防止变换气中含有的少量水分结冰对设备造成影响，冷却之前向气体中加入一小股甲醇液体吸收气体中的水分，降低凝固点。然后变换气与三股冷物料在换热器 E1 中换热至 9℃进气液分离器 V1 分离出液体，液体冷却后再利用，干燥的变换气离开气液分离器 V1 后从塔底进入甲醇吸收塔 C1。

甲醇吸收塔 C1 分为上塔（脱碳段）和下塔（脱硫段）两部分，二氧化碳的吸收主要在上塔进行，因此上塔称为脱碳段，其中按甲醇吸收二氧化碳程度的不同又分为三段。硫化氢的脱除主要在下塔进行，因此称下塔为脱硫段。主洗段的甲醇温度为-57℃，由于二氧化碳在甲醇中的溶解是放热过程，吸收了二氧化碳的甲醇温度会逐渐升高，温度升高后甲醇对二氧化碳的吸收能力降低。为降低甲醇液的温度，增强其脱碳性能，当甲醇液体温度升至-20℃左右时，侧线采出部分甲醇溶液至换热器 E6 换热，冷却至-40℃时返回塔中继续吸收二氧化碳气体。当吸收二氧化碳后的甲醇液的温度重新上升至-20℃左右时，再次侧线采出部分甲醇液至氨冷器 E5 和换热器 E6 冷却，冷却至-40℃左右后返回上塔下段使用。

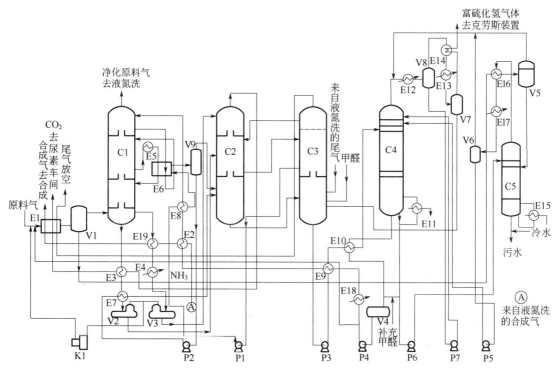

**图 4-25　典型低温甲醇洗工艺流程**

C1—甲醇吸收塔；C2—二氧化碳解吸塔；C3—硫化氢浓缩塔；C4—热再生塔；C5—甲醇/水精馏塔；E1～E19—换热器；
P1～P7—泵；V1～V9—容器；K1—压缩机

由于甲醇吸收塔 C1 下塔脱硫段主要吸收硫化氢气体，而硫化氢在甲醇中的溶解度大于二氧化碳，因此较少量的甲醇吸收液就可以将变换气中的硫化氢脱除。

脱碳段下段的富液中富含大量的二氧化碳，一部分富液用于下塔吸收硫化氢，另一部分则进入第二闪蒸槽 V3 闪蒸出溶解在甲醇液中的有效气体氢气和一氧化碳。甲醇吸收塔 C1 下塔塔底出来的富液既含硫化氢也含二氧化碳，此富液经换热器 E3 和 E7 冷却后（温度-32℃，压力 2.26MPa）进入第一闪蒸槽 V2 闪蒸。第一闪蒸槽 V2 闪蒸出来的气相同样富含有效气体氢气和一氧化碳，同第二闪蒸槽 V3 闪蒸出来的气相一起经过压缩机 K1 升压（升至 7.7MPa）后送往变换气，最后循环进入甲醇吸收塔 C1。

第一闪蒸槽 V2 闪蒸的是来自甲醇吸收塔 C1 脱硫段底部的富液，因此闪蒸出来的液相是含硫甲醇液，而第二闪蒸槽 V3 闪蒸的是来自甲醇吸收塔 C1 脱碳段底部的富液，因此闪蒸出来的液相是不含硫的甲醇液。第一闪蒸槽 V2 和第二闪蒸槽 V3 闪蒸出来的液相分别送往二氧化碳解吸塔 C2 的中部和上部进行解吸，二氧化碳解吸塔 C2 的下部主要供来自硫化氢浓缩塔 C3 中部的甲醇液解吸。

二氧化碳解吸塔 C2 上部的富液解析出大量的二氧化碳后分为两部分，一部分进入二氧化碳解吸塔 C2 中部吸收解吸出来的硫化氢，另一部分则进入硫化氢浓缩塔 C3 顶部吸收硫化氢。二氧化碳解吸塔 C2 中部出来的甲醇液进一步降压后进入硫化氢浓缩塔 C3 中部进行解吸，而二氧化碳解吸塔 C2 底部出来的甲醇溶液（温度-27℃）送往硫化氢浓缩塔 C3 的下部解吸。二氧化碳解吸塔 C2 塔顶出来的二氧化碳经换热后去后续工段。

　　硫化氢浓缩塔 C3 对富液中的硫化氢气体进一步浓缩，塔顶尾气放空，塔中部抽出部分溶液（温度-66℃，压力 0.08MPa），经泵 P1、P2 加压，换热器 E8、E6、E7 换热（温度升至-26℃）后送往二氧化碳解吸塔 C2。离开硫化氢浓缩塔 C3 的溶液中硫化氢浓度较高。经泵 P3 加压、换热器 E4、E10 升温后进入热再生塔 C4。

　　减压闪蒸的方法已不能将硫化氢彻底脱除，富液必须进入热再生塔 C4 采用高温解吸的方式使甲醇再生。热再生塔 C4 塔底含有再沸器，采用间接蒸汽加热溶液。塔顶出来的气体经水冷器 E12 冷却、气液分离器 V8 分离出冷凝液，冷凝液经泵 P7 加压后返回塔顶作回流液使用。气液分离器 V8 分离出的气体经 E14、E13 降温至-37℃后进入气液分离器 V7。从气液分离器 V7 出来的甲醇冷凝液循环进入硫化氢浓缩塔 C3 底部，出气液分离器 V7 的气体含有大量硫化氢，经换热器 E14 回收冷量后送往硫回收装置。大部分热再生塔 C4 塔底出来的甲醇液体经换热器 E10 降温后进储液槽 V4，少量甲醇溶液用泵 P6 增压后送往甲醇/水精馏塔 C5 脱水。甲醇/水精馏塔 C5 塔底部出来的液体含有少量甲醇，检测合格后作为污水排放。

　　与其他的净化技术相比，低温甲醇洗工艺具有如下特点：

　　① 能综合脱除各种气体杂质。低温甲醇作为物理溶剂可以脱除气体中的许多杂质，如 $CO_2$、$H_2S$、$COS$、$CS_2$、$RSH$、$C_2H_4S$、$HCN$、$NH_3$、$H_2O$、磷化物、$C_2$ 以上烃类（包括轻油、芳香烃、石蜡烃、烯烃、炔烃及胶质物等）以及其他羰基化合物等。

　　② 有良好的选择性。各种杂质气体在低温甲醇中的相对溶解度差别较大，对 $CO_2$、$H_2S$、$COS$ 的吸收能力很强，气体脱硫脱碳可以在两个塔或一个塔的两段中选择性进行。相比之下，$CH_4$、$CO$、$H_2$、$N_2$ 等的溶解度很小，而这种良好的选择性正是工艺所要求的。

　　③ 溶液再生方式灵活。满足不同工艺要求低温甲醇洗对多种酸性气及杂质组分具有选择性，因而在再生时可以按照工艺要求及装置公用工程条件采用不同的再生方式。$CO_2$ 的再生以减压闪蒸、真空再生、氮气气提方式为主，再生过程分段进行，以回收 $H_2$、$CO$ 等有效组分，副产高纯度 $CO_2$ 等；$H_2S$ 的再生则以减压闪蒸、浓缩工艺、加热气提相结合的方式，既使溶液得以彻底再生，又使酸性尾气中的 $H_2S$ 得到浓缩，满足了硫回收的需要，有利于环境保护；系统中带入的水分则通过加热精馏的方式予以除去；若原料气中有轻油类等杂质则需要对用于此目的的少部分溶液进行预洗，并采用萃取、共沸等方法进行再生处理。

　　④ 吸收能力强，溶液循环量小。低温甲醇洗与工业上应用的其他吸收剂相比，其吸收能力最强，是其他溶剂所无法比拟的。

　　⑤ 再生能耗低。吸收能力强意味着溶液循环量减少，在物理吸收法的气体净化工艺中，70%以上的能耗用于溶液的再生，循环量的减少可大大降低装置动力电耗和再生热耗，使总能耗降低，低温甲醇洗在这方面具有明显的优势。另外，由于低温甲醇洗为纯物理吸收，溶液的再生依靠减压闪蒸或惰性气的气提就可以使溶解在溶剂中的酸性组分大部分解吸出来，只在热再生塔和甲醇/水精馏塔消耗少量热能。

　　⑥ 气体净化度高。低温甲醇洗净化气中，总硫可以被脱除至 $0.1\mu L/L$，$CO_2$ 小于 $20\mu L/L$，特别适用于对原料气净化有严格要求的化工产品生产装置。

　　⑦ 热稳定性和化学稳定性好。甲醇不会被硫化物、氰化物等杂质组分降解，不起泡。纯甲醇对设备无腐蚀，不需要特殊的防腐材料。

　　⑧ 溶剂黏度小。-30℃的甲醇黏度相当于常温水的黏度，-55℃的甲醇黏度也只有常温水黏度的两倍，有利于节省动力。

　　⑨ 甲醇与水可以任何比例互溶。利用此性能可以用其干燥原料气，而且利用其与水的互溶性可以将石脑油等从甲醇中萃取出来，比较容易实现，类似于鲁奇加压气化煤气中油类

物质的脱除分离。

⑩ 甲醇溶剂价廉易得。

⑪ 流程合理，操作简便。工艺流程设置合理，在同一系统中实现了多种杂质的脱除。装置操作稳定，安全可靠。特别是对煤气化原料气杂质组分复杂，而且压力较高，杂质含量较高的工况，低温甲醇洗不仅可以胜任各种杂质的脱除任务，而且相对来说工序单一，流程合理，便于操作管理。

⑫ 在合成氨装置中与液氮洗匹配尤为经济合理。液氮洗操作需要在-190℃左右的低温下进行，要求进液氮洗装置的气体彻底干燥。低温甲醇洗净化气-60～-70℃，使其彻底脱水，省去了液氮洗的预冷和干燥，同时液氮洗出口低温气体可为甲醇洗提供部分冷量。低温甲醇洗的不足之处：对设备材料的要求较高，设备、管道要求采用低温材质；对溶液泵同样要求用低温泵；需要冷量补充，系统保冷要求高；甲醇为有毒易燃介质。因此必须按照设计规范采取完善的消防、安全防护措施。

## 知识点 2  低温甲醇洗的影响因素

通过本知识点的学习，能从影响因素中选择合适的低温甲醇洗操作条件。

### 一、工艺操作条件

（1）吸收压力  吸收压力主要由原料气取所采用的技术路线决定，其吸收部分的压力实际上即接近原料气制备的压力。

（2）吸收温度  吸收温度对酸性气体在甲醇中的溶解度影响很大，温度降低，不仅酸性气体在甲醇中的溶解度增加，而且溶解度随温度的变化率也增大。压力与溶液的流量及其组成确定后，净化气的最终净化指标取决于吸收温度。吸收温度由气液平衡决定，但甲醇贫液温度又与系统内部所能提供的冷源温度有关，即与汽提再生后溶液所能达到的温度有关。例如，一步法流程中，汽提后溶液最低温度为-62℃，甲醇贫液温度即维持在约-57℃，留有一定的传热温差。

脱硫段溶液的温度，对一步法实际即上塔底部出口的甲醇富液温度。进口溶液温度太低，由于吸收 $CO_2$ 放出的溶解热会使溶液温度急剧升高，反而对硫化物的吸收不利。

（3）溶液的最小循环量和吸收塔的液气比  溶液的最小循环量 $L_{min}$（kmol/h）是指平衡时能将气体中待脱除的组分完全吸收时的吸收剂最小用量。设气体总压为 $p$（×10^5Pa），待脱除的组分含量为 $Y$（摩尔分数），其在吸收液中的溶解度系数为 $\lambda$ [kmol/（t 甲醇·$10^5$Pa）]，液体与气体的流量分别为 $L$ 与 $G$（kmol/h），则

$$GY = L_{min} \frac{M}{1000} \lambda p Y \tag{4-4}$$

即

$$L_{min} = \frac{1000G}{Mp\lambda} \tag{4-5}$$

式中  $M$——吸收剂分子量。

最小循环量主要取决于原料气量、吸收的压力与温度，即溶解度系数 $\lambda$ 值的大小，而与原料气中待脱除气体的含量无关。原料气中待脱除气体的含量越大，用于单位待脱除气体的能耗就越小，此即为物理吸收的优点。实际吸收过程中，吸收液出口处一般不易达到真正的平衡，设 $\eta$ 为接近平衡的程度（分率），则实际循环量 $L$（kmol/h）：

$$L = \frac{1000G}{Mp\lambda\eta} \tag{4-6}$$

即实际吸收过程的液气比（$L/G$）还与接近平衡程度有关。实际生产中，吸收热会影响

溶液的温度分布。为使吸收有效地进行，即尽量使溶解度维持在较大值，应及时将吸收热移出。液气比应在满足净化气指标的前提下，尽量维持在较低值。液气比太大，吸收负荷下移，会导致塔内温度分布失常，影响有关换热器的热负荷分配，而且会使溶液中待脱除组分的含量降低，进而影响 $CO_2$ 的解吸过程。

（4）净化气中有害组分的含量与再生条件　净化气中有害组分的最小含量 $Y_i'$ 决定于溶液的再生程度或再生条件，以及吸收塔顶部的压力与温度。

（5）气体中有用组分的损失　从吸收塔引出的饱和溶液中同时含有溶解度较小的气体组分，如 $H_2$ 等，当平衡时，其损失量 $G_{H_2}$：

$$G_{H_2} = LX_{H_2} = \frac{1000G}{Mp\lambda\eta} \times \frac{p_{H_2}}{H_{H_2}} \tag{4-7}$$

式中　$X_{H_2}$——溶液中溶解度较小的组分 $H_2$ 的含量，摩尔分数；

$\quad\quad$ $H_{H_2}$——$H_2$ 的亨利常数。

溶液循环量增大，$H_2$ 的损失量加大。

（6）再生解吸的工艺条件　中间解吸压力与温度的选择，其准则是：在 $CO_2$、$H_2S$ 等待脱除组分的解吸量最小的情况下，使 $H_2$ 等有用组分尽可能完全地解吸出来；同时，解吸后溶液的温度条件要符合系统中冷量利用的要求。即必要时，闪蒸前溶液要冷却到使解吸或气提后溶液的温度能满足甲醇贫液冷却的要求。

$CO_2$ 解吸压力低，对多回收 $CO_2$ 是有利的。但考虑到下游工序如尿素生产等对 $CO_2$ 气体产品压力的要求，$CO_2$ 解吸压力一般在 0.18～0.3MPa。$CO_2$ 解吸的温度条件还与甲醇的损失有关。

热再生时的能耗为解吸组分的解吸热与溶液加热及其蒸发所需热量的总和。在加热条件下，甲醇中溶解的 $H_2S$、$CO_2$、$N_2$ 等会同时解吸，这就会影响热再生时的能耗与再生后 $H_2S$ 的含量；而热再生入口的溶液组成主要取决于氮气气提的条件。

## 二、影响能耗的主要因素及降低能耗的主要途径

低温甲醇洗系统的能耗可应用热力学第一定律按下式计算。

$$\sum H_o - \sum H_i = \sum Q_i - \sum W_o \tag{4-8}$$

式中　$\sum H_o$——所有离开系统的物流焓的总和，kJ/h；

$\quad\quad$ $\sum H_i$——所有进入系统的物流焓的总和，kJ/h；

$\quad\quad$ $\sum Q_i$——进入系统的热量总和，kJ/h；

$\quad\quad$ $\sum W_o$——系统所做功的总和，kJ/h。

式中包括泵、压缩机及透平所做各项功，如有透平回收动力对系统外做功，则透平所做的功取正号；由系统外提供的供输送甲醇循环液及有用气体再压缩的动力消耗取负号；从系统移出热量时取负号，如水冷器和氨冷器；而向系统内输入热量时取正号，如蒸汽再沸器。计算系统能耗时，热再生与甲醇精馏塔再沸器中耗用的蒸汽以及移出的吸收热或降低溶液温度所需的氨冷器冷量，泵与压缩的功耗均属能耗。

甲醇洗系统的能耗主要包括：

① 热再生与甲醇-水蒸馏塔再沸器的蒸汽消耗；

② 低温下将 $CO_2$ 等酸性气体的吸收热取出或保证溶液及原料气所需的低温而消耗的氨冷器冷量；

③ 输送甲醇溶液与压缩回收气体以及必要时建立真空所需要的动力消耗；

④ 补充损失于周围环境的冷量损失，这一般约占总能耗的 10%以下。

进一步降低能耗的途径：

① 流程结构的优化，换热网络的合理匹配，换热器传热温差，特别是出系统的低温物流与原料气间的冷端传热温差以及热再生进出物流间的热端传热温差的合理设定；

② 操作条件的优化；

③ 改善原料气进入系统时气液分离器的分离效果，减少进入系统的水分含量；

④ 回收甲醇富液减压再生时的动力；

⑤ 减少散失于周围环境的冷损失。

### 三、关于低温甲醇洗系统中的防腐问题

低温甲醇洗系统中出现腐蚀的部位往往在气体通路中换热器处。腐蚀现象的出现，主要是由于生成羰基铁，特别是 $Fe(CO)_5$ 和含硫的羰基铁，后者是生成 $Fe(CO)_5$ 过程的中间产物。$H_2S$ 的存在会明显地促进 CO 与 Fe 的反应。羰基铁的生成对生产是不利的，这不仅是因为羰基铁的生成直接引起设备部件的腐蚀，而且也由于含硫羰基铁的分解产物会形成元素硫、硫化铁等沉淀，在甲醇系统的管线及设备中引起堵塞。

为防止碳钢设备的腐蚀，可以加入碱性溶液。已经发现，加入碱性物质以后，腐蚀可得到完全抑制或可大大减轻，林德公司提出为实现防腐要求，碱性物质的浓度可维持在 0.005～0.2mol/L。

## 知识点 3　典型低温甲醇洗工艺

通过本知识点的学习，能熟悉林德和鲁奇两种工艺的优缺点，选择合适的低温甲醇洗工艺。

### 一、林德低温甲醇洗工艺

林德低温甲醇洗工艺流程如图 4-26 所示。

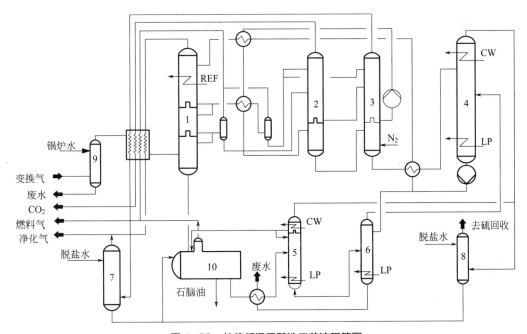

**图 4-26　林德低温甲醇洗工艺流程简图**

1—吸收塔；2—$CO_2$ 产品塔；3—$N_2$ 气提塔；4—热再生塔；5—共沸塔；6—甲醇/水分离塔；
7—尾气洗涤塔；8—$H_2S$ 洗涤塔；9—洗氨塔；10—萃取器

来自变换工序的工艺气经洗氨塔脱除微量氨，绕管式换热器降温后进吸收塔，依次经过预洗、脱硫、脱碳，满足工艺要求的工艺气经换热回收冷量后出界区。

来自热再生塔的贫甲醇从塔顶进入吸收塔，脱碳后的含碳甲醇分为两路：一路进中压闪蒸罐，闪蒸出燃料气；另一路返回吸收塔进一步吸收脱硫。出脱硫段的甲醇分为两路：一路进中压闪蒸罐，闪蒸出燃料气；另一路进吸收塔，预洗脱除工艺气中的重碳组分。出中压闪蒸罐的甲醇进二氧化碳产品塔，闪蒸出的 $CO_2$ 经换热回收冷量后出界区。出二氧化碳产品塔的甲醇进氮气气提塔，气提出的尾气经回收冷量、水洗后放空。出氮气气提塔的甲醇进热再生塔，再生解吸出的 $H_2S$ 气体经硫化氢洗涤塔后去硫回收系统，塔底获得的精甲醇经冷却降温后去吸收塔。

来自预洗段的甲醇在萃取器内用脱盐水进行萃取，分离出的石脑油送出界区，同时减压闪蒸出的燃料气亦送出界区。甲醇水混合物依次经共沸塔、甲醇/水分离塔回收甲醇，废水经换热回收热量后送出界区，甲醇蒸气进热再生塔。

林德低温甲醇洗工艺设计的特色之一是使用多台绕管式换热器。绕管式换热器最大规格直径为6000mm，长度为25m，质量为170t，是林德公司专利设备，需要国外工艺包提供设计，可在国内制造。绕管式换热器采用逆流接触，可以有四个物流，甚至多个物流换热。两个绕管之间定间距，分层组装，安装容易。其优点是：降低设备材料量，因为一个绕管式换热器可以代替多个 TEMA 热交换器，在配管、仪表、钢结构和安装等方面可降低费用，从而能节约成本；较低的公用工程消耗指标，因为绕管式换热器允许更低的温差操作条件，使得甲醇循环量最低，从而用电、冷量和蒸汽的消耗低；运行优势，如成熟的原料气中注入甲醇的方法，较低的压力降等；可以节省厂区面积，例如，一个竖直布置的绕管式换热器比 8 个 TEMA 换热器及其连接管道的钢架结构支架占地小很多。

## 二、鲁奇低温甲醇洗工艺

鲁奇低温甲醇洗工艺流程如图 4-27 所示。

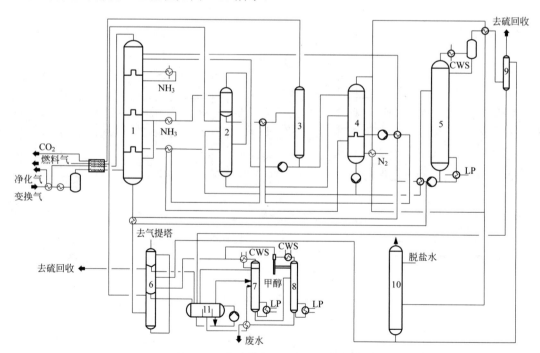

**图 4-27  鲁奇低温甲醇洗工艺流程简图**

1—吸收塔；2—中压闪蒸塔；3—$CO_2$ 产品塔；4—$N_2$ 气提塔；5—热再生塔；6—预洗闪蒸塔；7—共沸塔；8—甲醇/水分离塔；9—$H_2S$ 洗涤塔；10—尾气洗涤塔；11—萃取器

来自变换工序的工艺气体冷却至 5℃，分离出冷凝液后进绕管式换热器，温度降至-15℃后进吸收塔，依次经预洗、脱硫、脱碳，达到工艺要求的工艺气经换热器回收冷量后出界区。

来自热再生的精甲醇（补充甲醇）自吸收塔顶部进入，经与工艺气初步接触后与来自二氧化碳产品塔的半贫甲醇汇合，自上而下继续脱除工艺气中的 $CO_2$。出脱碳段的含碳甲醇分为三路：其中两路经冷却降温后分别进吸收塔脱硫段和预洗段，另一路去中压闪蒸塔。出脱硫段的含硫甲醇经冷却降温后进中压闪蒸塔，中压闪蒸塔解吸出的气体经回收冷量后作为燃料气出界区。经中压闪蒸后的含碳甲醇进二氧化碳产品塔，降压解吸出大部分 $CO_2$，出二氧化碳产品塔的半贫甲醇大部分作为吸收塔的主洗甲醇。经中压闪蒸后的含硫甲醇进入氮气气提塔，在塔内经降压和气提，解吸出 $CO_2$，气相回收冷量后经尾气洗涤塔水洗放空；液相回收冷量升温后进热再生塔，解吸出 $H_2S$ 后的甲醇作为精洗甲醇进入吸收塔，解吸出的含 $H_2S$ 气体经降温水洗后去硫回收系统。

来自预洗段的甲醇富液经预洗闪蒸塔中、低压闪蒸后进萃取器，用来自尾气洗涤塔的脱盐水萃取分离出石脑油。废水经共沸塔、甲醇/水分离塔回收甲醇、换热降温后排出界区。

鲁奇低温甲醇洗工艺主要特点如下：
① $H_2S$ 和 $CO_2$ 分塔吸收；
② 使用管壳式换热器，对 HCN 要求不高、换热器易于清洗；
③ 流程相对复杂、冷量消耗大、电耗较高；
④ 鲁奇预洗处理措施是在绕管式换热器前喷淋甲醇，在预洗段预洗除去石脑油和其他组分；
⑤ 仅采用一个绕管式换热器，其余换热器均为管壳式，换热器易于清洗，所有设备均可以在国内设计和制造。

### 三、低温甲醇洗工艺比较

以高水含量褐煤为气化原料，以碎煤加压气化技术为例，对低温甲醇洗工艺进行比较，对鲁奇低温甲醇洗和林德低温甲醇洗工艺进行比较，工艺特点如表 4-12 所示。

**表 4-12 鲁奇低温甲醇洗和林德低温甲醇洗工艺特点比较**

| 序号 | 专利商 | 工艺特点 |
|---|---|---|
| 1 | 鲁奇 | （1）原料气冷却采用绕管式换热器，其他采用常规列管式。<br>（2）主洗塔采用贫液与半贫液吸收。<br>（3）主洗系统 Lurgi 采用 10 塔流程。<br>（4）除甲醇/水分离塔采用筛板塔外，其他塔均采用浮阀塔。<br>（5）为减少锅炉给水的消耗量，将原料气冷却至 10℃后再用锅炉给水洗涤。洗氨的同时也将一些微量组分去除，但低温水排放处理问题需进一步考虑。<br>（6）预处理段设置预洗闪蒸塔+萃取槽+石脑油气提塔，将重烃分离。来自预洗段的预洗甲醇回收冷量后，在预洗闪蒸塔闪蒸，闪蒸气进入 $H_2S$ 吸收塔，闪蒸后溶液进入萃取槽，分离重组分石脑油。经萃取分离后的石脑油/甲醇/水进入石脑油气提塔将石脑油、甲醇/水分离出来，重组分回萃取槽，塔底水/甲醇混合物进入甲醇/水分离塔，塔顶气相则进入预洗闪蒸塔。<br>（7）采用闪蒸塔进行减压闪蒸，设置了高压闪蒸塔+中压闪蒸塔+$CO_2$产品塔完成溶液的减压再生。<br>（8）甲醇水分离塔塔顶物料不进入热再生塔系统，与石脑油气提塔塔顶出口气体混合经水洗后作为酸气输出。<br>（9）酸性尾气采取水洗方式处理 |

| 序号 | 专利商 | 工艺特点 |
|---|---|---|
| 2 | 林德 | (1) 采用 5 台高效绕管式换热器，提高换热效率，特别是多股物流的组合换热，节省占地，布置紧凑。<br>(2) 主洗塔采用贫液吸收。<br>(3) 主洗系统采用经典 5～7 塔流程。<br>(4) 在甲醇溶剂循环回路中设置甲醇过滤器，除去 FeS、NiS 等固体杂质，防止其在系统中积累而堵塞设备和管道。<br>(5) 主洗塔、$CO_2$ 产品塔、$H_2S$ 浓缩塔均采用填料/浮阀混合塔。<br>(6) 预处理设置萃取槽+HCC 气提塔，将重烃分离。在原料气冷却器之前考虑喷入预洗段来的甲醇，预洗段以 $C_6$ 为基准设计。由洗涤段出来的甲醇经回收冷量后进入萃取槽分离出重组分石脑油。闪蒸气回循环气压缩机进口。经萃取后的甲醇/水进入 HCC 气提塔分离出重组分、水、甲醇等。重组分回萃取槽、水/甲醇混合进入甲醇/水分离塔，HCC 气提塔塔顶气体去 $H_2S$ 水洗塔。<br>(7) 采用闪蒸罐进行减压闪蒸，设置了第一循环气闪蒸罐+第二循环气闪蒸罐+$CO_2$ 产品塔完成溶液减压再生。<br>(8) 为保证出口酸气浓度，设置第二甲醇闪蒸罐+第三甲醇闪蒸罐+$H_2S$ 提浓塔。<br>(9) Linde 甲醇/水分离塔塔顶物料进入热再生塔系统，有利于再生塔能耗的降低。<br>(10) 酸性尾气采取水洗方式，以避免 $C_3$、$C_4$ 的累积，同时保证其中的甲醇含量 |

　　与林德工艺相比，鲁奇低温甲醇洗工艺没有中间循环甲醇提供系统所需冷量，而全部需要外部提供；甲醇溶液由于吸收温度低，其循环量相对较大，能耗稍高，吸收塔的体积也较大；同时由于系统冷量由外部供给，也使操作调节相对灵活，并通过新型塔板的设计，提高了塔的操作弹性。

　　低温下 $H_2S$ 对低温钢腐蚀很小，少量的 $H_2S$ 腐蚀产生 FeS，如果系统内进入氧气，将造成设备内形成的致密 FeS 膜转变为疏松的 $Fe_2O_3$ 及 $Fe_3O_4$，疏松的 $Fe_2O_3$ 及 $Fe_3O_4$ 将会随甲醇循环带到系统各处，最后在换热器或者流速慢的地方沉积下来，引起换热器，特别是绕管式换热器堵塞，换热效率下降，系统循环量不平衡，冷量严重不足，使系统无法高负荷运行，甚至有的装置不得已被迫提前更换新的换热器。由于碎煤加压气化产生的煤气中氧含量较高，在低温甲醇工艺前没有脱氧装置的前提下，林德工艺由于采用的换热器均为绕管式换热，因此容易引起换热器堵塞，而鲁奇工艺除了原料冷却采用绕管式换热器外，其他均采用常规列管式换热器，换热器内流速均一，不易造成换热器的堵塞，只会造成甲醇污染。

　　鲁奇公司的预洗甲醇采用分步减压，一次闪蒸出燃料气及 $CO_2$，然后进入萃取器分离石脑油，再经共沸塔解吸出 $H_2S$ 后，含甲醇废水去甲醇/水分离塔回收甲醇；林德公司的预洗甲醇经升温后直接进入萃取器，闪蒸出的气体作为燃料气外送，其他工艺与鲁奇公司相同。相比之下，鲁奇公司可以分离纯度更高的石脑油，可以实现煤制天然气工厂副产品回收，便于后序的副产品深加工，增加工厂经济效益。

　　林德工艺的污水排放量较多，鲁奇工艺的污水排放量小很多。这两种流程对尾气洗涤都考虑利用甲醇/水分馏塔的部分塔底污水作为循环洗涤水。但林德流程为了降低放空尾气中甲醇的浓度，在尾气洗涤系统中补充了较多的新鲜脱盐水作为部分洗涤水，而鲁奇流程在原料气冷却部分先将粗合成气冷却至 8～10℃ 之后，进入气液分离器或洗氨塔，分离出来的工艺凝液直接送至 CO 变换装置处理，这样就降低了原料气中饱和水带到甲醇系统中的水量。

　　鲁奇低温甲醇洗工艺为了避免 $NH_3$ 在甲醇系统中的累积，保证贫甲醇的品质，需从热再生塔塔顶回流罐处定期外排一小股污甲醇，该污甲醇在实际工程项目中处理起来比较麻烦，一般情况下，先用一个罐收集起来，达到一定量后再用加热器将其气化后送至锅炉烧掉。林德流程由于整个热再生系统处理能力余量、热再生塔的型式、操作温度、操作压力等的设置稍不同于鲁奇流程，其甲醇系统的 $NH_3$ 完全可通过蒸汽汽提的方式从热再生塔塔顶的克劳斯气中排出，同时系统增设了甲醇过滤器，可及时过滤掉甲醇系统中的机械杂质、微量化学反应生成物、油类等杂质，保证了贫甲醇的品质，因而不需外排污甲醇。

目前，低温甲醇洗技术以德国林德和鲁奇的工艺最为成熟，是国内煤化工行业的首选。但引进国外技术不仅要耗费大量资金，并且技术专利和部分低温钢材料设备制造技术封锁严密。近年来国内低温甲醇洗技术的研究及开发也取得了长足进展，一些技术设备已实现国产化，并且在工业化生产中不断完善。

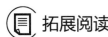 拓展阅读

### 贵州开阳化工有限公司煤气净化低温甲醇洗工艺

1. 项目概况

低温甲醇洗工艺主要是对原料气中硫化氢和二氧化碳进行选择性吸收，广泛被煤制气、煤制油、煤制甲醇等项目采纳使用。贵州开阳化工有限公司年产 50 万吨合成氨项目气体净化装置（图 4-28）采用的是大连理工大学的低温甲醇洗工艺。该合成氨项目以煤为原料生产合成氨、氨水、液氧、液氮、液氩、液体二氧化碳等化工产品，是贵州磷化集团磷肥、磷化工产业上游重要原材料生产基地。

图 4-28　贵州开阳化工有限公司年产 50 万吨合成氨装置

2. 关键设备

甲醇洗涤塔、$CO_2$ 解吸塔、硫化氢浓缩塔、热再生塔、甲醇/水分离塔、尾气洗涤塔、甲醇泵。

3. 主要工艺

（1）甲醇洗涤塔：脱除从上游工序来的变换气中的 $CO_2$、$H_2S$ 及有机硫等杂质，同时也脱除变换气中带入的饱和水，制得：$CO_2$ 含量 $\leq 10mL/m^3$，总硫含量 $<0.1mg/kg$ 的合格净化气。

（2）二氧化碳解吸塔：解吸出富甲醇中的 $CO_2$。

（3）硫化氢浓缩塔：气提出 $CO_2$，浓缩 $H_2S$ 使其在后续部分达到合格的浓度去硫回收工段。

（4）热再生塔：脱吸出甲醇中的 $H_2S$ 和尚未脱完的 $CO_2$，达到溶液再生的目的，热再生塔

采用蒸汽加热脱吸法。

4. 技术亮点

（1）可以同时脱除原料气中的硫化氢、二氧化碳、羰基硫等组分，并且同时脱水使得气体彻底干燥，脱除的组分在甲醇再生的过程中得到回收。

（2）吸收效果好，净化程度高。出口的净化气中二氧化碳可降至$10mL/m^3$以下，总硫含量可降至$0.1mg/kg$以下。

（3）甲醇吸收具有选择性。在甲醇洗涤塔中，硫化氢和二氧化碳在塔内同时被洗涤，但是由于在低温环境下，硫化氢的溶解度远大于二氧化碳，从而使得硫化氢在洗涤塔中的脱硫段全部被吸收，在脱碳段几乎没有硫化氢的存在。这样，含硫甲醇和无硫甲醇被分离开来，硫化氢和二氧化碳被分别回收。另外，氢气和一氧化碳等在甲醇中的溶解度较低，有效气的损失就会很低。

（4）甲醇的热稳定性和化学稳定性较好。甲醇不会被有机硫、氰化物等组分降解，在塔盘上不起泡，对设备、管道的腐蚀性也较小，所以设备材质可以使用耐低温的低合金钢和普通碳钢，节约了建造成本。在低温下，甲醇的黏度与常温水的黏度相当，因此在低温下对传递过程有利。

（5）甲醇相对其他吸收剂较为便宜易得。

# 单元 4　低温甲醇洗脱硫、脱碳生产操作

煤气的净化部分由于内容繁多，脱硫、脱碳方法更是五花八门，而且流程复杂（如低温甲醇洗工艺）。因此要介绍完整的煤气净化过程的操作规程是不可能的，也是没有必要的，此处仅以低温甲醇洗工艺为代表，简单介绍一下其操作规程，以作参考。

## 一、低温甲醇洗工艺流程

### 1. 生产工艺原理

一氧化碳部分变换后的合成气中除含有甲醇合成反应所需的 $H_2$、CO 和少量 $CO_2$ 外，还含有少量硫化氢、硫氧化碳等组分和大量富余的二氧化碳。这些硫化物不仅是合成催化剂的毒物，而且硫化物又可进一步回收副产硫黄，因而需要对它们分别脱除和回收。根据工艺的设置，采用低温甲醇洗涤法脱除变换气中所含的 $H_2S$、COS 和大部分 $CO_2$。低温甲醇洗是一种物理吸收法，在低温、高压下于吸收塔中完成甲醇对 $CO_2$、$H_2S$、COS 的吸收，吸收了 $CO_2$、$H_2S$、COS 的甲醇溶液经过节流降压，释放出 $CO_2$，通过锅炉烟囱高位放空。甲醇溶液再在热态下将 $H_2S$ 从甲醇溶液中解析出去，再生好的甲醇重复利用。再生出的 $H_2S$ 尾气经浓缩后送往硫回收工序。系统需要的冷量来自水冷器、冰机以及吸收了 $CO_2$ 的富 $CO_2$ 甲醇溶液的节流膨胀。

### 2. 生产工艺流程叙述

（1）原料气的预冷　如图 4-29 所示，来自变换工序的变换气［温度40℃，压力5.6MPa（A），流量100747$m^3$/h，组成：$H_2$（46.02%）、$CO_2$（31.4%）、$H_2S$（0.23%）、CO（19.02%）、其他（3.33%）］与来自 K2601 循环气压缩机经 E2602 冷却的循环 $H_2$ 混合，混合后的气体喷入新鲜甲醇以除去变换气中的饱和水分，喷淋甲醇后的混合气进入原料气冷却器 E2601 壳程，

被两股流体（净化气，放空尾气）冷却至-18℃后进入分离罐 V2601，出 V2601 的气体进入甲醇洗涤塔 C2601 底部，而分离出的冷凝液送往甲醇/水分离塔 C2605 进行分离。

（2）变换气中 $CO_2$、$H_2S$ 等组分的脱除　进入 C2601 的变换气在下塔与来自上塔的富 $CO_2$ 甲醇溶液接触，以除去变换气中的 $H_2S$、COS 等组分；被脱除掉 $H_2S$ 的气体进入 C2601 上塔，与-56℃的贫甲醇逆流接触除去大部分 $CO_2$，出 C2601 顶的净化气（温度-45.7℃，流量 67795.094$m^3$/h，$CO_2$ 含量 2.98%，CO 含量 27.94%，$H_2$ 含量 68.24%，$H_2S$ 含量≤$0.1×10^{-6}$，$CH_3OH$ 含量≤$10×10^{-6}$）在 E2617 和 E2601 中冷却至常温后送甲醇合成工段。

由贫甲醇泵 P2604 送出的贫甲醇液 [48℃，6.5MPa（G），185$m^3$/h，纯度 99.49%] 经水冷器 E2618 冷却至 41℃后，除一小部分（0.5t/h）去 E2601 前作变换气喷淋甲醇外，其余大部分依次经 2 号贫甲醇冷却器 E2609、3 号甲醇冷却器 E2608，分别被冷至-31℃、-56℃后进入 C2601 顶部第 81 块塔板处吸收变换气中的 $CO_2$。

吸收 $CO_2$ 后的甲醇溶液，在第 61 块塔板处温度升至-17.9℃，将其引入 E2606 循环甲醇冷却器冷至-49℃后进入塔中第 60 块板处。在第 55 块塔板处甲醇溶液温度又升至-17.1℃，将其引入 E2605 氨冷器冷至-25.5℃，再经 E2606 冷至-38℃后进入塔中第 54 块塔板处继续吸收 $CO_2$ 组分。

（3）富液的闪蒸及 $H_2$ 的回收　出 C2601 上塔底部的-14℃富 $CO_2$ 甲醇液，一部分进入下塔脱除变换气中的 $H_2S$，另一部分经 2 号甲醇冷却器 E2617，温度降至-23℃，再经氨冷器 E2604 冷却后进入 2 号循环气闪蒸罐 V2603；出 C2601 下塔底部的-15℃富 $H_2S$ 甲醇液进入甲醇换热器 E2607 和 E2603 中降至-31.5℃后进入 1 号循环气闪蒸罐 V2602。出 V2603 的闪蒸气与出 V2602 的闪蒸气混合，混合后的气体（温度-31.1℃，压力 1.75MPa，流量 2269.57$m^3$/h，$H_2$ 含量 39.03%）进入 K2601 进行压缩，压缩后的气体（温度 87.7℃，压力 5.50MPa）经水冷器 E2602 冷至 41℃后送往 E2601 前的变换气管线。

（4）$CO_2$ 的脱除和 $H_2S$ 的浓缩　进入硫化氢浓缩塔 C2603 脱除的 $CO_2$ 甲醇液来自以下三处。

① 来自 V2603 底部的不含硫的甲醇液（流量 148.5$m^3$/h，$CO_2$ 含量 34.02%）直接进入硫化氢浓缩塔 C2603 最上部（此处无塔板，类似于闪蒸罐）进行 $CO_2$ 闪蒸解析，闪蒸液由升气管集液处的底部自流到 C2603 塔中部作为回流液，洗涤上升气中的 $H_2S$ 组分，以保证尾气中 $H_2S$ 含量≤$1×10^{-6}$。

② 来自 V2602 底部的溶有 $CO_2$ 和 $H_2S$ 的甲醇液（流量 31.25$m^3$/h，$CO_2$ 含量 29%，$H_2S$ 含量 0.48%）进入 C2603 中部第 41 块塔板处进行解析。

③ 从 C2603 中部升气管集液处经 P2601 抽出的甲醇液（温度-68.7℃，流量 245.1$m^3$/h，$CO_2$ 含量 21.64%）先经 E2608 把部分冷量传递给贫甲醇，自身温度升至-54.4℃，再经 E2606 回收冷量，自身温度升至-36.4℃后进入 V2607 进行气液分离，出 V2607 的气体直接进入 C2603 底部 33 块塔盘处，而液体经 P2602 泵加压和 E2607 复热后，以-30.1℃也进入 C2603 底部 33 块塔盘处。

$H_2S$ 的浓缩也在 C2603 中完成，除以上进入 C2603 进行解吸的含硫甲醇外，还有以下几处甲醇液。

① 来自酸性气分离器 V2605 底部的甲醇液（温度-33℃，$H_2S$ 含量 14.5%）进入 C2603 底部。

② 来自 V2605 顶部的气体（温度-33℃，流量 1500$m^3$/h，$H_2S$ 含量 31.79%）一部分经 $H_2S$ 增浓管线进入 C2603 下塔第 13 块塔板处，此管线的设置是为了提高送给硫回收工序的 $H_2S$ 尾气中 $H_2S$ 浓度。

③ 为了使出 C2603 送往甲醇再生塔 C2604 的甲醇液中 $H_2S$ 得到充分的浓缩，将进 C2603 各物料中 $CO_2$ 释放出去，向 C2603 底部通入气提氮（7300$m^3$/h）进行气提。

以上几部分物料在 C2603 内进行解吸和浓缩，出 C2603 的尾气（温度-54.7℃，压力 0.08MPa，流量 31836.13$m^3$/h，$CO_2$ 含量 98.75%；$H_2S$ 含量≤$1×10^{-6}$）经 E2603 和 E2601 回

收冷量后经锅炉烟囱放空。浓缩后的富 $H_2S$ 甲醇液送 C2604 再生。

（5）甲醇溶液的再生和富 $H_2S$ 气体的获得

① 出 C2603 浓缩后的甲醇液（温度 $-38℃$，流量 $204m^3/h$）通过甲醇再生塔给料泵 P2603 加压后，进入过滤器 S2602 过滤，然后再进入 E2609 壳程回收冷量，最后经 E2610 加热至 $86.3℃$ 进入 C2604 第 26 块塔板处进行再生。设置甲醇再沸器 E2611 对再生液提供热量，再沸器中通入 S4 蒸汽。塔顶再生气经 E2612 水冷器冷却，再进入 V2606 中分离。

② 回流液罐 V2606 分离的甲醇液（流量 $10.6m^3/h$）经甲醇再生塔回流泵 P2606 加压后进入 C2604 顶作为 C2604 的回流液，根据溶解温度的不同选择性地吸收上升气相中的组分，以保证甲醇的回收。

出 V2606 的气体先进入馏分换热器 E2614 被冷至 $35.8℃$，再经氨冷器 E2613 被冷至 $-33℃$ 后进入分离罐 V2605。出 V2605 顶的 $H_2S$ 尾气（流量 $2899m^3/h$，$H_2S$ 含量 $31.78\%$）一部分进入 C2603；另一部分（$1398m^3/h$）经 E2614 复热至 $35.7℃$ 后送 20 工号进行硫黄回收。

③ 来自甲醇/水分离塔 C2605 顶的甲醇蒸气从第 13 块塔板处进入 C2604。

④ 出 C2604 的右室的贫甲醇经 P2605 加压、S2601 过滤后一部分送 C2605 蒸馏；另一部分与出 C2604 左室的贫甲醇汇合，汇合后的贫甲醇（温度 $102℃$，流量 $171.8t/h$）经 S2603 过滤、再经 E2610 冷却至 $42.1℃$ 后进入 V2604 中。

（6）甲醇/水分离来自 V2601 的甲醇/水混合物（温度 $-17℃$，$CH_3OH$ 含量 $51.5\%$，$H_2O$ 含量 $46.27\%$）经 E2616 甲醇/水加热器加热后再经 V2609 分离掉溶解在其中的 $CO_2$ 后进入 C2605 第 21 块塔板处；V2609 的气相产物送入 C2605 或火炬。

来自 C2604 右室，经 P2605 加压，S2601 过滤后的一小部分甲醇液（$1.9m^3/h$）再经 E2616 换热后温度降至 $61℃$ 进入 C2605 顶蒸馏。

C2605 塔底设有再沸器 E2615，向 E2615 壳程通入 S3 蒸汽（$1.1t/h$），也可直接将蒸汽加入 C2605。

出 C2605 底的废水（温度 $142.7℃$，流量 $0.24m^3/h$，$H_2O$ 含量 $99.98\%$）送入废水处理工段。

（7）新鲜甲醇的补入和废甲醇的回收利用当开车充甲醇或正常运行时需向系统补入甲醇时，启动 P5002 将甲醇注入 V2604 或 C2603 塔底；工号停车时，可将甲醇排往 T5002 甲醇储罐。

本工序设有废甲醇罐 V2608，用以收集来自排液管线的甲醇，此废甲醇可定期送入 C2605 蒸馏，回收利用。

## 二、低温甲醇洗脱硫脱碳操作

低温甲醇洗工艺流程图如图 4-29 所示。

### （一）开车

#### 1. 原始开车（大修后开车）

（1）准备工作　做好开车前的检查、确认及准备工作。

（2）开车步骤

① 系统充压。给整个低温甲醇洗系统充压。在充压过程中，要注意观察各塔罐压力，防止串压。

② 系统充甲醇。确认甲醇罐区有足够的合格甲醇，有关仪表和联锁已投用，吸收塔已充压至 5.04MPa。注入甲醇前，向火炬管线送入低压氮后，确认气化常明火炬投入运行。甲醇循环建立后，液位保持在 $50\%\sim60\%$ 时，停甲醇罐区泵。

③ 系统冷却。给冷冻系统充液氨（特别注意：严禁在系统甲醇未循环时投用氨冷器）为了同时冷却整个冷区装置，调整甲醇循环以使产生的冷量均衡地分配。

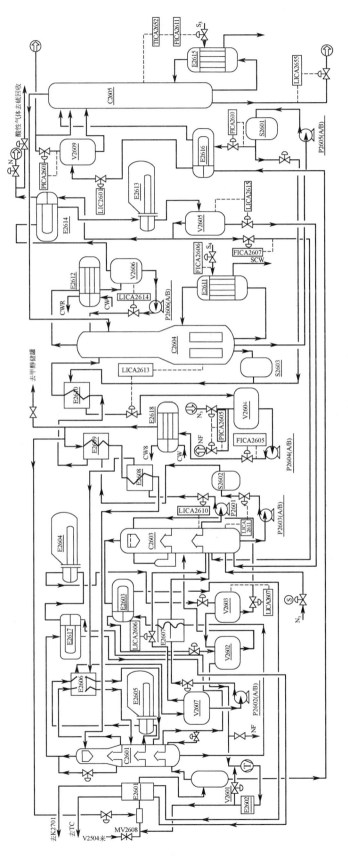

**图 4-29 带控制点的低温甲醇洗工艺流程图**

C2601—甲醇洗涤塔；C2603—硫化氢浓缩塔；C2604—甲醇再生塔；C2605—甲醇/水分离塔；C2601—原料气冷却器；E2602—循环压缩机冷却器；E2603—甲醇换热器；E2604—氨冷器；E2605—氨冷器；E2606—循环甲醇冷却器；E2607—甲醇冷却器；E2608—3号贫甲醇冷却器；E2609—2号贫甲醇冷却器；E2610—贫富甲醇换热器；E2611—甲醇再生塔再沸器；E2612—再生气水冷却器；E2613—氨冷却器；E2614—馏份换热器；E2615—甲醇水分离塔再沸器；E2616—甲醇/水分离塔再沸器；E2617—2号甲醇冷却器；E2618—贫甲醇冷却器；P2602—中部甲醇液泵；P2603—贫甲醇液泵；P2604—甲醇再生塔给料泵；P2605—贫甲醇加压泵；P2606—甲醇再生塔回流泵；S2601—贫甲醇过滤器；S2602—再生甲醇过滤器；S2603—贫甲醇过滤器；V2601—气液分离罐；V2602—1号循环气液分离罐；V2603—2号循环气液闪蒸罐；V2604—贫甲醇罐；V2605—酸性气体分离罐；V2606—回流液气气气罐；V2607—气液分离罐；V2608—废甲醇罐；V2609—甲醇/水分离罐

④ 投用甲醇再生塔。在系统冷却的同时投用甲醇再生塔。

⑤ 投用喷淋甲醇。导气半小时前，投用喷淋甲醇，投用之前，要确认闪蒸罐上的压力调节前后截止阀开，去火炬阀关，去甲醇-水蒸馏塔阀开后，将其控制阀投自动；确认进闪蒸罐的液体阀前后所有截止阀开，旁路阀关。

⑥ 投用甲醇-水蒸馏塔。在投用喷淋甲醇的同时，投用甲醇-水蒸馏塔。首先给甲醇-水蒸馏塔泵充甲醇，然后投用甲醇/水分离塔。

⑦ 向甲醇洗涤塔导气。

⑧ 送气。

送净化气：当甲醇洗涤塔塔顶气体温度降至-50℃左右，联系投用在线分析仪 AI，当 AI 指示合格后，在 A2 处取样手动分析 $CO_2$ 为 2.5%～3.5%、$H_2S$<1ppm、CO 为 29%时，根据甲醇合成要求送气；

送 $H_2S$ 尾气：当热再生塔操作稳定，分析 $H_2S$ 浓度合适，联系调度调整热再生塔压力稍高于 C1604 后，按硫回收工号要求，向硫回收工号送气。

⑨ 投用 K2601。打开压缩机 K2601 进出口阀，打开联锁自动调节阀 PICA2603-1 截止阀投自动；确认 PICA2603 压力为 1.75MPa，按 K2601 操作规程启动 K2601。

⑩ 投用后的检查。检查设备是否泄漏、各泵运行情况是否良好、冷量是否平衡、运行参数是否达标。

### 2. 正常开车（短期停车后开车）

① 充压：与大检修后开车方法相同。

② 甲醇循环：因系统内已有甲醇，所以各泵启动的先后顺序可根据各塔器内的液位而定，但必须防止高、低压系统串气，其他步骤均与大检修后开车相同。

### （二）停车

计划长期停车步骤如下。

（1）停车前的确认

① 确认装置已减负荷至 50%，且相应流量随负荷的减少降至预定值。

② 确认甲醇合成装置已停车。

（2）停车　关闭甲醇循环槽 MV2608。

（3）停气后第一步处理　确认 MV2608 关、HV2731 关。打开甲醇洗涤塔充氮管线截止阀向甲醇洗涤塔充氮，使塔内压力不小于 4.50MPa；确认硫化氢浓缩塔压力为 0.08MPa，确认气提 $N_3$ 量在 4000m³/h 左右。

（4）第二步处理

① 通知 20 工号后，用 HIC2606 关 PV2606.1，酸性气体通过 PV2606.2 放入火炬。

② 由于甲醇中 $CO_2$ 和 $H_2S$ 的减少，甲醇体积会变小，适当降低系统各处液位。

③ 分析出 E2610 壳程甲醇里 $H_2S$ 含量，如 $H_2S$<1ppm，表明再生结束了。再生结束后，如需要，系统开始回温。手动关 LV2604 和 LV2605，停止向系统提供冷量。

（5）第三步处理

① 停甲醇-水蒸馏塔。

② 停止 $H_2S$ 再生塔。

（6）停甲醇循环　在停泵时，要注意必须当再生塔底 P2603 泵停后才可停循环 P2604 泵。关阀时注意要先高压后低压。

（7）卸压

① 逐渐降低 PICA2608 设定值（0.1MPa/3min），进行卸压操作。

② 当压力降至 0.3MPa（G）时，手动关 PV2608。

③ 将 PICA2603 切至手动，压力降至 0.3MPa（G）。

④ C2601 压力降至 0.3MPa（G）后，继续进氮，使后序各设备保持相应压力。

（8）排甲醇

① 如系统需要排液，各设备残余甲醇排往 V2608。打开排放阀，进行甲醇排放。各设备排甲醇时，充氮排放，以免形成负压。

② 如 V2608 液位高而 TIA2649 温度小于 10℃时，停止向 V2608 排液，等待温度升起。

③ 如 V2608 液位高且 TIA2649 温度大于 10℃时，启动 P2607 将 V2608 的甲醇送往 T5002。

④ 尽量降低 V2608 液位后，停 P2607（或靠液位低低联锁停泵）

⑤ 甲醇完全排放后，关排放阀。

⑥ 通入氮气，使下列设备保持相应压力。

（9）断电　注意检修期间，电动阀及各泵要断电。

## 技能训练

实操训练：Shell 煤气化制甲醇净化工段的开停车操作。

## 练习题

### 一、简答题

1. 粗煤气主要由哪些成分组成？有哪些主要有害成分？它们有哪些危害？

2. 煤气中的硫主要以哪些形式存在？硫的存在对煤气有什么影响？

3. 粗煤气中的固体颗粒一般采用哪些方法清除？

4. 说明湿式电除尘器的工作原理。

5. 煤气中硫的脱除有哪些方法？并比较各种脱硫方法的特点。

6. 酸性气体脱除的方法有哪些？

7. 试比较干法脱硫与湿法脱硫的优、缺点。

8. 有利于酸性气体吸收、解吸的操作条件是什么？

9. MDEA 法有哪些工艺特点？

10. 试列举不同酸性气体分压，应采取何种净化方法？

11. 脱硫方法是如何分类的？当前常用的脱硫方法有哪些？

12. 化工生产中常用的除尘设备有哪些？

13. 试分析比较各种脱碳方法的特点，说明哪些方法可能更有发展前途。

14. 说明煤气净化方法中物理吸收法与化学吸收法各有什么优缺点。

15. 试比较低温甲醇洗工艺的优缺点。

### 二、实操训练

请在实训基地完成煤制甲醇低温甲醇洗工段的独立开车运行与控制操作。

# 模块五
# 甲醇合成技术

## 学习目标

（1）学习羰基合成原理，掌握甲醇合成技术，了解国内外合成方法及合成工艺路线。

（2）能根据现场生产流程绘制甲醇合成工艺流程图，根据流程能熟练说清楚工艺流程及控制参数。

（3）能在仿真实训和现场实训场地熟练完成甲醇合成开车、停车操作。

（4）具备设备运行及维护管理能力。

## 岗位任务

（1）能明确合成工段内、外操岗位工作任务，具备相应工作技能。

（2）能熟知本岗位所属设备的技术规范、结构、性能等，熟练掌握 DCS 系统及操作。

（3）能根据生产原理进行生产条件的确定和工业生产的组织。

（4）能进行合成工段的开停车及正常操作。

（5）培养学生良好的职业素养、团队协作、安全生产的能力。

## 单元 1　甲醇合成技术概述

甲醇广泛应用于各个领域，是重要的化学工业基础原料和清洁液体燃料。甲醇常用来作为碳一化学、有机化工的基础原料，在发达国家甲醇产量仅次于乙烯、丙烯和苯，居第四位，它广泛用于有机合成、医药、农药、涂料、染料、汽车和国防等工业中。

甲醇生产的原料大致有煤、石油、天然气和含 $H_2$、CO（或 $CO_2$）的工业废气等。1923年德国 BASF 公司在合成氨工业化的基础上，首先用锌铝催化剂在高温高压下实现了由一氧化碳与氢合成甲醇的工业化生产。1966 年，英国 ICI 公司成功实现了铜基催化剂的低压甲醇合成工艺、中压法合成工艺。1971 年，德国 Lurgi 公司也成功开发了中、低压甲醇合成工艺。目前，甲醇合成工艺日趋成熟，生产规模大型化并向高度自动化操作水平发展，国内外大多数甲醇装置都是与其他化工产品联合生产，其中具有代表性的是合成氨联产甲醇与城市煤气联产甲醇。近年来，甲醇生产在原料路线、生产规模、节能降耗、过程控制与优化及与其他化工产品联合生产等各方面均有突破性进展。同时，随着技术的发展和能源结构的改变，甲醇合成和应用已成为化学工业中一个重要分支，在经济和发展中起着重要作用。

## 知识点 1　甲醇的性质与用途

通过本知识点的学习，了解甲醇的主要物理及化学性质，对规范生产操作及使用条件的确定具有一定的指导作用。

甲醇是最简单的饱和醇，甲醇最早由木材和木质素干馏制得，故俗称木醇。自然界中游离态甲醇很少见，但在许多植物油脂、天然染料、生物碱中却有它的衍生物。

### 一、甲醇的性质

#### 1. 物理性质

甲醇是最简单的饱和醇，分子式为 $CH_3OH$，常温常压下纯甲醇是无色透明、略带醇香味、有毒、易挥发和易燃的液体。熔点 175.6K，沸点 337.8K。甲醇是强极性化合物，可以和水及乙醇、乙醚等许多有机溶液以任意比例互溶，并与多种有机物形成共沸物，但不能与脂肪烃类化合物互溶。甲醇对气体的溶解能力也很强，特别是对 $CO_2$ 和 $H_2S$，故甲醇可作为工业生产时脱出合成气中 $CO_2$ 和 $H_2S$ 气体的溶剂。甲醇蒸气和空气混合能形成爆炸性混合物，爆炸极限为 6.0%～36.5%（体积分数）。闪点 11℃，燃烧时生成蓝色火焰。遇明火、高热能引起燃烧爆炸。与氧化剂接触发生化学反应或引起燃烧。在火厂中，受热的容器都有引起甲醇爆炸的危险。其蒸气比空气重，能在低处扩散到相当远的地方，遇明火会引着回燃。属甲类易燃液体。甲醇有强烈的毒性，内服 5～8mL 有失明的危险，30mL 能致人死亡，甲醇可通过消化道和皮肤等途径进入人体。我国卫生标准规定：甲醇（皮）工作场所空气中时间加权平均容许浓度为 $25mg/m^3$，短时间接触允许浓度为 $50mg/m^3$。空气中允许最高甲醇蒸气浓度为 0.05mg/L。

#### 2. 化学性质

甲醇是饱和脂肪醇，具有脂肪醇的化学性质，可进行氧化、酯化、羰基化、胺化、脱水等反应。

（1）脱水反应　甲醇在高温、高压下分子间脱水生成二甲醚。

$$2CH_3OH \longrightarrow CH_3OCH_3 + H_2O$$

（2）氧化反应　甲醇在电解银催化剂上可被空气氧化成甲醛，是重要的工业制备甲醛的方法。

（3）酯化反应　甲醇可与酸发生酯化反应。与有机酸如甲酸反应生成甲酸甲酯；与硫酸反应生成硫酸氢甲酯，硫酸氢甲酯加热减压蒸馏生成重要的甲基化试剂硫酸二甲酯。

$$CH_3OH + HCOOH \longrightarrow HCOOCH_3$$
$$CH_3OH + H_2SO_4 \longrightarrow CH_3OSO_2OH + H_2O$$
$$CH_3OSO_2OH \longrightarrow CH_3OSO_2OCH_3 + H_2SO_4$$

（4）羰基化反应　甲醇与 CO 在一定温度或压力下发生羰基化反应生成醋酸、醋酐：

$$CH_3OH + CO \longrightarrow CH_3COOH$$
$$2CH_3OH + 2CO \longrightarrow (CH_3CO)_2O + H_2O$$

甲醇与 CO、$O_2$ 在 CuCl 作催化剂或与 $CO_2$ 在碱催化剂作用下，也发生羰基化反应生成碳酸二甲酯：

$$CH_3OH + CO + \frac{1}{2}O_2 \longrightarrow (CH_3O)_2CO + H_2O$$

$$2CH_3OH + CO_2 \longrightarrow (CH_3O)_2CO$$

（5）胺化反应　甲醇与氨在活性 $Al_2O_3$ 作催化剂时可生成一甲胺、二甲胺、三甲胺的混合物：

$$CH_3OH + NH_3 \longrightarrow CH_3NH_2 + H_2O$$
$$2CH_3OH + NH_3 \longrightarrow (CH_3)_2NH + 2H_2O$$
$$3CH_3OH + NH_3 \longrightarrow (CH_3)_3N + 3H_2O$$

（6）生成芳烃

$$CH_3OH \xrightarrow[750℃]{Ag/ZSM\text{-}5} \bigcirc$$

（7）生成低碳烯烃

$$CH_3OH \xrightarrow{0.1\sim0.5MPa,300\sim500℃} CH_2 = CH_2 + H_2O$$

## 二、甲醇的用途

甲醇是重要的基本有机化工原料，它是碳一化学的基础，在有机合成工业中是仅次于乙烯和芳烃的重要基础原料。甲醇经深度加工可生产百余种化工产品及衍生物。如：甲醛、甲基叔丁基醚（MTBE）、醋酸、对苯二甲酸二甲酯（DMT）、甲基丙烯酸甲酯（MMA）、聚乙烯醇、甲胺、甲烷氯化物、硫酸二甲酯、二甲基甲酰胺（DMF）等。

甲醇还用于生产甲醛，也用作溶剂和萃取剂，如生产二甲醚，作为羰基合成醋酸、醋酐的原料，以及用甲醇生产乙醇、甲酸甲酯、乙二醇等。

总之，甲醇在化学工业、医药工业、轻纺工业以及能源、运输业、生物化工上都有着广泛的用途，在国民经济中占有十分重要的位置。

目前以甲醇为原料生产烯烃和汽油已实现工业化。由于甲醇具有广泛的应用前景，甲醇生产将会越来越受到企业和研究机构的重视。甲醇在工业上主要用于：

（1）制取甲醛

$$CH_3OH + \frac{1}{2}O_2 \xrightarrow[\text{银催化剂}]{600\sim650℃} HCHO + H_2O$$

（2）制二甲醚　高温高压下甲醇脱水生产二甲醚。

$$2CH_3OH \xrightarrow[\text{高温、高压}]{-H_2O} CH_3OCH_3$$

（3）生产甲胺

$$CH_3OH + NH_3 \xrightarrow[\text{加压、催化剂}]{370\sim400℃} CH_3NH_2 \xrightarrow[-H_2O]{CH_3OH} (CH_3)_2NH \xrightarrow[-H_2O]{CH_3OH} (CH_3)_3N$$

（4）生产醋酸、醋酐

$$CH_3OH + CO \xrightarrow[\text{铑催化剂}]{3MPa,150\sim200℃} CH_3COOH$$

$$CH_3OH + CH_3COOH \rightleftharpoons CH_3COOCH_3 + H_2O$$

$$CH_3COOCH_3 + CO \xrightarrow[\text{碘}]{\text{铑络合物}} (CH_3CO)_2O$$

（5）生产甲基化试剂硫酸二甲酯等

$$2CH_3OH + 2SO_3 \longrightarrow CH_3OSO_2OCH_3 + H_2SO_4$$

（6）生产甲基叔丁基醚　甲醇与异丁烯在 100℃以上以离子交换树脂作催化剂，生成甲基叔丁基醚，作为汽油添加剂，代替有害的烷基铅用以提高辛烷值。

另外，甲醇是较好的人工合成蛋白的原料，蛋白转化率较高，发酵速率快，无毒性，价格便宜。

甲醇作为液体燃料，国外的研究开发工作始于 20 世纪 70 年代，我国于 2012 年发展提速。醇类作燃料，具有与石油燃料的理化性能接近、辛烷值高（甲醇辛烷值为 122，汽油为 80～97）、抗爆性好、含氧量高，燃烧完全，排气中 NO$x$、HC、CO 含量较使用汽油时低，动力性方面与汽油相近的特点，可以作汽油的替代燃料。

## 知识点 2　甲醇合成的方法

通过本知识点的学习，掌握甲醇合成的方法及分类，能选择合适的合成工艺。

工业生产甲醇都采用 CO、$CO_2$ 加压催化氢化法，也称为羰基合成法。

反应方程为：

$$CO + 2H_2 \rightleftharpoons CH_3OH(g) \quad \Delta H = -90.8kJ/kmol$$

$$CO_2 + 3H_2 \rightleftharpoons CH_3OH(g) + H_2O \quad \Delta H = -49.5kJ/kmol$$

### 一、甲醇合成基本步骤

甲醇合成包括以下 5 个过程，压缩、预热、合成、冷却、分离，未反应合成气循环使用。甲醇合成方法及流程各有不同，但合成基本步骤基本相同，见图 5-1。

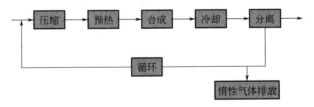

**图 5-1　甲醇合成基本步骤**

### 二、甲醇合成的方法

一般按操作压力进行分类，可分为高压法、中压法、低压法和联醇法。4 种方法催化剂选择、合成温度、压力以及特点比较如表 5-1 所示。

**表 5-1　甲醇合成方法及操作条件和特点**

| 方法 | 催化剂 | 操作条件 | 特点 |
|---|---|---|---|
| 高压法 | 锌铬催化剂（Zn-Cr） | 30MPa，340～380℃ | 设备及生产成本高 |

续表

| 方法 | 催化剂 | 操作条件 | 特点 |
|------|--------|----------|------|
| 中压法 | 铜基催化剂（Cu-Zn-Cr） | 10～15MPa，230～300℃ | 设备紧凑 |
| 低压法 | 铜基催化剂（Cu-Zn-Al） | 4.8～9.8MPa，230～270℃ | 设备庞大 |
| 联醇法 | 铜基催化剂（Cu-Zn-Al） | 12MPa，220～300℃ | 与中小型合成氨联合生产 |

### 1. 高压法

高压法是在压力为 30MPa、温度 340～380℃ 条件下使用锌铬催化剂（ZnO-Cr$_2$O$_3$）合成甲醇的工艺。高压法生产工艺成熟，从 1923 年第一次用该方法有近 100 年的历史。其工艺流程如图 5-2 高压法合成甲醇工艺流程图所示。

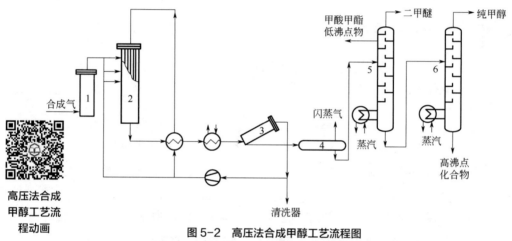

高压法合成
甲醇工艺流
程动画

图 5-2　高压法合成甲醇工艺流程图

1—活性炭吸附器；2—管式反应器；3—粗甲醇分离器；4—粗甲醇贮槽；

5—粗分离塔；6—精分离塔

经压缩后的合成气在活性炭吸附器 1 中脱除五羰基铁后，同循环气一起送入管式反应器 2 中，在温度为 350℃ 和压力 30.4MPa 下，一氧化碳和氢气通过催化剂层反应生成粗甲醇。含粗甲醇的气体经冷却器冷却后，迅速送入粗甲醇分离器 3 中分离，未反应的一氧化碳与氢经压缩机压缩循环回反应器 2。冷凝后的粗甲醇经粗甲醇贮槽 4 进入精馏工序，在粗分离塔 5 顶部分离出二甲醚和甲酸甲酯及其他低沸点不纯物；重组分则在精分离塔 6 中除去水和杂醇，得到精制甲醇。

合成反应前必须用活性炭吸附器除去五羰基铁 [Fe(CO)$_5$]，因为在气体输送过程中，钢管表面被 CO 腐蚀，形成羰基铁，羰基铁在温度高于 250℃ 时分解为单质铁（细小微细），促使甲烷生成，反应温度急剧上升，造成催化剂烧结和合成塔内部构件损坏，同时使原料消耗增加，反应选择性减小，甲醇收率降低。

高压法生产流程因压力过高、动力消耗大（吨甲醇能耗高达 15GJ 以上），设备复杂，投资费用高，产品质量较差，现已基本不再采用该法生产甲醇。

## 2.　中压法

中压法是在低压法基础上开发的在 10～15MPa 压力下合成甲醇的方法。该法成功地解决了高压法的压力过高对设备、操作所带来的问题，同时也解决了低压法生产甲醇所需生产设备体积过大、生产能力小、不能进行大型化生产的困惑，有效降低了建厂费用和甲醇生产成本。其生产工艺流程如图 5-3 所示。

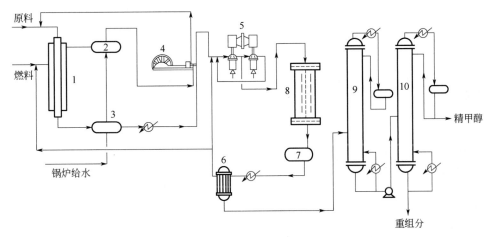

**图 5-3　中压法合成甲醇工艺流程图**

1—转化炉；2，3，7—换热器；4—压缩机；5—循环压缩机；6—甲醇冷凝器；

8—合成塔；9—粗分离塔；10—精制塔

合成气原料在转化炉 1 内燃烧加热，转化炉内填充镍催化剂。从转化炉出来的气体进行热量交换后送入合成气压缩机 4，经压缩与循环气一起，在循环压缩机 5 中预热，然后进入合成塔 8，其压力为 8.106MPa，温度为 220℃。在合成塔里，合成气通过催化剂生成粗甲醇。合成塔为冷激型塔，回收合成反应热产生中压蒸汽。出塔气体预热进塔气体，然后冷却，将粗甲醇在冷凝器中冷凝出来，气体大部分循环。粗甲醇在粗分离塔 9 和精制塔 10 中经蒸馏分离出二甲醚、甲酸甲酯及杂醇油等杂质，即得精甲醇产品。

## 3.　低压法

低压法操作压力为 4.8～9.8MPa，反应温度范围 230～270℃，使用铜基低温高活性催化剂生产甲醇的工艺，低压合成节能效果显著。

低压法生产与高压法相比较，优点是装置主要设备减少 13%，副产物产率低于 2%，压缩机动力消耗降低 40%，热效率可达 64%，甲醇能耗下降 30%，达到 29GJ/t，生产成本下降。缺点是：因操作压力较小，设备体积庞大，生产能力较小，单体反应器能力低，甲醇的合成收率较低；单程转化率低，一般只有 10%～15%，有大量的未转化气体被循环；反应气体的 $H_2/CO$ 比一般在（5～10）：1，远大于理论量的 2：1；又由于循环比大于 5，惰性组分量累积，原料气中含 $N_2$ 量必须控制。

随着甲醇工业技术的发展，甲醇工艺的一个重要发展方向是大型化、超大型化。1997 年，Lurgi 公司率先发布百万吨级大甲醇生产概念。近年，Davy、Casale、MHI/MGC 推出不同类型甲醇反应器。我国 2020 年有甲醇生产企业 186 家，其中合计年产能在 100 万吨及以上的甲醇企业有 25 家，未来还会不断增加。

### 4. 合成氨联产甲醇（简称联醇）

合成氨联产甲醇（简称联醇）是我国独创的新工艺，主要是针对合成氨厂铜氨液脱除微量 CO 而开发的。联醇的生产条件是：合成操作压力 10~12MPa，温度 220~300℃，采用铜基催化剂。

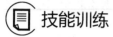 **技能训练**

选择当地几家煤化工企业，了解甲醇合成的工艺条件。

# 单元2　煤气化制甲醇合成反应设备

### 知识点 1　甲醇合成的反应器

认识甲醇合成反应器的结构，对操作、调节塔设备有一定的指导作用。

#### 一、甲醇合成反应器结构要求

甲醇合成反应器是甲醇合成生产的主要设备。因此，甲醇合成反应器必须具有温度易于控制、调节灵活、合成反应转化率高、催化剂生产强度大、床层中气体分布均匀、压降低、能源利用合理、结构简单、无泄漏等特点。从工艺及生产特点综合分析，甲醇合成反应器必须满足以下要求：

① 由于合成反应是强放热反应，为保证反应温度保持在催化剂活性范围内，必须能及时移出反应热量，提高甲醇收率，延长催化剂寿命。

② 气体均匀通过催化剂床层，降低流体阻力。

③ 在一定空间体积内，尽可能减少内部构件，增大装填催化剂的体积，提高生产能力。

④ 设施必须节能。保证热量合理利用，充分利用放出的反应热。

⑤ 高温、高压下氢气对钢材腐蚀加剧，机械强度下降，对出口管道安全带来隐患，因此，出塔气体温度应低于 160℃，在出口处考虑对高温气体换热降低出口温度。

⑥ 氢、一氧化碳、甲醇、有机酸等在高温下均对设备有腐蚀作用，有针对性地选择耐腐蚀材料。

⑦ 结构合理，便于操作、调节、控制、拆装催化剂、检修。

#### 二、甲醇合成反应器结构部件

甲醇合成反应是在催化条件和一定温度压力下完成，反应器内需安装催化剂筐和换热器，结构上常采用直立圆筒形塔型结构，所以合成反应器常称为合成塔。甲醇合成塔主要由外筒、内件和电加热器等 3 个主要部件构成。

##### 1. 外筒

合成塔外筒是一个高压容器，一般由多层钢板卷焊而成，有的则用扁平绕带绕制而成。

##### 2. 内件

内件由催化筐和换热器两部分组成。催化筐是填装催化剂进行合成反应的组合件。换热器分两类，一是为满足开车时催化剂活性温度对原料气进行加热的需要，可采用电加热器；另一是对进、出催化床层反应气体进行热交换，达到工艺生产要求。

（1）催化剂筐　甲醇合成塔内件主要是催化剂筐的设计，它的形式与结构需尽可能实现催化剂床层内最佳温度分布，一般连续冷管有自热式和外冷式两种结构。自热式是利用反应热，以冷原料气为冷却剂，使催化床降温，原料气体同时被加热。自热式又分为单管逆流、双套管并流、三双套管并流、单管并流以及 U 形管式。外冷式是冷却剂采用其他介质进行冷却。

（2）换热器　换热器的作用是回收合成气反应后的热量及提高冷原料气的温度。为适应控制催化剂层温度的需要，在换热器中心设置冷气副线。一般换热器安装在反应器下部。可以是列管式、螺旋板式、波纹板式等多种类型。

### 3. 电加热器

催化床层开车时需要升温，一般采用电加热器对催化床进行升温来达到合成反应所需温度。在设计时，会在电加热器中设计一个中心管，作为塔内气体流通的通道，这样设计可合理节省电加热器占用塔内空间容积；为增加合成塔内反应及热交换容积，大型甲醇合成塔则一般会将电加热器（炉）安装在塔外，以减小合成塔结构尺寸。

### 知识点 2　甲醇合成反应器的选用

通过学习，认识甲醇合成反应器的结构，对操作、调节塔设备有一定的指导作用。

按不同的换热方式，甲醇合成塔可分为冷管型连续换热式和冷激型多段换热式两大类。

冷管型连续换热式反应器是为了及时移出甲醇合成反应时产生的热量，在催化剂筐内安装了冷管，冷管内大多数是走冷原料气作为冷却剂，使催化剂床层得到冷却，而原料气则被加热到略高于催化剂的活性温度，然后进入催化剂床进行反应。其特点是反应过程与换热过程同时进行。

另一种移走反应热的类型是冷激型多段换热式。冷激型多段换热式可分为两类：即多段间接换热式和多段直接换热式。多段间接换热式催化剂反应器的段间换热过程在间壁式换热器中进行，见图 5-4 三段间接换热式操作流程。

流程采用原料气与甲醇合成气进行间接逆流热交换，充分利用反应热来加热原料气体，同时移走反应热，保持催化床恒定温度。原料气经预热器预热进入第 1 换热器壳层，与第 2 段催化床层反应气体进行热交换后进入第 2 热交换器壳层，再次与第 1 段催化床层反应气体换热，达到反应温度的原料气从反应器顶部进入第 1 段催化床层进行甲醇羰基合成反应；反应后温度升高，进入第 2 换热器管层与原料气换热，然后进入第 2 段催化床合成，第 2 段合成气再进入第 1 换热器管程与预热器来的原料气换热后进入第 3 段催化床层，再次反应后的甲醇气体从反应器底部出来进入预热器管程，与原料气换热后进入甲醇分离器。

多段直接换热式是向反应混合气体中加入部分冷却剂，二者直接混合，以降低反应混合物的温度，见图 5-5 三段原料气冷激式催化流程。该流程原料气分两部分，一部分直接进入预热器壳程，与反应后气体进行换热后从反应器顶部进入催化床 1 段，反应后与冷激气直接接触换热，降低温度后进入催化床 2 段，经过反应再次与冷激气直接进行热交换后进入 3 段催化床层，反应完全后进入预热器管层与原料气换热；另一部分原料气作为冷激气体被分别送至催化床层的第 1、2 段之间和第 2、3 段之间与反应后甲醇气体进行直接接触冷却。该流程的特点是反应气与原料气体直接接触，热交换效果好。

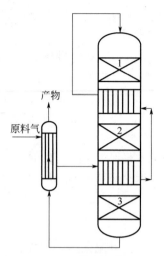

图 5-4    三段间接换热式操作流程

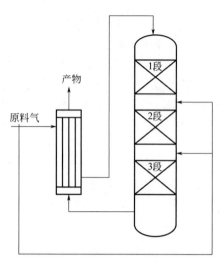

图 5-5    三段原料气冷激式催化流程

多段换热式反应器段数越多，其温度控制越好，有利于反应在最佳温度下进行，但段数增加，设备复杂，操作难度增加。

两种流程相比较，各有优缺点，在多段式直接冷激式换热反应器中，利用原料气冷激，相当于反应过程中部分气体没有经过反应就发生返混的现象，增大气体处理量，降低了反应转化率。间接换热式催化反应器没有返混现象发生，但由于结构复杂而不便于催化剂装卸及设备检修。故大型甲醇合成塔一般采用直接冷激式换热。冷激型合成塔结构简单，单塔生产能力大，塔内阻力小，装卸催化剂方便，但由于催化剂床层各段为绝热反应，使催化剂床层温差较大，整个反应器轴向温度呈锯齿状分布，反应副产物多，催化剂使用寿命较短，循环气压缩功耗大，温度控制不够灵敏，而且只能在反应器出口设低压废锅回收低压蒸汽。

目前应用最广泛的有 Lurgi 甲醇合成塔和 Davy 甲醇合成塔，其中 Lurgi 甲醇合成塔占市场 70%左右。

### 1. Lurgi 甲醇合成塔

图 5-6 为 Lurgi 甲醇合成塔，是应用最广泛的甲醇合成塔，其操作压力为 5MPa，温度为 250℃，由德国 Lurgi 公司开发。合成塔既是反应器又是废热锅炉。Lurgi 合成塔是管壳式结构，合成塔内部类似于列管式换热器，轴向副产蒸汽。管内装催化剂，管外为沸腾水，甲醇合成反应放出的热很快被沸腾水移走。合成塔壳程的锅炉给水是自然循环的，这样通过控制沸腾水的蒸汽压力，可以保持恒定的反应温度。塔内压力每变化 0.1MPa，温度大约改变 1.5℃。

Lurgi 低压合成塔的优点是温差小，单程转化率高，合成塔温度几乎是恒定的，有效地抑制了副反应发生，杂质生成少，催化剂寿命延长；合成塔副产蒸汽压力较高，操作上易控制。但由于管内装催化剂，容积率低，造成生产设备庞大；因为是轴向塔，为防止塔阻力过大，合成塔高径比小，催化剂层高在 6～7m，扩大生产能力采用增加塔径的方法，增加投资较大。

### 2. Davy 甲醇合成塔

Davy 甲醇合成塔是低压甲醇合成技术（见图 5-7）用于大型合成甲醇场所。由两个结构相同的径向流合成塔串联而成，水冷合成塔反应后合成气经塔外中间换热器由 200℃冷却到 100℃左右，再进入气冷合成塔，采用管内水冷产汽，管内蒸汽轴向上升，管外工艺气体径向流动。

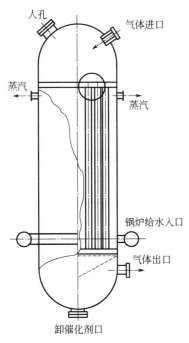

图 5-6　Lurgi 甲醇合成塔结构图

人孔　气体进口　蒸汽　蒸汽　锅炉给水入口　气体出口　卸催化剂口

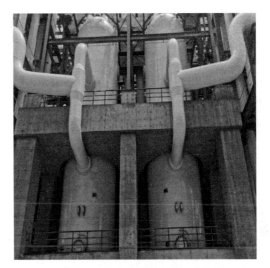

图 5-7　Davy 甲醇合成装置图

Davy 甲醇合成塔催化剂装在管外，同等生产能力合成塔直径比 Lurgi 管壳式小；但 Davy 甲醇合成塔内部结构复杂，制造难度大，成本高；同时催化剂装填是分层进行，操作空间狭小，检修难度大。

## 知识点 3　催化剂的选择及应用

通过学习，能选择合适的甲醇合成催化剂。

甲醇合成中，催化剂的选用决定合成反应的操作条件，即合成压力、温度，同时影响甲醇生成速率和 CO 的单程转化率，目前工业上使用的主要有锌铬催化剂和铜基催化剂。

（1）锌铬催化剂　锌铬（$ZnO/Cr_2O_3$）催化剂组成：含 $ZnO55\%$，$Cr_2O_3 34\%$，石墨 1.5%，其余为水，水主要以结晶水形式存在。

锌铬催化剂是用锌和铬的硝酸盐溶液，以碱沉淀，经洗涤、干燥后成型。也有将铬酐溶液加入氧化锌悬浮液中，充分混合后分离脱水、烘干，掺入石墨成型。锌铬（$ZnO/Cr_2O_3$）催化剂是一种高压固体催化剂，其活性温度在 320~400℃ 之间，操作压力为 30~50MPa。锌铬催化剂有较好的耐热性、抗毒性和机械强度，使用寿命长，但其催化活性较低。

锌铬催化剂不耐硫及化合物，原料气中杂质硫化物、油、碱金属等成分将响催化剂的活性和选择性，在气体入塔前要严格控制。

（2）铜基催化剂　铜基催化剂一般采用共沉淀法制备，可用硝酸盐或乙酸盐共沉淀制得，沉淀终了时控制 pH 小于 10，将沉淀物清洗、烘干、煅烧、磨碎成型。铜基（$CuO/ZnO/Al_2O_3$）催化剂是一种低压催化剂，其活性温度为 220~290℃，合成操作压力为 5~10MPa。铜基催化剂系列品种较多，有铜锌铬系（$CuO/ZnO/Cr_2O_3$）、铜锌铝系（$CuO/ZnO/Al_2O_3$）、铜锌硅系（$CuO/ZnO/SiO_2$）和铜锌锆系（$CuO/ZnO/ZrO$）等。

铜基催化剂对硫中毒十分敏感，原料气中硫含量应小于 $0.1cm^3/m^3$，同时其耐热性较差，要防止超温操作才能延长其寿命。

铜基催化剂活性温度低，选择性高，产品甲醇中杂质少。但在耐热性、抗毒性方面不及锌铬催化剂。

（3）催化剂的使用　甲醇合成生产过程中，造成催化剂失活的原因如下：

① 原料气中微量的杂质（如硫、氯等）使催化剂中毒；原料气中硫含量超标，造成甲醇合成工艺的催化剂中毒，还会造成设备的腐蚀。目前国内一般要求合成气中总硫含量小于 $0.1 \times 10^{-6}$，可有效预防硫化物长期累积对催化剂中毒的影响。

② 温度较高，造成催化剂发生不可逆烧结，导致催化剂活性组分的晶体长大，活性组分分散度下降，从而降低比表面积。控制反应床层温度，避免催化剂烧结是延长甲醇催化剂寿命的有效方法。

③ 催化剂活性表面被杂质阻塞，活性中心数减少。

④ 催化剂磨损粉碎，质量下降。

 技能训练 ·······················································································

熟悉 Lurgi 甲醇合成塔和 Davy 甲醇合成塔的结构及特点。

·····································································································································

 知识拓展

**典型大型甲醇合成反应器**

1. Lurgi 大型百万吨级甲醇合成

大型百万吨级甲醇合成流程多采用"气冷式反应器+水冷式反应器"的两段式甲醇合成技术，见图 5-8 Lurgi 甲醇合成气冷+水冷式反应器图。

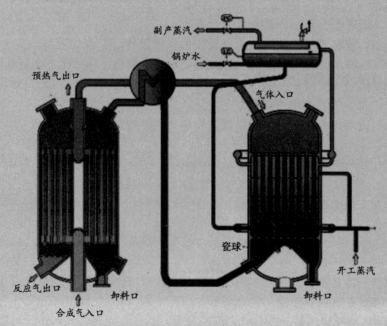

图 5-8　Lurgi 甲醇合成气冷+水冷式反应器图

甲醇合成采用两级反应，第一是水冷式反应器为轴向流副产蒸汽等温反应器，催化剂装填在管程，锅炉给水走壳程，吸收反应热变成蒸汽后从反应器上部返回到汽包。

第二是气冷反应器为气-气换热轴向流反应器，催化剂装填在壳程。水冷反应器反应后的气体继续在气冷反应器中反应。气冷反应器具有换热器功能，减小了回路中的外部换热器的尺寸，也提高了热回收率。水冷反应器在相对高的压力、温度、高空速、少催化剂的条件下操作，并副产压力高的蒸汽；气冷反应器在温和的条件下操作，出口温度较低，保证转化率高、副产物少。

2. Davy 大型甲醇合成

Davy 公司针对大型甲醇装置工艺流程采用低压合成和径向流副产蒸汽式反应器技术，见图 5-9。催化剂装填在壳程，原料气从中心管进入后从中心沿径向从内到外通过催化剂床层，后经过塔壁收集器汇聚出塔。锅炉给水由塔底进入换热管内，吸收壳程甲醇反应热的同时副产中压蒸汽将反应热带走，通过控制汽包蒸汽压力来控制催化剂床层温度。

径向流反应器结构有两个优点，一是容易实现反应器内催化剂床层温度的均匀分布；二是径向流反应器气体径向流动，流道短，空速小，通过催化床层压降小，能耗低。增加生产能力不需扩大反应器直径，可以通过增加反应器长度来实现产能扩大。这个优点可以保证在甲醇装置大型化中不受运输条件的限制。另外，催化剂选择装填在壳侧的方式，具有催化剂装填量大、易于装卸、换热管配置少、投资省等优点，适合甲醇工艺大型化生产需要。

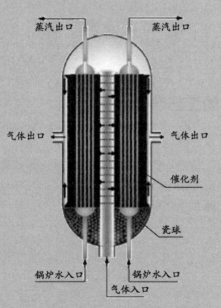

图 5-9　Davy 甲醇合成径向流蒸汽上升式反应器示意图

# 单元 3　煤气化制甲醇的工艺条件

## 知识点 1　甲醇合成的反应过程

通过学习，掌握甲醇合成塔内的主、副反应过程，对分析合成产物，提高转化率具有指导作用。

合成甲醇的主要化学反应是 $CO$、$CO_2$ 与 $H_2$ 在催化剂上的反应：

$$CO + 2H_2 \rightleftharpoons CH_3OH(g) \quad \Delta H = -90.8kJ/kmol$$

$$CO_2 + 3H_2 \rightleftharpoons CH_3OH + H_2O(g) \quad \Delta H = -49.5kJ/kmol$$

反应过程除生成物甲醇外，还生成少量的烃、醇、醛、醚和酯等化合物。

主要副反应有：

① 烃类，主要有 $C_1 \sim C_3$ 烷烃，通式如下：

$$nCO + (2n + 1)H_2 \rightleftharpoons C_nH_{2n+2} + nH_2O$$

如

$$2CO + 5H_2 \rightleftharpoons C_2H_6 + 2H_2O$$

② 醇类，主要有 $C_1 \sim C_4$ 伯醇，通式如下：

$$nCO + 2nH_2 \rightleftharpoons C_nH_{2n+1}OH + (n - 1)H_2O$$

如

$$2CO + 4H_2 \rightleftharpoons C_2H_5OH + H_2O$$

$$4CO + 8H_2 \rightleftharpoons C_4H_9OH + 3H_2O$$

③ 醛

$$CO + H_2 \rightleftharpoons HCHO$$

④ 醚类

$$2CO + 4H_2 \rightleftharpoons CH_3OCH_3 + H_2O$$

$$2CH_3OH \rightleftharpoons CH_3OCH_3 + H_2O$$

⑤ 酸类

$$CH_3OH + nCO + 2(n - 1)H_2 \rightleftharpoons C_nH_{2n+1}COOH + (n - 1)H_2O$$

⑥ 酯类和元素 C：产物有甲酸甲酯、乙酸甲酯、乙酸乙酯和 C 等。

甲醇合成是可逆放热反应，为使反应过程按照最佳温度曲线进行，以达到较高的产量，要采取措施移走反应热。

## 知识点 2　甲醇合成的工艺条件

通过学习，能根据甲醇合成的特点，选择合适的工艺条件。

甲醇合成反应有如下四个特点，即甲醇合成是放热、体积缩小、可逆和催化反应。为了提高选择性和收率，减少副反应发生，必须选择合适的工艺条件。工艺条件的控制主要有温度、压力、原料气组成和空速及气体的循环等。

### 1. 反应温度

合成甲醇是一可逆放热反应。从化学平衡考虑，升高温度对平衡不利。但从动力学考虑，温度升高有利于加快反应速率；同时，升高温度副反应产物增多，由于甲酸的生成，造成设备的氢腐蚀，且过高温度也会影响催化剂使用寿命。因此，需选择最佳反应温度，不同催化剂其反应温度不同，反应温度取决于催化剂的活性温度。对于 $ZnO/Cr_2O_3$ 系催化剂，反应活性温度在 $320 \sim 400℃$；而铜基催化剂 $CuO/ZnO/Al_2O_3$ 则适宜在 $210 \sim 280℃$ 下操作。当然，催化剂的型号及反应器型式不同，其最佳操作温度范围也略有不同。如管壳式反应器采用铜基催化剂时的最佳操作温度在 $230 \sim 270℃$ 之间。工业生产中，为了延长催化剂寿命，防止催化剂因高温而加速老化，反应初期在催化剂活性温度范围内，宜采用较低温度，使用一段时间后再升温至适宜温度。

因为甲醇合成是强烈的放热反应，必须在反应过程中不断地将热量移走，反应才能正常进行。对于管壳式反应器，一般利用管子与壳体间副产中压蒸汽来移走热量。这样，合成反应温度将利用副产品中压蒸汽压力来控制。

## 2. 反应压力

从反应方程可见,合成甲醇主、副反应均为体积减小的反应,增加压力对提高甲醇平衡分压有利,同时,从反应速率考虑,提高压力,反应速率加快。但加压生产要消耗能量,且受设备强度限制。目前工业上采用高压、中压和低压法生产,主要是催化剂不同。由于采用锌铬催化剂的高压法生产需在 25~30MPa 高压下操作,CO 与 $H_2$ 生成二甲醚、甲烷、异丁醇等副产物,同时放出大量热,造成床层温度控制难度增加,催化剂易损坏。

现广泛采用中压、低压法生产,均使用铜基催化剂,低压合适的操作压力是 5.0~10.0MPa。但低压流程设备和管道均较庞大,由于操作压力较低,热能回收与利用效率不高。为解决这一问题,开发了中压流程,中压操作时,压力控制在 10.0~15.0MPa 之间。

在生产过程中,对于合成气中二氧化碳较高的情况,采用较大压力对提高反应速率有比较明显的效果。

## 3. 原料气组成

合成甲醇反应:

$$CO + 2H_2 \rightleftharpoons CH_3OH$$
$$CO_2 + H_2 \rightleftharpoons CO + H_2O$$

合成甲醇时,氢碳比是重要的控制指标,氢碳比($f$ 或 $M$)有以下两种表示方法。

$$f = \frac{n(H_2) - n(CO_2)}{n(CO) + n(CO)_2} = 2.05 \sim 2.15 \tag{5-1}$$

$$M = \frac{n(H_2)}{n(CO) + 1.5(CO_2)} = 2.0 \sim 2.05 \tag{5-2}$$

以煤为原料制得的氢碳比过低,利用 CO 加水蒸气变换为 $H_2$ 和 $CO_2$ 增加氢碳比。生产过程中,氢碳比一般会选择 2.05~2.15 之间。

在合成过程中 $H_2$ 对减少羰基铁与高级醇、高级烃和还原物质的生成,减少 $H_2S$ 中毒和延长催化剂寿命有一定作用,可提高粗甲醇的浓度和纯度。当 CO 含量过高时,温度不易控制,且会导致羰基铁聚积在催化剂上,引起催化剂失活。同时又因氢的导热性好,可有利于防止局部过热和降低整个催化层的温度。但氢气过量会降低生产能力。

另外,在原料气中有 $CO_2$ 存在时,因 $CO_2$ 与 $H_2$ 反应放出的热量比 CO 与氢的放出反应热小,有利于催化床层温度控制,抑制二甲醚等副产物生成。但当 $CO_2$ 含量过高时,甲醇产率又会降低。一般 $CO_2$ 含量在 3%~5%较好。

原料气中除有效成分外,还有如 $CH_4$、$N_2$、Ar 等惰性气体存在,会在合成系统中反复循环逐渐累积增多,降低 CO、$CO_2$、$H_2$ 等有效气体分压,使反应速率减慢,降低甲醇合成反应转化率和收率,同时使循环动力和压缩机消耗增大。操作中需排放一部分循环气体,排放后使循环气中惰性气体含量控制在 20%~25%。因为含量太低,弛放损失加大,将损失有效气体。一般在操作时,在催化剂使用前经期,由于反应活性高,惰性气体含量可高一些,弛放气可少些;在催化剂使用后期,反应活性降低,要求惰性气体含量低,弛放气就大一些。排放量由下式计算:

$$V_{放空} = \frac{V_{新鲜} \times X_{新鲜}}{X_{放空}} \tag{5-3}$$

式中   $V_i$——放空和新鲜气体体积,$m^3/h$;

   $X_i$——放空和新鲜气体含量,%。

实际生产中,由于部分惰性气体溶于液体甲醇中,弛放气体体积要较计算值小,为减少排放空气体积，应尽量减少新鲜气中惰性气体含量。

### 4．空速及气体的循环

空速是合成甲醇的一个重要控制参数，是指在单位时间内，单位体积的催化剂所通过气体体积。其单位是 $m^3/(m^3$ 催化剂·h)。可用来表示反应器的生产能力。空速越高，单位体积催化剂处理能力越大，生产能力就越大。

增加空速可增大甲醇的生产能力，并有利于移走反应热，防止催化剂过热。但空速太高，转化率降低，循环气量增加，操作费用增加。采用较小空速，反应过程中气体混合物组成与平衡组成较接近，单位甲醇产品所需循环气量小，消耗动力小，热能利用好，但由于催化剂生产强度低，太小的空速则不能满足生产任务要求。

适宜的空间速度的选择与催化剂活性、反应温度及进料组成有关，另外还要由循环机动力、循环系统阻力与生产任务来决定。一般用锌基催化剂时，空速为 $35000 \sim 40000h^{-1}$；铜基催化剂为 $10000 \sim 20000h^{-1}$。当然，不同反应器空速不同，管式反应器空速要更低一些，一般控制在 $8000 \sim 10000h^{-1}$。

 **技能训练**

分组讨论，如何选择甲醇合成工艺条件可减少反应过程副反应的发生。

 **知识拓展**

**180 万吨/年甲醇合成工艺流程介绍**

国内某企业 180 万吨/年甲醇合成系统流程如下：

甲醇合成为放热反应，而铜基催化剂耐热性差，本工艺采用了径向等温水冷式反应器 +径向气冷式反应器两段等温甲醇合成技术。图 5-10 为大型甲醇装置流程示意图。

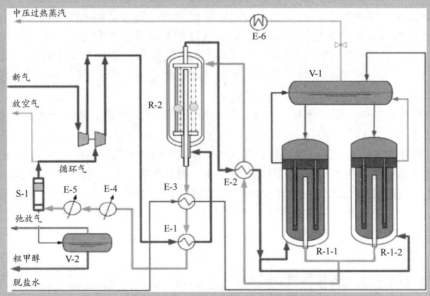

图 5-10　某大型甲醇装置流程示意图

E-1～E-6—换热器；R-2—气冷甲醇塔；R-1-1，R-1-2—水冷甲醇塔；V-1—蒸汽发生器；V-2—粗甲醇贮槽；S-1—甲醇分离器

6.5MPa 原料气与来自循环压缩机的循环气汇合后，经进料加热器 E-1 换热后温度提高到 108℃，再进入气冷甲醇塔 R-2 中的冷管内，与管外催化剂层的气体换热，再经气气换热器 E-2 后温度提高到约 214℃，进并联的两水冷甲醇塔 R-1-1/R-1-2，分别从底部经内外筒环隙进入催化床，反应气与垂直悬挂式沸腾水管换热，径向流过催化床，进行催化反应，70%～80% 的甲醇在此合成。两台水冷反应器为并联的轴向反应器，顶部设有一汽包，对两台反应器连续供水，目的是移走反应热并副产中压蒸汽。反应后气体进入中心集气管，自上而下，由水冷甲醇塔 R-1-1/R-1-2 底部引出，两塔反应气在约 250℃混合后，经气气换热器 E-2 后进入气冷甲醇塔 R-2 的催化剂层，继续进行甲醇合成反应，反应热加热冷管内的冷气，出气冷甲醇塔 R-2 的出塔气温度为 220℃，经汽包给水预热器 E-3 换热后温度降至 175℃，然后入进料加热器 E-1 温度降至 125℃，再经脱盐水加热器 E-4 和水冷器 E-5 冷却至 40℃入甲醇分离器分离出粗甲醇。粗甲醇罐的气相组分主要是 $H_2$，大部分经循环机升压循环使用，升压后与原料气混合去合成甲醇，进行下一个循环，一小部分放空气送至下个工段回收，也可燃烧部分，去过热汽包产饱和蒸汽。汽包中须补充锅炉给水，排污水进入低压污水罐子中，污水罐副产低压蒸汽，低压污水经冷却后排出界区。

气冷反应器本质上是一台管壳式换热器，但在壳程填充了催化剂，由于甲醇合成是放热反应，反应产物在对合成气进行加热回收热量的同时，自身温度的降低也有利于反应向正方向移动。

甲醇分离器底部出来的粗甲醇去粗醇中间槽，释放出弛放气后去甲醇精馏。

# 单元 4　煤气化制甲醇合成工段的生产操作与控制

## 一、操作控制指标

### 1. 工艺操作指标

（1）温度

| | |
|---|---|
| 入塔气温度 | 225℃ |
| 出塔气温度 | 根据催化剂使用情况确定 |
| 甲醇分离器出口气温度 | 40℃ |

（2）压力

| | |
|---|---|
| 合成汽包压力 | 2.4～3.9MPa |
| 入塔气压力 | 7.7MPa |
| 合成塔压差 | 0.2MPa |
| 循环气压力 | 7.35MPa |
| 闪蒸槽出口闪蒸汽压力 | 0.4MPa |

（3）流量

| | |
|---|---|
| 合成汽包产蒸汽流量 | 45.4t/h |
| 循环气流量 | 391918.7m³/h |

（4）液位

| | |
|---|---|
| 合成汽包液位 | 50% |

| 甲醇分离器液位 | 50% |
| 闪蒸槽液位 | 50% |

## 2. 主要分析项目及指标

（1）粗甲醇

| $CH_3OH$ | 80.26%（体积分数） |
| $H_2O$ | 18.75%（体积分数） |
| 相对密度 | 0.8 |
| pH 值 | 4～6.5 |

（2）炉水

| pH 值 | 7～9（25℃） |
| $Na_3PO_4$ | 5～10mg/L |
| $SiO_2$ | <1mg/L |

# 二、岗位操作过程及步骤

## 1. 开车前准备工作

本工序处于原始开车，则必须另外制订方案进行管道、设备、吹除，单体试车、气密性试验，合成塔壳程及汽包清洗、试漏、催化剂装填、联动试车等工作。若检修后再开车，则应针对具体情况做完上述有关工作后，再行开车。

① 检查安全设施是否齐全，如氧呼吸器、过滤式面具、灭火器等。

② 通知维修人员检查本工序所属电仪设备，使电仪设备处于备用状态，检查 DCS 系统运行情况，调校正常。

③ 检查所属管道、设备是否完整，保温、防腐是否完成，阀门是否灵活，并应在阀杆上涂抹黄油，使所有阀门处于安全开车的位置。

④ 检查安全阀是否校正就位，安全阀上是否有铅封，确认起跳整定值。

⑤ 检查所属仪表是否齐全完好，调节系统是否灵活可靠。

⑥ 通知分析人员做好合成工序开车的各项分析准备。

⑦ 公用工程准备就绪，如循环水、脱盐水、电、低压蒸汽、中压蒸汽、氮气、仪表空气、还原用转化气等。

⑧ 检查盲板是否在工作位置上，所有的人孔、手孔是否封闭严密。

⑨ 转化工序配好 5%左右的磷酸盐溶液备用。

⑩ 准备好备用工具、操作记录本，开车方案经过讨论和批准。

## 2. 开车

（1）第一种情况　原始开车。

① 系统置换。

a. 空分空压岗位提供氮气备用。

b. 现场将向本系统充氮的管线盲板导通。

c. 现场关甲醇分离器液位调节阀、闪蒸槽液位调节阀的前后切断阀及副线阀。

d. 关闭合成系统所有的放空阀、导淋阀、取样阀和排污阀。

e. 开合成系统进出口切断阀，关放空阀。

f. 以上工作确认无误后，现场开氮气入系统切断阀，向系统充压至 0.5MPa。

g．开压缩机出口放空阀，各取样阀及其他排放口采取间断憋压、排放的方法置换系统中的氧气，直至系统中各取样点任一处排放口取样分析氧含量≤0.1%。

h．将联合压缩机的副线打开流通几次，并通过循环气压力调节阀置换弛放气系统（当不能向火炬系统排放时，可通过现场放空来排放）。

② 建立氮气循环。

③ 建立汽包液位。

a．现场开汽包安全阀根部阀，开现场压力表根部阀。

b．现场开汽包液位调节阀前后切断阀，关汽包压力调节阀前后切断阀及副线阀。

c．关开工喷射器蒸汽入口切断阀，关汽包出口蒸汽切断阀。

d．开汽包放空阀，关汽包、合成塔壳程排污阀。

e．开喷射器导淋，启动空冷器，打开甲醇水冷器冷却器进出口阀门。

f．联系转化工序送锅炉水，主控手动调节，建立液位后投入自控。

g．联系开工锅炉送开工蒸汽，暖管备用。

h．通知转化工序启动磷酸盐泵，并调节流量至炉水质量达标。

④ 合成催化剂的升温还原。还原介质：转化工序来的转化气。

a．现场启动出塔气空气冷却器，同时打开甲醇水冷器循环水进出口蝶阀，通冷却水。

b．待排尽冷凝液后，现场关开工喷射器前导淋，缓慢全开去开工喷射器的开工用中压蒸汽，用喷射器手轮严格控制蒸汽加入量，控制升温速率≤25℃/h。

c．如果在加热过程中发现开工喷射器振动，可调整喷射器手轮。当合成塔出口温度升高到100℃时，减少蒸汽加入量，使合成塔恒温2h。

d．当合成塔出口温度达120℃时，再减少蒸汽加入量，恒温4h以上，观察甲醇分离器的液面，当分离器液面不再升高时，恒温即可结束。现场打开甲醇分离器底部导淋阀，排出分离器中分析出的物理水，并称重计量（与理论出水量相比较），直到有氮气跑出为止。

e．现场打开转化气进合成系统前后切断阀，主控手动调节控制转化气加入量。当入塔器预热器入口前的气体中（$CO+H_2$）浓度达0.5%～0.8%，保持流量稳定，催化剂在此浓度下进行还原。在此温度（120℃）及该（$CO+H_2$）浓度（0.5%～0.8%）下，继续还原催化剂，直到合成进出口塔（$CO+H_2$）浓度相等为止。

f．维持（$CO+H_2$）浓度在0.5%～0.8%，慢慢增加去开工喷射器的蒸汽，使系统以每次提温10～15℃/h的速度逐级升温还原，每一次提温前，合成塔进出口（$CO+H_2$）浓度一定要达到一致（进出口还原气浓度差$\Delta H_2 \leqslant 0.1\%$）。保证每一级温度下催化剂都得到充分的还原，绝不可急躁行事，要做到提温不提（$CO+H_2$），提（$CO+H_2$）不提温。

g．150～200℃为主还原期，采用分段提温，每段温升约10℃，每段恒至（$CO+H_2$）不再消耗后，再提温。

通知分析人员每半小时分析一次入塔气和循环气中还原气的含量；并且在催化剂还原过程中，在甲醇分离器后收集还原过程中生成的水量，借此掌握催化剂的还原进程。

h．合成塔出口温度达190～200℃时，催化剂就接近还原完全，再继续开大到开工喷射器的蒸汽量。当分析出合成塔进出口（$CO+H_2$）浓度相等时，通过主控调节将入塔气体中的（$CO+H_2$）浓度提到2.0%，合成塔出口温度约为215～225℃。

i．继续保持（$CO+H_2$）浓度在2.0%，还原2h，同时将开工蒸汽尽量开大，使成塔出口气体温度接近230℃。

j．将（$CO+H_2$）浓度增加到5%，并在此浓度下还原2h以上，直到还原完毕，并注意收集在甲醇分离器中的冷凝水量，当甲醇分离器中的液面不再升高或已接近催化剂的理论出水量，即表示还原完毕，记录下生成的水量。

k. 主控关死，现场关闭调节阀前后切断阀，将还原用转化气管道关闭，缓慢减少喷射器的蒸汽量，降低合成塔温度至 210℃，恒温（降温速度≤10℃/h）。

催化剂的升温还原要注意以下事项：

a. 严格按照催化剂制造厂家所提供的使用说明书和方案，进行催化剂的升温还原。

b. 联合压缩机必须处于最佳运行状态，在催化剂还原时，如果正在运行的压缩机因故停车，必须马上减少进开工喷射器的蒸汽，迅速打开放空阀，并用氮气置换整个系统。

c. 加入转化气应小心进行，由于低氢浓度的分析不易准确，故在结束任一阶段的还原前，应进行几次对照分析，以免因分析误差引起失误。

d. 还原期间，如果系统压力下降，应补充氮气（或脱硫后天然气）；维持系统中 $CO_2$ 含量<15%，过高时，加大排放量，并且补充氮气维持系统压力。

e. 还原气的加入是整个还原过程的关键，要严格控制在允许范围内，并遵守"提氢不提温，提温不提氢"原则。

f. 还原过程中必须严密监视床层温度（或进出口温度）的变化，当床层温度急剧上升时，必须立即停止或减少还原气并减少所用的开工蒸汽量，降低汽包压力，加大氮气循环。

g. 还原时，合成塔出口温度不准高于 240℃，还原结束后，将系统卸压到 0.15MPa，保持合成塔出口温度达到还原最终温度，出口和进口浓度一致时，即催化剂不再消耗氢气，也不再产生出水时，即可认为合成催化剂还原至终点。

h. 催化剂还原过程中，转化气应通过阀门调节后采用连续加入方式。

⑤ 接受合成气。

a. 合成汽包维持正常液面，同时向汽包加磷酸盐溶液，开排污，主控设定汽包出口蒸汽压力调节阀，控制蒸汽压力在 3.0MPa，维持合成塔出口气体温度在 210℃。

b. 现场开循环气压力调节阀前后切断阀及去火炬阀。

c. 控制循环量，使通过合成塔气体的流量维持在正常气量的 40%左右。

d. 逐渐加入新鲜合成气，若发现出塔气温度降至 210℃以下，应切断转化气，将循环气量减少至最小，重新开大去喷射器的蒸汽量进行升温，待合成塔出口温度升至 210℃，再按前述步骤通入转化气。

e. 当甲醇分离器有液位时，现场开分离器液位调节阀前后切断阀，主控给定在 50%，并投入自控。

f. 当闪蒸汽压力调节阀有压力指示后，主控将给定压力为 0.4MPa，并投入自控。

g. 当闪蒸槽有液位时，现场开闪蒸槽液位调节阀前后切断阀，主控给定在 50%，并投入自控。

h. 当系统压力升至 4.0MPa 时，启用循环气压力调节阀和弛放气进过滤器压力调节阀，排放部分气体，将系统压力维持在 4.0MPa，控制系统压力，直至达到规定值，维持 72h 低负荷运行。

i. 每半小时取样分析合成产出的粗甲醇，待分析合格后，通知精馏工序接受粗甲醇。

j. 逐步提高系统压力，慢慢增加转化气流量，并相应调节循环气量，按此顺序，逐步将系统操作条件提至正常值。

k. 当合成系统能维持自热时，将开工喷射器关掉（外来中压蒸汽切出，排尽管内积水），至此合成系统转入正常运行。

接收合成气的注意事项如下：

a. 在导气的最初阶段，为防止导气后催化剂升温过快，增加转化气量的速度要慢，而且与提高系统压力要交替进行，以免合成塔升温过快而烧坏催化剂。一般升压速度≤0.5MPa/h。

b. 原始开车初期生产出的粗甲醇可能会含有较多的有机胺及其他杂质，可用临时管线从甲醇分离器或闪蒸槽引出，单独装入桶里，另作处理，不要排至甲醇精馏工序，以免影响精馏系统的操作和产品质量。

c. 在开车过程中，所有调节阀均应处于手动状态，待其控制参数稳定后，方可切换到自动控制状态。

d. 当合成塔出口温度<210℃时，不允许通入合成气，以防反应过程中石蜡的生成（因180～190℃时反应易生成石蜡），从而降低合成催化剂的活性，影响产品质量，造成冷却器、分离器的石蜡积累，影响操作。

（2）第二种情况　再开车，具体步骤如下。

① 短期停车后的再开车。短期停车，系统基本上是保温保压的，催化剂也处于活性，故可按下述步骤进行。

a. 现场启动出塔气空气冷却器，打开甲醇水冷却器循环水进出口蝶阀，通冷却水。

b. 通知压缩工序开循环气入口阀，启动联合压缩机，使合成塔的气量维持在正常流量的40%。

c. 调节开工喷射器蒸汽加入量，以≤25℃/h的速度将合成塔出口气体温度升至210℃。

d. 通知转化工序开转化气至入口分离器切断阀，缓慢配入转化气，并调节喷射器蒸汽流量，使合成塔出口温度维持在210～215℃。

e. 以≤0.5MPa/h的升压速度将系统压力升至4.0MPa，启用循环气压力控制，将气体排往火炬。（合成系统操作稳定后，弛放气排往转化工序。）

f. 通知精馏工序接受粗甲醇。

g. 逐渐将系统压力提至正常操作压力，慢慢增加转化气量，并相应调节循环气量。

h. 当合成系统能维持自热量，将开工喷射器关掉，并排净管内积水，至此合成系统转入正常运行。

i. 只要合成塔出口温度不低于210℃，就可直接按接受合成气操作要求进行开车。

② 长期停车后的再开车。长期停车期间，催化剂未做钝化处理，合成系统是用纯氮置换后充分保护的，再开车，需用开工喷射器重新升温，升温速度以合成塔出口速度≤25℃/h进行，待合成塔出口温度达210℃时，即可接受合成气（具体见接受合成气操作），慢慢将系统各项指标调至正常值，稳定后切换至自动操作状态。

3. 停车

计划停车有短期停车和长期停车之分，停车时间在24h以内为短期停车，超过24h则是长期停车。

① 短期停车。

a. 通知压缩工序切断转化气，改为放空。

b. 视合成反应情况调整汽包压力，减少循环量。

c. 适当开启开工喷射器，用蒸汽管网的中压蒸汽使合成塔出口温度维持在210～215℃。

d. 若转化工序已停，则启用开工锅炉维持合成塔的温度。

e. 若中压蒸汽不能保证供用，分析循环气中（CO+CO₂）≤0.1%时，停联合压缩机，合成系统保温保压。

② 长期停车。

a. 通知压缩工序切断转化气，开启蒸汽喷射器，维持合成塔出口温度在210～215℃以上继续反应。

b．主控调节控制合成系统以≤0.5MPa/h的速度泄压至0.5MPa，气体排往火炬。

c．控制甲醇分离器、闪蒸槽液位至低液位后，关掉液位调节阀及前后切断阀。

d．经分析循环气中（CO+H$_2$）≤0.1%时，开始降温，降温速度≤25℃/h，当合成塔出口温度降至100℃时，停循环机，关合成系统进出口大阀。

e．若需检修则用氮气置换系统，氮气纯度要求为99.9%，直至系统H$_2$≤1.0%（体积分数）后，充氮到0.5MPa。

f．若需将合成塔出口温度降至常温，启用压缩机作循环降温至常温后，停压缩机，关合成塔进出口阀，使系统处于氮气封之下，以保护合成催化剂。

g．主控关汽包液位调节阀，停送脱盐水，关汽包压力调节阀，现场开汽包顶部放空阀卸压。

h．锅炉水系统如需检修，则将炉水通过排污排净，如不检修，则充满炉水并加药保护。

## 三、异常现象及事故处理

异常现象原因分析及处理方法见表5-2。

表5-2　异常现象原因分析及事故处理方法

| 序号 | 异常现象 | 原因分析 | 处理方法 |
|---|---|---|---|
| 1 | 合成塔出口温度下降 | 1．循环量太大<br>2．新鲜气有效成分下降<br>3．前工段减负荷<br>4．循环气惰性组分含量高<br>5．催化剂活性降低<br>6．合成气汽包压力降低<br>7．温度表失灵或显示不准 | 1．减少循环量<br>2．通知前工段调整组分<br>3．调整操作使床层温度稳定<br>4．开大压力控制阀，增大弛放气排放量<br>5．减量生产或更换催化剂<br>6．调整合成气汽包压力<br>7．通知仪表人员校准 |
| 2 | 合成塔出口温度上升 | 1．循环量太小<br>2．新鲜气有效成分偏高<br>3．前工序提负荷<br>4．合成气汽包压力升高<br>5．循环机跳车<br>6．惰性气惰性组分降低<br>7．温度表失灵或显示不准 | 1．增大循环量<br>2．通知前工段调整组分<br>3．调整操作，使床层温度稳定<br>4．调整废锅压力<br>5．调整压力，控制阀的开度，增大弛放气排放量<br>6．减小弛放气的排放<br>7．通知仪表人员校准 |
| 3 | 合成塔压差高 | 1．合成负荷太大<br>2．硫、油等毒物进入催化剂床层<br>3．催化剂烧结或粉化<br>4．催化剂活性衰退<br>5．分离效果不好，入塔气带醇<br>6．催化剂床层温度下降严重或跨温 | 1．减负荷生产<br>2．减量生产，严重时更换催化剂<br>3．停车更换催化剂<br>4．停车更换催化剂<br>5．减量生产，查找根本原因并彻底处理<br>6．调整温度达标或重新升温 |
| 4 | 合成气汽包液位过高或过低 | 1．液位控制阀故障<br>2．液位计显示不准 | 1．将阀门从自动改为手动调节。查找故障原因，通知仪表人员处理<br>2．通知仪表人员校准 |

续表

| 序号 | 异常现象 | 原因分析 | 处理方法 |
|---|---|---|---|
| 5 | 催化剂活性逐步下降 | 1. 新鲜原料气中总硫含量超标<br>2. 循环气压缩机漏油或操作不当，使油进入汽缸<br>3. 操作严重超温或温度波动很大<br>4. 循环气带醇 | 1. 通知前工序及时调整，或作停车处理<br>2. 查明原因，迅速消除<br>3. 强化工艺指标管理，严禁超温<br>4. 甲醇分离器液位高，及时排醇；水冷器后温度高，分离效果差，及时调整 |
| 6 | 闪蒸槽安全阀跳 | 1. 甲醇分离器液位低，串压<br>2. 液位自调失灵<br>3. 闪蒸槽压力控制过高 | 1. 严格控制甲醇分离器液位，严禁串压<br>2. 改用另外一台调节阀调节液位，并及时联系仪表修理<br>3. 卸压，控制压力正常 |
| 7 | 系统压力上升 | 1. 生产负荷过大<br>2. 催化剂活性下降<br>3. 氢碳比高<br>4. 循环气惰性组分高<br>5. 催化剂床层下降严重或跨温 | 1. 调整负荷<br>2. 降负荷或停车处理<br>3. 调整新鲜气组分<br>4. 增加弛放气的排放量<br>5. 减量生产或重新升温 |
| 8 | 循环气甲醇含量高 | 1. V3302 分离效果差<br>2. E3302 水冷器效果差<br>3. 负荷过大<br>4. 分离器液位过高 | 1. 检修分离器或更换丝网<br>2. 提高循环水压力或停车煮蜡<br>3. 降低生产负荷<br>4. 及时降低液位 |
| 9 | 合成气汽包液位低，联锁频繁动作导致合成气压缩机跳车 | 1. 蒸汽并网时，管网压力波动过于剧烈<br>2. 液位计指示不准<br>3. 锅炉给水压力低 | 1. 稳定 1.3MPa 蒸汽管网压力，或将蒸汽就地放空<br>2. 通过现场液位计判断远传液位计是否准确，发现问题及时联系仪表处理<br>3. 联系相关工段处理，恢复供水压力正常 |

 技能训练 ················································································

实操训练：练习 Shell 煤气化制甲醇合成工段的半实物仿真开停车操作。

·······················································································································

 练习题

## 一、简答题

1. 甲醇有哪些用途？举例说明。
2. 简述工业甲醇生产方法。
3. 简述高压法、中压法、低压法三种方法及其区别。
4. 试说明甲醇合成基本步骤。
5. 试分析影响甲醇合成的因素有哪些？
6. 空速对甲醇反应有什么影响？

7. 甲醇合成塔汽包的作用是什么？

8. 煤化工中的甲醇和合成氨生产流程有什么区别？

9. 试说说甲醇有哪些下游产品。

## 二、实操训练

1. 甲醇合成仿真系统开车、停车操作。

2. 甲醇合成实操现场开车、停车操作。

3. 甲醇合成仿真故障处理。

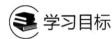

# 模块六
# 甲醇精制技术

## 学习目标

（1）掌握甲醇精馏的基本原理、精制方法、生产工艺及参数控制。
（2）能根据现场生产流程绘制甲醇精制工艺流程图。
（3）能在仿真实训现场熟练完成甲醇精制开车、停车及设备维护管理。
（4）能对煤制甲醇精制工段进行正常开车、停车及事故处理。

## 岗位任务

（1）能明确煤制甲醇精制工段内、外操岗位工作任务，具备相应工作技能。
（2）能熟知本岗位所属设备的技术规范、结构、性能、原理及系统的工艺流程和操作方法，熟悉 DCS 系统，熟悉掌握盘面操作。
（3）能根据生产原理进行生产条件的确定和工业生产的组织。
（4）能进行煤制甲醇精制工段装置的开停车及正常操作。
（5）培养学生良好的职业素养、团队协作、安全生产的能力。

## 单元 1  认识甲醇精制的原理及方法

自甲醇合成工段来的粗甲醇含有二甲醚等轻组分及水等，甲醇精馏工段的任务就是除去粗甲醇中的这些杂质，生产出精甲醇产品。另外，本工段的废水要达标排放。

粗甲醇精馏就是根据粗甲醇中各种组分的沸点和相对挥发度的不同，在精馏塔内的热质传递元件上，通过建立质量、热量和汽液相平衡，在汽液相之间连续不断地实现热质的传递。经过在精馏塔内反复多次连续地进行这种热质传递，最终实现关键轻组分在塔顶高浓度集聚、重组分在塔底高浓度集聚的分离过程。

## 一、粗甲醇的组成

由合成来的粗甲醇中含有水和有机杂质等 40 余种物质，包含醇、醛、酮、醚、酸、烷烃等，还含有少量生产系统中带来的羰基铁，及微量的催化剂等杂质。如有氮的存在，还有易挥发的胺类，表 6-1 是锌铬系催化剂和铜系催化剂生产甲醇的主要成分及组成。

表 6-1  粗甲醇组成

| 组成 | 二甲醚/% | 甲醇/% | 乙醇/% | 异丁醇/% | 醛酮/% | 酸值/（mgKOH/gCH$_3$OH） | 酯值/（mgKOH/gCH$_3$OH） | 水/% |
|---|---|---|---|---|---|---|---|---|
| 锌铬系催化剂 | 3.55 | 68.59 | 0.132 | 0.44 | 0.039 | 0.11 | 0.078 | 8.4 |
| 铜系催化剂 | 0.036 | 73.36 | 0.009 | 0.0075 | 0.0057 | 0.068 | 0.47 | |

### 1. 粗甲醇中的杂质

粗甲醇中所含杂质种类较多，按性质分为以下几类。

（1）有机杂质  主要包含醇、醛、酮、酸和烷烃类有机物。由于有烷烃存在，形成甲醇-烷烃的共沸物。

（2）水  在粗甲醇中水含量高达 8%左右，仅次于甲醇。

（3）还原性物质  在有机杂质中有碳碳双键和碳氧双键存在，容易被氧化，降低甲醇稳定性。主要有异丁醛、丙烯醛、二异丙基甲酮、甲酸、甲酸甲酯、胺等。

（4）酸  粗甲醇中含有甲酸、二氧化碳等酸性物质。在精馏系统，这些酸性物质不仅会腐蚀塔的内件，缩短塔的使用寿命，如果脱除不净，还很容易造成精甲醇的酸度超标。为了避免酸腐蚀精馏塔内件，需降低精甲醇的酸度。

（5）无机杂质  粗甲醇中除合成反应生成的杂质外，还有从生产系统中夹带的机械杂质及微量其他杂质。如生产系统中带来的羰基铁及微量的催化剂等杂质。这类杂质虽然很少，但很难处理，存在于甲醇中影响甲醇质量。

### 2. 粗甲醇的精馏

甲醇精馏工段的主要任务是除去粗甲醇中溶解的气体及低沸点组分，除去水及高沸点杂质，以获得高纯度的优质甲醇产品。同时获得副产品异丁基油（杂醇油）。另外，精馏塔底的废水也能够达标排放标准。

精甲醇质量指标根据其用途不同而不同，我国精甲醇质量标准为 GB 338—2011，见表 6-2。

表 6-2  工业精甲醇国家标准（GB 338—2011）

| 项目 | 指标 | | |
|---|---|---|---|
| | 优等品 | 一等品 | 合格品 |
| 色度，Hazen 单位（铂-钴色号）  ≤ | 5 | | 10 |
| 密度（20℃）/（g/cm$^3$） | 0.791～0.792 | 0.791～0.793 | |
| 沸程（0℃，101.3kPa）/℃  ≤ | 0.8 | 1.0 | 1.5 |

续表

| 项目 | | 指标 | | |
|---|---|---|---|---|
| | | 优等品 | 一等品 | 合格品 |
| 高锰酸钾试验/min | ≥ | 50 | 30 | 20 |
| 水溶性试验 | | 通过试验（1+3） | 通过试验（1+9） | — |
| 水，$w$/% | ≤ | 0.10 | 0.15 | |
| 酸度（以 HCOOH 计）/% | ≤ | 0.0015 | 0.0030 | 0.0050 |
| 碱度（以 $NH_3$ 计）/% | ≤ | 0.0002 | 0.0008 | 0.0015 |
| 羰基化合物含量（以 $CH_2O$ 计）/% | ≤ | 0.002 | 0.005 | 0.010 |
| 蒸发残渣含量/% | ≤ | 0.001 | 0.003 | 0.005 |
| 硫酸洗涤试验，Hazen 单位（铂-钴色号） | ≤ | 50 | | — |
| 乙醇，$w$/% | ≤ | 供需双方协商 | — | |

## 二、甲醇精制原理及方法

### 1. 粗甲醇沸点

利用粗甲醇中各组分相对挥发度不同，通过精馏将粗甲醇与水、有机杂质分离是精制甲醇的主要方法。表 6-3 是粗甲醇中各组分的沸点。

表 6-3 粗甲醇组分与沸点表

| 组分 | 沸点/℃ | 组分 | 沸点/℃ |
|---|---|---|---|
| $CO_2$ | −78.2 | 正丙醇 | 97.2 |
| CO | −191.48 | 水 | 100 |
| $CH_4$ | −161.58 | 异丁醇 | 107.66 |
| $H_2$ | −252.75 | 正丁醇 | 117.71 |
| 二甲醚 | −24.5 | 丙酮 | 56.5 |
| 甲酸甲酯 | 31.5 | 庚烷 | 98.4 |
| 乙醚 | 34.6 | 异辛烷 | 109.9 |
| 甲醇 | 64.6 | 壬烷 | 150.7 |
| 乙醇 | 78.5 | 癸烷 | 174 |

甲醇沸点为 64.6℃，从表 6-3 可见，粗甲醇可用精馏方法进行精制，得到精甲醇。但由于粗甲醇中有烷烃存在，易形成甲醇-烷烃的多元恒沸物，使粗甲醇中烷烃难以用普通精馏方法除去。表 6-4 是甲醇、烷烃形成的共沸混合物沸点一览表。

表 6-4 甲醇、烷烃共沸混合物沸点一览表

| 单质 | 单质沸点/℃ | 共沸物系 | 共沸温度/℃ |
|---|---|---|---|
| 庚烷 | 98.4 | 甲醇-庚烷 | 58.8 |
| 异辛烷 | 109.9 | 甲醇-异辛烷 | 58.3 |
| 壬烷 | 150.7 | 甲醇-壬烷 | 63.9 |
| 癸烷 | 174 | 甲醇-癸烷 | 64.3 |

由表 6-4 可知，因为甲醇与烷烃形成共沸物，共沸温度均在 58～65℃，要利用普通精馏方法制甲醇，所需塔板数急剧增加，且难以分离。为解决这一问题，利用甲醇与烷烃结构不同，加入第三组分水进行萃取精馏。

### 2. 精制工艺流程设计目的

① 通过精馏除去低沸物，即 CO、$H_2$、$CO_2$、$CH_4$ 以及在甲醇合成中产生的以二甲醚和甲酸甲酯为主的其他杂质。

② 脱除与甲醇沸点相近的轻组分，分离与甲醇沸点接近的甲醇-烷烃共沸物。

③ 通过精馏除去水和一些高沸物杂质，分离出符合要求的精甲醇产品。

### 3. 精甲醇产品中常见质量问题

由于甲醇精制过程及产品成分不同，精甲醇常出现以下问题：

（1）产品浑浊　精甲醇要求与水任意比例混合而不浑浊。当产品中含有不溶于或难溶于水的有机杂质，主要是 $C_{11}$～$C_{17}$ 烷烃和 $C_7$～$C_{10}$ 高级醇及少量烯烃、醛、酮和有机酸，会产生浑浊现象。

（2）稳定性差　精甲醇中含还原性杂质超标。当用高锰酸钾做氧化值测定时，稳定时间（变色）小于 20min，则为不合格产品。如稳定时间（没有变色时间）大于 50min 为优等品。

（3）水分含量高　要求优等品水分含量（质量分数）小于 0.1%，一等品水分含量小于 0.15%，合格品没有要求。

（4）色度　产品甲醇与蒸馏水对比呈微锈色，是粗甲醇原料或精馏设备未清洗干净。

（5）酸度增大　精甲醇要求酸度小于 0.0015%。如果合成气水分含量较大，易生成甲酸，可能使粗甲醇中甲酸质量分数达到 0.03%。

此外，如产品甲醇碱性高，有鱼腥异味，是因为原料中氨与甲醇生成甲胺、二甲胺和三甲胺。

### 4. 精制采用的方法

① 加碱中和（化学方法）。

② 分离二甲醚（物理方法）。

③ 预精馏（加水萃取蒸馏），脱除轻组分（物理方法）。

④ 高锰酸钾氧化（化学方法）。

粗甲醇中含有还原性的杂质，影响精甲醇的稳定性，为保证精甲醇的稳定性，一般要求还原性杂质降至 $40 \times 10^{-6}$ 以下。当还原性杂质较多时，需借助化学氧化的方法处理，一般采用高锰酸钾进行氧化，将还原性物质氧化成二氧化碳逸出，或生成酸并结合成钾盐与高锰酸泥渣一同滤去。

⑤ 精馏（脱除重组分和水，得到精甲醇）。

### 📋 技能训练

进一步认识粗甲醇的组成，并选择合适的杂质去除方法。

# 单元 2 甲醇精制工艺

在甲醇精制流程中，常用的有双塔流程、三塔流程和双效二塔流程。一般根据甲醇用途进行具体流程选择。

## 1. 双塔流程

双塔流程由预蒸馏塔和主精馏塔组成甲醇精制工艺流程。

（1）预精馏塔　在双塔流程中，预精馏塔完成以下任务：

① 脱除轻组分有机杂质，如二甲醚、甲酸甲酯等，以及溶解在粗甲醇中的合成气。

② 加水萃取，脱除与甲醇沸点相近的轻馏分，以及分离与甲醇沸点接近的甲醇-烷烃共沸物，pH 值控制在 8～9。

③ 脱除部分乙醇。

（2）主精馏塔　主精馏塔完成以下任务：

① 将甲醇组分和水及重组分分离，得到产品甲醇；

② 将水分离出来，尽量降低有机杂质含量，排出系统；

③ 分离重组分杂醇油；

④ 分离中间组分，采出乙醇，制取低乙醇含量甲醇。

如图 6-1 所示，在粗甲醇贮槽的出口管（泵前）上，加入含量为 8%～10%NaOH 溶液，使粗甲醇呈弱碱性，pH＝8～9，促进胺类及羰基化合物分解，防止粗甲醇中有机酸腐蚀设备。加碱后的粗甲醇经过热交换器用热水加热至 60～70℃，然后进入预精馏塔 1，在预精馏塔上部加入水（约为粗甲醇量的 20%）。预精馏塔塔底出来的蒸气温度在 66～72℃，含甲醇、水及多种以轻组分为主的少量有机杂质。经过二级冷凝器冷却，冷凝液作为预精馏塔回流液，

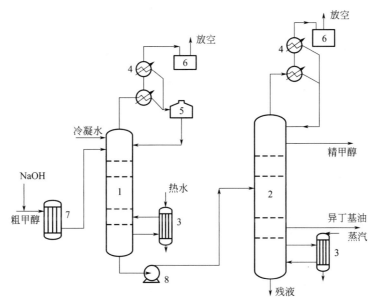

**图 6-1　粗甲醇双塔精制流程图**

1—预精馏塔；2—主精馏塔；3—再沸器；4—冷凝器；5—回流罐；

6—液封；7—换热器；8—流体输送泵

不凝气体（主要是二甲醚、CO、$CO_2$ 等）回收作燃料或放空。塔底为预处理后粗甲醇，温度为 77～85℃。流程中为提高预精馏后甲醇稳定性及精制二甲醚，在塔顶采用三级冷凝。第一级冷凝温度较高，减少返回塔内的轻组分，以提高预精馏后甲醇稳定性；第二级为常温，尽可能回收甲醇；第三级以冷冻剂冷至更低温度，以净化二甲醚，同时又进一步回收甲醇。预精馏塔塔板数大多为 50～60 块板。

从预精馏塔底部出来的粗甲醇由泵送入主精馏塔，塔顶气体经冷凝器冷却后回流，不凝气体经塔顶液封溢流后放空；精甲醇从塔顶向下第 5～8 块板处侧线采出，经精甲醇冷却器冷却到 30℃ 以下送至成品贮槽；在塔下部向上数约 8～14 块板处采出异丁基油。主精馏塔塔釜残液主要为水和少量高碳烷烃。控制塔釜温度大于 110℃，可使甲醇含量小于 1%，甲醇残液经过生化处理后方可排放。主精馏塔塔板数为 75～85。

### 2. 双效法三塔精馏流程

传统双塔流程和三塔流程（将主精馏塔增加为两个）对甲醇产品中乙醇脱除效果不理想，如要求乙醇含量低于 100mg/kg，甲醇收率和蒸汽消耗增加，为提高甲醇质量和降低蒸汽消耗，发展了三塔加压流程。

双效法三塔流程采用两个主精馏塔，第一主精馏塔采用加压操作，操作压力为 0.56～0.60MPa，因加压操作，塔顶控制温度为 121℃，可作为第二精馏塔加热热源，节约热能 30%～40%；第二主精馏塔为常压操作。其操作流程见图 6-2 双效法三塔甲醇精制工艺流程图。

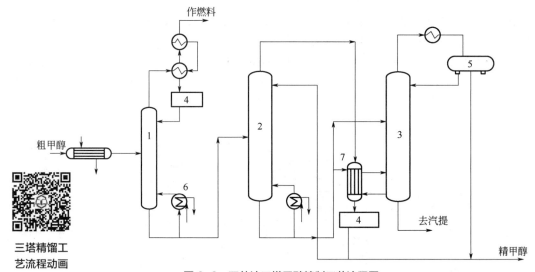

三塔精馏工艺流程动画

**图 6-2　双效法三塔甲醇精制工艺流程图**

1—预精馏塔；2—第一主精馏塔；3—第二主精馏塔；4, 5—贮槽；6—再沸器；7—冷却器

在甲醇合成来的粗甲醇中加入少量稀碱（2%～5%NaOH），中和其中的有机酸，可防止粗甲醇腐蚀设备，pH 值保持在 8 左右。然后进入粗甲醇预热器与预精馏塔再沸器和回收塔再沸器来的蒸汽冷凝水进行换热，预热至约 71℃ 进入预蒸馏塔 1，塔顶气相（约 71.4℃）为二甲醚、甲酸甲酯、$CO_2$、甲醇等蒸气，经二级冷凝后，不凝气到加热炉作燃料或通过火炬排放。在冷凝液中补充脱盐水作为萃取水，使甲醇充分溶解在水中，减少甲醇在塔顶的损失，加过萃取水的冷凝液（约 60℃）返回预蒸馏塔作为回流液，塔釜为甲醇水溶液。

预蒸馏塔底部出来的甲醇水溶液经泵增压后用第一主精馏塔塔釜出料液在加压塔预热器中进行预热，预热至约 112℃，然后进入第一主精馏塔（加压塔）（操作压力在 0.56～

0.60MPa），塔顶气相为甲醇蒸气（约132℃），与常压塔（第二主精馏塔）塔釜液换热冷却后，一部分经泵加压到约0.8MPa作为第一主精馏塔的回流液，部分采出作为精甲醇产品，经加压塔顶冷却器冷却至40℃送中间罐区产品罐。第一主精馏塔塔底排出的甲醇溶液从第二主精馏塔（常压塔）下部加入，进行常压精馏，塔顶采出精甲醇产品，塔釜残液再到汽提塔。加压塔及常压塔的目的是除去水及高沸点杂质（如异丁基油），同时获得高纯度的优质甲醇产品。

为减少废水排放，控制废水中的甲醇含量，有些流程在常压塔后增设甲醇回收塔或废水汽提塔（四塔流程），进一步回收甲醇，以减少废水中的甲醇含量。流程如下：由常压塔下部侧线采出杂醇油到回收塔。回收塔底用低压蒸汽加热，塔顶产品为甲醇蒸气，经冷却后部分回流，部分馏出物经检测，若产品合格则送至精甲醇罐，若产品不合格送粗甲醇罐。塔中部侧线采出异丁基油进入异丁基油中间槽贮存，再间断地通过充入0.45MPa低压氮气将异丁基油送至中间罐区副产品罐，下部侧线采出杂醇油。塔釜出料液为含微量甲醇的废水与常压塔底部废水合并，经增压后由废水冷却器冷却至约40℃，送煤浆制备工段或送污水生化装置处理。

### 3. 双效法三塔（四塔）精馏流程

① 利用加压塔塔顶蒸汽冷凝热作常压塔塔底再沸器热源，从而减少蒸汽消耗和冷却水消耗，总的能耗比二塔流程降低10%~20%。

② 预精馏塔加萃取水，有效地脱除粗甲醇中溶解的气体$CO_2$、$CO$、$H_2$和丙酮、烷烃等轻馏分杂质，使甲醇充分溶解在甲醇水溶液中，从而减少甲醇在预精馏塔塔顶的损失。

③ 预蒸馏塔塔底的温度远低于加压塔的进料口处的温度，加压塔进料属于冷进料，而加压塔釜液温度又高于常压塔进料口处的温度，因此常压塔进料属于过热进料状态。无论是冷进料还是热进料对精馏塔分离都是不利的，需损失一定高度的填料用于换热。可设计一台加压塔进料/釜液换热器，尽量降低进料和进料口处的温差，从而提高加压塔和常压塔的分离效率。

④ 在常压精馏塔提馏段杂醇油浓缩区设采出口，及时地将难分离的低沸点共沸物-杂醇油采出，从而有效地降低了常压塔的分离难度，减小了操作回流比，达到了节能、提高收率的目的；另外杂醇油采出后，能有效降低常压塔塔底废水中甲醇的含量。

⑤ 增设的甲醇回收塔操作弹性大，操作灵活，可回收甲醇，减少废水中的甲醇含量。不仅甲醇回收率增加，而且可以在粗甲醇杂质含量较高时从回收塔取出甲醇用作燃料，避免杂质在系统累积而影响产品甲醇质量。

### 4. 四种甲醇精馏工艺流程优、缺点比较

甲醇精馏工艺流程优、缺点比较见表6-5。

**表6-5 甲醇精馏工艺流程优、缺点比较**

| 序号 | 工艺名称 | 精甲醇质量 | 蒸汽单耗 | 装置投资 | 废水中有机物总量 |
|---|---|---|---|---|---|
| 1 | 双塔流程 | 低 | 高 | 低 | 高 |
| 2 | 三塔流程 | 高 | 低 | 较高 | 较高 |
| 3 | 四塔流程（甲醇回收塔） | 高 | 低 | 较高 | 低 |
| 4 | 四塔流程（废水汽提） | 高 | 较高 | 高 | 低 |

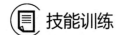 **技能训练** ..............................................................

进一步熟悉常见的甲醇精制工艺，并分析如何能降低甲醇精制过程的能耗。

..............................................................

# 单元 3 粗甲醇精制生产的操作要点

以 50 万吨甲醇精制生产操作为例，其工艺流程如图 6-3。

## 一、甲醇精馏工段操作控制参数

（1）预塔萃取水的加入量为粗甲醇进料量的 5%～10%。

（2）预精馏塔回流量/进料量为 0.4～0.6。

（3）回流比：加压塔 2.6～3.0，常压塔 1.8～2.0，回收塔 > 9。

（4）加碱量的控制：NaOH 的浓度为 2%～5%，其量最好能将精馏混合液 pH 控制为 8。

（5）温度控制。预塔进料温度 69℃，塔底温度不得超过 78℃，加压塔进料温度 112℃，常压塔进料温度 85℃，回收塔进料温度 81℃。

## 二、岗位操作过程及步骤

（一）精馏工序综合开车

1. 开车前准备工作

（1）检查管线，确认阀门、仪表正常，具备开车条件。

（2）系统设备、管道做水压实验、气密实验，检查系统有无漏点。

（3）所有公用工程设施（包括电源、氮气、蒸汽、冷却水、锅炉给水和各种工艺水）全部按要求（包括压力和温度）准备就绪。

（4）系统机泵的单体试车和联动试车已完成。

（5）系统置换合格（用氮气置换空气）。

（6）废水处理装置已准备就绪。

（7）有关分析工作已做好。

（8）所有的安全和环保措施已准备和落实。

（9）合成工序粗甲醇达到工艺指标，具备向精馏工序进料的条件。

（注：以上操作步骤是现实生产装置开车前必需的准备工作，在此只做了解，熟悉规范的操作流程，本装置上不能进行实训。）

2. 水冷器投用

（1）外操打开 HV2604 至 80%开度，循环冷却水上水进入 E2602 壳程，预塔冷凝器 E2602 投用。

（2）外操打开 HV2608 至 80%开度，循环冷却水上水进入 E2605 壳程，加压塔甲醇冷却器 E2605 投用。

（3）外操打开 HV2610 至 80%开度，循环冷却水上水进入 E2607 壳程，常压塔冷凝器 E2607 投用。

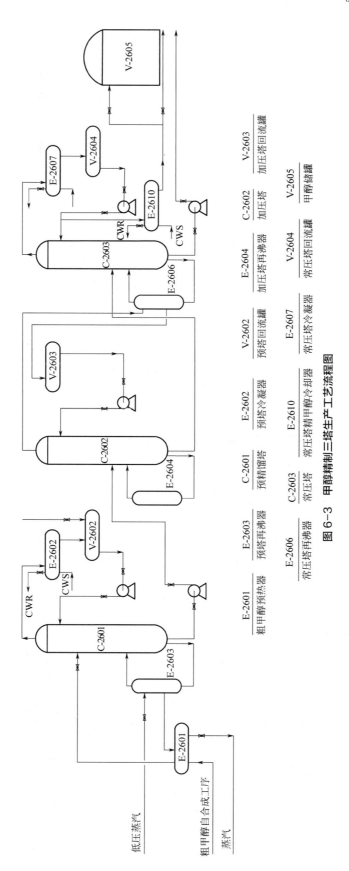

E-2601　E-2603　E-2602　C-2601　C-2603　E-2602　V-2602　E-2604　E-2607　E-2604　C-2602　V-2603　V-2604　C-2603　V-2604

粗甲醇预热器　预塔再沸器　预精馏塔　常压塔　预塔冷凝器　预塔回流罐　常压塔甲醇冷却器　常压塔塔冷凝器　加压塔再沸器　加压塔　常压塔回流罐　加压塔回流罐

E-2606　C-2603　E-2610　V-2605

常压塔塔再沸器　常压塔　常压塔精甲醇冷却器　甲醇储罐

V-2605　E-2607　V-2604　C-2602　V-2603　E-2604　V-2605

图 6-3　甲醇精制三塔生产工艺流程图

（4）外操打开 HV2612 至 80%开度，循环冷却水上水进入 E2619 壳程，常压塔甲醇冷却器 E2610 投用。

### 3. 预精馏塔 C2601 开车

（1）当合成工段开始送料时，外操打开 HV2601 至 100%开度，预塔建立液位（如果精馏工序单独开车，打开 HV2601 至 33%开度，待流量稳定后，调节 HV2601 开度，控制 FI2601 流量为 14.7kg/s），外操打开 HV2602 至 100%开度，打开 HV2603 至 80%开度，打开 HV2605 至 50%开度；当预塔 C2601 液位 LI2604 达到 10%左右时，内操手动将 TICA2601 打开至 80%开度，内操手动打开 TICA2615 至 80%开度，预塔再沸器 E2603 投用，预塔开始升温；当 C2601 塔底温度达到 60℃左右时，内操手动将 TICA2615 关闭至 20%开度。内操将 TICA2601 投自动，设定值为 60℃。

（2）当预塔回流罐 V2602 开始建立液位时，塔顶甲醇蒸气进入 E2602 管程，经冷凝流入预塔回流罐 V2602；当预塔回流罐 V2602 液位 LI2607 达到 25%左右时，外操打开泵 P2602 前阀 XV2602A 至 100%开度，启动泵 P2602，打开泵 P2602 后阀 XV2602B 至 100%开度；当 LI2607 达到 30%左右时，内操手动将 LICA2607 打开至 20%开度并投自动，设定值为 30%，C2601 开始建立回流；内操将 TICA2615 投自动，设定值为 88℃。

（3）当预塔 C2601 建立正常的温度分布，液位 LI2604 达到 48%左右时，外操打开泵 P2603 前阀 XV2603A 至 100%开度，启动泵 P2603，打开泵 P2603 后阀 XV2603B 至 100%开度，内操手动打开 LICA2604 至 30%开度并投自动，设定值为 50%，加压塔 C2602 开始进料。

### 4. 加压塔 C2602 开车

（1）当加压塔液位 LI2605 达到 20%左右时，外操打开 HV2606 至 100%开度，内操手动打开 LICA2605 至 30%开度，常压塔 C2603 开始进料。

（2）当加压塔 C2602 液位 LI2605 达到 30%左右时，外操打开 HV2607 至 100%开度，内操手动打开 TICA2616 至 80%开度，加压塔再沸器 E2604 投用；当 LI2605 达到 48%左右时，内操将 LICA2605 投自动，设定值为 50%。

（3）当 C2602 塔底温度 TI2616 达到 100℃左右时，内操将 TICA2616 关闭至 50%开度。

（4）当加压塔回流罐 V2603 液位 LI2608 达到 30%左右时，外操打开泵 P2604 前阀 XV2604A 至 100%开度，启动泵 P2604，打开 XV2604B 至 100%开度，内操手动打开 FICA2603 至 30%开度并投自动，设定值为 5.92kg/s，加压塔建立回流。外操打开 HV2609 至 50%开度，产品排往不合格管线；当 V2603 内甲醇纯度大于 99.5%时，外操关闭 HV2609，内操将 LICA2608 投自动，设定值为 30%，精甲醇送入精甲醇储罐 V2605。

（5）当 TI2616 达到 109℃时，内操将 TICA2616 投自动，设定值为 109℃。

### 5. 常压塔 C2603 开车

（1）当常压塔开始进料时，外操打开 HV2610 至 100%开度，冷凝器 E2607 投用；外操打开 HV2611 至 100%开度，打开 HV2612 至 100%开度；当常压塔回流罐 V2604 液位 LI2609 达到 30%左右时，外操打开泵 P2605 前阀 XV2605A 至 100%开度，启动泵 P2605，打开泵 P2605 后阀 XV2605B，内操手动打开 FICA2608 至 30%开度并投自动，设定值为 6.32kg/s，常压塔 C2603 建立回流。

（2）外操打开 HV2614 至 100%开度，内操手动打开 LICA2609 至 30%开度并投自动，设定值为 30%，不合格的甲醇送入不合格甲醇储罐 V2601；当精甲醇满足工艺指标时，外操打开 HV2613 至 100%开度，关闭 HV2614，精甲醇切入甲醇中间罐 V2605。

（3）当常压塔 C2603 液位 LI2606 达到 50%左右时，外操打开泵 P2606 前阀 XV2606A 至 100%开度，启动泵 P2606，打开 XV2606B 至 100%开度，内操手动打开 LICA2606 至 30%开度并投自动，设定值为 50%。

## （二）操作过程注意事项

### 1. 加碱处理

在甲醇合成中，有酸和酯类副产物生成：

$$CO + H_2O \longrightarrow HCOOH$$
$$2CO + 2H_2 \longrightarrow CH_3COOH$$
$$CH_3OH + CO \longrightarrow CH_3COOH$$

粗甲醇中含有酸，用 NaOH 中和可减轻酸对设备、管道的腐蚀，从而延长设备的使用寿命。同时，精甲醇产品质量对甲醇的酸度有控制要求，加碱中和，有利于控制产品的酸度指标。

$$RCOOH + NaOH \longrightarrow RCOONa + H_2O$$
$$RCOOR' + NaOH \longrightarrow RCOONa + R'OH$$

加碱操作注意事项：

① 严格控制预蒸馏塔塔底温度不要过高，以免 $CH_3OH$ 与 NaOH 发生反应。（一般预塔塔底温度控制在 75～78℃）

② 严格检测预后 pH 值、调节碱量加入，控制预后 pH 值在 8 左右。

③ 配制碱液时，要充分溶解，不能有颗粒状。

④ 烧碱对人体皮肤有伤害，操作时注意防护。

### 2. 预蒸馏塔加萃取水

为了提高精甲醇产品的水溶性和稳定性，在预蒸馏塔加萃取水，由于粗甲醇中的甲醇-烷烃的共沸混合物的沸点与甲醇的沸点较为接近，用普通精馏方法难以将其分离。但甲醇与烷烃在结构上却不相同，加入水后，由于水和甲醇可以任何比例互溶，因此使烷烃杂质得以与甲醇分离，使粗甲醇精馏分离脱除杂质的效果大大提高，从而使产品的纯度提高。通过加入适量的萃取水，使甲醇在水中充分溶解，减少甲醇在预蒸馏塔塔顶的损失，有利于提高甲醇的收率。萃取水过少，甲醇损失增加；萃取水过多，会增加能耗。精馏操作中，预后甲醇液密度控制指标为 0.835～0.865g/mL，在粗甲醇质量稳定、杂质含量不高的情况下，可调节萃取水量，控制预后甲醇液密度在指标低限，有利于降低甲醇精馏蒸汽消耗。

### 3. 控制甲醇中乙醇的含量

（1）控制粗甲醇中乙醇指标　调整合适的 $H_2/C$ 比；定期清理甲醇水冷器；降低循环气温度；更换合成催化剂。

（2）调整杂醇油的采出量和采出位置　杂醇一般累积在常压塔中部，设置合理的采出量和采出位置，将杂醇抽出，控制精甲醇中乙醇的浓度。为使采出位置合适，侧线采出多设采出口。控制常压塔中部温度，使乙醇富集区集中在杂醇油采出口，便于杂醇的采出。

（3）适当加大回流比，提高产品质量。

（4）降低塔底温度。

（5）预塔加水，降低粗甲醇的浓度。

通过用水稀释粗甲醇中的乙醇来控制精馏过程中乙醇向上挥发带入精甲醇中的量。

## 4．节能降耗

（1）在保证产品合格的同时，适当降低回流比。

（2）提高粗甲醇的质量　粗甲醇中的杂质含量高，则甲醇精馏比较困难，同时还会增加甲醇精馏的蒸汽、水等各项消耗。另外精馏温度也要相应提高，萃取水量、回流量、初馏物的采出量和一些重组分及塔底残液的排放量也相应加大，都会增加蒸汽消耗。

（3）调整合适的进料温度。

（4）保证设备、管道良好的保温效果。

（5）加入合适的萃取水量　精馏操作中，预后甲醇液密度控制指标为 0.835～0.865g/mL，在粗甲醇质量稳定、杂质含量不高的情况下，可调节萃取水量，控制预后甲醇液密度在指标低限，有利于降低甲醇精馏蒸汽消耗。

（6）控制好塔顶、塔底的操作温度，在低限操作。

（7）注意高级烷烃等在精馏塔中的累积和处理。

（8）严格精馏原料和成品的管理　甲醇精馏开车和停车阶段的物料必须严格分开，尤其是回收的废甲醇、停车放料及采出的初馏物、异丁基油、精馏残液等，其成分较杂，含有较多的甲醇油（含高级烷烃等杂质）、杂醇油等，如果开车的循环液与这些料液混合，则料液的油分杂质可超过正常含量的几倍到几十倍，不仅会增加甲醇精馏的难度，同时甲醇精馏蒸汽消耗等各项消耗均会大幅度上升。

（9）加强管理和设备维修保养，减少开停车次数　甲醇精馏工艺因循环量大，系统预热到操作状态需要消耗大量的蒸汽。同样，系统停车后，由热态向冷态又要散失大量的热。所以，加强管理和设备维修保养，减少开停车是降低甲醇精馏蒸汽等消耗的重要环节。

## 技能训练

实操训练：煤气化制甲醇半实物仿真、甲醇精制工段的开停车操作。

##  练习题

### 一、简答题

1．为什么要进行精制？

2．试简述工业精甲醇国标有哪些指标。

3．试比较双塔、三塔甲醇精馏工艺的优缺点。

### 二、实操训练

1．甲醇精制仿真开车、停车操作。

2．甲醇精制工序现场开车、停车操作。

# 模块七
# 其他煤气化产品生产工艺

## 学习目标

（1）了解煤气化产品的类别及技术进展。

（2）熟悉合成氨、二甲醚、煤制烯烃等典型煤气化产品的生产原理及方法。

（3）学习合成氨、二甲醚、煤制烯烃等煤气化产品主要工艺流程、参数控制及基本操作。

## 岗位任务

（1）能明确煤气化制典型化工产品的主要岗位及操作，能识读典型化工产品生产工艺流程图。

（2）能熟悉工艺控制岗位、设备操作岗位、化工电器仪表岗位、现场工控岗位、中控操作岗位、产品质量分析岗位等多个煤气化制产品岗位操作规程，掌握岗位基本知识及技能。

（3）能进行合成氨生产操作的开停车及正常操作。

（4）培养学生良好的职业素养、团队协作、安全生产的能力。

# 单元 1  煤气化制合成氨

## 知识点 1  合成氨生产的原理及方法

通过本知识点的学习，我们将认识煤气化制合成氨的原理及方法，了解合成氨生产的基本工序。

氮是自然界里分布较广的一种元素。碳、氧、氢、氮、磷、钾六种元素是作物生长的主要养分，其中碳、氧、氢可由植物自身的光合作用或通过根部组织所吸收的水分获得，而氮元素则主要从土壤中吸收。可以说氮是植物生长第一需要的元素。

空气中含氮量约为 79%（体积分数）。但是，空气中的氮是呈游离状态存在的，不能供植物吸收。植物只能吸收化合物中固定状态的氮，因而必须把空气中游离的氮转变为氮的化合物。把空气中的游离氮转变为氮的化合物的过程在工业上称为固定氮。

固定氮的方法很多，以氮和氢为原料合成氨，是目前世界上采用最广泛，也是最经济的一种方法。在高温、高压和有催化剂存在的条件下，氮气和氢气可以发生下列反应：

$$N_2+3H_2 \Longleftrightarrow 2NH_3+Q$$

由于采用了合成的方法生产氨，所以习惯上称为合成氨。

生产合成氨，必须制备含有氢和氮的原料气。其中，氢气来源于水蒸气和含有碳氢化合物的各种燃料。我们主要介绍以煤为原料在高温下与水蒸气反应的方法制氢。氮气来源于空气，可以在低温下将空气液化分离而得，也可在制氢的过程中加入空气，将空气中的氧与可燃性物质反应而除去，剩下的氮与氢混合，获得氢氮混合气。

除电解水以外，不论用什么原料制取的氢、氮原料气都含有硫化物、一氧化碳、二氧化碳等杂质。这些杂质不仅会腐蚀设备，而且还会使氨合成催化剂中毒。因此，把氢、氮原料气送入合成塔之前，必须进行净化处理，除去各种杂质，获得纯净的氢、氮混合合成气。因此，合成氨的生产过程包括以下三个主要工序。

工序一：原料气的制取。制备含有氢气、一氧化碳、氮气的粗原料气。一般由造气、空分工序组成。

工序二：原料气的净化。除去粗原料气中氢气、氮气以外的杂质。一般由原料气的脱硫、一氧化碳的变换、二氧化碳的脱除、原料气的精制工序组成。

工序三：原料气的压缩与合成。将符合要求的氢氮混合气压缩到一定的压力后，在高温、高压和有催化剂的条件下，将氢氮气合成为氨。一般由压缩、合成工序组成。

生产合成氨的基本过程可用方框图 7-1 表示。

图 7-1　生产合成氨的基本过程

以煤为原料制氢的杂质主要有各种粉尘、硫化物等，在进入合成工段之前需要进行净化，煤气的净化已经在模块四进行了详细的介绍。

## 知识点 2　合成氨的工艺条件

通过本知识点的学习，熟悉合成氨生产的工艺条件及参数选择。

### 一、压力

氨合成过程中，合成压力是决定其他工艺条件的前提，是决定生产强度和技术经济指标的主要因素。从化学平衡和反应速率的角度来看，提高操作压力有利于提高平衡氨含量和氨合成反应速率，增加装置的生产能力。故氨的合成须在高压下进行。压力越高，反应速率越快，出口氨含量越高，装置生产能力就越大，而且压力高，设备紧凑、流程简单。例如，高压下分离氨只需水冷却即可。但是，高压下反应温度一般较高，催化剂使用寿命短，对设备材质、加工制造要求高。操作压力选择的主要依据是能耗以及包括能量消耗、原料费用、设备投资在内的综合费用,即取决于技术经济效果。

能量消耗主要涉及功的消耗,即原料气的压缩功耗、循环气的压缩功耗和冷冻系统的压缩功耗。图 7-2 为某日产 900t 氨合成功耗随压力的变化关系。

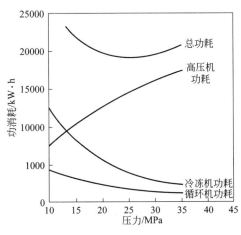

图 7-2 功耗与压力的变化

由图可知:当操作压力在 15~30MPa,总功耗相差不大且数值较低。提高压力,循环气压缩功耗和氨分离冷冻功耗减少,而原料气压缩功耗却大幅度增加。压力过高,则原料气压缩功耗太大;压力过低,则循环气压缩功耗、氨分离冷冻功耗又太高。

实践表明,合成压力为 13~30MPa 是比较经济的。目前,我国中小型合成氨厂生产中采用往复式压缩机,氨合成的操作压力一般在 30~32MPa;大型合成氨厂采用蒸汽透平驱动的高压离心式压缩机,操作压力为 15~24MPa。随着氨合成技术的进步,采用低压力降的径向合成塔,装填高活性的催化剂,都会有效地提高氨合成率,降低循环机功耗,可使操作压力降至 10~15MPa。

## 二、温度

在最适宜温度下,氨合成反应速率最快,氨合成效率最高。氨合成操作温度应视催化剂型号确定,可参考表 7-1。

表 7-1 国内外氨合成催化剂的组成和主要性能

| 国别 | 型号 | 组成 | 外形 | 还原前堆密度/(kg/L) | 推荐使用温度/℃ | 主要性能 |
|---|---|---|---|---|---|---|
| 中国 | A106 | $Fe_3O_4$,$Al_2O_3$ $K_2O$,CaO | 不规则颗粒 | 2.9 | 400~520 | 380℃还原已很明显,550℃耐热 20h,活性不变 |
| | A109 | $Fe_3O_4$,$Al_2O_3$ $K_2O$,CaO,MgO $SiO_2$ | 不规则颗粒 | 2.7~2.8 | 380~500,活性优于 A106 | 还原温度比 A106 低20~30℃,525℃耐热 20h,活性不变 |
| | A110 A110-5Q | 同上加 BaO | 不规则颗粒,球形 | 2.7~2.8 | 380~490,低温活性优于 A109 | 还原温度比 A106 低20~30℃,500℃耐热 20h,活性不变,抗毒能力强 |
| | A201 | $Fe_3O_4$,$Al_2O_3$ $Co_3O_4$,$K_2O$,CaO | 不规则颗粒 | 2.6~2.9 | 360~490 | 易还原,低温活性高,比 A110 型活性高10%,短期 500℃活性不变 |
| | A301 | FeO,$Al_2O_3$ $K_2O$,CaO | 不规则颗粒 | 3.0~3.25 | 320~500 | 低温、低压、高活性,还原温度 280~300℃,极易还原 |

续表

| 国别 | 型号 | 组成 | 外形 | 还原前堆密度/（kg/L） | 推荐使用温度/℃ | 主要性能 |
|---|---|---|---|---|---|---|
| 丹麦 | KM Ⅰ | $Fe_3O_4$，$Al_2O_3$ $K_2O$，$CaO$，$MgO$，$SiO_2$ | 不规则颗粒 | 2.5～2.85 | 380～550 | 390℃还原明显，耐热及抗毒性能较好，耐热温度550℃ |
| | KM Ⅱ | 同上 | 不规则颗粒 | 2.5～2.85 | 360～480 | 370℃还原明显，耐热及抗毒性较KM Ⅰ差 |
| 英国 | ICI35-4 | $Fe_3O_4$，$Al_2O_3$ $K_2O$，$CaO$，$MgO$，$SiO_2$ | 不规则颗粒 | 2.6～2.85 | 350～530 | 温度超过530℃活性下降 |
| 美国 | C73-1 | $Fe_3O_4$，$Al_2O_3$ $K_2O$，$CaO$，$SiO_2$ | 不规则颗粒 | 2.88 | 370～540 | 570℃以下活性稳定 |
| | C73-2-03 | $Fe_3O_4$，$Al_2O_3$ $Co_3O_4$，$K_2O$，$CaO$ | 不规则颗粒 | 2.88 | 360～500 | 500℃以下活性稳定 |

理论上讲，氨合成操作曲线应与最适宜温度曲线相吻合，以保证生产强度最大，稳定性最好。例如对于 A106 型催化剂，按最适合温度曲线，当合成塔操作压力为 29.4MPa，进塔气体氨含量为 4%时，床层入口温度达 600℃以上。也就是说，催化剂床层入口气体的温度应高于 600℃，然后床层轴向温度逐渐下降。但实际生产时，如果入口温度控制到温度上限，一方面由于直接用外加高温热源加热，而没有利用反应热将温度逐渐升高，提高了生产成本；另一方面，初始的最适宜温度已超过催化剂的耐热温度，在反应中是不允许的，会导致催化剂失活。因此，在反应初期，不可能按最适宜温度曲线操作。此外，由于反应初期反应物的浓度很高，反应速率较快，且合成氨反应是放热反应，略低于最适宜温度仍可保证反应正常进行。在反应中后期，则要求床层温度按最适宜温度曲线控制。

工业生产中，应严格控制两点温度，即床层入口温度（零米温度）和热点温度。提高床层入口温度和热点温度，可以使反应过程较好地接近最适宜温度曲线。床层入口温度应等于或略高于催化剂活性温度的下限，热点温度应小于或等于催化剂使用的上限温度。生产的中后期由于催化剂的活性下降，可适当提高操作温度。

氨合成反应的最适宜温度随氨含量提高而降低，随着反应的进行，必须不断移出反应热。生产上按照降温方法不同，氨合成塔内件可分为内部换热式和冷激式。内部换热式内件采用催化剂中排列冷管或绝热层间安置中间热交换器的方法，以降低床层的反应温度，并预热未反应的气体。冷激式内件采用反应前尚未预热的低温气体进行层间冷激，以降低反应气体温度。

## 三、空间速率

空间速率（简称空速）是指单位时间内、单位体积催化剂通过的气体量。氨合成反应在催化剂颗粒表面进行，合成气体中氨含量与煤气和催化剂表面接触时间有关。当反应温度、压力、进塔气组成一定时，对于既定结构的合成塔，增加空速也就是加快气体通过催化剂床层的速率，气体与催化剂表面接触时间缩短，使出塔气中的氨含量降低；但催化剂床层中一定位置的平衡氨含量与气体中实际氨含量的差值增大，即氨合成反应速率相应增大。由于氨净值（指合成塔进出口氨含量之差）降低的程度比空速的增大倍数要少，所以当空速增加时，氨合成的生产强度（指单位时间内单位体积催化剂上生成氨的量）有所提高，即氨的产量有所增加。表 7-2 所示为当气体中氢氮比为 3:1，不含氨和惰性气体时，在压力为 30.4MPa、500℃ 的等温反应器中反应，空间速度与出口氨含量和生产强度的关系。

表 7-2　空间速度与出口氨含量和生产强度的关系

| 空速/h$^{-1}$ | $1 \times 10^4$ | $2 \times 10^4$ | $3 \times 10^4$ | $4 \times 10^4$ |
|---|---|---|---|---|
| 出口氨含量/% | 21.70 | 19.02 | 17.33 | 16.07 |
| 生产强度/[kg/(m$^3$·h)] | 1350 | 2417 | 3370 | 4160 |

采用高空速强化生产的方法，由于造成出塔氨含量的降低，从而导致入塔循环气量及压力降增大。增加了循环机和冰机（指压缩气氨的压缩机）的功耗，减少了反应热的回收利用，当反应热降低到一定的程度时，合成塔就难以维持自热平衡。

一般地，氨合成操作压力高，反应速率快，空速可高一些；反之可低一些。例如：中小型合成氨厂，30MPa 左右的中压法合成氨空速在 20000～30000h$^{-1}$；大型合成氨厂，15MPa 的轴向冷激式合成塔，为充分利用反应热、降低功耗并延长催化剂使用寿命，通常采用较低的空速，空速为 10000h$^{-1}$。

## 四、进塔气组成

### 1. 氢氮比

由前面讨论可知：当氢氮比 $r$ 为 3 时，平衡氨含量最大；从化学动力学角度分析，最适宜氢氮比 $r$ 随着反应的进行将不断增大。由反应初期氢氮比 $r$ 为 1，逐渐增加到反应接近化学平衡时氢氮比接近于 3，反应速率为最快。这势必要在反应时不断补充氢气，生产上难以实现。实践表明：控制进塔气体中氢氮比略低于 3，一般氢氮比 $r$ 为 2.8～2.9 比较合适。而对含钴催化剂，氢氮比在 2.2 左右。由于氨合成时氢氮是按 3:1 消耗的，若忽略氢和氮在液氨中溶解的损失，混合气中的氢氮比将随反应进行而不断减小，若维持氢氮比不变，新鲜气中的氢氮比应控制在 3。否则，循环系统中多余的氢气或氮气会积累起来，造成氢氮比失调，操作条件恶化。

### 2. 惰性气体含量

惰性气体（CH$_4$、Ar）来自新鲜气，而新鲜气中惰性气体的含量随所用原料和气体净化方法的不同相差很大。惰性气体的存在，对氨合成反应、平衡氨含量和反应速率的影响都是不利的。由于氨合成过程中未反应的氢氮混合气需返回氨合成塔循环利用，而液氨产品仅能溶解少量惰性气体，因此惰性气体在系统中积累。随着反应的进行，循环气中惰性气体的量会越来越多，为保持循环气中一定的惰性气体含量，目前生产中主要靠放空气量来控制。但是，维持过低的惰性气体含量又需大量排放循环气，从而损失氢氮气，导致原料气消耗量增加。因此，控制循环气中惰性气体含量过高或过低都是不利的。

循环气中惰性气体含量的控制还与操作压力和催化剂活性有关。操作压力较高、催化剂活性较好时，惰性气体含量宜控制高些，以降低原料气消耗量，同时也能获得较高的氨合成率；反之，循环气中惰性气体含量就应该控制低些。一般控制在 12%～20%。

### 3. 入塔氨含量

在其他条件一定时，入塔气体中氨含量越低，氨净值就越大，反应速率越快，生产能力就越高。目前一般采用冷凝法分离氨，入塔氨含量与系统压力和冷凝温度有关。要降低入合成塔混合气体中的氨含量，需消耗大量冷冻量，增加冷冻功耗。因此，过度降低冷凝温度而增加氨冷负荷，在经济上并不可取。

入塔氨含量的控制还与合成操作压力有关。压力高，氨合成反应速率快，入塔氨含量可控制高些；压力低，为保持一定的反应速率，入塔氨含量应控制得低些。工业生产中，当操作压力在 30MPa 左右时，一般控制在 3.2%～3.8%，而当操作压力为 15～20MPa 时，则控制在 2%～3%。若采用水吸收法分离氨，入塔氨含量可在 0.5%以下。

## 知识点 3　合成氨的工艺流程

通过本知识点的学习，掌握氨合成的工艺流程及操作步骤，熟悉氨合成塔的基本结构。

在工业生产上，虽然采用的氨合成工艺流程各不相同，设备结构和操作条件也有差异，但实现氨合成过程的基本工艺步骤是相同的。

### 一、氨合成基本工艺步骤

#### 1. 气体的压缩和除油

为了将新鲜原料气（是指经过净化的精制气或氢氮混合气）压缩到氨合成所要求的操作压力，在流程中设置压缩机。当使用注油润滑往复式压缩机时，在压缩过程气缸内的高温条件下，部分润滑油汽化并被气体带出。气体中所含的油雾不仅会使氨合成催化剂中毒，而且附着在热交换器壁上，降低传热效率，因此必须将油分清除干净。除油的方法是在压缩机每段出口都设置油分离器，并在氨合成系统设置油分离器，也称滤油器。若采用离心式压缩机或采用无油润滑的往复式压缩机，从根本上解决压缩后气体带油问题，可以取消油分离设备，使生产流程得以简化。

#### 2. 气体的预热和合成

氨合成催化剂有一定的活性温度，因此压缩后的氢氮混合气需加热到催化剂的起始活性温度，才能送入催化剂层进行氨合成反应。加热气体的热源：正常操作情况下，主要是利用氨合成的反应热，即在换热器中，利用反应后的高温气体预热反应前温度较低的氢氮混合气；在开工或反应不能维持合成塔自热平衡时，可利用塔内电加热器或塔外加热炉供给热量。换热过程一部分在催化剂床层中通过换热装置进行，一部分在催化剂床层外的换热设备中进行。因此，在流程中设置换热器及氨合成塔。

#### 3. 氨的分离

从合成塔出来的混合气体中，氨含量很低，一般为 10%～20%，须经过分离才能得到产品液氨。从混合气体中分离氨的方法有冷凝法和水吸收法两种，目前工业生产中主要采用冷凝法。冷凝法分离氨是利用氨气在低温、高压下易于液化的原理进行的。该法是首先冷却含氨的混合气，使其中的气氨冷凝成液氨，再经气-液分离设备，从不凝性气体中分离出来液氨。

目前，工业上在冷凝合成氨后的气体过程中，以水和液氨作冷却剂，因此，在流程中设置水冷器、氨冷器。在水冷器和氨冷器之后，为了把冷凝下来的液氨从气相中分离出来，设置氨分离器。分离出来的液氨经减压后送至液氨贮槽，液氨贮槽压力一般为 1.6MPa 左右。液氨既作为产品，也作为氨冷器添加液氨的来源。在冷凝过程中，一定量的氢气、氮气、甲烷等气体溶解于液氨中，当液氨在贮槽内减压后，溶解于液氨中的气体组分大部分从中解吸出来。同时，由于减压作用部分液氨气化，这种混合气工业上称为"储槽气"或"弛放气"。

### 4. 未反应氢气与氮气的循环

从合成塔出来的混合气体，经氨的分离后，剩余气体中含有大量未反应的氢气、氮气。为了回收这部分气体，工业上常采用循环法合成氨，即未反应的氢氮混合气经分离氨后补充能量，与新鲜原料气汇合，重新进入氨合成塔进行反应。因此，在流程中设置循环压缩机，常用离心式压缩机，也有少数厂家使用往复式压缩机。循环压缩机进、出口压差为 2～3MPa，它表示整个合成循环系统阻力降的大小。

### 5. 惰性气体的排放

因制取合成氨原料气所用原料及净化方法不同，在新鲜原料气中通常含有一定数量的惰性气体，即甲烷和氩。采用循环法合成氨时，新鲜原料气中的氢氮气会连续不断地合成为氨，而惰性气体除一少部分溶解于液氨中被带出外，大部分在循环气体中积累下来，惰性气体含量增加，对氨的合成不利。

在工业生产中，为了保持循环气体中惰性气体含量不致过高，常常采取将一部分含惰性气体较高的循环气间歇或连续放空的办法，来降低循环气中的惰性气体含量。工艺流程中各部位惰性气体含量是不同的，其排放的位置应选择在惰性气体含量最大，氨含量最小的地方，这样氢氮混合气的损失最小，放空损失也就最小。由此可见，放空位置应该选择在氨已大部分分离（氨分离器）之后，而又在新鲜气加入（一般为滤油器）之前。放空气中的氢气、氨等可加以回收利用，从而降低原料气的消耗，其余的气体一般可用作燃料。

### 6. 反应热的回收

氨的合成反应热较大，必须回收利用。目前回收热能的方法有以下几种。

① 用反应后的高温气体预热反应前的氢氮混合气，使其达到催化剂的活性温度。

② 加热热水，加热进入铜液再生塔的热水，供铜液再生使用；加热进入饱和塔的热水，供变换使用。

③ 预热锅炉给水生产高压蒸汽，供汽轮机使用。

④ 副产蒸汽按副产蒸汽锅炉安装位置的不同，可分为塔内副产蒸汽合成塔（内置式）和塔外副产蒸汽合成塔（外置式）两类。内置式副产蒸汽合成塔因结构复杂且塔的容积利用系数低，已很少采用。目前一般采用外置式，根据反应后气体抽出位置的不同，又可分为前置式、中置式和后置式三种。

前置式是从催化剂床层出来的高温气体先进入塔外的副产蒸汽锅炉，产生 2.5～4.0MPa 高压蒸汽。但设备及管线均承受高温、高压，对材料性能要求高。中置式是将塔内换热器分为两段，反应后的高温气体经第一段换热器后，进入塔外的副产蒸汽锅炉，产生 1.3～1.5MPa 的中压蒸汽，然后再回到塔内第二段换热器。产生的蒸汽可供变换等工段使用，且对材料的要求不是很高；后置式是反应后的高温气体，先进入塔内换热器，再进入塔外的副产蒸汽锅炉，产生约 0.4MPa 的低压蒸汽，使用价值低。

至于采用哪一种回收热能方式，取决于全厂供热平衡设计。目前，大型氨厂较多采用加热锅炉给水；中型氨厂则多用于副产蒸汽；小型氨厂多用于副产蒸汽、加热热水。预热反应前的氢氮混合气大中小型氨厂都有应用。

实际生产中，由于热能回收设备存在温差损失，通常每生产一吨氨一般可回收 0.8t 左右饱和蒸汽的热能。

## 二、典型的工艺流程

### 1. 中、小型氨厂氨合成工艺流程

在合成氨生产过程中，一氧化碳变换及氨合成反应的反应热较大，充分利用反应热是合成氨节能降耗的重要课题。热能回收的工艺流程有多种，中、小型合成氨的综合换热网络是近年来具有代表性的节能型工艺流程。

综合换热网络是根据系统工程原理，打破按工序内热量回收和利用的界限，依系统内余热的品位和热量供求关系，合理地组成综合换热网络，使反应热最大限度地得到有效利用。合成氨生产过程中的综合换热网络，就是将变换、铜洗、合成三个工序的热能供需关系进行综合平衡，回收反应热副产蒸汽，是以蒸汽为主的综合换热网络。首先，将合成反应的高位热能用来产生中压蒸汽，供变换工序使用，取消外供蒸汽；其次，在变换工序增设第二热水塔，用水回收出第一热水塔变换气的热能，被加热的热水供铜洗工序加热铜氨液使用，取消外供蒸汽。综合换热网络技术最终使变换、铜洗、合成三个工序达到热能自给。

后置提温型副产蒸汽氨合成工艺流程如图 7-3 所示。后置锅炉之后串联循环气预热器和软水预热器，气体提温后进入氨合成塔。

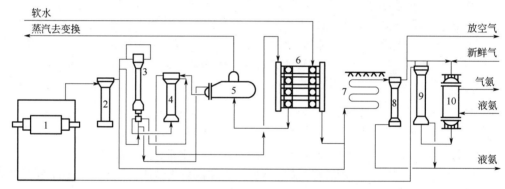

**图 7-3　后置提温型副产蒸汽合成氨工艺流程**

1—循环机；2—油水分离器；3—氨合成塔；4—循环气预热器；5—后置锅炉；6—软水预热器；7—水冷器；
8—氨分离器；9—冷交换器；10—氨冷器

循环机 1 来的气体经油水分离器 2 进入氨合成塔 3，气体沿合成塔 3 内、外筒环隙向下行，离开氨合成塔 3 后，进循环气预热器 4，提温约 160℃，回氨合成塔 3 下部换热器中，进一步被加热。反应后温度大约 300℃ 的出塔气进入后置锅炉 5 副产压力为 0.8~1.0MPa 的饱和蒸汽，约 0.8t/t $NH_3$。气体出后置锅炉经循环气预热器 4、软水预热器 6 回收热量后，再依次进入水冷器 7、氨分离器 8、冷交换器 9 上部换热器、氨冷器 10 及冷交换器 9 下部氨分离器等设备，冷却冷凝并分离氨后进循环机 1，进行下一个循环过程。该过程回收的中压蒸汽供变换工序使用有余。

### 2. 大型氨厂氨合成工艺流程

20 世纪 60 年代，美国凯洛格公司开发了以天然气为原料，采用单系列和蒸汽透平为驱动力的大型合成氨装置，是合成氨工业的一次飞跃；20 世纪 70 年代，我国引进的大型合成氨装置普遍采用凯洛格氨合成工艺流程。该流程采用蒸汽透平驱动带循环段的离心式压缩机，

所以气体不受油雾的污染，但新鲜气中尚含有微量二氧化碳和水蒸气，需经氨冷最终净化。另外，氨合成塔操作压力较低，为 15MPa，因此采用三级氨冷将气体冷却至-23℃，才能使氨分离较为完全。图 7-4 为凯洛格氨合成工艺流程。

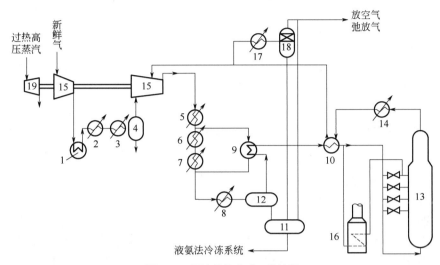

**图 7-4　凯洛格氨合成工艺流程**

1—甲烷化换热器；2，5—水冷器；3，6～8—氨冷却器；4—冷凝液分离器；9—冷热交换器；10—塔前换热器；
11—低压氨分离器；12—高压氨分离器；13—氨合成塔；14—锅炉给水预热器；15—离心式压缩机；16—开工加热炉；
17—放空气氨冷却器；18—放空气分离器；19—汽轮机

　　来自甲烷化工序的新鲜气温度约 38℃，压力约 2.5MPa，在离心式压缩机 15 的第一段压缩到 6.5MPa，经甲烷化换热器 1、水冷器 2 及氨冷却器 3 逐步冷却到 8℃，由冷凝液分离器 4 除去水分。除去水分后的新鲜气进入压缩机第二段继续压缩，并与循环气在压缩机缸内混合，压缩到 15.5MPa、温度为 69℃，经过水冷器 5，气体温度降到 38℃，而后分两路继续冷却、冷凝。

　　一路约 50%的气体经过两级串联的氨冷器 6 和 7，一级氨冷器 6 液氨在 13℃下蒸发，将气体冷却到 22℃，二级氨冷器 7 液氨在-7℃下蒸发，将气体进一步冷却到 1℃；另一路气体与来自高压氨分离器 12 的-23℃的气体在冷热交换器 9 中换热，降温至-9℃，而冷气体升温到 24℃。两路气体汇合温度为-4℃，再经过第三级氨冷器 8，利用在-33℃下液氨的蒸发，将气体进一步冷却到-23℃，然后送往高压氨分离器 12，分离液氨后，含氨 2%的循环气经冷热交换器 9 和塔前换热器 10 预热到 141℃，进冷激式氨合成塔 13 进行氨的合成反应。出合成塔的气体温度为 284℃，首先进入锅炉给水预热器 14，然后经塔前换热器 10 与进塔气体换热，被冷却到 43℃，分两路：一路绝大部分气体回到压缩机高压段（也称循环段），与新鲜气在缸内混合，完成整个循环过程；另一路小部分气体在放空气氨冷却器 17 中被液氨冷却，经放空气分离器 18 分离液氨后，去氢气回收系统。高压氨分离器中的液氨经减压后进入冷冻系统；弛放气与回收氨后的放空气一并用作燃料。

　　该工艺流程的特点：

　　① 采用汽轮机驱动的离心式压缩机，气体不受油雾的污染。

　　② 设锅炉给水预热器，回收氨合成的反应热，用于加热锅炉给水，热量回收好。

　　③ 采用三级氨冷，逐级将合成后的气体降温至-23℃，冷冻系统的液氨亦分三级闪蒸，三种不同压力的氨气分别返回离心式氨压缩机相应的压缩段中，这比全部氨气一次压缩至高

压、冷凝后一次蒸发冷冻系数大，功耗小。

④ 放空管线设在压缩机循环段之前，此处惰性气体含量最高，氨含量也最高，由于回收放空气中的氨，故对氨损失影响不大。

⑤ 氨冷凝设在压缩机循环段之后进行，可以进一步清除气体中夹带的密封油、$CO_2$ 等杂质。

缺点是循环功耗较大。

合成氨生产技术进展很快，国外一些合成氨公司开发了若干氨合成工艺新流程，如布朗三塔三废热锅炉流程、伍德两塔三床两废热锅炉流程、托普索两塔三床两废热锅炉流程等。

### 三、氨合成塔

氨合成塔是合成氨生产的主要设备之一。

氨在高温、高压条件下合成，氢、氮气对碳钢有明显的腐蚀作用。造成腐蚀的原因有两种：一种是所谓氢脆，氢溶解于金属晶格中，使钢材发生脆性破坏；另一种是所谓氢腐蚀，即氢渗透到钢材内部使碳化物分解并生成甲烷（$Fe_3C + 2H_2 \Longrightarrow 3Fe + CH_4$），甲烷聚集于晶界微观孔隙中形成高压，导致应力集中，沿晶界出现破坏裂纹。若甲烷在靠近钢表面的分层夹杂等缺陷中聚积，还会出现宏观鼓泡。氢腐蚀与压力、温度有关，温度超过 221℃、氢分压大于 1.43MPa，氢腐蚀就开始发生。

在高温高压下，氮与钢中的铁及其他很多合金元素生成硬而脆的氮化物，导致金属力学性能降低。

为了适应氨合成反应条件，合理解决高温和高压的矛盾，氨合成塔（图 7-5）由内件与

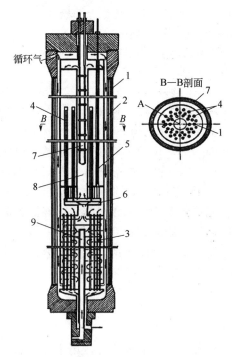

**图 7-5　氨合成塔**

1—外筒；2—催化剂；3—热交换器；4—冷却套管；5—热电偶管；
6—分气盒；7—电加热器；8—中心管；9—冷气管

外筒两部分组成。进入合成塔的气体先经过内件与外筒间的环隙，内件外面设有保温层（或死气层），以减少向外筒的散热。因而，外筒主要承受高压，而不承受高温，可用普通低合金钢或优质低碳钢制成，在正常情况下，寿命可达 40～50 年以上。内件虽然在 500℃左右的高温下工作，但只承受环隙气流与内件气流的压差，一般仅为 0.5～2.0MPa，即主要承受高温而不承受高压。内件用镍铬不锈钢制作，由于承受高温和氢腐蚀，内件寿命一般比外筒短些。内件由催化剂床、热交换器、电加热器三个主要部分构成，大型氨合成塔的内件一般不设电加热器，由塔外加热炉供热。整个合成塔中，仅热电偶内套管既承受高温又承受高压，但直径较细，采用厚壁镍铬不锈钢管即可。

热交换器承担回收催化剂床层出口气体显热并预热进口气体的任务，大都采用列管式，多数置于催化剂床之下，称之为下部热交换器。也有放置于催化剂床之上的，如 Kellogg 多层冷激式合成塔。

热交换器大都和催化剂床直径相等，此时由于管内流速过低，通常需要在管内安置麻花条，以提高流速增大给热系数。一般热交换器的面积设计留有一定的余量（约 15%～30%），正常操作时以热交换器来调节温度。

合成塔内件的催化剂床，因换热形式不同大致分为连续换热式、多段间接换热式和多段冷激式三种塔型。不论何种塔型，在工艺上对氨合成塔的要求是共同的。主要有以下几点：

① 在正常操作条件下，反应能维持自热。塔的结构要有利于升温还原、保证催化剂活性良好。

② 催化剂床层温度分布合理，氨净值高，生产强度较大。热能的回收品位高，功耗低。

③ 容积利用率高，在一定的高压空间内，尽可能多装催化剂，提高生产能力。

④ 气体在催化剂床层内分布均匀，塔的压力降小。

⑤ 操作稳定，调节灵活，具有较大的操作弹性。

⑥ 结构简单可靠，各部件连接与保温合理，内件在塔内有自由伸缩的余地，以减小应力。

上述要求在实施时有时是矛盾的，因此，合成塔设计要兼顾上述所有因素中最佳的条件，最终达到高效、节能、增产的目的。

氨合成塔结构繁多，目前常用的有冷管式和冷激式两种塔型，前者属于连续换热式，后者属于多段冷激式。20 世纪 60 年代开发成功的径向氨合成塔，将传统的塔内气体在催化剂床层中沿轴向流动改为径向流动以减小压力降，降低了循环功耗。中间换热式塔型是当今世界氨合成塔发展的趋向，但其结构较为复杂。

### 1. 轴向冷激式氨合成塔

该塔外筒形状为上细下粗的瓶式，在缩口部位密封，以便解决大塔径造成的密封困难。内件包括四层催化剂床、床层间气体混合装置（冷激管和挡板）以及列管换热器。轴向冷激式氨合成塔结构如图 7-6 所示。

气体由塔底封头接管进入塔内，向上流经内外筒之间环隙以冷却外筒。气体穿过换热器与上筒体的环形空间，折流向下经过换热器的管间，被加热到 400℃左右入第一层催化剂床，反应后温度升至 500℃左右，在第一、二层间，反应气与来自冷激管的冷激气混合降温，而后再依次通过第二、三、四层催化剂床，层间均加入冷激气降温。气体由第四层催化剂床底部流出，折流向上通过中心管进入换热器管内，换热后经波纹连接管流到塔外。

该塔的优点是：用冷激气调节床层温度，操作方便，而且省去许多冷管，结构简单，内件可靠性好，合成塔筒体与内件上开设人孔，装卸催化剂时不必将内件吊出，外筒密封在缩口处。

但该塔也有明显的缺点：瓶式塔内件封死在塔内，致使塔体较重，运输和安装均较困难，而且内件无法吊出，造成维修与更换零部件极为不利，塔的阻力也较大。

### 2. 径向冷激式氨合成塔

径向流动氨合成塔有时称为托普索径向塔，从 1964 年开始在合成氨厂应用。图 7-7 为径向两段冷激式氨合成塔。

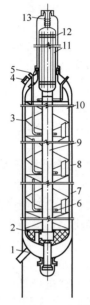

图 7-6　轴向冷激式氨合成塔

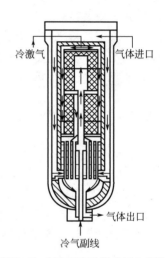

图 7-7　径向两段冷激式氨合成塔

1—塔底封头接管；2—氧化铝球；3—筛板；4—人孔；
5—冷激气管；6—冷激；7—下筒体；8—卸料管；
9—中心管；10—催化剂床；11—换热器；
12—上筒体；13—波纹连接管

气体从塔顶进入，向下流经内外筒之间的环隙，再进入下部换热器的管间，冷气副线由塔底封头接口进入，二者混合后沿中心管进入第一催化剂床层。气体沿径向呈辐射状流经催化剂床层后进入环形通道，在此与由塔顶来的冷激气混合，再进入第二段催化剂床层，从外部沿径向向里流动，最后由中心管外面的环形通道向下流经换热器管从塔底流出塔外。

与轴向冷激塔比较，径向合成塔最突出的特点是气体呈径向流动，路径较轴向塔短，而流动截面积则大得多，气体流速大大降低，故压降很小。径向塔可使用 1.5～3.0mm 的小颗粒催化剂，气体通过床层的压降只有 0.01～0.02MPa，全塔压降仅为 0.25MPa，而 Kellogg 轴向合成塔的全塔压降为 0.7～1.0MPa。采用径向塔大大降低了循环机的功耗。使用小颗粒催化剂的径向塔，对于一定的生产能力，催化剂需要量较少，故塔径小，造价低。在改造老塔时，可显著提高产量。另外，径向塔的结构比较简单，催化剂床和换热器都放在同一塔体中，采用大的平板端盖密封，便于运输、安装与检修。

径向塔的生产能力及操作性能极大程度上取决于气流分布的均匀性，气流进催化剂床层时，容易引起偏流，将导致床层内温度的混乱，催化剂迅速衰老、产量降低。

## 知识点 4 氨合成塔的操作与控制管理

通过本知识点的学习，我们将了解氨合成塔稳定操作的关键因素及控制方法。

氨合成塔生产条件控制的最终目的，是在安全生产的前提下，强化设备的生产能力，降低原料消耗，使系统进行安全、连续、均衡、稳定生产。

氨合成塔中的反应过程比较复杂，要使过程连续稳定进行，必须维持塔内自热平衡，并使床层温度分布在催化剂的活性范围内。所谓自热平衡即反应前气体升温所需要的热量，由反应过程放出的热量来提供，这是氨合成塔操作稳定的关键。对于一定结构的合成塔，影响床层温度的主要因素有压力、循环气量和气体成分。

### 一、温度的控制

温度的控制主要是指对催化剂床层热点温度和入口温度的控制。

#### 1. 热点温度的控制

对连续换热合成塔，不论是轴向还是径向塔，催化剂床层内总存在一个热点温度。由于在催化剂床层中不可能过多分布测温点（一般为 12 个），生产上把这些测温点中测得温度最高的一点，近似作为催化剂床层中的热点温度。确切地说，这一点附近存在较宽的接近热点温度的一个区域，维持这一区域在最佳使用温度范围，就能保证塔中生成氨的速度最快。由氨合成反应的基本原理可知，催化剂床层最适宜的温度分布是先高后低，即热点位置应在催化剂床层的上部。对冷激式氨合成塔，则每一层催化剂具有一个热点，其位置在催化剂床层的上部。显然，就其中一层催化剂来说，温度分布并不理想，只是把多层催化剂组合起来，方显出温度分布的合理性。

不论是轴向塔还是径向塔，其热点的位置不是固定不变，而是随着负荷、空速和催化剂的运行时间积累而发生变化。在负荷和空速基本保持不变的情况下，可以把热点位置沿轴向向下移动或沿径向向里或向外移动视为催化剂衰老的标志。

在生产过程中，由于催化剂衰老，活性降低，最适宜温度不断提高，随催化剂运行时间的积累，应逐渐提高热点温度，以保证反应速率快。A 系列催化剂在不同使用时期热点温度控制指标可参考表 7-3。

表 7-3 国内 A 系列氨合成催化剂不同使用时期热点温度控制指标

| 阶段 | 使用初期/℃ | 使用中期/℃ | 使用后期/℃ |
|---|---|---|---|
| A106 | 480～490 | 490～500 | 500～520 |
| A109 | 470～485 | 485～495 | 495～515 |
| A110 | 460～480 | 480～490 | 490～510 |
| A201 | 460～475 | 475～485 | 485～500 |

正确控制热点温度，首先要在条件允许的情况下尽可能维持较低点温度。为了维护好氨合成催化剂的低温活性，在生产负荷稳定的前提下，尽可能将热点温度维持低些，这样可以

使催化剂床层下部也比较低，不仅保护了催化剂的低温活性，而且对氨合成反应平衡有利。另外，维持热点温度低还可以延长催化剂使用寿命，延长内件的使用周期。生产中往往根据催化剂不同使用时期和生产负荷，规定热点温度范围，控制 10℃ 的温度差，如 470℃±5℃。这一方面考虑操作中可能会引起温度波动；另一方面，在操作中具体控制也应根据系统工艺情况分别对待。在压力高、空速大和进口氨含量低的情况下，因为反应不易接近平衡，所以主要应该提高反应速率，将热点温度维持在规定指标上限。相反，主要应该提高平衡氨含量，将热点温度维持在指标的下限。其次，热点温度应尽量维持稳定，虽然规定波动幅度为 10℃，但当系统生产条件稳定和勤于调节时，能经常在 2～4℃ 范围内波动，波动速率要小于 0.133℃/min。热点温度稳定，可以控制氨合成反应总是在最适宜条件下进行。

### 2. 入口温度的控制

催化剂床层入口温度必须达到催化剂的活性温度。对于 A110-1 型催化剂，一般将入口温度控制在 400℃±20℃ 左右。这主要考虑在运行实际中，入口气体中的毒物不可能全部除去，所以催化剂实际起活温度要比实验室的起活温度高，但这个温度受合成塔结构的限制。

催化剂床层入口温度既会影响绝热层温度，又会影响催化剂床层的热点温度。这是由于催化剂床层顶部反应速率随入口温度变化而变化，这种变化会使不同深度催化剂床层反应速率相应发生变化，伴随着各部位的反应热也有了变化，以致整个催化剂床层的温度要重新分布。

在其他条件不变的情况下，入口温度对整个催化剂床层温度分布变化十分灵敏，对入口温度的细微变化都应予以重视，并做出预见性调节。

在调节合成塔温度时，应注意进出塔气体的温度差。实际上，入塔气体温度的变化很小，主要看合成塔出口气体温度。由于气体中氨含量提高 1%，放出的反应热近似地使混合气体的温度上升 14～15℃。所以获得较大的温度差就可取得较好的经济效益。

近年来，随着国内低温高活性催化剂的研制成功，以及节能型内件的使用，氨净值有了较大幅度的提高，进一步提高了氨合成反应热的回收价值和利用率。为了便于控制热点温度，采取降低床层入口温度的措施，充分发挥催化剂的低温活性，收到了较好的效果。

### 3. 催化剂床层温度的调节方法

催化剂床层温度是各种条件综合成的一种暂时的平衡状态，随着生产条件的变化，平衡被破坏，需要通过调节在新的条件下建立平衡。因此，操作人员必须善于观察条件的变化趋势，预见性地进行调节，使催化剂床层温度保持稳定，具体调节方法如下：

（1）调节塔冷气副阀。开大塔冷气副阀，不经下部热交换器预热的气量增加，使进入冷管气体的温度降低，因而催化剂床层的温度降低，反应速率减小。反之，床层温度升高。在满负荷生产时，催化剂床层温度若有小范围波动，用副阀调节比较方便。调节副阀不得大幅度变动，更不能时而开大，时而关死，造成过冷或骤热的急剧变化而损坏内件。

（2）调节循环量。当温度波动幅度较大时，一般以循环量调节为主，用塔冷气副阀配合调节。关小循环机副阀，增加循环量，即为增加空速，气体与催化剂接触时间缩短，单位体积气体反应热减少，带出热量多，催化剂床层温度就会下降；反之，床层温度升高。

通过改变入塔氨含量和系统中惰性气体含量、改变操作压力和使用电加热器等方法，也能调节床层温度，但一般情况下只采用调节循环量和塔冷气副阀两种方法。其他调温方法仅作为非常手段，一般不采用。

在多层冷激式合成塔内，第一层催化剂床层的温度决定全塔的反应情况，其调节方法与前面所说相同，而以下各层都采用控制冷激气量的方法调节。调节很迅速，也比较方便。

## 二、压力的控制

合成系统的压力首先取决于单位时间处理的气量，其次是各种操作条件的影响。新鲜气补充量一定时，凡是促进氨合成反应的各种因素，如催化剂活性高、空速大、操作温度适宜、气体成分好等都能使系统压力降低。反之，压力就会升高。因此，控制压力的方法有两个：一是改变操作条件；二是调节补充新鲜气量。后者往往在迫不得已时才采用。在操作中，系统压力控制的要点如下：

（1）系统压力不能超过设备所允许的操作压力，这是保证安全生产的前提。当合成操作条件恶化、系统超压时，应迅速减少新鲜气补充量，以降低负荷，必要时可打开放空阀，卸掉部分压力。

（2）在正常操作条件下，应尽量降低系统的压力，这样可以降低循环机的功耗，使合成塔操作稳定，不会因条件稍有恶化压力就超过指标。但在夏季冷冻量不足，而合成塔能力又有宽裕的情况下，也可以适当降低空速，维持合成塔在较高压力下运行，以节省冷冻量。

（3）在催化剂使用后期，应将系统压力维持在指标上限，以获得最大的氨产量。但这时操作控制困难，应特别注意其他条件的变化，及时配合减少新鲜气的补充量，控制压力不超过指标。

（4）有时新鲜气量大幅度减少，系统压力降得很低，氨合成反应较差，催化剂床层温度难以维持，这时可减少循环量，并适当提高氨冷器的温度，使压力不致过低。生产实践证明，这种方法可以使合成塔温度得到维持。

调节压力时，必须缓慢进行，以保护合成塔内件。如果系统压力急剧变化，会使设备和管道的法兰接头以及循环机填料密封遭到破坏。一般规定在高温下压力升降速率为 $0.2 \sim 0.4MPa/min$。

## 三、循环量的控制

循环量系指合成塔单位时间进入的总气量。循环量的大小标志着合成塔负荷的大小和生产能力的高低。当合成塔能够自热平衡和系统压力降允许时，应尽可能加大循环量，以提高催化剂生产强度，降低系统压力。虽然因循环量的增加，合成系统阻力降增大，增加了功耗，但提高了合成塔的生产能力。当然，在获得等量产品的情况下，应采取小循环量，提高氨净值。一般副产蒸汽的合成塔控制循环量小，氨净值高，出塔气体温度提高，热能回收利用价值高。

循环量的增加将受到四方面限制：

（1）受循环机排气量限制。生产中，有时一塔一机循环量不足，开两台循环机时循环量过大，设备利用率低，功耗增加。因此，对循环机要合理配置。

（2）受系统阻力的限制。循环量增加后，气体在管道和设备中的流速增大，阻力增加。特别是轴向塔，增加循环量后，催化剂床层压降迅速增大，容易超过工艺指标。

（3）受冷却设备能力的限制。由于氨冷凝设备传热面积一定，循环量增加后，冷凝效果不好。同时，氨合成塔出口气体中氨含量随循环量增加而降低，氨的分离比较困难，系统压力将会升高，达不到增加生产能力的目的。

（4）受催化剂床层温度的限制。循环量加大，氨合成率降低，出口气体温度降低，对于一定传热面积的换热器，由于传热温差减小，换热能力不够，催化剂床层会失去热平衡。另外，循环量过大，催化剂床层上部温度会降低，热点下移，操作控制困难，易使床层温度剧烈下降。

因此，生产中都是在催化剂床层温度稳定、冷冻量富裕和循环机合理使用的情况下，增加循环量至接近规定的系统压力差，以充分发挥设备的生产能力。

对于径向合成塔，由于催化剂床层阻力很小，且小颗粒催化剂活性好，可以允许较大的循环量，一般可比轴向塔高30%左右。增加循环量有助于气体分布均匀，从而缩小同平面温差。但在低负荷下，则不必保持过大的循环量，虽然径向温差有所发展，但仍可维持正常生产。调节循环量的方法是开关循环机副阀或系统副阀。对离心式循环机，则可用开关出口阀调节。

### 四、氢氮比和惰性气体含量的控制

氢氮比的波动将会引起催化剂床层温度、系统压力及循环气量等一系列工艺参数发生波动。所以，稳定氢氮比，使其在合适而又较小的范围波动是十分重要的。通过微机自动控制和采用自动分析仪器监测装置可减少氢氮比的波动。

一般进塔气中氢氮比控制在 2.8～2.9。当进塔气中氢含量偏高时，容易使反应恶化，催化剂床层温度急剧降低，造成系统压力高，生产强度下降，必须及时进行调整。由氨合成反应机理可知，增加氮的分压，对催化剂吸附氮有利。生产实际中，当氢气组成朝着规定的下限波动时，催化剂床层温度有上升的趋势，说明氮气含量增加能加快反应速率。但氨合成反应按氢氮比 3∶1 进行，氮气过量也会在循环气中积累，同样使反应恶化，也要进行调整。实际操作中，控制氢氮比的主要操作变量为新鲜气的组成。当循环气中惰性气体含量较低时，新鲜气控制氢氮比的作用更明显。

在特殊情况下，调节循环气中氢氮比的方法是增加放空气量，以排除系统中一部分氢氮比特别不好的气体，同时补入合格的新鲜气，加快调节速度。

氨合成生产中，甲烷和氩气为惰性气体，尽管不是毒物，但不参与反应的惰性气体含量增加，将会影响反应速率和化学平衡。在系统中过高地维持惰性气体含量，不仅影响氨产量，还会增加压缩机动力消耗。但过多排放惰性气体会使有效氢气、氮气损失量过大。因此，应根据合成塔自身负荷及催化剂使用情况综合考虑。一般控制的原则为：在催化剂使用初期，活性较好，或者合成塔负荷较轻，操作压力比较低时，可以维持惰性气体含量在 16%～20%；相反，适当加大惰性气体排放量，控制惰性气体含量在 10%～16%。惰性气体放空阀应常开，以便于调节。对于小型合成氨厂，当采用造气工段吹风气潜热回收流程时，合成工段的放空气和弛放气要连续送到造气工段燃烧炉，作为低温吹风气的助燃气，更要保证惰性气体放空阀常开。

在氨合成系统中，如果循环机、管道阀门等漏气过多，会造成惰性气体含量很低，则必然也漏掉有效气体。因此，必须及时修理以减少损失。

### ▤ 技能训练

调研并学习 1～2 家典型煤气化制合成氨生产工艺及操作控制。

 知识拓展

**合成氨工业的发展概况**

1. 合成氨工业化及其发展

合成氨工业化自从 1913 年在德国奥堡巴登苯胺纯碱公司建成了世界上第一个日产 30t 的合成氨工厂至今已有 100 多年的历史。随着世界人口的增长,合成氨产量也在迅速增长。

20 世纪 50 年代天然气、石油资源大量开采,对氨的需求急剧增长,尤其是 60 年代以后开发了多种活性好的催化剂、反应热的回收与利用更加合理、大型化工程技术等方面的进展,促使合成氨工业高速发展。

2. 我国合成氨工业的发展

我国合成氨工业于 20 世纪 30 年代起步,1941 年,最高年产量不过 50 万吨。新中国成立后,经过数十年的努力,已形成了遍布全国、大中小型氨厂并存的氮肥工业布局,1999 年合成氨产量为 3431 万吨,居世界第一。

20 世纪 50 年代初,在恢复与扩建老厂的同时,从苏联引进并建成一批以煤为原料,年产 5 万吨的合成氨装置。20 世纪 60 年代开始在全国各地建设了一大批以碳化法合成氨流程制取碳氨为主的小型氨厂,1979 年发展到 1539 座氨厂。

随着石油、天然气工业的迅速发展,20 世纪 80 年代后期和 90 年代初,我国引进了具有世界先进水平日产 100 万吨的节能型合成氨装置。与此同时,我国自行设计的以轻油为原料年产 30 万吨的合成氨装置于 1980 年建成投产,以天然气为原料年产 20 万吨氨的第一套国产化大型装置于 1999 年建成投产。

21 世纪合成氨主要朝着大型化、集中化、低能耗以及清洁生产的方向发展。"十二五"期间,我国合成氨工业发展主要是研发和推广劣质煤、高硫煤加压气化等新型煤气化技术;高效率、大型化脱硫脱碳、变换、气体精制、氨合成和新型催化剂等先进净化和合成技术;利用造气炉渣、煤末、吹风气等资源,开发和推广大型合成氨、尿素国产化技术及装备。"十三五"期间,中华人民共和国国家工业和信息化部要求重点行业淘汰落后以及过剩产能,其中合成氨行业去产能不得少于 1000 万吨,近 5 年以来我国合成氨产量逐年减少,去产能效果明显。合成氨未来的发展趋势主要着眼于改善原料结构、促进产品结构升级、提高工艺技术水平、坚持清洁生产。

# 单元 2　煤气化制二甲醚

## 知识点 1　二甲醚的性质和用途

通过本知识点的学习,认识二甲醚的性质和用途,为学习二甲醚的制备工艺做准备。

### 一、二甲醚的性质

二甲醚(DME),又称甲醚,结构式为 $CH_3OCH_3$,相对分子量为 46.07。在常温常压下为无色有轻微醚香味的气体,无腐蚀性,不刺激皮肤、不致癌、不会对大气臭氧层产生破坏作用。

二甲醚具有优良的混溶性，可以同大多数极性和非极性有机溶剂混溶，例如汽油、四氯化碳、丙酮、氯苯和乙酸乙酯。较易溶于丁醇，对多醇类的溶解度不佳。长期储存或添加少量助剂后就可形成不稳定过氧化物，易自发爆炸或受热爆炸。

二甲醚含有甲基和甲氧基基团，在一定条件下，可发生化学反应，利用这些性质，可制取一系列高附加值的精细化工产品。如用二甲醚甲基化反应生产硫酸二甲酯，与氨生产甲胺混合物；二甲醚与一氧化碳发生羰基化反应生产乙酸甲酯、醋酐、乙酸；二甲醚脱水生产低级烯烃；不完全氧化生产甲醛等。二甲醚的物理化学性质见表 7-4。

表 7-4　二甲醚的物理化学性质

| 分子式 | $CH_3OCH_3$ | 爆炸极限（体积分数）/% | 3%～17% | 蒸发热/（kJ/kg） | 410 |
|---|---|---|---|---|---|
| 熔点/℃ | −138.5 | 液体密度/（kg/L） | 0.67 | 热值/（kJ/kg） | 31450 |
| 临界温度/℃ | 127 | 相对分子量 | 46.07 | 闪点/℃ | −41 |
| 气体燃烧热/（MJ/kg） | 28.84 | 沸点/℃ | −24.9 | 蒸气压/MPa | 0.51 |
| 自燃温度/℃ | 235 | 临界压力/MPa | 5.37 | | |

## 二、二甲醚的用途

二甲醚可作为化工合成产品中间体，生产下游产品，同时也可作为洁净燃料。二甲醚在现代化工生产中有着十分重要的地位。主要用途可以分为以下几类。

### 1. 家用燃料

（1）二甲醚液化气——作为液化石油气的替代品或添加剂　二甲醚在常温常压下为无色有轻微醚香味的气体，在压力条件下为液体。性能与液化石油气（LPG）类似。DME 本身含氧，它与烃类不同，只有 C—H 键与 C—O 键，无 C—C 键，因此燃烧充分、不积炭，CO、HC 与 $NO_x$ 排放量很低。尾气燃烧完全符合国家卫生标准。此外，储罐中不留残液，是一种理想的民用清洁燃料。

若单独作民用液体燃料具有以下优点：

① 二甲醚的燃烧热为 31450kJ/kg，比甲醇高约 40%。

② 二甲醚液化气在室温下可以压缩成液体，其压力符合现有的液化石油气要求，可用现有的 LPG 气罐盛装。

③ 使用方便，与 LPG 灶具基本通用，随用随开。

④ DMF 组成稳定无残液，可完全使用，确保用户利益。燃烧性能良好，燃烧废气无毒，增大了作为液体燃料使用的安全性，是优质的民用液体燃料。

（2）作为城市煤气或天然气添加剂　DME 还可以一定比例掺入城市煤气或天然气中作为调峰之用，并可改善煤气质量，提高热值。

（3）其他用途　有报道称二甲醚作为焊接用气试验已取得突破。二甲醚和氧气产生的火焰性能稳定，焊接质量较好。燃烧温度可以和其他如氧炔焰、氢氧焰相媲美。

### 2. 车用燃料

（1）二甲醚直接作为柴油的替代品　二甲醚十六烷值高达 55～60，燃烧值为 6468kJ/m³，可以直接作为柴油发动机燃料。二甲醚作为柴油发动机燃料，汽车尾气无需催化转化处理即能满足超低排放标准，进一步降低了氮氧化物的排放，实现无烟燃烧，并可降低噪声，对改善城市环境具有重要意义。虽然目前二甲醚的市场价格比柴油高，但其成本和污染均低于近年来人们一直开发的液体丙烷和压缩天然气等新型低污染燃料。因此，二甲醚作为未来汽车燃料的前景十分光明。

（2）二甲醚作为醇基燃料的取代物或添加剂　甲醇作为一种新型汽车洁净燃料，在国内外已经获得了一定规模的应用。甲醇燃料具有污染少等诸多优点，但也同时存在着一些负面问题。首先，甲醇在蒸发时吸热较多，这使得汽车在冷启动时因甲醇蒸气的温度较低而发生困难。其次，甲醇往往和汽油混合使用，若甲醇浓度过高则汽油和甲醇会发生分层难溶现象。另外，甲醇燃料还存在低温启动难和加速性能差等缺点。使用二甲醚作燃料，即可解决以上所有问题，可以实现高效率和零污染排放。

有研究提出，在二甲醚和甲醇大约以 4∶1 的比例和少量的水混合时可制得醇醚燃料。当其作为柴油发动机燃料时，发动机功率基本维持不变，但尾气中的 HC（碳氢化合物）减少了将近 50%，对解决碳氢化合物污染具有很大的意义。

除此以外，二甲醚还可作为航空煤油添加剂以及燃料电池、火力发电厂等的燃料油气替代品。

### 3. 氯氟烃的替代品

（1）气雾剂（又称抛射剂）　在以往的气雾剂生产中通常采用氟、氯的卤代烃。由于氯氟烃产品严重危害大气臭氧层，发达国家已在 1995 年全面禁止使用这种产品。中国也从 1998 年起禁止使用氯氟烃（医疗用品除外）作气雾剂。目前世界上的替代氟氯烃（氟利昂）的气雾剂主要有：①丙烷、丁烷、戊烷和 LPG 等烃类物质；②二甲醚、乙醚等醚类；③HCFC（氢氯氟碳）、HFC（氢氟碳）；④$CO_2$、$N_2$、$N_2O$ 等压缩气体。

研究表明：二甲醚单独作为气雾剂使用时显示出良好的性能。主要有以下几点：

① 环境友好，对臭氧层破坏系数为 0。

② 兼具溶剂和推进剂双重功能，水溶性和醇溶性好。在水中溶解度达 34%，加入 6% 的乙醇，可实现与水以任意比例混溶；又可溶解各种树脂。

③ 毒性微弱，除了典型的麻醉作用外未见在化妆品应用中有不良作用。

④ 相对于其他气雾剂具有生产成本低、建设投资省、制造技术简单等优点。因此，它在喷发胶、衣服去皱、气溶胶喷雾剂、农药杀虫剂、喷涂颜料、油漆、汽车轮胎密封/充气剂等领域的使用中取得了较大的进步。

（2）制冷剂　由于二甲醚的沸点较低，汽化热大，汽化效果好，冷凝和蒸发特性接近氟氯烷烃，但市场销售价格只有氯氟烷烃 R12 的 1/2、R22 的 1/3、R134 的 1/7，因此二甲醚无疑是制冷剂的较佳选择。

国外许多国家都进行了二甲醚作为制冷剂的新工艺研究。例如，用二甲醚和氟利昂混合制成特种制冷剂，结果表明：随着二甲醚含量的增加，制冷能力增加，能耗降低；它的制冷效果完全可以和常规的氟氯烷烃制冷剂相当；同时二甲醚不会对臭氧层造成危害，而且温室效应值也低于氟氯烷烃制冷剂。但是，二甲醚的易燃性影响其作商业化制冷剂的推广使用。

（3）发泡剂　二甲醚作为发泡剂能使泡沫塑料等产品孔洞更为均匀，柔韧性、耐压性增加。

### 4. 作为化工原料

二甲醚羰基化可制醋酸甲酯、醋酐，也可作为甲基化试剂用于制药、农药与染料，同时二甲醚也可作为偶联剂合成有机硅化合物以及制造高纯度氮化铝-氧化铝-氧化硅陶瓷材料。

## 知识点 2　二甲醚的合成工艺

通过本知识点，学习二甲醚合成的生产方法、工艺条件的控制、合成反应设备及生产工艺主要流程等知识。

### 一、二甲醚合成生产方法

二甲醚作为重要的有机化学原料，具有广泛的用途，可由天然气、煤层气、煤炭、生物质、重油残渣等多种资源制取，它的生产已引起世界各国的普遍重视。最早的二甲醚产品是在高压合成甲醇的副产品中分离回收得到的，二甲醚的含量仅为 2%~5%，但随着以铜基催化剂为基础的低压法甲醇技术的广泛应用，甲醇产物中已很少含有二甲醚。高纯度二甲醚可由碘甲烷和甲醇钠在无水条件下制得，主要用于测定各种物性常数。但是这些反应的成本很高，条件苛刻，很难应用于工业生产。近年来，由于二甲醚的需求量增加，人们正积极寻求投资少、操作条件好、无污染的工艺。目前，二甲醚的合成方法主要有四种：甲醇脱水法、合成气一步法、$CO_2$ 加氢法、生物质法。

#### 1. 甲醇脱水法

（1）甲醇液相脱水法　该法以甲醇为原料，在浓硫酸的催化作用下，混合物加热生成硫酸氢甲酯，其再与甲醇反应生成二甲醚，反应方程式如下：

$$CH_3OH + H_2SO_4 \xrightarrow{<100℃} CH_3HSO_4 + H_2O$$

$$CH_3HSO_4 + CH_3OH \xrightarrow{<100℃} CH_3OCH_3 + H_2SO_4$$

该法的优点是反应温度（130~160℃）低，产品的纯度高，选择性及转化率均大于 90%，可间歇和连续生产，投资相对较少，操作简单。但由于浓硫酸对甲醇的碳化作用严重，催化剂的使用周期短，同时脱除反应会产生大量的残酸和废水，对环境污染严重，中间体硫酸氢甲酯毒性较大，危害人体健康。种种不利因素限制了该工艺的发展，生产规模都相对较小。我国只有江苏吴县合成化学厂、武汉硫酸厂采用此工艺。

（2）甲醇气相脱水法　1965 年，美国 Mobil 公司最早报道了气相甲醇脱水制二甲醚的方法。其基本原理是在固定床催化反应器中将甲醇蒸气通过固体酸性催化剂（氧化铝或结晶硅酸铝）发生非均相反应，甲醇脱水生成二甲醚，脱水后的混合物再进行分离、提纯，得到燃料级或气雾剂级的二甲醚。

甲醇脱水生成二甲醚的反应式为：

$$2CH_3OH \rightleftharpoons CH_3OCH_3 + H_2O \quad \Delta H = 23.4kJ/mol$$

甲醇气相脱水是当前二甲醚工业生产的主要方法。该法甲醇转化率高，二甲醚选择性和纯度高，可连续生产，操作易控制，无腐蚀，无污染物和废弃物排放，甲醇的转化率一般可达 80%，二甲醚的选择性达到 98% 以上。但该工艺方法受甲醇价格的影响，波动较大。从目前市场对二甲醚的需求增长来看，该工艺很难满足需求。

#### 2. 合成气一步法

与甲醇气相转化法相比，一步法具有流程短、转化率高、投资少、能耗低等特点。

合成气直接制取二甲醚是一个复合反应体系，同时完成甲醇合成、甲醇脱水两个反应和水煤气变换反应，即合成气生产的甲醇很快脱水生成二甲醚，脱出的水又进一步被 CO 消耗，进行水煤气变换反应，推动平衡不断向甲醇和二甲醚方向移动。

合成气一步法工艺的关键是选择高活性和高选择性的双功能催化剂，即合成甲醇和甲醇脱水两类催化剂物理混合而成，如铜基和 γ-Al$_2$O$_3$ 组成的复合催化剂，Cu-Zn-Cr 加 γ-Al$_2$O$_3$ 等。该反应产物主要有 CO、CO$_2$、H$_2$、H$_2$O、CH$_3$OH、DME 等六种物质，其主要反应方程式如下：

$$CO+2H_2 \longrightarrow CH_3OH$$
$$CO_2+3H_2 \longrightarrow CH_3OH+H_2O$$
$$2CO+4H_2 \longrightarrow (CH_3)_2O+H_2O$$
$$2CO_2+6H_2 \longrightarrow (CH_3)_2O+3H_2O$$
$$2CH_3OH \longrightarrow (CH_3)_2O+H_2O$$
$$CO+H_2O \longrightarrow CO_2+H_2$$

由于合成气合成二甲醚的反应存在协同效应，使得生成的甲醇很快脱水转化成二甲醚。该反应增大了反应推动力，使得 CO 的转化率较单纯合成甲醇时有显著提高。图 7-8 为合成二甲醚和甲醇 CO 转化率的比较图。

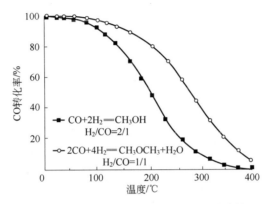

图 7-8　合成二甲醚与甲醇 CO 转化率的比较

从图 7-8 两反应的 CO 平衡转化率比较中可以看出：在 100～400℃时合成二甲醚的 CO 转化率较合成甲醇的转化率高。因此，一步法合成二甲醚在理论上较合成甲醇更容易。

由图 7-9 和图 7-10 可见：在一般催化剂活性温度（100～300℃）范围内，温度对合成二甲醚反应影响明显，温度升高 CO 平衡转化率下降较快。在 200～400℃时，压力对反应影响明显，随着压力的升高，CO 转换率很快升高。图 7-9 的 H$_2$：CO 比对合成二甲醚的影响曲线说明：H$_2$：CO 升高到 2：1 时，CO 的转化率不再升高，H$_2$：CO 为 3：1 时，CO 的转化率曲线几乎和 2：1 重合。

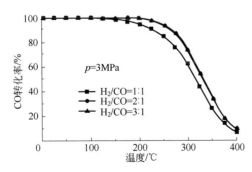

图 7-9　不同 H$_2$/CO 对 CO 平衡转化率的影响

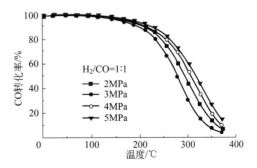

图 7-10　不同压力下的 CO 平衡转化率

由此可以看出：合成气直接合成二甲醚反应最理想的反应条件是较低的温度、较高的压力和合适的合成气组成。

合成气一步法根据所使用的反应器不同可以分为固定床气相一步法和浆态床液相一步法。两种方法的工艺流程大同小异，主要区别在于反应器结构不同及气体循环量不同。鉴于气相一步法所采用的气固催化反应器工程研发中的困难，一般认为气相一步法难以突破工程放大的难关，且固定床一步法（与浆态床液相一步法相比）必须使用富氢合成气（$H_2 : CO \geqslant 2$），只能在转化率较低（大量未反应合成气循环）的情况下操作，因而该技术的产业化开发前景不容乐观。

与气相一步法相比，液相一步法具有明显的技术优势。液相一步法采用气液固三相浆态床反应器，反应原料 CO、$H_2$，产物二甲醚及副产物 $CO_2$ 为气相，催化剂为固相，引入惰性溶剂为液相。由于溶剂和催化剂形成的浆态相可以流动且热容大，因此液相法很容易实现恒温操作，而且催化剂颗粒表面被溶剂包围，结炭失活现象大为缓解。

### 3. $CO_2$ 加氢法

近年来，利用大气的温室气体——$CO_2$ 加氢制取含氧化合物的研究受到了越来越多的关注。其中 $CO_2$ 加氢制高附加值的二甲醚产品日益成为人们竞相研究开发的对象。

$CO_2$ 加氢直接合成 DME 由两步反应组成，即甲醇合成反应和甲醇脱水反应。反应方程式如下：

$$CO_2 + 3H_2 \longrightarrow CH_3OH + H_2O$$
$$2CH_3OH \longrightarrow CH_3OCH_3 + H_2O$$

另外，该反应过程中的主要副反应为 $CO_2$ 被氢气还原成 CO，反应方程式如下：

$$CO_2 + H_2 \longrightarrow CO + H_2O$$

目前，不少国家正在开发 $CO_2$ 加氢制 DME 的催化剂和工艺，但均处于实验室研究阶段。日本关西电力有限公司联合三菱重工业公司开发的合成过程，DME 选择率为 45%。韩国化工研究院研究了在催化剂存在下用 $CO_2$ 加氢直接制备二甲醚和甲醇反应的 $CO_2$ 催化加氢的热扩散过程，并基于甲醇与二甲醚的平衡收率和转化率，对由两个平行反应构成的两个系统进行了分析和比较。

我国对 $CO_2$ 加氢制取二甲醚的研究主要集中在对催化剂的研究上，对合成工艺路线的研究较少。

### 4. 生物质法

现代或狭义生物质的概念，是指农作物、树木和其他植物及其残体、畜禽粪便、有机废弃物，以及边际性土地和水面种植的能源植物。

生物质合成二甲醚是一种新的合成工艺，利用生物质气化（主要包括定向气化、气化重整和气体变换）或经快速裂解制得生物油，再由生物油气化转化为富含 $H_2$、CO 和 $CO_2$ 的混合气体后再合成二甲醚。

该工艺存在实践经验较少，生产成本（估计在 3400 元/t 以上）较高等缺点，但资源可再生，不存在资源枯竭问题。

目前，国内外研究已取得突破性进展，但工业化放大问题仍有待解决。

## 二、二甲醚合成工艺条件控制

### 1. 工艺条件

气-固-液三相床中合成气直接制二甲醚过程既包括化学过程又包括溶解、扩散、解吸等物理过程，反应条件对每一过程均有不同程度的影响。

（1）反应温度 在反应压力 4.0MPa、进气空速 5400L/（kg·h）、反应温度 260～300℃范围内，CO 转化率随反应温度的升高缓慢增加；在 260～280℃内，$H_2$ 转化率随反应温度的升高而增加，在 280℃达到最大，随后逐渐下降；而甲醇生成速率则不断下降。二甲醚选择性也在 280℃时达最大值 78%，甲醇选择性则不断下降，烃类选择性随温度升高增加很快。

（2）进料空速 在反应温度 280℃、压力 3.0MPa 的条件下，空速增加，CO 和 $H_2$ 转化率逐渐降低，二甲醚生成速率在空速为 4000～6000L/（kg·h）内增加，在进料空速为 6000L/（kg·h）时达到最大值后略有下降。甲醇生成速率、产物（二甲醚、甲醇和副产烃类）的选择性均不受空速影响。

由于合成气制二甲醚的反应是一个连续反应，适当延长原料气在三相床中的停留时间有利于二甲醚的生成，而增加空速尽管可以提高目的产物的时空收率，但却不利于原料气的转化，导致甲醇尚未反应就离开了反应系统。

（3）反应压力 生成二甲醚的总反应是一个体积缩小的反应，提高反应压力对整个反应有利，CO 和 $H_2$ 转化率随压力增加而增大，二甲醚和甲醇的生成速率也随压力的增加而增大。增大压力，同时也增加了反应组分在惰性溶剂中的溶解度，有利于二甲醚的合成。但随压力增加，二甲醚选择性呈下降趋势，甲醇选择性增大，烃类选择性略有上升。

（4）原料气中的 $CO_2$ 和水 如反应采用循环操作，除去循环气中的 $CO_2$，二甲醚的生成能力提高约 50%，选择性也提高约 40%，因此脱碳对变换反应有利。在反应过程中，由于水煤气变换反应，反应中生成的水很快与 CO 反应生成 $CO_2$ 和 $H_2$，反应器出口水很少，因此，在合成气中可加入一定量的水。

## 2. 催化剂选择与制备

根据合成二甲醚反应过程的特点，二甲醚合成催化剂应该兼有甲醇合成、甲醇脱水以及水煤气变换的多重功能，即在催化剂上同时含有这三种活性中心。催化剂的制备方法主要分为以下几类。

（1）复合催化剂（机械混合） FC.D.Ccahng 和 W.k.Bell 采用了铜锌铝合成甲醇催化剂和 $\gamma-Al_2O_3$ 组成的复合催化剂，合成气可在该催化条件下直接合成二甲醚；同时，如果在 250～400℃范围内，该催化剂还可以再生。

根据合成气合成二甲醚的反应方程式可知，合成过程中需要三种类型的催化剂：甲醇合成催化剂、甲醇脱水催化剂以及水煤气变换反应催化剂。若忽略水煤气变换反应，前两个反应可以看成是连续反应步骤。在前两个反应中，甲醇合成催化剂和甲醇脱水催化剂的任何一种效果不好，都会成为限制整个反应的控制步骤。因此，复合催化剂如何产生最好的协同作用是首要前提。

机械混合法操作简单，避免了两种或三种催化剂制备时处理条件的不同和相互干扰等问题，并可随意调节催化剂之间的比例，使得几种催化剂之间可能达到一种平衡。该法适用于各种类型的活性组分的评价与催化剂的筛选，还可以用来进行催化剂机理方面的研究。

在固定床中混合时有两种方法：干混法和湿混法。干混法不添加溶剂直接将不同催化剂组分搅拌进行充分的机械混合，此种方法的缺点是压制成特定形状后的催化剂机械强度不太高。湿混时，在混合搅拌之前加入少量惰性易挥发的液体，搅拌使催化剂成淤浆状得以均匀混合，然后烘烧催化剂使液体挥发。此种方法的好处在于催化剂可以充分地混合均匀，不足之处是液体组分不能充分地蒸干，残留的水等液体组分影响催化剂的还原效果。

在浆态床中，只需经过简单的搅拌就可以发生反应，这是由于搅拌或鼓泡的动力将其均匀悬浮于一定量的惰性介质中，即可让复合催化剂实现充分混合。

在机械混合之前，三种类型催化剂前处理可以采用各种方法，如沉淀法、浸渍法、相转移法、超临界法、络合法、脲燃烧法、醇盐法等。

（2）单一复合催化剂 即将两种或多种催化剂组分通过特定方法，使其更充分地接触，获得一种单一的复合固体状态。单一复合催化剂的优点是能使组分间更紧密地接触，能减少扩散的影响，能够进一步提高组分的混合程度，并且相应地提高整体反应的转化率和二甲醚的反应选择性。

目前，国内外的二甲醚催化剂制备技术可分为以下几类：共沉淀法、担载法和胶体沉淀法。

① 共沉淀法。是将含有活性组分离子的混合盐溶液碱性水解，再经后处理制成催化剂。该法的特点是混合均匀，各组分间可在接近分子级限度范围内相互接触。另外，通过改变组成、沉淀方法和处理条件，还可以调变催化剂的晶粒大小、晶型、表面结构及活性中心分布等性质，从而改善催化剂的性能。该法的不足之处是难以找到合适的后处理温度以保证两种组分同时具有最佳的性能。

② 担载法。是用浸渍或离子交换法，将 CO 加氢组分制成双功能催化剂。交换法的不足之处是难以得到足够的担载量，以达到合理的双功能匹配；而浸渍法则不能有效抑制金属组分的颗粒长大和其对酸中心的覆盖作用，难以得到较高的催化活性。

③ 胶体沉淀法。又称相转移法，是选用合适的溶剂和表面活性剂形成与混合盐溶液不混溶的有机相，利用成胶后表面张力的变化，使制备过程中生成的胶团粒子迅速转移到有机相中。若溶剂选择得当，可对胶团起到隔离作用，阻止其在老化和干燥过程中长大，从而制出粒度较小的催化剂。但在沉淀不同的离子时，无法保证各组分间均匀分布。

（3）催化剂的改性调变 受制备方法限制，有时制出的催化剂性能并不能令人满意，一般报道的催化剂使用温度大都在 250～280℃，远高于单纯的合成甲醇和甲醇脱水的反应温度，这表明这些催化剂活性较低，两种功能未发挥到最佳程度。它不仅使反应受到热力学限制，而且 CO 转化对于稳定性不好的铜基催化剂来说，也将必然缩短其使用周期。可以采用化学方法向催化剂表面添加少量改性组分，改变其活性中心性质，从而提高催化剂的性能，如低温活性、选择性、稳定性等。

综上所述，合成气直接合成二甲醚的催化剂，无论采用哪种方法，其 CO 加氢活性组分都是铜锌铝化合物或贵金属 Pd 等，而脱水组分则采用氧化铝、分子筛及硅铝化物等固体酸催化剂。

## 三、二甲醚合成反应器及生产工艺流程

### 1. 甲醇气相脱水法流程

气相甲醇脱水是放热过程，因此及时移出反应热是维持床层温度相对恒定的关键。脱水反应器通常包括两种，一种是管壳均温型，如图 7-11 所示，管内装催化剂，管外通冷却介质（如沸水），床层内的反应热通过管壁传给冷却介质，移出塔外；另一种是冷管型，如图 7-12所示，管内通原料气，管外装催化剂，管外床层中的反应热通过管壁传给入塔原料气，加热后的原料气出冷管，折返进入催化剂床层完成脱水反应。

其生产工艺流程如图 7-13 所示。

原料甲醇由进料泵加压到 0.9MPa 左右，经预热器 2 预热到沸点，进入气化器 3 被加热气化，再进换热器 4 用反应出料气体加热至反应温度，然后进入反应器 5 中，在反应器 5 的催化剂床层内进行气相催化脱水反应，再通过二甲醚精馏塔 6、脱氢塔 7 进行分离得二甲醚成品；二甲醚精馏塔 6 底部出来液体进入二甲醚回收塔 9 回收二甲醚，回收后顶部得粗二甲醚，再精馏可得精二甲醚。从 9 塔底部采出的甲醇和水混合溶液进入甲醇回收塔 10，回收甲

醇从 10 塔顶部返回原料缓冲罐 1 中。

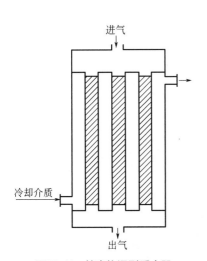

图 7-11　管壳均温型反应器

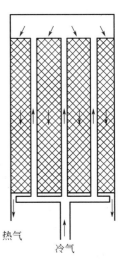

图 7-12　冷管型反应器

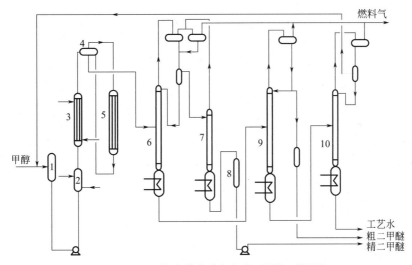

图 7-13　甲醇气相催化脱水合成二甲醚工艺流程

1—原料缓冲罐；2—预热器；3—气化器；4—进出料换热器；5—反应器；6—二甲醚精馏塔；
7—脱氢塔；8—成品中间罐；9—二甲醚回收塔；10—甲醇回收塔

　　甲醇脱水生成二甲醚是放热反应，为了避免反应区域温度急骤升高，加剧副反应发生，反应器 5 采用列管式固定床反应器，固体颗粒状催化剂填入管内，空速为 $0.8 \sim 1.0h^{-1}$，管间用载热油强制循环移走反应热。反应初期温度控制在 280℃ 左右，反应压力为 0.8MPa，该反应转化率可达 60%～70%，选择性大于 99%；然后逐渐升高温度，反应末期温度可升高到 330℃，这样可维持稳定转化率。

### 2. 固定床气相法工艺流程

　　固定床合成二甲醚在列管式反应器中进行。固体颗粒催化剂装入管中，管间以水汽化产生蒸汽而移去反应热，以保持反应温度。其优点是时空产率较高，但反应温度不易控制。煤基合成气需先经变换成富氢合成气才能进行反应。

从目前国内外的研究情况看，气固催化法合成气直接制二甲醚采用的复合催化剂为 Cu-Zn-Al/HZSM-5，适宜的反应条件为：温度 250～280℃，压力 2.0～5.0MPa，空速 500～2000h$^{-1}$，$H_2$：CO = 2。其生产流程如图 7-14 所示。

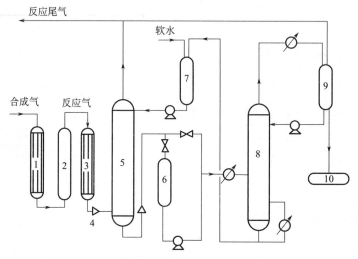

**图 7-14　一步法合成二甲醚工艺流程**

1，3—换热器；2—反应器；4—定压器；5—吸收塔；6，7—中间储罐；
8—精馏塔；9—回流罐；10—产品储罐

合成气在换热器 1 加热到 280℃左右进入气固相反应器 2 进行反应，反应气从反应器顶部出来经换热器 3 冷却进入吸收塔 5，用软水吸收二甲醚，再进入精馏塔制取高纯度二甲醚。该流程 CO 转化率大于 85%，选择性大于 99%。

合成气一步气相法工艺技术灵活，可以根据市场需求，通过调节催化剂组成（合成催化剂与脱水催化剂比例）、原料气组成、操作条件等改变产物中醚/醇比率。

但气固催化法必须使用富氢合成气（$H_2$：CO≥2），只能在转化率较低（大量未反应合成气循环）的情况下操作。

### 3. 浆态床液相法工艺流程

浆态床法又叫三相法或液相法，采用浆态床反应器（如图 7-15 所示），它的传热性能良好，使得反应器的内部温度始终保持在额定值，使温度控制与实验的可操作性大大提高。它属于气液相一步法合成 DME，整个系统在三相体系中进行，CO、$H_2$、DME 和 MeOH 为气相，惰性溶剂是液相，悬浮于溶剂中的催化剂为固相。气相的 CO、$H_2$ 穿过液相油层到达悬浮的固体催化剂表面进行反应。

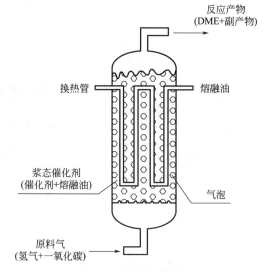

**图 7-15　浆态床反应器**

图 7-16 所示流程为一种新型的循环浆态床合成工艺，其强化了合成过程中的相际传质和相间传热。在合成反应温度 270℃、压力 5.0MPa 时，CO 单程转化率超过 65%，DME 的选择性大于 95%，催化剂为 LP201+Al$_2$O$_3$。

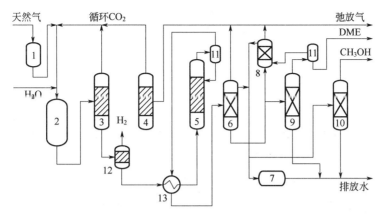

**图 7-16　浆态床二甲醚生产工艺流程**

1—脱硫塔；2—转化塔；3，4—脱碳塔；5—DME 合成塔；6—吸收塔；7—储液罐；8—尾气吸收塔；
9—DME 精馏塔；10—甲醇精馏塔；11—分离罐；12—脱氢系统；13—换热器

### 4. 合成氨联产二甲醚工艺

南化集团研究院在 2003 年成功开发出了合成氨联产二甲醚的工艺，并申请了专利。该工艺串联在合成氨工艺中，用合成氨原料气中的 CO、$CO_2$、$H_2$ 合成二甲醚。合成氨原料气经变换、脱碳和多级压缩后，达到一定的压力，经常温脱硫和精脱硫后，气体中硫含量小于 $0.1 \times 10^{-6}$，然后在 Zn-Cu-Al/$\gamma$-$Al_2O_3$ 催化剂存在下合成二甲醚，在反应温度 240～320℃、反应压力 4.0～12.0MPa 操作条件下，CO 转化率达到 85.3%，二甲醚选择性达到 82.72%。合成氨联产二甲醚的工艺与其他生产二甲醚的工艺相比，具有流程简单、生产成本低等优点，同时大大降低了合成氨系统铜洗工段的负荷。其工艺流程如图 7-17 所示。

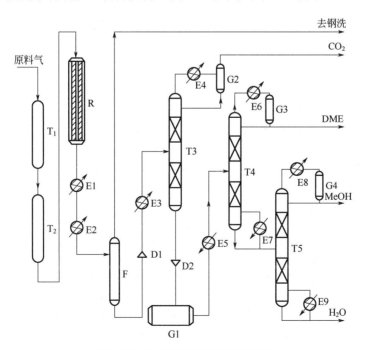

**图 7-17　合成氨联产二甲醚工艺流程**

R—合成塔；E—换热器；F—气液分离器；D—定压器；G—中间罐体；T1—净化塔；
T2—常温脱硫塔；T3—脱 $CO_2$ 塔；T4—二甲醚精馏塔；T5—甲醇精馏塔

## 知识点 3  二甲醚合成及精馏操作与控制管理

二甲醚合成及精馏操作与控制是二甲醚生产过程中十分重要的一个环节，它关系到合成操作系统是否能够在安全、正常的情况下进行，以及在出现非正常工况时，是否能及时发现，并采取正确的措施排除故障，避免出现重大事故。由于各企业装置工艺条件不同，自动化水平有高有低，因而在正常生产过程中，管理的主要内容不尽相同，各有侧重。这里仅介绍甲醇气相脱水法制备二甲醚操作系统的一般正常运行管理事项。

### 一、准备程序

装置安装竣工后到开车前必须完成的一切工作，统称开车前期工作。对于新建装置或经检修更换过的设备、阀门、管线、仪表等部位，为保证开车顺利，避免发生故障，必须认真完成下列开车前期工作。

#### 1. 系统检查

装置安装竣工后，首先要清理现场，清除与装置无关的设备、器材、管道、阀门等。特别是进出道路，安全通道必须畅通。

（1）在系统安装结束后，按"三查五定"的原则对设备、管道、阀门再次检查。

（2）详细检查循环冷却水、电、加热蒸汽、仪表空气、脱盐水、氮气等公用工程的供应情况，与调度取得联系，进一步落实供应数量和质量要求。

（3）关闭所有排液阀、排污阀、放空阀、进料阀、取样阀。开启循环冷却水、脱盐水、电、加热蒸汽、仪表空气进工段总阀门。

（4）通知中央化验室准备生产控制分析工作。

（5）检查动力设备的完好情况，必要时可再次进行单机试车。

（6）检查所有仪表电源、气源信号是否正常。

（7）检查消防和安全实施是否齐备完好。

#### 2. 试压

所有的耐压管道和设备应当用水试压。试压必须依照设计规范进行。

用于试压的水应达到要求的质量，以避免在设备及管道中产生污垢和腐蚀问题，试压完成后排出水。

试压在保温和催化剂装填之前进行。安全阀、控制阀和测量孔撤离或隔开。如果安全阀不能卸下，在测试期间它们应隔断。

#### 3. 系统的吹扫与清扫

吹扫的目的是吹出设备、管道内的灰尘、铁锈和安装过程中遗留下的焊渣，保证投产后的产品质量以及不出现堵塞阀门、管道和仪表的事故。

气体介质的管道宜采用空气或氮气吹扫，空气吹扫用压缩机进行间断性吹扫，吹扫压力不得超过容器和管道的设计压力。

仪表管道用仪表空气来吹扫，为了吹扫工艺管道中的水垢和铁锈，吹扫时加压和减压几次。蒸汽管道系统用蒸汽吹扫。

管道的冲洗应按主管、支管、疏排管依次进行，冲洗的出口位于最低点。要拆法兰或管件作为临时的排放口。冲洗时采用最大流量。用容器中的水冲洗管道时，必须全开容器放空阀，防止形成负压。为防止冲洗管线的杂物进入设备沉积，应先冲洗设备前面的管道或旁路管道，一直到前面的管道已经冲洗干净后，再把水引入设备。

冲洗或吹扫管道时，所有孔板、调节阀、节流阀、安全阀等应拆开，所有仪表接口都应隔断或拆除仪表。如果拆开的法兰或管件与设备连接，应将设备的管口盖上，防止冲洗或吹扫的流体进入。

所有系统的管道冲洗或吹扫结束，必须恢复所有拆卸的孔板、调节阀、节流阀、安全阀、仪表及冲洗管道和设备临时上的盲板、临时管线及过滤器。

在管道和设备完成冲洗后，必须在塔和容器最后封闭人孔或装入催化剂前进行检查，检查塔和容器内部是否清洁，检查热电偶套管、挡板、内部接管以及仪表的连接等是否齐全，安装是否正确。

公用工程系统（电、水、空气和蒸汽）在完成清洗并确认后就应投入运行，以便水、空气和蒸汽在后序开车操作中使用。

### 4. 系统气密性试验

在完成管道系统的水压试验、管道和设备内部的清理工作后，需进行系统气密性试验（低压查漏），其目的是检查设备、阀门、管线、仪表、连接法兰、接头焊缝等是否密封，有无泄漏。

气密性试验的介质一般采用空气或氮气，也可根据装置开车的程序与系统置换工作结合在一起，用氮气进行气密性试验。气密性试验应以肥皂水进行检验，重点检查阀门填料函、法兰或螺纹处，放空阀、排气阀、排水阀、管道复位处等部位。系统气密性试验的最高压力不能超过设计压力；对于正压管道系统以在涂肥皂水处未见气泡为合格，当以其他方法进行检查时应按相应的标准检查、确认。

### 5. 仪器设备的检查

开车之前和开车期间，所有控制仪表和分析仪器应当按照设计要求和使用说明书调试和检查。调校所有报警和联锁装置的设定值，检查联锁系统以确保达到要求。

（1）预试车　按要求调整和校准所有仪表和阀门。检查所有连接、电缆、工艺管道和信号管。电缆通过肉眼检查和电绝缘测试。管道和管子进行气密性测试。

（2）试车　在预试车后，动力电源和工厂空气供应到装置。测试应当依照下列程序执行：断开工艺连接件；建立模拟工艺信号；检查每台仪表在工艺信号回路中的机能；检查空气故障的控制阀的动作和烧坏热电偶的特征；彻底检查每个安全联锁跳车系统。

（3）阀门的检查　检查所有阀门，以确保它们被适当地安装和能容易地操作。阀门停留在关闭位置。阀门安装前，确保已在制造厂利用液压测试校准安全阀的设定值。

### 6. 催化剂的装填

在催化剂装填之前，应该检查热电偶套管已经按说明安装。装填操作期间须非常小心不损害反应器中所有热电偶套管。催化剂装填后，二甲醚反应器的人孔盖立即复位，并用氮气置换。

（1）一般预防　催化剂容器必须总是小心地处理，为了避免破坏颗粒，容器须从未被滚压。催化剂应不被暴露而受潮，它应储存在坚固的密闭容器中；在装填操作期间，应保护催化剂不被雨淋。催化剂装填后一有可能就封闭反应器，以保护催化剂隔绝水、泥土和杂质。

（2）安全防范　由于在催化剂处理期间灰尘的形成，有关人员应该戴防尘面具。所有当地安全规程须遵守。

（3）处理和存储　催化剂应存储在干燥、保温和通风良好的室内。催化剂不应直接存储在地上，应该放在木板或货盘上。

（4）催化剂的筛分　催化剂在包装前已筛选过。在装置现场进一步地筛选通常不需要，除非在运输期间桶遭受粗暴处理过。用 2mm 口径的筛子是适当的。为了最少地磨损催化剂，筛选操作必须小心进行，避免筛网有力的摇动。

### 7. 系统的氮气置换

当所有催化剂已经装填完成、气密性测试已合格，为减少氧气含量，设备必须进行置换。为了避免氧气和甲醇或二甲醚形成爆炸性混合物，置换后，通过分析检查，一般情况下氧含量应在 0.2%以下。

### 8. 开车准备

（1）检查工具和防护用品是否齐备完好。

（2）检查动力设备，对润滑点按规定加油，并盘车数圈。

（3）检查各测量、控制仪表是否灵敏、准确、完好，打开仪表电源、气源开关。

（4）检查甲醇供应与冷却水供应情况。

（5）检查甲醇汽化系统、反应系统、热回收系统、二甲醚精馏等所有阀门开闭的灵活性，然后关闭所有阀门。

（6）确认管道、设备内已清洗干净并已吹干（用氮气），没有残余水分（特别是甲醚回流罐和产品贮罐）。

（7）确认产品罐区已做好接收产品的准备。

（8）在加热装置之前，再次确认所有预备程序完成，所有临时盲板已拆除，系统置换合格并保持微正压，随时可以接受原料，原料随时可以供给系统，公用工程投用，DCS 和 ESD 已投用。

## 二、开车程序

开车主要步骤：

（1）确认系统已做好开车准备，随时可以投用。

（2）调度通知开车。

（3）开车，氮气回路加热风机出口温度到 260℃。

（4）开启甲醇蒸发系统。

（5）启动废水精馏塔，建立再沸器液位。

（6）引入甲醇蒸气进二甲醚反应器，同时减少氮气加入，注意每次加量都要等到床层温度稳定后。

（7）开始时增加负荷较慢，达 15%～20%后，引入量加大，在 30%～40%，调整系统操作稳定。

（8）二甲醚精馏塔随着反应的进行塔板逐渐开始工作，当停止加入氮气后，系统升压，二甲醚精馏塔逐渐正常操作。

（9）操作稳定后，启动尾气洗涤塔。

（10）增加负荷，同时启动排放气洗涤塔。

## 三、正常生产操作

反应系统操作包括甲醇汽化、脱水反应、洗涤塔等三步及其辅助设备的操作。反应系统的开车在时间安排上应紧接催化剂预加热、活化之后进行。

（1）汽化塔开车 打开合成工段的部分阀门，分别是甲醇进料调节阀、旁路阀（打开旁路阀的目的是防止管道里面的铁屑卡住调节阀或流量计）、反应器入/出口阀、粗甲醚贮罐气相出口阀、汽化塔安全阀等。根据汽化塔塔釜温度上升情况，调节中压蒸汽流量使釜温上升，当塔顶温度上升到与塔釜温度接近时，甲醇开始被大量汽化进入气体换热器。

开工加热器用中压过热蒸汽加热。开工加热器出来的甲醇蒸气进入反应器。当向反应器提供甲醇蒸气后，逐渐加大粗醇进料量至规定值，并调节出塔蒸汽温度。当全系统各指标参数达到规定值，全塔实现稳定自动操作。

（2）反应器开车 反应器开车在汽化塔开车并可以向反应器内供应甲醇蒸气之后。由于通过的甲醇蒸气不断带来热量，反应器中催化剂床层温度逐渐升高。当温度升高至反应温度时，物料开始反应。当反应器各段温度、流量都达到规定值后，反应器操作正常，此时调节装置可由手动状态切换到自动控制。

（3）洗涤塔的操作 在精馏塔未开车前，洗涤塔只能起冷却放空气的作用，其洗涤操作必须在精馏系统开车之后进行。

（4）精馏塔冷凝器开关 开启精馏塔冷凝器，排不凝气后关闭，当粗甲醚贮罐液位有40%左右时，打开粗甲醚贮罐的出口阀、精馏塔进料泵的进口阀，待泵运行正常后关闭泵旁路阀。

粗甲醚经甲醚预热器预热后进入精馏塔，当塔釜液面上升到20%左右时，打开精馏塔再沸器中压蒸汽调节阀，使釜温上升，当塔顶温度到操作压力下二甲醚的沸点温度时，对塔顶产品取样分析，根据分析结果作进一步调整，直到甲醚回流液取样分析合格为止，维持稳定状态再全回流约20min。根据回流罐液位调节产品采出量。全塔操作稳定，产品组成合格后，将进料量、采出量、塔底不凝性气体排放、加热蒸汽量等调节装置逐步切换成自动控制。

## 四、停车程序概述

停车根据情况可分为正常停车、紧急停车和临时停车。

### （一）正常停车

#### 1. 停车准备

（1）装置负荷逐渐减少到40%，二甲醚反应器入口温度维持在280℃，二甲醚再沸器的负荷维持在正常负荷下。

（2）二甲醚精馏部分控制改为手动控制，使尾气洗涤塔不凝气。

（3）停止二甲醚反应器的甲醇流量输入，停止二甲醚产品采出。

（4）废水精馏部分继续进行。没有物流经过废水塔再沸器的壳程，加入直接蒸汽维持废水精馏塔热源。

#### 2. 二甲醚反应器的降压

打开甲醇蒸发器导淋排放闸阀排放液体，关闭进料/出料换热器下游手动闸阀，打开排放闸阀，隔离二甲醚反应器部分。

二甲醚反应器中的催化剂不能接触液相甲醇，因此应特别注意反应器中的露点。如果长期停车或需要进入设备中，系统必须减压和置换，反应器与进料/出料换热器之间的管道可能有液相出现，剩余的液体应在低点导淋排到收集槽。排尽后，引氮气置换进料/出料换热器上游的工艺管道，置换合格后，系统保持为正压。

如果要进入反应器，可以用氮气来冷却反应器。当二甲醚反应器出口温度在300℃下，大概4~6h后，二甲醚反应器全走旁路；然后二甲醚反应器将在4~6h内冷却到约60℃；最后二甲醚反应器降压和用空气置换，分析氧含量合格后可进入反应器。

（1）催化剂卸载　卸载二甲醚反应器催化剂的人员应戴防尘面具。二甲醚反应器中的催化剂穿过底部手孔倾斜到钢桶内。用底部手孔盖子的一颗螺钉能控制催化剂流量。移出大多数后，反应器中剩余的催化剂用传统方式从反应器内部取出（即用铁铲穿过同样的底部手孔来松动催化剂）。当催化剂已卸载，反应器要进行彻底清扫。

（2）维持二甲醚反应器空转　如果二甲醚精馏塔或废水精馏塔需要短时间维修，要维持二甲醚反应部分的温度，可以通过建立 10%的负荷来维持反应器。

### 3. 甲醇蒸发部分的停车

（1）当甲醇供应到二甲醚反应器时，停溶剂泵和流量阀，此时部分包含液体的粗甲醇在大气沸点温度以上。甲醇排到废水塔的塔釜，甲醇蒸气在回收系统被冷凝。

（2）剩余液体从低点导淋排到分离器。当排放已完成，系统加压到火炬，用氮气置换所有可燃成分。

（3）系统降压的优点是维持系统热态，使最终用氮气置换容易进行，因为低压更容易使残留的甲醇蒸发。

### 4. 二甲醚精馏塔和热回收部分的停车

（1）如果是短期停车和不要求进入内部，这部分在全循环状态下保持运行。

（2）假定二甲醚再沸器仍然在高负荷下运转，二甲醚回流槽能通过正常的产物采出，允许所有液体返回到二甲醚塔。当二甲醚回流槽排空，按要求停二甲醚回流泵。没有液体返回到排出塔盘以下的塔盘，再沸器的运转将因为没有从塔来的液体返回而停止。

（3）产品采出以下塔盘上的物质流到塔釜。二甲醚再沸器壳侧液体也到二甲醚精馏塔的塔釜，通入蒸汽使二甲醚蒸发。

（4）当塔釜液已排空，应从所有低点导淋排到密闭排放系统，用氮气/蒸汽置换二甲醚。如果需要进入塔内部，需用空气置换氮气/蒸汽并分析合格。

### 5. 废水部分停车

（1）当废水部分停车，从二甲醚精馏塔来的底部产物中甲醇浓度高于正常指标，输送到地下槽。上游部分停车期间，这部分将在全回流运转，由蒸汽维持热量。二甲醚精馏塔部分应停止，废水部分应处理塔釜液。

（2）二甲醚精馏塔塔釜液以适当的速率输送到废水精馏塔。二甲醚精馏塔的压力可通过蒸汽或氮气来维持。若二甲醚没有完全从精馏塔移出，可通入蒸汽分离；若二甲醚过量，废水精馏塔的压力将增加，一般不能超过 0.02MPa。如果压力进一步增加，需减小塔釜液的流量。

（3）在这期间，不能回收产品返回到工艺装置的前端。塔顶回流槽经过回流泵回流到二甲醚精馏塔。顶部产品也输送到精馏塔塔釜，从这里产品输送到地下槽。

（4）废水部分装置管道现在能从所有低点导淋排到地下槽，并用氮气置换，必要时还需空气置换。

### （二）紧急停车

凡属下列情况之一应采取紧急停车操作：停电；停循环冷却水；蒸汽系统因故不能供应加热蒸汽；设备管道法兰严重漏气，无法处理。

在出现上述情况时，需要进行紧急停车处理。通知调度，首先要保证整个系统压力不超

过设计压力, 如果系统压力过高应卸压。在确保不超压的情况下, 进行以下操作:

① 关闭甲醇蒸发器加热蒸汽进口阀, 停止向蒸发器供热;
② 关闭粗甲醇进料阀, 停止向反应系统提供原料;
③ 关闭二甲醚产品采出阀;
④ 关闭蒸汽调节阀;
⑤ 全开旁路阀, 停进料泵, 关闭进料泵电源, 再关旁路阀;
⑥ 关闭二甲醚精馏塔低压蒸汽进口阀;
⑦ 关闭甲醇采出阀及其前后阀;
⑧ 关闭相关阀门, 完成紧急停车操作。

根据停车原因, 由调度确定下步应采取的处理方法。在排除造成停车的故障后, 可按正常开车操作程序恢复生产操作。

## 五、常见不正常工况及处理

常见异常现象的原因分析及处理方法见表 7-5。

表 7-5　常见异常现象的原因分析及处理

| 序号 | 异常现象 | 原因分析 | 处理方法 |
|---|---|---|---|
| 1 | 甲醇预热器中甲醇进料量过小 | 进料泵有故障无法启动 | 启动备用泵, 原泵停车检查 |
| | | 进料泵混入空气 | |
| | | 甲醇过滤器堵塞 | 停车检修 |
| 2 | 甲醇蒸发器液位持续上升 | 再沸器内有不凝性气体, 影响传热效率 | 开启压力测量阀门排不凝性气体 |
| | | 蒸汽调节阀堵塞 | 开旁路阀清洗调节阀 |
| | | 液位控制器仪表故障 | 现场液位确认后, 联系仪表处理 |
| | | 蒸汽压力不足 | 检查总管蒸汽压力并调整减压阀 |
| 3 | 甲醇蒸发器液位低 | 入料量小 | 开进口阀加大入料量 |
| | | 蒸汽量过大 | 减少蒸汽输入 |
| | | 液位控制器仪表故障 | 现场液位确认以后, 联系仪表处理 |
| 4 | 进料/出料换热器壳程出口温度太高 | 调节阀堵塞 | 关闭前后闸阀, 检修调节阀 |
| 5 | 反应温度波动大 | 甲醇蒸发器操作不稳定, 甲醇蒸气量或甲醇蒸气组成波动 | 调整甲醇蒸发器操作参数 |
| | | 反应系统总体热量不足 | 加强设备主要散热部位保温, 检查旁路阀有无内漏 |
| 6 | 二甲醚精馏塔塔釜液组成不合格 | 塔顶出料太少 | 适当加大蒸汽量 |
| | | 塔釜供热不足 | |
| 7 | 反应系统压力过高 | 调节阀控制失灵 | 开旁路, 检修调节阀 |
| | | 反应器进料量波动 | 调整进料量, 保持进料恒定 |
| | | 反应温度过高, 不凝性气体产生量过大 | 调节反应器进料甲醇温度 |

续表

| 序号 | 异常现象 | 原因分析 | 处理方法 |
|---|---|---|---|
| 8 | 精馏塔塔釜液组成合格，塔顶产品不合格 | 高沸物上升，加热量过大 | 适当减少蒸汽量 |
| | | 回流量太小 | 适当增加回流量，减少产品采出量 |
| 9 | 精馏塔塔顶产品组成合格，塔釜液不合格 | 采出量太小 | 加大产品采出量 |
| | | 塔釜供热不足 | 适当加大蒸汽量 |
| 10 | 精馏塔塔顶压力高于规定值 | 压力调节阀堵塞 | 开旁路阀清洗调节阀 |
| | | 冷却水不足 | 适当开大冷却水量 |
| | | 加热量过大 | 适当降低蒸汽量 |
| | | 进料量过大或采出量太小 | 减少进料，加大采出 |

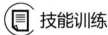
**技能训练** ·············································

熟悉二甲醚的生产工艺及操作控制。

·············································

# 单元 3　煤气化制烯烃

　　现代煤化工主要产品包括煤制天然气、乙二醇、油、二甲醚、烯烃等。发展现代煤化工不仅是国家能源战略技术储备和产业储备的需要，而且是推进煤炭清洁高效利用和保障国家能源安全的重要举措。煤制烯烃一般以煤基甲醇制烯烃为主，整个工艺流程主要包括煤的气化、合成气制甲醇与甲醇制取低碳烯烃三大部分。在现代煤化工项目中，煤制烯烃项目技术成熟先进，抵抗市场风险能力强，在当前原油价格下行压力存在的经济环境下能持续盈利，被认为是最具竞争力的现代煤化工项目。

　　20 世纪 70 年代，受石油危机的刺激，世界主要发达国家和一些发展中国家均加大投入以开辟非石油资源制取低碳烯烃的技术路线。由于从天然气或煤制合成气生产甲醇的技术已经成熟，并大规模化，因此研究的重点和技术难点就是甲醇制取低碳烯烃的过程。近几十年来，我国煤气化、煤制甲醇、甲醇制烯烃（MTO、MTP）等技术已进行了大型工业化示范，设备国产化已基本解决。甲醇的生产发展很快，2010 年我国甲醇产量为 1579 万吨，2015 年突破 4000 万吨，2018 年国内总产量达到 4713 万吨，呈逐年快速增长趋势，甲醇产能过剩已成定局，这就为发展甲醇制烯烃提供了充足的原料条件。我国烯烃需求量增长也较快，市场前景看好。煤制甲醇主要下游产品为乙烯及其副产品丙烯，而乙烯是石油化工产业的核心，需求缺口较大。据石化行业统计，2010 年和 2020 年国内乙烯的自给率只有 56.4% 和 62.1%，以"煤代油"生产低碳烯烃是实现中国以"煤代油"能源战略，保证国家能源安全的重要途径之一。

## 知识点 1　煤制烯烃概述

　　通过本知识点的学习，认识煤制烯烃的基本方法、烯烃的基本性质和用途，以及了解乙烯、丙烯等低碳烯烃未来的发展方向。

## 一、煤制烯烃简介

煤制烯烃包括煤气化、合成气净化、甲醇合成及甲醇制烯烃四项核心技术（见图 7-18）。目前煤气化、合成气净化和甲醇合成技术的应用已经非常成熟，而甲醇制烯烃技术经过多年的发展在理论上和实验装置上也已经比较完善，已实现工业化。本节主要介绍甲醇制烯烃技术。

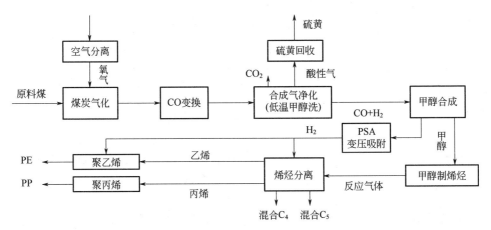

**图 7-18 煤制烯烃的主要工艺过程**

甲醇制烯烃，是指以煤为原料合成甲醇后再通过甲醇制取乙烯、丙烯等烯烃的技术。甲醇制烯烃（methanol to olefins，MTO）和甲醇制丙烯（methanol to propylene，MTP）是两个重要的 $C_1$ 化工新工艺，是指以煤和天然气合成的甲醇为原料，借助类似催化裂化装置的流化床反应形式，生产低碳烯烃的化工技术。该技术是发展非石油资源生产乙烯、丙烯等产品的核心技术。

目前我国的能源结构特点是"富煤、缺油、少气"，预计这一状况在今后相当长的时期内不会改变。原料结构多元化已经成为我国石化行业发展的必然选择，利用我国相对丰富的煤炭资源发展石化产业，以煤为原料，走"煤-甲醇-烯烃-聚烯烃"工艺路线符合国家能源政策需要，是非油基烯烃的主流路线。

### 1. 甲醇制乙烯

20 世纪 70 年代美国 Mobil 公司以开发的 ZSM-5 催化剂为基础，最早研究甲醇转化为乙烯和其他低碳烯烃。从 20 世纪 80 年代开始，国外在甲醇制取低碳烯烃的研究中有了重大突破。美国 UCC 研制开发的 SAPO-34 非沸石分子筛催化剂具有更高的选择性，成为甲醇转化为烯烃的主要研究对象。

国内科研机构，如中科院大连化物所、石油大学等亦开展了类似的科研工作。其中中科院大连化物所在 20 世纪 80 年代初开始进行甲醇制烯烃的研究工作，并于 90 年代初，采用固定床反应器，改型 ZSM-5 沸石催化剂，开发了具有独立自主知识产权的 DMTO 工艺。2005 年，与中石化洛阳工程公司、陕西新兴煤化工科技发展有限公司三方合作建立了规模为 1.67 万吨/年的工业示范装置，试验结果达到国际领先水平，乙烯和丙烯的总选择性接近 80%。

### 2. 甲醇制丙烯

德国 Lurgi 公司在改性的 ZSM-5 催化剂上，凭借丰富的固定床反应器放大经验，开发完成了甲醇的 MTP 工艺。Lurgi 公司的 MTP 工艺所用的催化剂是改性的 ZSM 系列催化剂，具有较高的丙烯选择性。

在国内，对 MTP 工艺的开发研究也一直在进行。由中国化学工程集团公司、清华大学、安徽淮化集团有限公司合作开发的流化床甲醇制丙烯（FMTP）工业化试验项目在淮化集团开工，年产丙烯 1 万吨。

## 二、低碳烯烃产品性质及用途

烯烃是指含有 C＝C 键（碳-碳双键）的碳氢化合物，属于不饱和烃，分为链烯烃和环烯烃。按含双键的多少分别称为单烯烃、二烯烃等。双键中有一根属于能力较高的 π 键，不稳定，易断裂，所以会发生加成反应。在标况或常温下，$C_2 \sim C_4$ 烯烃为气体；$C_5 \sim C_{18}$ 为易挥发液体；$C_{19}$ 以上为固体。

### 1. 乙烯

乙烯（ethylene），相对分子量 28.06，分子式 $C_2H_4$，结构简式 $CH_2＝CH_2$。乙烯是一种无色气体，略具烃类特有的臭味。不溶于水，微溶于乙醇、酮、苯、醚、四氯化碳等有机溶剂。易燃，与空气混合能形成爆炸性混合物。具有较强的麻醉作用，可引起急性中毒，吸入高浓度乙烯会立即引起意识散失。

乙烯是合成纤维、合成橡胶的基本化工原料，也用于制造氯乙烯、苯乙烯、环氧乙烷、乙酸、乙醛、乙醇和炸药等，还可用作水果和蔬菜的催熟剂。乙烯的生产量是衡量一个国家化工水平高低的重要指标。

### 2. 丙烯

丙烯（propylene），相对分子量 42.08，分子式 $C_3H_6$，结构简式 $CH_2＝CHCH_3$。丙烯在常温下是一种无色、无臭、稍带有甜味的气体。不溶于水，溶于有机溶剂。易燃，与空气混合能形成爆炸性混合物。略带有麻醉性，属低毒性化学品。

丙烯是三大合成材料的基本材料，用量最大的用途是生产聚丙烯。此外，还可以制异丙醇、苯酚和丙酮、丁醇和辛醇、丙烯酸及其酯类以及制环氧丙烷和丙二醇、环氧氯丙烷和合成甘油等。

## 三、低碳烯烃的制备

烯烃的制备方法很多，常规的有如下几种：

### 1. 醇消除脱水

醇消除脱水有两种方法，酸催化脱水和用氧化铝或硅酸盐加热脱水。

（1）酸催化脱水　　主要应用于实验室，常用醇和酸（硫酸或磷酸）一起加热，使醇分子失去一分子水生成烯烃。

$$CH_3CH_2OH \xrightarrow[170℃]{98\%H_2SO_4} CH_2＝CH_2 + H_2O$$

（2）用氧化铝或硅酸盐加热脱水　　主要应用于工业上，常利用醇在 350～400℃的氧化铝或硅酸盐表面上脱水制备烯烃。

$$CH_3CH_2OH \xrightarrow[400℃]{Al_2O_3} CH_2＝CH_2 + H_2O$$

### 2. 卤代烷消除卤化氢

卤代烷（主要是二级和三级卤代烷）在 KOH 或 NaOH 的醇溶液或醇钠或氨基钠的作用

下发生消除反应，得到烯烃。

$$\underset{\substack{|\\ \mathrm{CH_3}}}{\overset{\substack{\mathrm{CH_3}\\ |}}{\mathrm{H_3C-C-Br}}} + \mathrm{OH^-} \xrightarrow{\mathrm{C_2H_5OH}} \underset{(>90\%)}{\mathrm{H_2C=C} \overset{\mathrm{CH_3}}{\underset{\mathrm{CH_3}}{\big\langle}}} + \mathrm{H_2O}$$

### 3. 邻二卤代烷消除卤素

邻二卤代烷在金属锌或镁的作用下，可以消除卤原子生成烯烃。这种消除也是共平面的反式消除。在反应中，金属为碳卤键断裂和碳碳双键的形成提供一对电子，生成碳负离子中间体，然后失去卤负离子生成烯烃。

除上述方法外，炔烃加氢、羧酸酯和季铵盐的裂解、Wittig 反应（叶立德反应、维蒂希反应）、磺酸酯脱磺酸等也都是制备烯烃的方法。

## 四、烯烃的工业项目概述

乙烯、丙烯和丁烯等低级烯烃都是重要的化工原料。生产烯烃的主流技术主要有三种，分别为煤制烯烃（MTO）、丙烷脱氢制烯烃及石脑油制烯烃。过去主要是从石油炼制过程中产生的炼厂气和热裂气中分离得到低级烯烃。现阶段煤制烯烃技术已占据当前主导市场。

2018 年底，国内已建成 21 套煤（甲醇）制烯烃装置，规划产能共计 1371 万吨/年，实际释放产能约 1302 万吨/年，投产项目多基于 MTO 技术。目前实现投产煤制烯烃项目建设情况见表 7-6。

表 7-6 目前实现投产煤制烯烃项目建设情况

| 序号 | 项目名称 | 项目单位 | 规模/(万吨/年) | 技术路线 | 投资/亿元 | 投产时间及项目状态 | 所在地区 |
|---|---|---|---|---|---|---|---|
| 1 | 山东阳煤恒通甲醇制烯烃成套项目 | 阳煤恒通 | 30 | MTO | 38 | 2015 | 山东郯城 |
| 2 | 久泰能源鄂尔多斯 MTO 项目 | 久泰能源 | 60 | MTO | 82 | 2014 | 鄂尔多斯 |
| 3 | 惠生工程 MTO 项目 | 惠生（南京）清洁能源 | 30 | MTO | | 2013 | 江苏南京 |
| 4 | 山西焦煤集团甲醇制烯烃项目 | 山西焦煤 | 60 | DMTO | 102 | 建设阶段 | 山西 |
| 5 | 靖边能源化工综合利用启动项目 | 延长石油、中煤能源 | 100 | DMTO | 276 | 2015 | 陕西榆林 |
| 6 | 延安煤油气资源综合利用项目 | 延长石油 | 70 | DMTO | 216 | 2016 | 陕西延安 |
| 7 | 蒲城清洁能源化工有限责任公司煤制烯烃项目 | 陕西煤业化工、中国长江三峡 | 70 | DMTO | 180 | 2014 | 陕西渭南 |

| 序号 | 项目名称 | 项目单位 | 规模/(万吨/年) | 技术路线 | 投资/亿元 | 投产时间及项目状态 | 所在地区 |
|---|---|---|---|---|---|---|---|
| 8 | 山东神达化工DMTO项目 | 神达化工 | 37 | DMTO | 70 | 2014 | 山东滕州 |
| 9 | 富德能源（常州）甲醇制烯烃项目 | 富德能源 | 33 | DMTO | 19 | 2016 | 江苏 |
| 10 | 斯尔邦石化年产360万吨醇基多联产化工项目 | 斯尔邦石化 | 120 | DMTO | 235 | 2012 | 江苏连云港 |
| 11 | 宁波富德60万吨甲醇制烯烃项目 | 宁波富德 | 100 | DMTO | 101 | 2013 | 浙江 |
| 12 | 神华包头煤制烯烃项目 | 神华包头 | 60 | DMTO | 170 | 2011 | 内蒙古包头 |
| 13 | 兖矿集团年产180万吨煤制甲醇转烯烃项目 | 兖矿集团 | 60 | DMTO | 190 | 2014 | 鄂尔多斯 |
| 14 | 神华新疆甘泉堡68万吨/年煤基新材料 | 神华集团 | 68 | DMTO | 245 | 2015 | 新疆 |
| 15 | 中煤能源伊犁煤电化有限公司60万吨/年煤制烯烃项目 | 中煤集团 | 60 | DMTO | 104 | 2016 | 新疆 |
| 16 | 宁夏宝丰DMTO项目 | 宝丰能源 | 60 | DMTO | 142 | 2016 | 宁夏 |
| 17 | 青海盐湖资源综合利用金属镁一体化项目 | 盐湖集团 | 100 | DMTO | 278 | 2014 | 青海 |
| 18 | 中天合创煤制烯烃项目 | 中天合创 | 137 | SMTO | 600 | 2017 | 鄂尔多斯 |
| 19 | 中原石化乙烯原料路线（MTO）改造项目 | 中国石化 | 20 | SMTO | 15 | 2011 | 河南 |
| 20 | 大唐多伦煤化工46万吨/年煤制烯烃项目 | 大唐集团 | 46 | MTP | 180 | 2012 | 内蒙古 |
| 21 | 神华宁煤集团煤制烯烃项目 | 神华集团 | 50 | MTP | 195 | 2010 | 宁夏 |
| 总计 | | | 1371 | | 3438 | | |

  "十三五"期间，煤制烯烃在建项目16个，产能建设规模预计1419万吨/年，拟建项目8个，产能建设规模预计555万吨/年，若拟建及在建项目实现全部投产，将释放产能1974万吨/年，煤制烯烃累计产能将突破3000万吨/年。目前中国在建的煤制烯烃项目大部分位于西部地区，且主要为煤制烯烃一体化项目。前期工作进展最快的项目包括：青海矿业、神华包头二期、中石化长城能化贵州项目等。

  中石化长城能源化工（贵州）有限公司60万吨/年聚烯烃项目位于贵州毕节市织金县，以当地无烟煤为原料，采用煤气化技术和S-MTO技术生产烯烃，新建180万吨/年甲醇装置、180万吨/年甲醇制烯烃装置、30万吨/年线型低密度聚乙烯和30万吨/年聚丙烯生产装置等。2015年6月，国家发改委批准将该项目作为全国9个烯烃产业示范项目之一来推进。同样，国家能源集团宁夏煤业集团有限公司70万吨/年煤制烯烃新材料示范项目被列为西部大开发"十三五"规划的重大示范项目，总投资220.4亿元，以当地煤炭资源为原料，生产高端聚烯烃产品，该项目已于2020年3月获得生态环境部的环评批复。煤制烯烃在建项目情况统计见表7-7。

表7-7 煤制烯烃在建项目情况统计

| 序号 | 项目名称 | 项目单位 | 规模/(万吨/年) | 技术路线 | 投资/亿元 | 投产时间及项目状态 | 所在地区 |
|---|---|---|---|---|---|---|---|
| 1 | 中石化毕节煤制烯烃项目 | 中国石化 | 60 | SMTO | 221 | 预计2023年商业运行 | 贵州毕节 |
| 2 | 中煤蒙大年产60万吨甲醇项目和年产60万吨烯烃项目 | 中煤集团 | 60 | DMTO | 108 | 在建 | 鄂尔多斯 |
| 3 | 青海大美尾气综合利用制烯烃项目 | 大美煤业 | 180 | DMTO | 125 | 在建 | 青海西宁 |
| 4 | 青海庆华矿冶煤化集团煤基多联产项目 | 庆华矿冶煤化 | 60 | DMTO | 211 | 在建 | 青海海西 |
| 5 | 中国石化河南煤化鹤壁煤化一体化项目 | 中国石化 | 180 | SMTO | 170 | 在建 | 河南鹤壁 |
| 6 | 安徽华谊煤基多联产精细化工基地工程 | 华谊化工 | 50 | MTP | 350 | 在建 | 安徽 |
| 7 | 安徽淮化集团煤制甲醇及转化烯烃项目 | 安徽淮化 | 49 | MTP | 170 | 在建 | 安徽 |
| 8 | 甘肃平凉山煤制烯烃项目 | 华泓汇金 | 70 | MTO | 118 | 项目搁浅 | 甘肃平凉 |
| 9 | 宁夏宝丰能源二期60万吨/年烯烃项目 | 宝丰集团、沈鼓集团 | 60 | DMTO | 211 | 在建 | 宁夏 |

续表

| 序号 | 项目名称 | 项目单位 | 规模/(万吨/年) | 技术路线 | 投资/亿元 | 投产时间及项目状态 | 所在地区 |
|---|---|---|---|---|---|---|---|
| 10 | 南京诚志水清能源科技有限公司甲醇制烯烃项目 | 南京诚志 | 60 | MTO | 42 | 在建 | 江苏南京 |
| 11 | 天津渤海化工发展有限公司180万吨/年甲醇制烯烃项目 | 天津渤海化工 | 180 | DMTO | 294 | 已完成DMTO和烯烃分离 | 天津 |
| 12 | 山西大同60万吨煤制烯烃项目 | 大同煤矿集团 | 60 | | 101 | 在建 | 山西大同 |
| 13 | 中安联合一期170万吨煤制烯烃项目 | 中安联合 | 170 | SMTO | 242 | 吸收塔整体吊装一次性成功 | 安徽 |
| 14 | 山西60万吨煤制烯烃项目 | 山西焦煤集团飞虹化工 | 60 | DMTO | 102 | 阶段性验收工作 | 山西 |
| 15 | 吉林康乃尔60万吨/年甲醇制烯烃项目 | 吉林康乃尔 | 60 | MTO | 49 | 试生产 | 吉林 |
| 16 | 久泰60万吨甲醇制烯烃项目 | 久泰能源内蒙古有限公司 | 60 | MTO | 82 | 在建 | 内蒙古 |
| | 总计 | | 1419 | | 2596 | | |

煤气化制烯烃技术分为煤经甲醇制烯烃和煤气化后费托合成烯烃两类。两类技术路线都以煤气化为源头，只是前者还需要先由合成气合成甲醇，然后再用甲醇进一步制取烯烃。而后者则直接由合成气进行费托合成生成烯烃，但由于该技术还未真正进入工业化生产阶段，因此现在工业化生产依旧采用以煤经甲醇制烯烃路线，如图 7-19 所示。

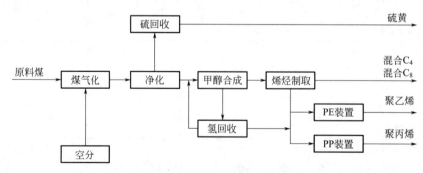

图 7-19　煤制烯烃项目技术路线

## 知识点 2 煤制烯烃的原理及工艺

通过本知识点的学习，认识煤制烯烃的基本原理、工艺条件等，能进行工艺路线的选择。

煤制烯烃主要包括 MTO（甲醇制烯烃）技术与 MTP（甲醇制丙烯）技术。MTO 技术最早由美国（UOP）和挪威海德罗（Hgdro）公司开发，以甲醇为原料生产乙烯与丙烯，可获得 98% 纯度的烯烃。MTP 技术最早由德国研发，该技术先将甲醇脱水生成二甲醚，再由二甲醚反应生成丙烯。该技术主要产品为丙烯，乙烯的产量会相对较低，而且该技术对催化剂的纯度与活性要求较高。

### 一、甲醇制烯烃的基本原理

甲醇制取乙烯和丙烯经过两个步骤：第一步是把甲醇转化为二甲醚，第二步是二甲醚脱水生成乙烯和丙烯。在一定条件（温度、压力和催化剂）下，甲醇蒸气先脱水生成二甲醚，然后二甲醚与原料甲醇的平衡混合物气体脱水继续转化为乙烯、丙烯为主的低碳烯烃；少量 $C_2 \sim C_5$ 的低碳烯烃由于环化、脱氢、氢转移、缩合、烷基化等反应进一步生成分子量不同的饱和烃、芳烃、$C_{6+}$ 烯烃及焦炭。

#### 1. 反应方程式

方程式可分为两个阶段：脱水阶段、裂解反应阶段。

（1）脱水阶段

$$2CH_3OH \longrightarrow CH_3OCH_3 + H_2O + Q$$

（2）裂解反应阶段　反应过程主要是脱水反应产物二甲醚和少量未转化的原料甲醇进行的催化裂解反应，包括：

① 主反应（生成烯烃）。

$$nCH_3OH \longrightarrow C_nH_{2n} + nH_2O + Q$$
$$nCH_3OCH_3 \longrightarrow 2C_nH_{2n} + nH_2O + Q$$

$n = 2$ 和 3（主要），4、5 和 6（次要）

以上各种烯烃产物均为气态。

② 副反应（生成烷烃、芳烃、碳氧化物并结焦）。

$$(n+1)CH_3OH \longrightarrow C_nH_{2n+2} + C + (n+1)H_2O + Q$$
$$(2n+1)CH_3OH \longrightarrow 2C_nH_{2n+2} + CO + 2nH_2O + Q$$
$$(3n+1)CH_3OH \longrightarrow 3C_nH_{2n+2} + CO_2 + (3n-1)H_2O + Q$$
$$n = 1, 2, 3, 4, 5\cdots$$
$$nCH_3OCH_3 \longrightarrow 2C_nH_{2n-6} + 6H_2 + nH_2O + Q$$
$$n = 6, 7, 8\cdots$$

以上产物有气态（CO、$H_2$、$H_2O$、$CO_2$、$CH_4$ 等烷烃和芳烃等）和固态（大分子量烃和焦炭）之分。

#### 2. 反应机理

甲醇制烯烃的转化过程可以分为三个阶段。

一是预平衡阶段，甲醇与分子筛 B 酸作用生成甲氧基，通过甲氧基与二甲醚相互转化，成为一个平衡体系；二是生成含有 C—C 键的初级产物；三是二次反应阶段，含 C—C 键初级产物经烷基化、氢转移、加氢等二次反应，产生烯烃、烷烃和芳烃等产物。

（1）二甲醚平衡物的生成　甲醇首先在分子筛表面反应生成二甲醚和水，反应可逆，并迅速达到热力学平衡，形成甲醇、二甲醚和水的平衡物。该步反应机理比较明确，甲醇与分子筛表面 Brønsted 酸中心作用，通过亲核反应脱水生成表面甲氧基（SMS），高活性的 SMS 再与甲醇分子作用生成二甲醚，二甲醚与 B 酸位作用同样可以脱去一个甲醇分子生成 SMS，而 SMS 又可以与水反应重新生成甲醇，从而使整个反应生成甲醇、二甲醚和水的平衡物。在此体系中，甲醇和二甲醚均可视为反应物。转化机理见图 7-20。

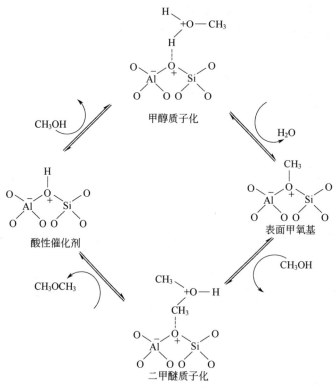

图 7-20　甲醇二甲醚转化机理

（2）初始 C—C 键的生成　初始 C—C 键的生成（稳定反应期）是 MTO 反应机理中最关键的，同样也是整个 C₁ 化学所关注的重点，相关研究提出的机理多达十余种。目前，比较普遍认为甲醇或二甲醚自身之间的反应导致了第一个 C—C 键的形成（C—C 键直接形成机理），反应的活性中间物是表面甲氧基镓离子、碳烯、自由基等较高能态的活性物质。

① C—C 键直接形成机理。氧镓离子机理认为，甲醇脱水后得到的二甲醚与固体酸表面的质子酸作用形成二甲基氧镓离子，之后又与另一个二甲醚反应生成三甲基氧镓内镓氧盐，接着脱质子形成与催化剂表面相聚合的二甲基氧镓内镓盐物种，该物种或者经分子内的 Stevens 重排形成甲乙醚，或者是分子间甲基化形成乙基二甲基氧镓离子，两者都通过 β-消除反应生成乙烯。

有相关研究用核磁方法证实了分子筛表面存在氧镓离子，但当温度升高后又回到原来的物质，而用其他方法将氧镓离子引入催化剂，并未加速 MTO 反应，说明氧镓离子机理存在问题。

碳烯机理（又称为卡宾机理）认为，在沸石催化剂酸、碱中心的协同作用下，甲醇经 α-消除反应脱水得到碳烯（即卡宾中间物 CH₂:），然后通过碳烯聚合反应或者碳烯插入甲醇或二甲醚分子中形成烯烃。实验中发现少量的甲乙醚，证实了这一路线的可能。但由于难以检测到卡宾中间物，碳烯机理依然没有直接的实验证据支持。

Derouane 等研究提出了碳正离子机理和自由基机理。甲醇和催化剂酸性位作用生成碳正离子或自由基等活性中间物，并与甲醇或烃再反应生成更多的烃产物和活性中间物，但是基于表面甲氧基或其他高能中间物的链增长反应从未被实验证实。

上述 C—C 键直接形成机理试图通过经典的有机反应机理来解释 MTO 过程，但均未得到系统的实验证实。有学者认为两个甲醇分子在稳定反应期直接形成 C—C 键，生成烃类产物是不可能的，他们用 H/D 同位素交换等实验论证了他们的观点。尽管如此，C—C 键直接形成机理曾受到最广泛的认同。

② 烃池（hydrocarbon pool）机理。Mole 和 Langner 最早发现了有机物种对 MTO 反应的促进作用，前者由此提出了甲苯侧链烷基化机理，这是 hydrocarbon pool 机理最早的起源。随后，Dahl 和 Kolboe 在研究 SAPO-34 催化剂 MTP 机理时，正式提出了"hydrocarbon pool"机理。Kolboe 在实验中用 $^{13}C$ 甲醇分别和 $^{12}C$ 烯烃（乙烯、丙烯和丁烯）共进料反应，发现烯烃产物中基本都含有 $^{13}C$ 同位素，说明产物主要由甲醇生成的烃类物质形成，而不是其他烯烃通过叠合裂化形成，从而验证了烃池机理的存在。烯烃最初机理如图 7-21 所示。

烃池机理的核心是认为产物均来自"烃池"活性中间物，如多甲基芳烃化合物，首先烯烃通过低聚反应和成环反应生成苯环，苯通过甲基化反应生成多甲基苯，多甲基苯通过重整和消除反应生成低碳烯烃。

（3）二次反应　Hydrocarbon pool 机理较好地解释了稳定反应期内初始 C—C 键的形成过程，但是 MTO 反应最终产物的分布更加复杂，这是由于生成的初始烯烃物质能通过与甲醇或本身之间的二次反应生成更多的烃类物种。

二次反应还包括烯烃的二聚和异构化反应，研究者认为乙烯的二聚速率也同样低于丙烯和丁烯，而丁烯不能直接发生异构化作用，只能在苯环侧链碳数大于 7 时通过分子重整和消去反应进行。

对于二次反应最大的争论在于最终产物中丙烯和高碳烯烃的来源，hydrocarbon pool 机理认为丙烯主要来自高甲基取代苯的消去反应，而有研究者认为丙烯和高碳烯烃更多是来自甲基化和裂解反应，并由此提出双循环机理解释 MTO 反应最终产物的分布。如图 7-22 所示，甲醇既可以通过 hydrocarbon pool 机理生成烯烃和芳烃，又能与产物中的丙烯通过甲基化链增长和烯烃裂解反应生成更多的丙烯和高碳烯烃，同时高碳烯烃通过芳构化和氢转移反应生成甲苯等 hydrocarbon pool 物质及烷烃。产物中烷烃和芳烃主要来源于氢转移和成环反应，是催化剂积炭失活的主要原因。

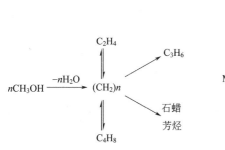

图 7-21　烃池机理示意图

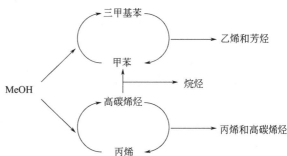

图 7-22　HZSM-5 沸石上双循环机理示意图

### 3. 反应热效应

根据色谱产物分析，可以将 MTO 过程的反应归为以下 10 个。

甲醇生产二甲醚：

（1）$2CH_3OH \Longrightarrow CH_3OCH_3 + H_2O$

生产烯烃的反应：

（2）$2CH_3OH \Longrightarrow C_2H_4 + 2H_2O$

（3）$3CH_3OH \Longrightarrow C_3H_6 + 3H_2O$

（4）$4CH_3OH \Longrightarrow C_4H_8 + 4H_2O$

甲醇分解、水气变换：

（5）$CH_3OH \Longrightarrow CO + 2H_2$

（6）$CO + H_2O \Longrightarrow CO_2 + H_2$

加氢反应（生成烷烃）：

（7）$CH_3OCH_3 + 2H_2 \Longrightarrow 2CH_4 + H_2O$

（8）$C_2H_4 + H_2 \Longrightarrow C_2H_6$

（9）$C_3H_6 + H_2 \Longrightarrow C_3H_8$

（10）$C_4H_8 + H_2 \Longrightarrow C_4H_{10}$

通过文献查得不同温度 $T$ [$T$ 取 300～500℃（573～773K）] 对应的反应焓，如表 7-8 所示。

表 7-8　不同温度下 MTO 各反应的焓变

| 序号 | $H_0$/（J/mol） | 573K | 623K | 673K | 723K | 773K |
|------|------|------|------|------|------|------|
| （1） | −26690.28 | −20746.21 | −20349.65 | −19995.66 | −19681.13 | −19406.21 |
| （2） | −36795.89 | −24192.77 | −23658.69 | −23235.32 | −22919.68 | −22586.33 |
| （3） | −112703.28 | −94546.46 | −93738.40 | −−93078.93 | −92569.34 | −91946.42 |
| （4） | −176417.43 | −152474.51 | −151210.41 | −150140.24 | −149263.95 | −148040.54 |
| （5） | 74688.87 | 99885.91 | 101006.63 | 101981.94 | 102810.85 | 103506.11 |
| （6） | −39665.13 | −39238.73 | −38742.76 | −38233.77 | −37712.75 | −37187.93 |
| （7） | −204303.61 | −213528.82 | −214671.67 | −215795.45 | −216900.45 | −217974.98 |
| （8） | −130142.17 | −141478.17 | −142068.73 | −142591.25 | −143045.14 | −143433.70 |
| （9） | −116375.28 | −127945.77 | −128317.59 | −128618.62 | −128849.87 | −129019.32 |
| （10） | −121364.84 | −129968.95 | −130398.74 | −130749.92 | −131022.56 | −131220.66 |

由反应方程式和热效应数据可看出，在 MTO 反应中，只有反应（5）甲醇分解反应为吸热反应，其余反应均为放热反应，尤其是生成丙烯、丁烯和烷烃的反应，每摩尔放出热量大于 100kJ。整个 MTO 反应在热效应上属于强放热过程。由于大量放热使反应器温度剧升，导致甲醇结焦加剧，并有可能引起甲醇的分解反应发生，故及时取热并综合利用反应热显得十分必要。

此外，生成有机分子的碳数越高，产物水就越多，反应放出的热量也就越大。因此，必须严格控制反应温度，以限制裂解反应纵深发展。然而，反应温度不能过低，否则主要生成二甲醚。所以，当达到生成低碳烯烃反应温度（催化剂活性温度）后，应该严格控制反应温度的失控。

## 4．MTO 反应的化学平衡

（1）主、副反应均有水蒸气生成　在反应中加水不但可以抑制裂解副反应，提高低碳烯烃的选择性，减少催化剂的结炭，而且可以将反应热带出系统以保持催化剂床层温度的稳定。

（2）主、副反应均为分子数增加的反应　采取低压操作，目的是使化学平衡向右移动，进而提高原料甲醇的单程转化率和低碳烯烃的质量收率。

## 5．MTO 反应动力学

动力学研究证明，MTO 反应中所有主、副反应均为快速反应。因而，甲醇、二甲醚生成低碳烯烃的化学反应速率不是反应的控制步骤，而关键操作参数的控制则是应该极为关注的问题。

从化学动力学角度考虑，原料甲醇蒸气与催化剂的接触时间尽可能越短越好，这对防止深度裂解和结焦极为有利；另外，在反应器内催化剂应该有一个合适的停留时间，否则其活性和选择性难以保证。

## 二、甲醇制烯烃催化剂

甲醇、二甲醚在催化剂的作用下转化成以乙烯和丙烯为主的低碳烯烃。催化剂性能直接影响目标产品的收率及稳定性，因此高性能的催化剂一直是研究的热点。其中 SAPO-34 和 ZSM-5 分子筛催化剂备受关注。

甲醇转化制烯烃所用的催化剂以分子筛为主要活性组分，以氧化铝、氧化硅、硅藻土、高岭土等为载体，在黏结剂等加工助剂的协同作用下，经加工成型、烘干、焙烧等工艺制成分子筛催化剂，分子筛的性质、合成工艺、载体的性质、加工助剂的性质和配方、成型工艺等各因素对分子筛催化剂的性能都会产生影响。

### 1．SAPO-34 分子筛催化剂

美国联碳公司在 1984 年开发了磷酸硅铝系列（SAPO-n，n 代表结构号）分子筛，其中 SAPO-34 分子筛性能优良，甲醇近乎完全转化。SAPO-34 分子筛催化剂对乙烯和丙烯的选择性高，被选定为最优的 MTO 催化剂。

SAPO-34 分子筛具有适宜的孔道结构和酸性、较大的比表面积、较好的吸附性能及热稳定性和水热稳定性，使其在 MTO 工艺应用中体现优异的性能。大连化物所开发了低成本的合成办法，促进了我国甲醇制烯烃产业的发展。UOP 公司开发了以 SAPO-34 分子筛为主的 MTO-100 催化剂，低碳烯烃的收率达到 93%。

为了进一步提高 SAPO-34 催化剂的综合性能，研究者对 SAPO-34 进行了改性研究。在合成 SAPO-34 分子筛过程中引入碱金属（如镁、钙、锶、钡），提高了低碳选择性，增加了使用寿命。Kang 等人在 SAPO-34 分子筛制备过程中引入过渡金属（Ni、Co、Fe），并报道了加入晶种和超声波处理制备 Ni SAPO-34 分子筛，以获得较小且均一的分子筛晶粒，结果表明：Ni SAPO-34 的乙烯选择性最高。

虽然 Ni SAPO-34 分子筛是较好的 MTO 催化剂，但存在易结焦和寿命短的问题，目前工业化的 MTO 反应器采用流化床技术，这对 SAPO-34 的强度等方面提出了更高的要求。

### 2．ZSM-5 分子筛催化剂

ZSM-5 分子筛的基本结构单元由 8 个由硅（铝）氧四面体通过氧原子形成的五元环组成，

故 ZSM-5 也称为 Pentasil 型分子筛。ZSM-5 是一种中孔分子筛，硅铝比高，具有复杂的孔道结构，内部多种通道相互关联，其酸性较强。ZSM-5 催化甲醇单独转化时丙烯选择性较高（最高>45%）、水稳定性好且具有良好的抗结焦性能；而且通过除丙烯外的其他烯烃循环再反应可进一步提高丙烯选择性。但是使用 ZSM-5 催化剂的 MTO 过程会产生 $C_{6+}$ 烃和芳烃副产物。影响 ZSM-5 分子筛性能的主要是酸性介质和孔道结构。

金属或非金属元素修饰 ZSM-5 分子筛可调变催化剂的酸性质和孔道结构，可以用来改善 MTO 催化剂的性能。多种金属都被试验负载在 ZSM-5 上来提高低碳烯烃选择性，如 Ca、Mg、Cs、Zr、Ce、Mn、Ni、Fe、La、Ag 等。一般认为，金属负载会占据部分催化剂酸中心，导致酸强度和酸量都降低，有利于抑制氢转移副反应，增加烯烃选择性。

ZSM-5 分子筛晶粒大小和孔道结构能影响产物烯烃和芳烃的扩散，进而影响丙烯的选择性和催化剂的稳定性。ZSM-5 沸石晶粒越小，丙烯收率越高，乙烯和芳烃选择性越低。Moller 等还发现沸石晶粒大小几乎不改变催化剂活性，但晶粒越小，甲醇制烯烃中间产物二甲醚选择性越高。这可能是由于大晶粒分子筛会使得二甲醚扩散受阻，继续反应生成碳氢化合物。分子筛孔道结构对甲醇制烯烃产物分布也有一定影响。分子筛经修饰后，孔道缩小，但对烯烃选择性的影响却不明显。分子筛经脱硅处理可形成介孔结构，可提高丙烯选择性和催化剂的稳定性。

不管是 ZSM-5 还是 SAPO 系列分子筛催化剂，在使用一定时间后催化剂都会由于结焦而失活，需要进行烧焦再生，使焦性物质生成 CO 或 $CO_2$。

## 三、甲醇制烯烃工艺介绍

### （一）工艺条件

#### 1. 反应温度

反应温度对反应中低碳烯烃的选择性、甲醇的转化率和积炭生成速率有着显著影响。较高的反应温度有利于产物中 $n$（乙烯）/$n$（丙烯）值的提高。但在反应温度高于 723K 时，催化剂积炭速率加快，催化剂易失活；同时产物中的烷烃含量开始显著增大。最佳的 MTO 反应温度在 400℃ 左右，适宜的温度在 350~550℃ 区间。从机理角度来看，在较低的温度（$T \leqslant 523K$）下，主要发生甲醇脱水至 DME 的反应；而在过高的温度（$T \geqslant 723K$）下，氢转移等副反应开始变得显著。

#### 2. 原料空速

原料空速对产物中低碳烯烃分布的影响远不如温度显著，这与平行反应机理相符，但过低和过高的原料空速都会降低产物中低碳烯烃的收率。此外，较高的空速会加快催化剂表面的积炭生成速率，导致催化剂失活加快，这与研究反应的积炭和失活现象的结果相一致。

#### 3. 反应压力

改变反应压力可以改变反应途径中烯烃生成和芳构化反应速率。对于这种串联反应，降低压力有助于降低反应的偶联度，而升高压力则有利于芳烃和积炭的生成。因此通常选择常压作为反应的最佳条件。

#### 4. 稀释剂

在反应原料中加入稀释剂，可以起到降低甲醇分压的作用，从而有助于低碳烯烃的生成。

在反应中通常采用惰性气体和水蒸气作为稀释剂。水蒸气的引入除了降低甲醇分压之外，还可以起到有效延缓催化剂积炭和失活的效果。原因可能是水分子可以与积炭前驱体在催化剂表面产生竞争吸附，并且可以将催化剂表面的 L 酸位转化为 B 酸位。但水蒸气的引入对反应也有不利的影响，会使分子筛催化剂在恶劣的水热环境下产生物理化学性质的改变，从而导致催化剂的不可逆失活。通过实验发现，甲醇中混入适量的水共同进料，可以得到最佳的反应效果。

### （二）工艺路线

甲醇制取乙烯和丙烯，经过两个步骤：第一步是把甲醇转化为二甲醚，第二步是二甲醚脱水生成乙烯和丙烯，主反应为：

$$2CH_3OH \longrightarrow CH_3OCH_3 + H_2O$$
$$xCH_3OH \longrightarrow C_xH_{2x} + xH_2O$$
$$xCH_3OCH_3 \longrightarrow 2C_xH_{2x} + xH_2O$$

目前 MTO 技术主要有四种工艺：美国的 UOP/Hydro MTO 工艺技术、大连化物所的 DMTO 工艺技术、上海石油化工研究院的 SMTO 工艺技术和神华的 SHMTO 工艺技术。四种工艺技术所用的反应器均为流化床，催化剂也都是 SAPO-34。MTP 技术主要有德国 Lurgi 的 MTP 以及清华大学的 FMTP 两种工艺，两种工艺所用的反应器和催化剂种类具有明显的区别。六种甲醇制低碳烯烃工艺技术对比如表 7-9 所示。

#### 表 7-9　国内外主要的甲醇制低碳烯烃工艺技术对比

| 技术名称 | 甲醇单耗 /（t 甲醇/t 烯烃） | 烯烃收率 /% | 甲醇转化率/% | 反应器类型 | 催化剂种类 |
|---|---|---|---|---|---|
| 大连化物所 DMTO | 2.89 | 86 | >99 | 流化床 | SAPO-34 |
| UOP/Hydro MTO | 3.00 | 80 | >99 | 流化床 | SAPO-34 |
| 上海石油化工研究院 SMTO | 2.82 | 81 | 99.8 | 流化床 | SAPO-34 |
| 神华 SHMTO | 2.89 | 81 | >99 | 流化床 | SAPO-34 |
| Lurgi MTP | 3.22～3.52 | 65～71 | >99 | 固定床 | ZSM-5 |
| 清华大学 FMTP | 3.36 | 68 | 99.5 | 多段构件流化床 | SAPO-18/SAPO-34 |

### 1. UOP/Hydro MTO 工艺技术

UOP/Hydro MTO 工艺技术是 20 世纪 90 年代由美国 UOP 公司和挪威 Hydro 公司共同开发的甲醇制取低碳烯烃的技术。该技术以 SAPO-34 型分子筛作为高活性及选择性的催化剂，而且通过调节反应条件，还可以对产物中双烯比例（乙烯/丙烯=0.5～1.25）进行调节。该工艺采用快速流化床反应器和再生器设计，反应压力为 0.11～0.30MPa，反应温度为 401～501℃，反应温度通过发生蒸汽来控制，从而实现乙烯和丙烯的收率分别达到 46%和 45%。反应产生的产品气体通过激冷降温，脱去水分的气体经过压缩后送入碱洗塔，在碱洗塔中除去气体中的二氧化碳，接着进入干燥器脱去气体中的水分，之后进入产品回收段，包括脱甲烷塔、脱乙烷、乙烯分离塔和丙烯分离塔，最后产出乙烯、丙烯、丁烯和副产 $C_4$ 等产品，聚合后即得到聚合级乙烯和聚合级丙烯，工艺流程如图 7-23 所示。

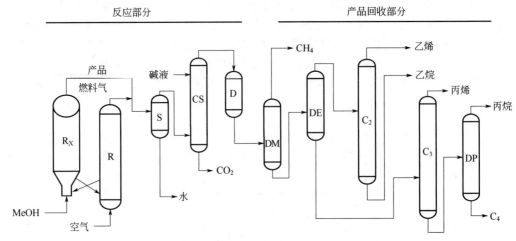

**图 7-23　UOP/Hydro 典型的 MTO 工艺流程简图**

在上述技术基础之上，通过引进先进的甲醇加工设备，将甲醇进行 100%的转化，其丙烯和乙烯的总收率提升至 80%左右。为了提高双烯的总收率，又研发出烯烃裂解技术（OCP），这项技术使双烯的总收率提高至 85%以上。

目前国内应用该工艺的项目主要有：惠生（南京）59.8 万吨/年甲醇制烯烃项目，久泰能源 60 万吨/年甲醇制烯烃项目，山东阳煤恒通 30 万吨/年甲醇制烯烃项目和江苏斯尔邦石化 83.3 万吨/年甲醇制烯烃项目，吉林康奈尔化学有限公司 30 万吨/年甲醇制烯烃项目。

### 2. 中国科学院大连化学物理研究所 DMTO 技术

中国科学院大连化学物理研究所是我国最早进行甲醇制取低碳烯烃的理论和工艺研究的科研单位，于 20 世纪 90 年代开发研究了 DMTO 工艺技术，拥有独立自主的知识产权，主要计算指标略优于 UOP/Hydro 的 MTO 工艺。DMTO 在工艺上与 MTO 工艺非常相似，主要由反应再生单元和烯烃分离单元构成，而没有 OCP 单元。

DMTO 工艺所采用的 SAPO-34 催化剂与 ZSM-5 催化剂的双烯转化率和选择性相近。SAPO-34 催化剂具有较高的酸中心强度，孔口小，阻碍了大分子的扩散，有效地提高了低碳烯烃的选择性。2010 年 5 月 28 日首个采用大连化物所的 DMTO 工艺的神华包头 180 万吨/年煤制烯烃项目全面建成，并于 8 月份成功投料试车，2011 年 1 月 1 日起正式商业化运作。

"十二五"期间，DMTO 技术推广取得了显著成绩，技术已经许可 20 套工业化装置，烯烃产能 1126 万吨/年。DMTO-Ⅱ技术包含 MTO 反再（DMTO-Ⅰ）和 $C_{4+}$ 反再系统，将甲醇转化制烯烃产物中的 $C_4$ 以上组分进行耦合，进一步转化为乙烯、丙烯等目标产物，相比原技术可使低碳烯烃（乙烯和丙烯）的收率提高 10%，系统的选择性（>85%）明显提升，并大幅降低甲醇的消耗量（2.67t 甲醇/t 烯烃）。

2014 年蒲城清洁能源化工有限公司建设使用了世界首套 DMTO-Ⅱ工业化装置，装置规模为每年 180 万吨甲醇制取 67 万吨烯烃。$C_{4+}$ 组分回炼单元于 2015 年 2 月 3 日首次进料，2 月 6 日反应气并入烯烃分离单元，标志着 DMTO-Ⅱ工业装置打通全流程和一次性投产成功。其工艺流程如图 7-24 所示。

目前，国内利用 DMTO 技术的工业化生产装置共有 20 余套，主要的大型工业化项目如表 7-10 所示。

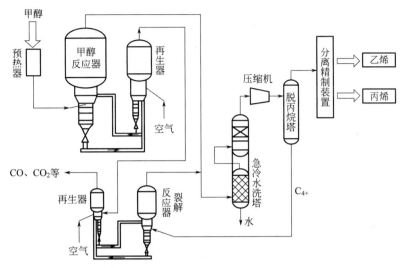

图 7-24 DMTO-Ⅱ工艺流程图

表 7-10 国内主要的甲醇制低碳烯烃工艺技术对比

| 序号 | 使用企业 | 投产时间 | 建设地点 | 产能/(万吨/年) |
|------|----------|----------|----------|------------------|
| 1 | 神华集团 | 2010 年 8 月 | 内蒙古包头 | 60 |
| 2 | 浙江宁波禾元化学有限公司 | 2013 年 2 月 | 浙江宁波 | 60 |
| 3 | 延长中煤榆林能源化工有限公司 | 2014 年 6 月 | 陕西靖边 | 60 |
| 4 | 中煤陕西榆林能源化工有限公司 | 2014 年 7 月 | 陕西榆林 | 60 |
| 5 | 宁夏宝丰能源集团有限公司 | 2014 年 11 月 | 宁夏灵武 | 60 |
| 6 | 山东神达化工有限公司 | 2014 年 12 月 | 山东滕州 | 33 |
| 7 | 蒲城清洁能源化工有限公司 | 2014 年 12 月 | 陕西蒲城 | 70 |
| 8 | 浙江兴兴新能源科技有限公司 | 2015 年 3 月 | 浙江嘉兴港 | 60 |
| 9 | 神华集团 | 2015 年 12 月 | 陕西榆林 | 60 |

### 3. 中石化上海石油化工研究院 SMTO 技术

SMTO 工艺技术是由中石化上海石油化工研究院于本世纪初开发的甲醇制烯烃工艺。2007 年北京燕山石化建成了日处理甲醇量 100t 的 SMTO 工业试验装置,并于 2008 年开发完成了年处理甲醇量 180 万吨的 SMTO 完整工艺包。

SMTO 工艺采用流化床工艺,所用催化剂为 SAPO-34,日处理甲醇量为 100t,甲醇单程转化率高达 99.5%,双烯选择性达到 78.2%。为提高双烯选择性,中石化上海石油化工研究院开发出烯烃催化裂解(OCC)工艺,在一定程度上与 UOP 公司开发的 OCP 工艺相似,例如都使用绝热固定床反应器和 ZSM-5 分子筛催化剂,反应温度和压力也与 OCP 技术相近。2011 年首套采用 SMTO 工艺技术的 20 万吨甲醇制烯烃项目落户于河南省鹤壁市,产出合格的乙烯、丙烯产品,成功实现 SMTO 工艺的工业化。2013 年,中原石化实现了 MTO 与 OCC(催化裂解制烯烃)两项技术的完全耦合,装置稳定运行,乙烯和丙烯的选择性提高至 87%。2016 年 1 月,中石化南京催化剂有限公司 6000t/a 催化剂项目一期工程 3000t/a SMTO 催化剂项目开车成功,产出合格产品。

SMTO 工艺流程简图如图 7-25 所示。

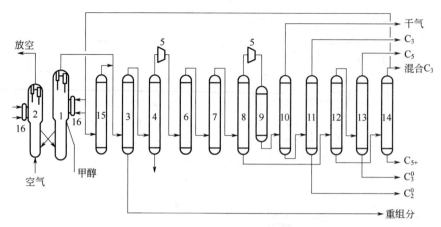

图 7-25　SMTO 工艺流程简图

1—反应器；2—再生器；3—急冷塔；4—水洗塔；5—压缩机；6—碱洗塔；7—干燥塔；8—脱 $C_2$ 塔；9—加氢反应器；
10—脱 $C_1$ 塔；11—$C_2$ 分馏塔；12—脱 $C_3$ 塔；13—$C_3$ 分馏塔；14—脱 $C_4$ 塔；15—$C_4$ 转化反应器；16—取热器

### 4. 神华 SHMTO 工艺技术

神华 SHMTO 技术是由中国神华煤制油化工有限公司在 DMTO 工艺技术基础上自行研发的甲醇转化制低碳烯烃的专利技术。该技术具有反应空速低，待生催化剂及再生催化剂定碳高，反应器和再生器温度均使用外取热器控制、调节灵敏等特点，并开发了专用的 SMC-1催化剂。SHMTO 工艺技术主要由反应-再生系统、急冷水洗-汽提系统和 CO-余热锅炉及余热产汽系统等组成。2011 年，新开发的 SMC-1 催化剂实现了工业化批量生产，2012 年开始在包头工业装置上投入使用。2016 年首套采用神华 SHMTO 工艺技术的神华新疆 180 万吨/年制 60 万吨/年系统产品煤基新材料项目开车成功，烯烃总收率达到 80.36%，与 DMTO 技术和 SMTO 技术相当，甲醇单耗为 2.89t 甲醇/t 烯烃。

SHMTO 工艺流程简图如图 7-26 所示。

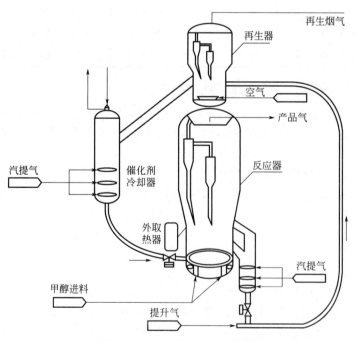

图 7-26　SHMTO 工艺流程简图

通过比较上述四种工艺以及应用分析来看：UOP/Hydro MTO 工艺技术开发最早，技术最为成熟，特别是附加的 OCP 装置占有很大的优势，但引进需要高昂的专利使用费；国内开发的三种具有自主知识产权的技术，其中 DMTO 技术开发相对较早，技术也最为成熟，市场应用也是最多的；SMTO 工艺技术和 SHMTO 工艺技术仅在中石化集团和神华内部有所运用，暂未发现对外技术转让。

### 5. Lurgi 公司 MTP 技术

Lurgi MTP 工艺技术是 20 世纪 90 年代由德国鲁奇（Lurgi）公司开发的甲醇制丙烯技术。该工艺技术采用的反应器为绝热固定床反应器，所用催化剂为 ZSM-5 催化剂，反应温度为 380～470℃，反应压力为 0.13～0.16MPa。甲醇首先在预反应器内经过高活性的催化剂脱水生成二甲醚，然后生成的二甲醚与循环回流的 $C_2$～$C_6$ 并流依次进入三级反应器之中，MTP 的绝热固定床反应器为三台并联，两台应用于转化反应，一台进行再生反应。在反应的同时向绝热固定床反应器中输入蒸汽，能够防止反应器内生成焦炭，催化剂的寿命一般为 650h，催化剂失活之后可进入再生器进行烧焦再生，此过程由氮氧混合物和焦炭共同燃烧，催化剂的使用周期可达三年，绝热固定床反应器内的生成物冷却、压缩后送进产品分离工段。烯烃转化率可达 71%，其中丙烯占 94%，乙烯占 6%，丙烯与乙烯的比例可小幅度调整。MTP 工艺流程简图如图 7-27 所示。

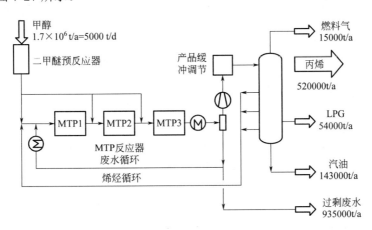

**图 7-27 MTP 工艺流程简图**

2001 年，采用 Lurgi MTP 工艺技术的首套甲醇进料量为 15kg/h 甲醇制丙烯示范装置在挪威建立，甲醇转化率可达 96%以上；2002 年建成了 360kg/h 甲醇进料量的工业示范装置，甲醇转化率提高到 99%，丙烯总碳收率达到 71%左右；2003 年在德国建了 1 套六床层工艺开发装置，已经累计运行超过 3000h；2005 年 3 月 Lurgi 与伊朗签订了第 1 个 10 万吨/年丙烯合同；2005 年，Lurgi 与中国大唐国际签署了 47 万吨/年煤基生产丙烯的 MTP 专利技术转让合同，2011 年开车成功；2008 年与中国神华宁煤集团签订了 50 万吨/年丙烯合同，2010 年开车成功，是世界上首套工业化装置。

### 6. 清华大学 FMTP 工艺

清华大学于 20 世纪 90 年代开发了流化床甲醇制低碳烯烃的技术（FMTP）。该技术以完全具有独立自主知识产权的 SAPO-18/SAPO-34 分子筛的混晶催化剂开发成功为基础，采用低碳烯烃循环转化生成丙烯。该工艺技术采用构件多层湍动流化床分区反应器，包含甲醇转化反应器、烯烃转化反应器和烷烃转化器；多层湍动流化床分区反应器可以较好地控制反应过程中产生的热和催化剂的再生，从而满足转化过程中物质传递、反混以及催化剂再生的要求，减少副反应的产生，有效实现丙烯收率的提高。2009 年世界首套采用清华大学 FMTP 工艺技术的年处理 3 万吨甲醇的甲醇制丙烯工艺试验装置在安徽淮化集团建成，达到了 99.5% 的甲醇转化率、67.3%的丙烯选择。该技术与 Lurgi MTP 工艺技术的主要区别点在于两者所用的催化剂和反应器的类型明显不同：清华大学 FMTP 工艺采用 SAPO-18/SAPO-34 催化剂和流化床反应器；Lurgi MTP 工艺技术采用 ZSM-5 分子筛催化剂与固定床反应器。FMTP 工艺流程简图如图 7-28 所示。

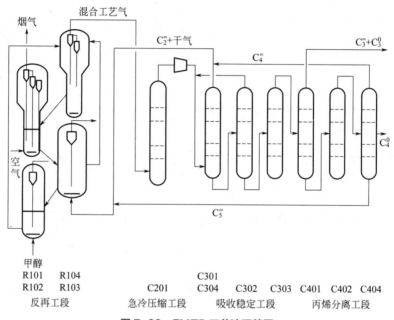

图 7-28　FMTP 工艺流程简图

## （三）工艺特点

### 1. MTO 技术特点

采用流化床反应器和再生器，连续稳定操作；采用专有催化剂，催化剂需要在线再生，保持活性；甲醇的转化率达 100%，低碳烯烃选择性超过 85%，主要产物为乙烯和丙烯；可以灵活调节乙烯/丙烯的比例；乙烯和丙烯达到聚合级。

### 2. MTP 技术特点

采用固定床由甲醇生产丙烯，首先将甲醇转化为二甲醚和水，然后在三个 MTP 反应器中转化为丙烯。催化剂系采用南方化学开发的改进 ZSM-5 催化剂，有较高的丙烯选择性。甲醇和 DME 的转化率均大于 99%，对丙烯的收率则约为 71%。产物中除丙烯外还将有液化石油气、汽油和水。

从最终产品上讲，MTP 产品为聚丙烯，副产汽油和液化石油气，其副产品附加值不高。而 MTO 产品为聚乙烯、聚丙烯，并且产品比例可根据市场进行调节，具有良好的市场灵活性。在 MTO 技术中，国内的 DMTO 技术与 UOP/Hydro MTO 技术工艺技术上基本相同，但 DMTO 技术专利费和催化剂费用更具有经济优势，国内在建的大型烯烃项目即将成功应用。

（四）主要设备

以采用大连化物所的 DMTO 技术，规模为 120 万吨/年的甲醇制烯烃项目为例，涉及的主要工艺条件及设备如下。

### 1. 主要操作条件

在高选择性催化剂上，MTO 发生两个主反应：

$$2CH_3OH \longrightarrow C_2H_4 + 2H_2O \qquad \Delta H = -11.72kJ/mol$$

$$3CH_3OH \longrightarrow C_3H_6 + 3H_2O \qquad \Delta H = -30.98kJ/mol$$

反应温度：400～500℃

反应压力：0.1～0.3MPa

再生温度：600～700℃

再生压力：0.1～0.3MPa

催化剂：D803C-II01

反应器类型：流化床反应器

### 2. 工艺概述

MTO 工艺由甲醇转化烯烃单元（图 7-29）和轻烯烃回收单元（图 7-30）组成，在甲醇转化单元中通过流化床反应器将甲醇转化为烯烃，再进入烯烃回收单元中将轻烯烃回收，得到主产品乙烯、丙烯，副产品为丁烯、$C_5$ 以上组分和燃料气。

### 3. 主要设备

主要设备包括：分离设备、反应器、再生器等。涉及设备数量较多，压力均较低，少部分设备使用温度较高。大部分设备材料为碳钢，部分使用温度较高的设备采用 ASME 347H 材料，少部分设备带有衬里，另有少量板式换热器采用钛材及铝材。

（1）反应器　反应器是关键设备，体积大，结构复杂，设计温度较高，对制造工艺要求高，设备外壳须采用耐热不锈钢材料 347H，外壳可与专利商协商国内制造。属超限设备，需现场制造。

（2）再生器　再生器是关键设备，体积大，结构复杂，设计温度较高，其中须用耐火材料衬里，对制造工艺要求高。属超限设备，需现场制造。

（3）重要泵类、压缩机及其他机械设备　涉及泵类、压缩机及其他机械设备等，可在国内采购。

## 知识点 3　煤制烯烃的操作与控制

甲醇制烯烃系统单元主要包括反应再生区、急冷汽提区、热量回收区。

## 一、开工准备

### 1. 公用工程系统开工

（1）仪表风系统

① 确认仪表风系统吹扫、试压合格。

② 确认仪表风管网界区阀门关闭，仪表风罐（V1209）至各用户阀门关闭。

③ 确认装置内仪表风至仪表风罐（V1209）的孔板流量仪表（FIQ3203）校验完毕并已投用，中央控制室 DCS 显示仪表已投用。

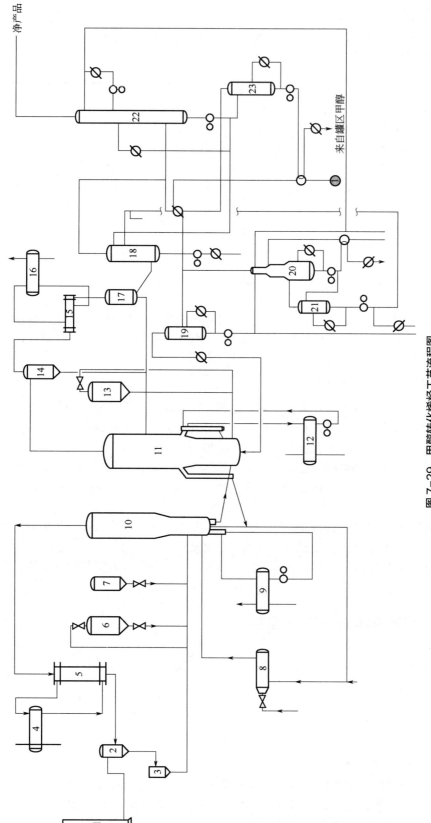

图 7-29　甲醇转化烯烃工艺流程图

1—烟囱；2—烟气过滤器；3—粗分离器；4、9、12、16—蒸汽分离罐；5—烟气冷却器；6—再生催化剂储罐；7—新鲜催化剂储罐；8—直接燃烧空气加热器；10—再生器；11—反应器；13—待生催化剂储罐；14—反应器缓冲罐；15—冷却塔；17—三级分离器；18—三级分离罐；19—进料闪蒸罐；20—氧化物汽提塔；21—洗涤水汽提塔；22—产品分离塔；23—水汽提塔

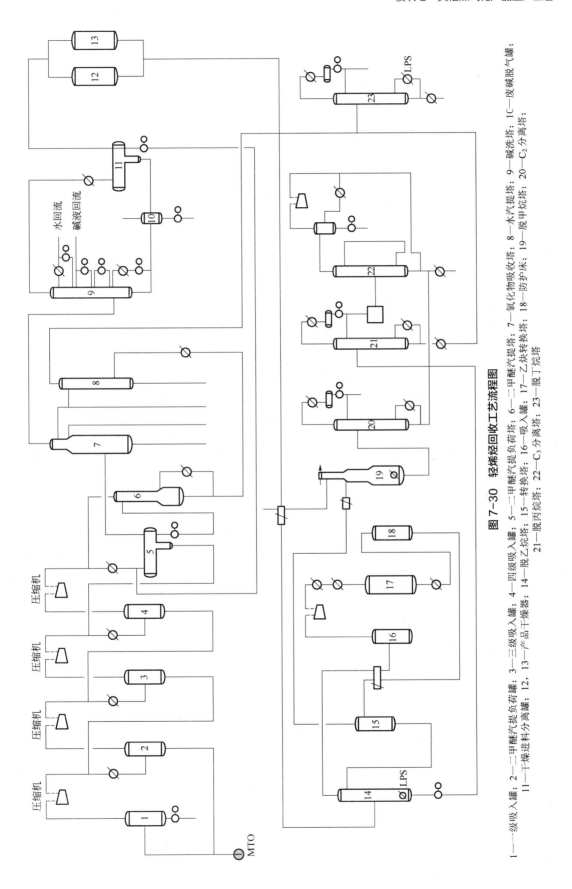

**图 7-30　轻烯烃回收工艺流程图**

1—一级吸入罐；2—二甲醚汽提负荷罐；3—三级吸入罐；4—四级吸入罐；5—二甲醚汽提负荷塔；6—二甲醚汽提塔；7—氧化物吸收塔；8—水汽提塔；9—碱洗塔；1C—废碱脱气罐；11—干燥进料分离罐；12、13—产品干燥器；14—脱丁烷塔；15—转换塔；16—吸入罐；17—乙炔转换床；18—防护床；19—脱甲烷塔；20—C₂分离塔；21—脱甲烷塔；22—C₃分离塔；23—脱丁烷塔

④ 确认装置内各用户现场压力表安装正确并已投用。

⑤ 确认空分装置仪表风管网压力、流量供应平稳，具备送风条件。

⑥ 将仪表风界区"8"字盲板（SB60201）置于通的位置。

⑦ 逐渐全开仪表风界区阀门，仪表风罐（V1209）引入仪表风，充压至 0.7MPa（G）。

⑧ 打开仪表风罐（V1209）底部导淋脱水，检查确认排风无水。

⑨ 打开仪表风罐（V1209）顶部切断阀，引仪表风至各用户阀前。

⑩ 投用仪表调节阀动力风并检查畅通情况，投用仪表反吹风并检查畅通情况，投用小型自动加料器用风并检查畅通情况，投用催化剂罐用风并检查畅通情况，投用过滤器用风并检查畅通情况，投用过激波除灰器用风并检查畅通情况，投用各仪表用风并检查畅通情况，确保好用。

⑪ 各用户投用后，检查确认仪表风系统压力≥0.7MPa（G），保持系统压力、流量平稳。

（2）工厂风系统

① 确认工厂风系统吹扫、试压合格。

② 确认工厂风管网界区阀门关闭，工厂风罐（V1210）至各用户阀门关闭。

③ 确认装置内工厂风至主风出口管线和工厂风罐（V1210）的孔板流量仪表（FIQ1304 和 FIQ3204）校验完毕并已投用，中央控制室 DCS 显示仪表已投用。

④ 确认装置内各用户现场压力表安装正确并已投用。

⑤ 确认装置内工厂风用户与蒸汽、氮气关联阀门关闭。

⑥ 确认空分装置工厂风管网压力、流量供应平稳，具备送风条件。

⑦ 将工厂风界区"8"字盲板（SB60202）置于通的位置。

⑧ 关闭工厂风至主风出口管线压力控制阀（PV1304）后切断阀门。

⑨ 逐渐全开工厂风界区阀门，工厂风罐（V1210）引入工厂风，充压至 0.7MPa（G）。

⑩ 打开工厂风罐（V1210）底部导淋脱水，检查确认排风无水。

⑪ 打开工厂风罐（V1210）顶部切断阀，引工厂风至各用户阀前。

⑫ 投用反再系统吹扫工厂风并检查畅通情况，投用反再系统松动工厂风并检查畅通情况，投用反再系统输送工厂风并检查畅通情况，投用装置软管站工厂风并检查畅通情况，确保好用。

⑬ 各用户投用后，检查确认工厂风系统压力≥0.7MPa（G），保持系统压力、流量平稳。

（3）蒸汽系统开工

① 中压蒸汽系统开工

② 低压蒸汽系统开工

③ 低低压蒸汽系统开工

④ 蒸汽凝液系统开工

（4）循环水系统开工

① 确认第三循环水系统水冲洗合格，预膜结束。

② 确认装置内循环水至装置的超声波流量仪表（FIQ3206）校验完毕并已投用，中央控制室 DCS 显示仪表已投用。

③ 确认装置循环水各用户现场温度计、现场压力表安装并已投用。

④ 确认第三循环水管网压力、流量供应平稳，具备送水条件。

⑤ 全开装置内循环水界区出、入口蝶阀。

⑥ 关闭水洗水冷却器（一）（E1204A-F）出入口导淋阀门，关闭水洗水冷却器（一）（E1204A-F）防冻副线；微开水洗水冷却器（一）（E1204A-F）循环水入口阀门，关闭出口阀

门，在回水管线高点放空排气，气体排净后关闭，全开循环水给水、回水阀门，投用循环水。

⑦ 同样步骤投用水洗水冷却器（二）（E1205A-H）、污水汽提塔顶冷却器（E1207A/B）、净化水冷却器（E1209A/B）、主风机组（B1101A/B）润滑油冷却器循环水。

⑧ 待各冷却器循环水循环正常后，投用机泵冷却水、采样器（SC1101-1105），引循环水至热上系统定期排污，引循坏水至待生滑阀、再生滑阀、双动滑阀电液控制柜，检查给水温度和压力，检查回水温度和压力，检查循环水计量泵，装置内循环水流量、压力、温度正常，运行稳定。

（5）氮气系统开工

① 确认氮气系统吹扫、试压合格；确认氮气管网界区阀门关闭；确认装置内各用户现场压力表安装正确并投入使用；确认装置内氮气用户与工厂风、蒸汽关联阀门关闭；确认空分装置氮气管网压力、流量供应平稳，具备送风条件；确认装置界区甲烷氢"8"字盲板、氮气至氮气罐（二）"8"字盲板、装置内氮气至开工加热炉切断阀前的"8"字盲板等置于盲的位置。

② 打开氮气罐底部导淋和顶部安全阀旁路阀门置换空气，置换合格后，打开界区阀门，向氮气罐冲压。打开各用户端头导淋、软管站阀门泄压置换空气，泄压至 0.03MPa 后关闭阀门。重复加减压三次后，分析氧气含量小于 0.5%。

③ 投用反再系统吹扫氮气、松动氮气、输送氮气并检查畅通情况，投用装置软管站氮气并检查畅通情况，投用水洗塔充压氮气至充压切断阀前待用。

④ 对氮气罐（二）进行充压 0.7MPa 后关闭，打开氮气罐（二）底部导淋，泄压至 0.03MPa 后关闭阀门，重复加减压三次后，取样分析氧气含量小于 0.5% 为合格。

⑤ 置换合格后，打开氮气切断阀门，氮气罐（二）充压至 0.7MPa 后关闭。

⑥ 打开氮气罐（二）顶部安全阀旁路阀门，打开至火炬线切断阀前导淋，置换泄压管线内空气。重复加减压三次后，从切断阀导淋取样分析，氧气含量小于 0.5% 为合格。

⑦ 依据开工需求投用反应器系统反吹氮气、反应器系统色谱分析用氮气，并检查畅通情况，确保好用。

⑧ 打开氮气至反应气旋风分离系统的阀门对使用管线充压至 0.7MPa 后关闭。分别打开各用户端头导淋泄压置换空气，泄压至 0.03MPa 后关闭阀门。

⑨ 重复加减压三次后，在各用户端头导淋取样分析，氧气含量小于 0.5% 为合格。

⑩ 全开氮气至反应气旋风分离系统的阀门。

（6）除氧水系统开工

① 确认除氧水系统吹扫、冲洗、试压合格；除氧水孔板流量计校验完毕并投入使用；装置内除氧水系统现场压力表、温度表安装正确并已投入使用；装置再生器内外取热器汽水分离器 V1301 和余热锅炉汽包具备接收除氧水条件；除氧水系统界区盲板 SB60501 至于盲的位置；确认磷酸三钠加药设施具备投用条件；定期排污冷却器具备接收炉水的条件；除氧水管网压力、流量、温度供应平稳，具备送水条件。

② 设定并确认除氧水系统流程；将除氧水系统界区盲板 SB60501 置于通的位置。

③ 微开炉水定期排污冷却器 V1303 循环水入口阀门，关闭出口阀门，在回水管线高点放空排气，气体排净后关闭，全开循环水给水、回水阀门，投用循环水。

④ 全开除氧水界区总阀，手动缓慢打开除氧水流量调节阀 FV3112、FV3115 引入除氧水至 V1301 和 F1302，液位 LICA3102、LICA3103 至 50%，打开定排和连排流量控制阀门引水至定期排污冷却器 V1303。

⑤ 控制好再生器内外取热器汽水分离器 V1301 和余热锅炉汽包定排和连排炉水量，设

定排污冷却器 V1303 液位 LICA3105 为 50%，当液位达到 50%时打通炉水回收流程，炉水冷却后并入循环水管网。

（7）生产水系统开工

① 确认生产水系统吹扫、冲洗、试压合格；生产水系统孔板流量计投入使用；装置内生产水系统现场压力表、温度表安装正确并投入使用；装置污水系统具备接收污水的条件；生产水系统界区总阀、各用户阀门关闭；生产水管网压力、流量、温度供应平稳，具备送水条件。

② 依据需要打开再生烟气水封罐 V1305A 生产水入口阀门，关闭排放阀门，投用生产水，建立水封。

③ 当再生烟气水封罐 V1305A 水封建立后，关闭生产水上水阀门，开启小水封上水阀门。

④ 生产水引至水洗水过滤器前待用。

⑤ 泵房冲洗依据生产需要节约使用生产水。

（8）甲烷氢系统开工

① 确认甲烷氢系统吹扫、气密合格；甲烷氢系统氮气置换合格；甲烷氢管网界区阀门关闭；装置内甲烷氢至氮气罐的孔板流量仪表校验完毕并已投用，中央控制室 DCS 显示仪表已投用；装置内各用户现场压力表安装正确并投入使用；装置内甲烷氢用户与氮气关联阀门关闭，盲板置于盲的位置；压力控制阀组具备使用条件；烯烃分离装置甲烷氢管网压力、流量供应平稳，具备送甲烷氢条件；氮气罐顶安全阀校验准确并投入使用。

② 将甲烷氢界区盲板置于通的位置。

③ 打开甲烷氢界区阀门，氮气罐（V1213）引入甲烷氢，同时切除氮气。

④ 切换过程中注意通过压控阀 PV3205 控制压力稳定，保持反吹点畅通。

### 2. 反再系统开工

（1）开工前的检查确认工作。

（2）吹扫、气密试验。

（3）急冷塔、水洗塔、污水汽提塔建立水联运，甲醇进料系统置换合格引甲醇冷运循环。

（4）两器升温，反应器氮气置换。

（5）反应器再生器加、转催化剂，升温阶段。

### 3. 急冷系统开工

（1）全面大检查。

（2）引柴油建立燃料油循环。

（3）急冷塔-水洗塔气密性试验。

（4）污水汽提塔系统气密步骤。

（5）急冷塔、水洗塔、污水汽提塔引除氧水建立水联运，配合反应器升温、加转催化剂。

（6）反应器进甲醇、急冷塔、水洗塔调整操作，污水汽提开工，全面调整操作。

### 4. 热工系统开工

（1）开车前的检查确认工作。

（2）再生器内外取热器（V1301）汽包、余热锅炉（F1302）汽包引除氧水建立液位。

（3）反再系统气密升温，CO 焚烧炉余热锅炉引烟气，升温升压。

（4）再生器温度达到 150℃时，外取热器汽包上水。

（5）再生器内取热器投保护蒸汽。

（6）各汽包产生汽经过余热锅炉过热段过热成为过热蒸汽。

（7）中压过热蒸汽并管网。

## 二、正常操作

### 1. 反应系统的操作

反应-再生系统是整个 MTO 工业装置的核心部分。反应-再生系统的任务是将 250℃ 左右的甲醇在 400～550℃ 的流化床反应器（R1101）中在催化剂的作用下，生成富含乙烯、丙烯的气体，送到下游烯烃分离单元。同时将反应后失去活性的待生催化剂在再生器（R1102）中烧焦再生，使催化剂恢复活性和选择性，然后再送入反应器。通过优化反应-再生的工艺条件，最大限度地提高乙烯、丙烯的收率，使催化剂保持较高的活性和选择性，以满足反应的要求。正常操作过程中，按顺序调整好如下参数：

（1）反应温度 TIC101，控制反应温度在（495±5）℃（根据不同生产工况调整）。

（2）进料温度 TIC-1403，控制范围为（250±5）℃。

（3）反应压力 PIC1110，控制范围为（0.12±0.01）MPa（G）。

（4）反应器密相床藏量，控制范围为（75±10）t。

（5）催化剂循环量的控制，控制在 53t/h（根据反应和再生定碳的要求）。

（6）再生密相温度 TI1134，控制范围（600±2）℃。

（7）再生稀相温度 TICA1102，控制范围（600±5）℃。

（8）再生压力 PICA1110，控制范围（0.115±0.01）MPa。

（9）再生剂定碳，控制目标 2%。

（10）主风量的控制。

### 2. 急冷水洗和污水汽提系统的操作

急冷水洗的任务是洗涤反应气夹带的少量催化剂、冷凝反应气中的水分和脱除杂质，因此急冷水洗系统的操作稳定与否将直接关系到产品气的质量。污水汽提的目的是回收装置生成水中夹带的少量有机物进行回炼，同时产出合格的净化水，以供回收利用。这两个系统的操作主要是控制好三塔的液位、温度和压力。

（1）急冷塔液位 LIC-201，控制在 50%±5%。

（2）急冷塔塔底温度 TI-2108，控制范围（109±1）℃。

（3）急冷塔塔顶温度 TIC-201，控制范围（104±1）℃。

（4）水洗塔液位 LICA-2102，控制范围 50%±10%。

（5）水洗塔中部温度 TI-2115，控制范围（80±3）℃。

（6）水洗塔塔顶温度 TIC-2103，控制范围（40±3）℃。

（7）水洗塔塔顶压力 PIC-2104B，控制范围（0.045±0.005）MPa（G）。

（8）污水汽提塔塔底温度 TIC-2210A/B，控制范围（146±3）℃。

（9）污水汽提塔塔顶压力 PIC-2202，控制范围（0.27±0.02）MPa（G）。

### 3. 热工系统的操作

（1）再生器内、外取热器汽包 V1301 液位 LIC-3103，控制范围 50%±5%。

（2）余热锅炉汽包液位 LICA-3102，控制范围 50%±5%。

（3）过热蒸汽温度 TIC-3116，控制范围（420±10）℃。

### 三、停工程序

（1）反再系统停车。

（2）急冷水洗、污水汽提系统停工。

（3）热工系统停车。

（4）紧急停工操作程序。

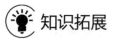 **技能训练** ································································································

熟悉 DMTO 技术工艺及生产操作控制。

**知识拓展**

**低碳烯烃的其他生产方法**

当前，低碳烯烃生产方法大致分为两类：一类是传统的石油裂解法；另一类是非石油原料合成工艺。除已介绍的甲醇制低碳烯烃工艺外，其余典型代表有甲烷制低碳烯烃法、费托合成法。

**1. 石油裂解法**

石油催化裂解法的主副产品分别三烯和三苯。低碳烯烃分离系统由精馏单元、压缩单元、制冷单元以及净化单元组成，分离的流程调整根据精馏方案和净化方案要求进行。2010年，韩国 SK 能源公司的石脑油催化裂解示范装置性能考核结果表明：乙烯+丙烯收率比传统的蒸汽裂解提高了约 20%，丙烯收率提高显著。

**2. 甲烷制低碳烯烃**

由于目前国际石油资源有限且价格不稳定，而天然气的储量丰富，其中甲烷含量约占95%，因此由甲烷替代石油生产低碳烯烃是比较有前景的工艺路线。目前由甲烷制低碳烯烃的方法主要有两种：分别是甲烷氯化法和甲烷催化氧化偶联法（OCM）。

甲烷氯化法最早由美国大学教授 Benson 研究开发。工艺路线大致如下，第一步是 $CH_4$ 和 $Cl_2$ 在 1700～2000℃的高温条件下发生反应，生成 $CH_3Cl$；第二步是 $CH_3Cl$ 裂解产生乙烯和 HCl 混合气体，然后分离提纯；第三步 HCl 气体氧化燃烧产生 $Cl_2$ 和 $H_2O$，并进行 $Cl_2$ 的干燥与循环利用。该工艺的甲烷的转化率可达到 85%，但由于反应温度很高，副产乙炔、乙烷及其他烷烃，并存在一些技术难点尚未突破，在短期内该工艺难以实现工业化。

联碳公司的 OCM 法研究表明，乙烯收率低，分离难度大。另外由于催化剂不易筛选，该工艺的工业化进展缓慢。

**3. 费托（F-T）合成法**

费托合成法是以合成气（CO+$H_2$）为原料合成烃类物质的工艺。1936 年鲁尔化学公司的工业应用结果表明：合成气转化率≥86%，烯烃选择性≥70%。

生成烯烃反应：

$$nCO+2nH_2 \longrightarrow C_nH_{2n}+nH_2O$$

副反应：$H_2O+CO \longrightarrow H_2+CO_2$

一般来说，F-T 合成的低碳烯烃的收率不高。

# 练习题

## 一、填空题

1. 氨合成生产过程包括_____、_____、_____三个主要工序。
2. 氨合成过程中，合成压力为_____是比较经济的。
3. 在氨合成生产过程中，合成塔应严格控制_____和_____温度。
4. 二甲醚的合成生产方法有_____、_____、_____和_____四种。
5. 二甲醚催化剂的制备方法有_____、_____和_____。
6. 煤制烯烃包括_____、_____、_____和_____四项核心技术。
7. 煤制烯烃根据目标产物的不同分为_____和_____。
8. 甲醇制烯烃常用的催化剂为_____和_____。
9. 甲醇制取乙烯、丙烯分为两个阶段，分别是_____和_____。

## 二、判断题

1. 氨合成过程中，为提高反应速率，应控制在低压下进行合成。（    ）
2. 二甲醚可作为化工合成产品的中间体，生产下游产品，但不能作为燃料使用。（    ）
3. "煤代油"生产低碳烯烃是实现中国能源战略，保证国家能源安全的重要途径之一。（    ）
4. 甲醇制烯烃是经甲醇合成一步化制取乙烯、丙烯的技术。（    ）
5. 中国科学院大连化物所的DMTO技术是目前国内应用比较普遍的技术之一。（    ）
6. 甲醇是一种无色透明、易燃、有毒、无味的液体。（    ）

## 三、简答题

1. 合成氨生产的原料有哪几类？
2. 简述合成氨生产工业的发展情况。
3. 氨合成基本的工艺步骤是哪几个？
4. 氨的合成反应热较大，目前回收热能的方法有哪几种？
5. 氨合成塔的热点温度控制的关键是什么？
6. 怎么样调节氨合成塔催化剂床层温度？
7. 简述反应温度、反应压力、空速、原料气配比对二甲醚合成的影响。
8. 二甲醚催化剂制备有几种方法？试比较说明。
9. 试述二甲醚的性质与用途。
10. 试比较说明二甲醚的工艺生产方法。
11. 二甲醚生产工艺中开车前进行系统吹扫和气密性试验的目的是什么？
12. 二甲醚催化剂制备有几种方法？试比较说明。
13. 二甲醚生产工艺中开车前进行系统吹扫和气密性试验的目的是什么？
14. 简述煤制烯烃的主要工艺过程。
15. 综合梳理甲醇制烯烃的几种工艺路线，对比各自的优缺点。
16. 简述DMTO工艺技术的操作要点。

# 模块八
# 煤气化生产过程的安全与环保认知

## 学习目标

（1）能辨识企业危险源、有害因素，了解生产过程中的安全措施。
（2）了解煤气化过程中废水、废气、废渣的排放及处理。
（3）能运用网络、教材、参考书等渠道，查找安全生产及三废处理知识。

## 岗位任务

（1）能熟悉安全生产相关法律法规，具备安全生产责任意识。
（2）具备消防安全知识，能选择和使用灭火器材。
（3）能进行生产工艺的安全控制，能判断和处理安全生产事故，具备外操、内操等岗位安全生产操作技能。
（4）培养学生良好的职业素养、团队协作、安全生产的能力。

## 单元 1  煤气化生产过程的危险因素

### 一、煤气化生产过程的特点

煤气化过程是一个大型的工艺流程，具有生产工艺复杂，易燃易爆、有毒有害和强腐蚀性物质多，气化设备高大、维护要求高等特点。另外，煤化工生产总体呈现物耗、能耗的集中化和扩大化趋势。尤其近年来，随着生产一次加工能力不断提高，年加工能力在数百万吨的装置依次投产，生产中的能耗、物耗在不断集中化和扩大化，一旦发生事故，其后果的严重程度大大增加。

## 二、煤气化生产中的易燃易爆物质和有毒有害物质

### 1. 易燃易爆物质

煤气化工业企业中存在 CO、$H_2$、甲醇、二甲醚、乙醇等易燃易爆物质，这些物质在生产、使用和储存过程中存在火灾、爆炸事故的风险。

### 2. 有毒有害物质

煤气化工业企业产品及附属产品如 CO、$H_2S$ 属于有毒气体，其最广泛的产品氨、甲醇为有毒物质。这些有毒物质在生产、使用和储存过程中存在泄漏后扩散产生毒害事故的风险。

## 三、煤气化生产中的风险源

### 1. 气化炉

气化炉是煤气化工业的主体设备，气化炉通常在高温高压状态下运转，其中存在大量CO、$H_2$ 等易燃易爆物质及 $H_2S$ 等有毒气体。若运行不正常，则极易发生火灾爆炸及泄漏事故。

### 2. 储罐

煤气化工业的产品或中间产品如甲醇、液氨等物质，常常因安全需要在储罐内储存或运输。由于压力、腐蚀等作用，极易发生泄漏进而引起火灾爆炸等事故。

### 3. 辅助设施

煤气化工业的辅助设施如硫回收装置、水处理系统通常存在有毒物质 $H_2S$ 和氯气，这些物质若发生事故性泄漏，将会对周围人员产生毒害作用。

## 四、危险因素及影响分析

煤气化生产工艺复杂、控制点多，根据煤气化生产工艺特点，可能发生的危险及其原因分析如表 8-1 所示。

表 8-1　煤气化过程中的危险因素及分析

| 事故发生环节 | 类型 | 原因 |
| --- | --- | --- |
| 储存 | 泄漏 | 阀门破损、设备破损、违章操作、安全阀及控制系统失灵 |
| | 火灾、爆炸 | 泄漏、明火、静电、摩擦、碰撞、雷击 |
| 生产 | 泄漏 | 加料、放料 |
| | 火灾、爆炸 | 停电、停水、自动控制失控 |
| 运输 | 泄漏 | 管线破损、泵密封不佳、车辆事故等 |
| | 火灾 | 泄漏与空气接触、明火、静电、雷击 |

## 五、煤气化生产主要安全措施

采用先进的工艺技术和安全联锁报警装置，设置检测装置、安全装置，加强劳动保护，加强定期检查，加强操作工培训。

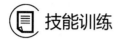

**技能训练**

查阅资料，进行煤气化生产车间的危险源辨识及编制应急处置预案。

# 单元 2　煤气化过程的污染及其处理

煤炭是中国的主要化石能源，也是许多重要化工产品的原料，而它又是一种高污染的能源。煤气化技术是实现煤炭综合利用和洁净煤技术的重要技术手段，是发展现代煤化工、煤造油、燃料煤气等重要工业化生产的龙头。但由于煤的组成特殊，致使在气化过程中不可避免会造成环境的污染。因此，采用先进技术彻底地利用煤的同时，进行三废排放的技术改进及处理，最大限度地保护好生态环境，才能做到经济和环境协调发展。

## 知识点 1　煤气化过程的废水处理技术

通过此知识点，了解煤气化废水的处理技术及处理方法，了解典型的废水处理工艺。

煤气化过程中会产生大量的废水，这类废水外观呈深褐色，黏度较大，pH 在 7～11 之间，泡沫较多，而且其组成也十分复杂，主要包括酚类、氨氮、焦油、氰化物、多环芳烃、含氧多环和杂环化合物等多种难降解的有毒、有害物质。对煤气化过程产生的废水，单纯靠物理、物理化学、化学的方法进行处理，难以达到排放标准，往往需要通过由几种方法组成的处理系统，才能达到处理要求。

### 一、煤气化废水处理流程

煤气化废水处理通常可分为一级处理、二级处理和深度处理。

一级处理包括沉淀、过滤、萃取、汽提等单元，以除去部分灰渣、油类等。一级处理主要重视有价物质的回收，如用溶剂萃取、汽提、吸附和离子交换等脱酚并进行回收。不仅避免了资源的流失浪费，而且对废水处理有利。通常煤气化废水萃取脱酚和蒸汽提氨后，废水中挥发酚和挥发氨分别能去除 99% 和 98% 以上，COD 也相应去除 90% 左右。

二级处理主要是生化法，一般经二级处理后，废水可接近排放标准。生化法主要有活性污泥法和生物过滤法等。

煤气化废水普遍应用的深度处理方法是臭氧氧化法和活性炭吸附法。

### 二、煤气化废水处理方法

#### 1. 活性污泥法

活性污泥法（图 8-1）是采用人工曝气的手段，使得活性污泥均匀分散并悬浮于反应器中和废水充分接触，并在有溶解氧的条件下，对废水中所含的有机底物进行合成和分解的代谢活动。

#### 2. 生物铁法

生物铁法是在曝气池中投加铁盐，以提高曝气池活性污泥浓度为主，充分发挥生物氧化和生物絮凝作用的强氧化生物处理方法。工艺包括废水的预处理、废水生化处理和废水物化处理三部分。

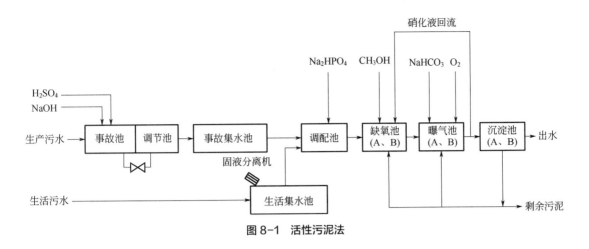

图 8-1 活性污泥法

### 3. 炭-生物铁法

炭-生物铁法是在传统的生物法的基础上再加一段活性炭生物吸附、过滤处理,老化的活性炭采用生物再生。该工艺流程简便,易于操作,设备少,投资低。由于炭不必频繁再生,故可降低处理费用。

### 4. A-O法

A-O法可去除COD中难降解部分的某些污染物以及氨氮与氟化物。A-O法内循环生物脱氮工艺(图8-2),即缺氧-好氧工艺,其主要工艺路线是缺氧在前,好氧在后,泥水单独回流,缺氧池进行反硝化反应,好氧池进行硝化反应,废水先流经缺氧池后进入好氧池。

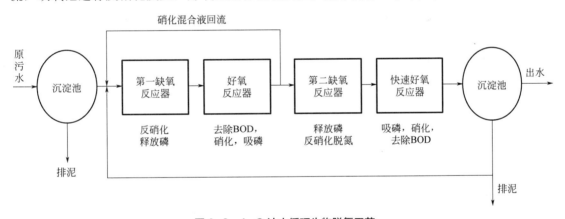

图 8-2 A-O法内循环生物脱氮工艺

## 知识点 2 煤气化过程的废气处理技术

通过此知识点,了解煤气化废气的来源及处理方法。

### 一、废气的来源

煤气化过程中,主要的废气来源于以下几个部分:粉尘污染,主要是煤场仓库、煤堆表面粉尘颗粒的飘散和气化原料准备工艺煤破碎、筛分现场飞扬的粉尘;有害气体的污染,主要是煤气的泄漏及放散。煤气炉加煤装置的煤气泄漏造成的污染较为突出。其次,煤气炉开炉启动、热备鼓风、设备检修、放空以及事故的放散操作都直接向大气放散不少的煤气；在冷却净化处理过程中，有害物质飘逸在循环冷却水沉淀池和凉水塔周围，随着水分蒸发而逸出到大气。有害物质酚、氰化物是此类废气中的主要成分。

　　对含有污染物的废气，采用的处理方法有分离法和转化法两大类，如表 8-2 所示。分离法是利用物理方法将污染物从废气中分离出来；转化法是使废气中的污染物发生化学反应，然后分离或转化成其他物质，再用其他方法进行处理。

表 8-2　常见的废气处理方法

| 废气处理方法 | | | 可处理污染物 | 处理废气举例 |
|---|---|---|---|---|
| 分离法 | 气固分离 | 重力除尘、惯性除尘、湿式除尘、过滤除尘、静电除尘 | 粉尘、烟尘等颗粒状污染物 | 煤气粉尘、尿素粉尘、锅炉烟尘、电石炉烟尘 |
| | 气液分离 | 惯性除雾、静电除雾 | 雾滴状污染物 | 焦油烟雾、酸雾、碱雾、沥青烟雾 |
| | 气气分离 | 冷凝法、吸收法、吸附法 | 蒸气状污染物、气态污染物 | 焦油蒸气、萘蒸气、$SO_2$、$NO_2$、苯、甲苯 |
| 转化法 | 气相反应 | 直接燃烧法、气相反应法 | 可燃气体、气态污染物 | $CH_4$、$CO$、$NO_2$ |
| | 气液反应 | 吸收氧化法、吸收还原法 | 气态污染物 | $H_2S$、$NO_2$ |
| | 气固反应 | 催化还原法、催化燃烧法 | 气态污染物 | $NO_2$、$NO$、$CO$、$CH_4$、苯、甲苯 |

## 二、煤气化废气处理方法

### 1. 除尘

从废气中将固体颗粒物分离出来并加以捕集的过程称为除尘，分离捕集尘粒的设备装置被称为除尘器。

### 2. 脱硫

煤气化过程产生的烟气中 $SO_2$ 浓度一般在 2%以下，称为低浓度 $SO_2$ 废气，对低浓度二氧化硫废气的脱硫称为烟气脱硫或废气脱硫。

脱硫共有三种方法，分别为：炉前脱硫，即原煤脱硫；炉内脱硫，即燃烧时同时向炉内喷入石灰石或者白云石；炉后脱硫：即烟气脱硫。烟气脱硫工业上应用较多的方法有氨法、石灰乳法、金属氧化物法等。

### 3. 脱硝

煤气化过程产生的烟气中含有的一氧化氮（NO）和少量二氧化氮（$NO_2$），统称为氮氧化物（$NO_x$）。氮氧化物的脱除方法主要有催化还原法、液体吸收法和吸附法。

### 4. 有机废气的处理

气化过程中产生的有机废气可以采用以下方法进行处理：

（1）直接燃烧法　直接燃烧法又称直接火炬燃烧法。是将煤化工全厂内不可再回收利用的具有可燃性的有机废气一起引至离地面一定高空处，在大气中进行明火燃烧的方法。

（2）焚烧法 利用另外的燃料燃烧产生高温，使废气中污染物分解和氧化，进而转化为无害物质。

（3）催化燃烧法 在催化剂存在下，燃烧除去低浓度有机蒸气和恶臭物质。常用的催化剂有贵重金属（如钯），也有非贵金属（如稀土元素）。

## 知识点 3 煤气化过程的废渣处理方法

通过此知识点，了解废渣对环境的污染，了解不同气化工艺的排渣方式，了解废渣的处理方法。

煤炭中含有灰分，导致其在气化过程中产生固体灰渣。全年煤灰渣量达几千万吨，其中仅有 20%左右得到利用，大部分储入堆灰场，不但占用农田，还会污染水源和大气环境。

### 一、废渣的污染

#### 1. 对水体的污染

固体废物进入水体会影响水生生物的生存和水资源的利用。投弃海洋的废物会在一定海域造成生物的死亡。废物堆或垃圾填地，经雨水浸淋，渗出液和滤沥会污染土地、河川、湖泊和地下水。

#### 2. 对大气的污染

固体废物堆中的尾矿、粉煤灰、干污泥和垃圾中的尘粒会随风飞扬，遇到大风，能刮到很远的地方。许多种固体废物本身或者在焚化时，会散发毒气和臭气。

#### 3. 对土壤的污染

固体废物及其渗出液和滤沥所含的有害物质会改变土质和土壤结构，影响土壤中微生物的活动，有碍植物根系生长，或在植物机体内积蓄。

### 二、煤气化的排渣

煤气化过程中的可燃成分转化为气体燃料，即产品煤气，灰分则以灰渣的形式排出。

#### 1. 煤气化过程的排渣

煤气化过程中的一般排渣方式主要有：

（1）固态排渣。

（2）加压液态排渣，采用和料槽阀门相同的方法排渣（灰）。

（3）流化床反应器，矸石灰从炉子底部开口排灰，飞灰从粗煤气中分离。

（4）气流床反应器，灰渣以液态方式排渣，从气化炉底部开口流出。（前提是气化温度应高于灰渣的熔化温度）

#### 2. 德士古（Texaco）气化炉排渣

从环境保护上讲，德士古煤气化方法优于其他气化方法，不但无废水生成，还可添加其他有机废水制煤浆，气化炉起焚烧作用。排出的灰渣呈玻璃光泽状，不会产生公害。

#### 3. 壳牌（Shell）气化炉排渣

壳牌技术使煤炭资源得以充分利用，排出的炉渣含碳<1%、飞灰含碳< 5%，可以再利用，同时排出的废水少；其中硫化物被还原成纯硫黄，可以作为原料出售给化工行业，灰分则被

回收为清洁炉渣，用来制造建筑材料。

### 三、煤气化废渣的利用

#### 1. 筑路

在炉渣中加入适量的石灰搅拌混合后，可作为筑路底料。

#### 2. 用于循环流化床燃烧

气化炉渣含有大量未烧掉的炭，还可掺和煤粉，用作循环流化床锅炉的燃料。

#### 3. 做建筑材料

炉渣可代替黏土作为生产水泥的原料，或者作为水泥混合材料。将灰渣破碎、煅烧，配以定量的石膏、萤石等混合材料，经球磨粉化即成灰渣硅酸盐水泥。还可配一定量的生石膏、生石灰、水泥等配料，通过高压制成免烧砖。

#### 4. 用作填料

灰渣中含有约 60%的 $SiO_2$，所以可用作橡胶、塑料、深色涂料及胶黏剂的填料。

### 技能训练

分组讨论煤气化废水处理后，如何循环利用。

### 练习题

#### 一、填空题

1. 煤气化工业企业中存在＿＿＿＿＿＿＿＿＿＿＿等易燃易爆物质，这些物质在生产、使用和储存过程中存在火灾、爆炸事故的风险。

2. 煤气化废水处理通常可分为＿＿＿＿、＿＿＿＿处理和＿＿＿＿处理。

3. 对含有污染物的废气，采用的处理方法有＿＿＿＿和＿＿＿＿两大类。

4. 煤气化过程中的可燃成分转化为＿＿＿＿，即产品煤气，灰分则以＿＿＿＿的形式出。

#### 二、问答题

1. 煤气化生产过程中的风险源有哪些？

2. 煤气化生产企业如何加强安全管理？

3. 如何进行煤气化生产过程中的三废处理？

# 附　录

## 附录一　饱和水蒸气中蒸汽分压和含量的关系

| 饱和温度/℃ | 饱和蒸汽压/kPa | 蒸汽含量/（g/m³） | | |
| --- | --- | --- | --- | --- |
| | | 0.1MPa | 换算至0℃、0.1MPa | 20℃、0.1MPa 条件下干气体中饱和蒸汽的含量 |
| 25 | 3.17 | 23.0 | 25.1 | 26.0 |
| 26 | 3.36 | 24.3 | 26.7 | 27.6 |
| 27 | 3.56 | 25.7 | 28.3 | 29.3 |
| 28 | 3.78 | 27.2 | 30.0 | 31.3 |
| 29 | 4.00 | 28.7 | 31.8 | 33.1 |
| 30 | 4.24 | 30.3 | 33.6 | 35.1 |
| 31 | 4.49 | 32.0 | 35.6 | 37.3 |
| 32 | 4.75 | 33.7 | 37.7 | 39.6 |
| 33 | 5.03 | 35.6 | 39.9 | 42.0 |
| 34 | 5.32 | 37.5 | 42.2 | 44.5 |
| 35 | 5.62 | 39.5 | 44.6 | 47.3 |
| 36 | 5.94 | 41.6 | 47.1 | 50.1 |
| 37 | 6.27 | 43.8 | 49.8 | 53.1 |
| 38 | 6.62 | 46.1 | 52.5 | 56.2 |
| 39 | 6.99 | 48.5 | 55.5 | 59.6 |
| 40 | 7.37 | 51.0 | 58.5 | 63.1 |
| 41 | 7.78 | 53.6 | 61.7 | 66.8 |
| 42 | 8.20 | 56.4 | 65.0 | 70.8 |
| 43 | 8.64 | 59.2 | 68.5 | 74.9 |
| 44 | 9.10 | 62.2 | 72.2 | 79.3 |
| 45 | 9.50 | 65.2 | 76.0 | 84.0 |
| 46 | 10.08 | 68.5 | 80.0 | 88.8 |
| 47 | 10.16 | 71.8 | 84.2 | 94.0 |
| 48 | 11.16 | 75.3 | 88.5 | 99.5 |
| 49 | 11.73 | 78.9 | 93.1 | 105.0 |
| 50 | 12.33 | 82.7 | 97.8 | 111.0 |
| 51 | 12.96 | 88.6 | 103.0 | 118.0 |
| 52 | 13.61 | 90.7 | 108.0 | 125.0 |

续表

| 饱和温度/℃ | 饱和蒸汽压/kPa | 蒸汽含量/（g/m³） | | |
|---|---|---|---|---|
| | | 0.1MPa | 换算至 0℃、0.1MPa | 20℃、0.1MPa 条件下干气体中饱和蒸汽的含量 |
| 53 | 14.29 | 94.7 | 113.0 | 132.0 |
| 54 | 15.00 | 99.3 | 119.0 | 140.0 |
| 55 | 15.73 | 104.0 | 125.0 | 148.0 |
| 56 | 16.50 | 109.0 | 131.0 | 156.0 |
| 57 | 17.30 | 114.0 | 137.0 | 166.0 |
| 58 | 18.14 | 119.0 | 144.0 | 175.0 |
| 59 | 19.01 | 124.0 | 151.0 | 186.0 |
| 60 | 19.92 | 130.0 | 158.0 | 197.0 |
| 61 | 20.85 | 135.0 | 165.0 | 208.0 |
| 62 | 21.83 | 141.0 | 173.0 | 221.0 |
| 63 | 22.85 | 147.0 | 181.0 | 234.0 |
| 64 | 23.90 | 154.0 | 190.0 | 248.0 |
| 65 | 24.99 | 160.0 | 198.0 | 263.0 |
| 66 | 26.14 | 167.0 | 207.0 | 280.0 |
| 67 | 27.33 | 174.0 | 217.0 | 297.0 |
| 68 | 28.55 | 181.0 | 226.0 | 315.0 |
| 69 | 29.82 | 189.0 | 236.0 | 335.0 |
| 70 | 31.14 | 197.0 | 247.0 | 357.0 |
| 71 | 32.51 | 205.0 | 258.0 | 380.0 |
| 72 | 33.94 | 213.0 | 269.0 | 405.0 |
| 73 | 35.42 | 222.0 | 281.0 | 432.0 |
| 74 | 36.95 | 231.0 | 293.0 | 461.0 |
| 75 | 38.54 | 240.0 | 306.0 | 493.0 |
| 76 | 40.18 | 249.0 | 319.0 | 528.0 |
| 78 | 43.64 | 269.0 | 346.0 | 608.0 |
| 80 | 47.34 | 290.0 | 375.0 | 705.0 |

## 附录二　采用不同煤种制得的混合煤气的指标

| 指标 | 单位 | 气化原料 | | | |
|---|---|---|---|---|---|
| I 原料 | | 无烟煤 | 气煤 | 褐煤 | 泥煤 |
| 水分 | %（质量分数） | 5 | 5 | 19 | 33 |
| 灰分 | % | 11 | 10 | 17 | 5 |
| 固定碳 | % | 78.6 | 68.0 | 46.0 | 36.0 |
| 挥发分（daf） | % | 3.6 | 39.3 | 40.6 | 69.2 |
| 高热值 | kJ/kg | 28386.5 | 28093.4 | 19505.7 | 14402.6 |

续表

| 指标 | 单位 | 气化原料 | | | |
|---|---|---|---|---|---|
| Ⅱ 消耗系数和产量 | | 无烟煤 | 气煤 | 褐煤 | 泥煤 |
| 空气消耗量 | $m^3/kg$ | 2.8 | 2.2 | 1.4 | 0.86 |
| 蒸汽消耗量 | $kg/kg$ | 0.32~0.5 | 0.2~0.3 | 0.12~0.22 | 0.07~0.12 |
| 气化剂（空气+蒸汽）温度 | ℃ | 50~57 | 45~55 | 45~55 | 47~52 |
| 干煤气产量 | $m^3/kg$ | 4.1 | 3.3 | 2.0 | 1.38 |
| Ⅲ 气体组分、热值、出口温度 | | | | | |
| $CO_2$ | %（体积分数） | 5.5 | 5.0 | 5.0 | 8.0 |
| $H_2S$ | % | 0.17 | 0.3 | 0.2 | 0.06 |
| $C_nH_m$ | % | 0 | 0.3 | 0.2 | 0.40 |
| $O_2$ | % | 0.2 | 0.2 | 0.2 | 0.20 |
| $CO$ | % | 27.5 | 26.5 | 30.0 | 28.0 |
| $H_2$ | % | 13.5 | 13.5 | 13.0 | 15.0 |
| $CH_4$ | % | 0.5 | 2.3 | 2.0 | 3.0 |
| $N_2$ | % | 52.6 | 51.9 | 50.4 | 45.3 |
| 煤气高热值 | $kJ/m^3$ | 5442.8 | 6196.5 | 6489.5 | 6950.0 |
| 煤气低热值 | $kJ/m^3$ | 5150.0 | 5442.8 | 6112.7 | 6531.4 |
| 发生炉出口温度 | ℃ | 350~600 | 520~650 | 110~330 | 70~100 |
| Ⅳ 碳损失 | %（质量分数） | | | | |
| 灰渣残碳量 | % | 15 | 12 | 12 | 4 |
| 带出物含碳量 | % | 3.8 | 4.5 | 3.0 | 2.0 |
| 煤焦油含碳量 | % | 0 | 3.4 | 3.0 | 5.7 |
| Ⅴ 碳平衡 | %（质量分数） | | | | |
| 转为气体 | % | 94.0 | 89.0 | 87.0 | 86.0 |
| 成为灰渣 | % | 2.5 | 2.0 | 5.0 | 0.5 |
| 成为带出物 | % | 3.5 | 5.0 | 3.0 | 1.0 |
| 成为焦油 | % | 0 | 4.0 | 5.0 | 12.5 |
| Ⅵ 以原料表示的气化强度 | $kg/(m^2 \cdot h)$ | 200 | 280 | 260 | 360 |
| 以煤气表示的气化强度 | $m^3/(m^2 \cdot h)$ | 560 | 620 | 365 | 310 |
| 干煤气含量 | %（质量分数） | 94.5 | 96.7 | 97.0 | 97.8 |

# 附录三　采用不同煤种制得的水煤气的指标

| 指标 | 单位 | 气化原料 | | | |
|---|---|---|---|---|---|
| | | 焦炭 | 无烟煤 | 烟煤 | 褐煤 |
| Ⅰ　原料 | | | | | |
| 　水分 | %（质量分数） | 4.5 | 5.0 | 8.0 | 25.4 |
| 　灰分 | % | 11.0 | 6.0 | 10.5 | 7.3 |
| 　固定碳 | % | 81.0 | 83.0 | 63.0 | 49.1 |
| 　挥发分（可燃基） | % | 2 | 4 | 45 | 47 |
| 　高热值 | kJ/kg | 28006.0 | 30096.0 | 26981.9 | 20105.8 |
| Ⅱ　消耗系数和产率 | | | | | |
| 　空气消耗量 | $m^3$/kg | 2.6 | 2.86 | 1.6 | 1.02 |
| 　蒸汽消耗量 | kg/kg | 1.2 | 1.7 | 0.68 | 0.62 |
| 　水蒸气分解率 | % | 50 | 40 | 51 | 68 |
| 　水煤气产率 | $m^3$/kg | 1.5 | 1.65 | 1.05 | 0.62 |
| 　吹出气产率 | $m^3$/kg | 2.7 | 2.90 | 1.81 | 1.33 |
| Ⅲ　干水煤气组成、热值、温度 | | | | | |
| 　$CO_2$ | %（体积分数） | 6.5 | 6.0 | 7.5 | 14.5 |
| 　$H_2S$ | % | 0.3 | 0.4 | 0.3 | 0.2 |
| 　$C_nH_m$ | % | 0.2 | — | 0.9 | 0.6 |
| 　$O_2$ | % | 37.0 | 0.2 | 0.2 | 0.2 |
| 　CO | % | 50 | 38.5 | 32.0 | 23.8 |
| 　$H_2$ | % | 0.5 | 48 | 49.6 | 50 |
| 　$CH_4$ | % | 6.0 | 0.5 | 4.7 | 6.9 |
| 　$N_2$ | % | 11411.4 | 6.4 | 4.8 | 3.8 |
| 　煤气高热值 | kJ/$m^3$ | 10450.0 | 11286.0 | 12999.8 | 12310.1 |
| 　煤气低热值 | kJ/$m^3$ | 550 | 10366.4 | 11745.8 | 11035.2 |
| 　水煤气温度 | ℃ | | 675 | 525 | 270 |
| Ⅳ　吹出气组成、热值、温度 | %（体积分数） | | | | |
| 　$CO_2$ | % | 17.5 | 14.5 | 13.1（$CO_2$+$H_2S$） | 11.1（$CO_2$+$H_2S$） |
| 　$H_2S$ | % | 0.1 | 0.1 | | |
| 　$C_nH_m$ | % | — | — | 0.3 | 0.2 |
| 　$O_2$ | % | 0.2 | 0.2 | 0.2 | 0.2 |
| 　CO | % | 5.0 | 8.8 | 12.2 | 16.9 |
| 　$H_2$ | % | 1.3 | 2.5 | 5.4 | 11.0 |
| 　$CH_4$ | % | | 0.2 | 1.2 | 1.7 |
| 　$N_2$ | % | 75.9 | 73.7 | 67.6 | 58.9 |
| 　吹出气高热值 | kJ/$m^3$ | 836.0 | 1534.1 | 2900.9 | 4368.1 |
| 　吹出气低热值 | kJ/$m^3$ | 794.2 | 1479.7 | 2727.5 | 4067.1 |
| 　吹出气温度 | ℃ | 600 | 700 | 560 | 335 |

续表

| 指标 | 单位 | 气化原料 | | | |
|---|---|---|---|---|---|
| V 碳损失 | %（质量分数） | 焦炭 | 无烟煤 | 烟煤 | 褐煤 |
| 灰渣残碳量 | % | 14 | 20 | 32 | 26 |
| 带出物含碳量 | % | 2 | 5 | 1.9 | 6 |
| 煤焦油含碳量 | % | — | — | 2.8 | 2.0 |
| VI 热效率 | % | 54 | 53 | 47 | 36 |
| 气化效率 | % | 60 | 61 | 51 | 38 |

# 参考文献

[1] 杨光启, 等.《中国大百科全书》化工卷[M]. 北京：中国大百科出版社, 1987.

[2] 许祥静. 煤气化生产技术[M]. 3版. 北京：化学工业出版社, 2018.

[3] 方德巍. 关于发展我国新一代天然气化工和煤化工技术的建议[J]. 煤化工, 1997, 81 (4): 3-11.

[4] 朱明娟, 李学英. 煤气化技术的现状及发展趋势[J]. 化学工程师, 2017 (5): 54-56.

[5] 陈乐. 新型煤化工产业发展规划研究[D]. 徐州：中国矿业大学, 2015.

[6] 舒歌平. 煤炭液化技术[M]. 北京：煤炭工业出版社, 2003.

[7] 吴春来. 煤炭间接液化技术及其在中国的产业化前景[J]. 煤炭转化, 2003, 26 (2):17-24.

[8] 郭树才. 煤化工工艺学[M]. 3版. 北京：化学工业出版社, 2012.

[9] 向英温, 杨先林, 等. 煤的综合利用基本知识问答[M]. 北京：冶金工业出版社, 2002.

[10] 钱伯章. "十三五"煤化工产业趋势展望 [J]. 上海化工, 2016 (2): 27-29.

[11] 郝爱民, 李新生, 魏庭富, 等. 型煤在煤气发生炉中的气化及工艺条件的优化[J]. 煤炭转化, 2002, 25 (2): 49-52.

[12] 谢克昌. 煤的结构与反应性[M]. 北京：科学出版社, 2002.

[13] 于开录, 刘昌俊, 张月萍. 二甲醚的制备与下游产品开发研究进展[J]. 天然气与石油, 2002, 18 (4): 20-24.

[14] 米镇涛. 化学工艺学[M]. 2版. 北京：化学工业出版社, 2006.

[15] 朱宝轩. 化工工艺基础[M]. 2版. 北京：化学工业出版社, 2008.

[16] 顾飞龙. 变压吸附空气分离技术的开发与应用[J]. 化工装备技术, 1991, 1 (20): 47-51.

[17] 徐谦先. 我国大中型空分流程技术的进展[J]. 低温工程, 1998, 5: 1-11.

[18] 袁孝竞. 规整填料在空分精馏塔中的应用[J]. 深冷技术, 1998, 2: 1-6.

[19] 江楚标, 陈明敏. 内压缩空分流程及与常规流程的比较[J]. 深冷技术, 1999, 4: 10-17.

[20] 邝生鲁. 化学工程师技术全书[M]. 北京：化学工业出版社, 2002.

[21] 许喜刚. 中型氮肥生产安全技术[M]. 北京：化学工业出版社, 2000.

[22] 张荣曾. 水煤浆制浆技术[M]. 北京：科学出版社, 1996.

[23] 毛建雄, 毛健全, 赵树民. 煤的清洁燃烧[M]. 北京：科学出版社, 1998.

[24] 王同章. 煤炭气化原理与设备[M]. 北京：机械工业出版社, 2001.

[25] 王芳芹. 煤的燃烧与气化手册[M]. 北京：化学工业出版社, 1997.

[26] 许祥静. 煤炭气化工艺[M]. 北京：化学工业出版社, 2005.

[27] 许世森, 张东亮, 任永强. 大规模煤气化技术[M]. 北京：化学工业出版社, 2006.

[28] 李速延, 周晓奇. CO 变换催化剂的研究进展[J]. 煤化工, 2007, 129 (2): 31-33.

[29] 李云锋, 于元章, 王龙江, 等. 一氧化碳变换催化剂的应用与发展[J]. 广东化工, 2009, 36 (10): 88-90.

[30] 陈劲松. 变换催化剂与变换工艺[J]. 武汉：合成氨生产技术交流会, 2004: 106-125.

[31] 张文才. 化肥油改煤工程低温甲醇洗工艺设置特点分析[J]. 大氮肥, 2006, 29 (2): 87-90.

[32] 林民鸿, 周彬, 樊玲. NHD 净化技术的应用与开拓[J]. 化肥工业, 2005, 33 (1): 18-20.

[33] 汪家铭. 低温甲醇洗净化工艺技术进展及应用概况[J]. 泸天化科技, 2007, 2: 120-124.

[34] 李正西, 秦旭东, 宋洪强, 等. 低温甲醇洗和 NHD 工艺技术经济指标对比[J]. 中氮肥, 2007, 1: 120-124.

[35] 喻永林. 在应用变压吸附脱碳技术中降低有效气体损耗[C]. 第十七届全国化肥-甲醇技术年会会议论文, 2008: 272-274.

[36] 王波. 几种脱碳方法的比较分析[J]. 化肥设计, 2007, 45 (2): 34-37.

[37] 张子锋, 张凡军. 甲醇生产技术[M]. 北京：化学工业出版社, 2008.

[38] 黄斌, 刘练波, 许世森. 二氧化碳的捕获和封存技术进展[J]. 中国电力, 2007, 40 (3): 14-17.

[39] 张学模, 陆峰. 多胺法 (改良 MDEA)脱碳工艺在甲醇装置中的应用及脱硫脱碳新设想[C]. 第十七届全国化肥-甲醇技术年会会议论文, 2008: 161-164.

[40] 张智隆. 关于煤制烯烃项目的煤气化技术对比分析[J]. 当代化工研究，2020 (1): 42-43.

[41] 崔普选. 煤基甲醇制烯烃工艺技术发展现状[J]. 现代化工，2020 (40): 5-9.

[42] 刘洋，雒建虎，尉秀峰. 甲醇制低碳烯烃技术的发展现状及产业化进展[J]. 中国石油和化工标准与质量，2018, 1 (16): 101-102.

[43] 贺永德. 现代煤化工技术手册[M]. 3 版. 北京：化学工业出版社，2011.

[44] 谢全安. 煤化工安全与环保[M]. 北京：化学工业出版社，2005.

[45] 许世森. 煤气净化技术[M]. 北京：化学工业出版社，2006.

[46] 程桂花. 合成氨[M]. 北京：化学工业出版社，2011.

[47] 曾之平，王扶明. 化学工艺学[M]. 北京：化学工业出版社，2001.

[48] 陈五平. 无机化工工艺：上册[M]. 北京：化学工业出版社，2002.

[49] 赵育祥. 合成氨生产工艺[M]. 3 版. 北京：化学工业出版社，2005.

[50] 吴指南. 基本有机化工工艺学[M]. 北京：化学工业出版社，2004.

[51] 谢克昌. 煤化工概论[M]. 北京：化学工业出版社，2012.

[52] 蔡飞鹏，林乐腾，孙立. 二甲醚合成技术研究概况[J]. 生物质化学工程，2006 (5): 37-42.

[53] 韩景城. 二甲醚作为石油替代品的竞争力分析[J]. 中外能源，2007 (2): 15-22.

[54] 王乃继，纪任山，王纬，等. 含氧燃料二甲醚合成技术发展现状分析[J]. 洁净煤技术，2004 (3): 38-41.

[55] 王栋，王树荣，谭洪，等. 洁净燃料二甲醚的制取方法[J]. 能源与环境，2004 (3): 34-36.

[56] 娄伦武，王波. 二甲醚合成工艺技术现状[J]. 贵州化工，2006 (3): 9-15.

[57] 王红阳. 现代煤化工用煤评价指标体系研究 [D]. 徐州：中国地质大学，2017.

[58] 郭知渊. 我国煤气化技术装备现状及其应用研究[J]. 山西化工，2018 (6): 49-51.